U0353008

SHUJUKU
JISHU YU YINGYONG

数据库技术与应用

主　编　冯义东　何俊林　邱育桥

副主编　赵晓津　王晓燕　刘海军　高海军　于　方

中国水利水电出版社
www.waterpub.com.cn

内 容 提 要

本书在阐述数据库系统知识的基础上，注重理论与实际能力相结合。全书内容包括数据库系统基础知识、Access关系数据库、数据库和表的基本操作、查询的创建与操作、关系数据库标准语SQL、窗体的创建与应用、报表的创建与应用、Access的网络应用——数据访问页、宏的创建与使用、模块与VBA编程、数据库的安全管理研究、Access应用系统开发实例等，最后还探讨了近年来出现的其他数据库新技术。本书不仅可作为高等院校计算机及相关专业师生的参考用书，还可供从事信息领域工作的科技人员及其他人员参阅。

图书在版编目(CIP)数据

数据库技术与应用/冯义东，何俊林，邱育桥主编.--北京：中国水利水电出版社，2013.12（2024.8重印）

ISBN 978-7-5170-1482-9

Ⅰ.①数… Ⅱ.①冯…②何…③邱… Ⅲ.①数据库系统 Ⅳ.①TP311.13

中国版本图书馆CIP数据核字(2013)第288265号

策划编辑：杨庆川　责任编辑：杨元泓　封面设计：崔　蕾

书　名	数据库技术与应用
作　者	主　编　冯义东　何俊林　邱育桥 副主编　赵晓津　王晓燕　刘海军　高海军　于　方
出版发行	中国水利水电出版社 (北京市海淀区玉渊潭南路1号D座 100038) 网址：www.waterpub.com.cn E-mail：mchannel@263.net(万水) sales@waterpub.com.cn 电话：(010)68367658(发行部)、82562819(万水)
经　售	北京科水图书销售中心(零售) 电话：(010)88383994、63202643、68545874 全国各地新华书店和相关出版物销售网点
排　版	北京鑫海胜蓝数码科技有限公司
印　刷	三河市天润建兴印务有限公司
规　格	184mm×260mm　16开本　25.25印张　646千字
版　次	2014年4月第1版　2024年8月第3次印刷
印　数	0001—3000册
定　价	88.00元

凡购买我社图书，如有缺页、倒页、脱页的，本社发行部负责调换

版权所有·侵权必究

前　言

数据库技术一直是计算机科学技术中发展最快的领域之一，也是现代信息社会必不可少的重要技术，广泛应用于各行各业。随着各行各业信息化进程的加快，人们更加认识到数据库是信息化社会中信息资源管理与开发利用的基础，数据库的应用水平已成为衡量一个部门或一个企业信息化程度的重要标志。

近年来，有关数据库方面的研究成果和新产品不断涌现，由于数据库技术的内容十分丰富，涉及的相关知识领域又十分广泛，我们本着了解最新发展动态，掌握成熟应用开发技术的指导思想规划和设计了本书内容。

数据库是一门实践性与应用性都非常强的技术，因此，本书在介绍数据库系统知识的基础上，注重理论与实际能力相结合的体现，以成熟的数据库应用开发技术、方法和模型为基础，结合 Access 2003、网络应用展开了讨论，同时也兼顾了读者对了解和掌握数据库新技术的需求。全书共分为 13 章。第 1 章对数据库基础知识做了概述，分别就数据库的基本概念、数据模型、关系型数据库、数据库设计基础作了系统铺垫，使读者对数据库知识有一个全新的认识。第 2 章介绍了 Access 关系型数据库，对 Access 数据库的基础、工作界面、数据库对象及帮助系统等基本元素和概念加以介绍。第 3 章和第 4 章为数据库、表、查询的创建和基本操作。第 5 章详细介绍了关系型数据库语言 SQL，包含了 SQL 基础知识、数据定义、数据操纵以及数据查询内容。第 6～12 章对 Access 数据库进行了全面而详尽的操作实践，包括窗体的创建与应用、报表的创建与应用、Access 的网络应用——数据访问页的设计、宏的创建与应用、模块与 VBA 编程、数据库的安全管理，最后是 Access 应用系统开发实例，全方位以 Access 数据库贯穿始终解读数据库的开发应用。第 13 章介绍了一些近些年来出现的其他数据库新技术，涵盖了分布式数据库技术、面向对象数据库系统、数据仓库与数据挖掘技术、多媒体数据库技术、空间数据库技术的内容。

全书由冯义东、何俊林、邱育桥担任主编，赵晓津、王晓燕、刘海军、高海军、于方担任副主编，并由冯义东、何俊林、邱育桥负责统稿，具体分工如下：

第 4 章、第 5 章、第 11 章、第 12 章：冯义东（海南师范大学）；

第 8 章、第 13 章：何俊林（成都师范学院）；

第 7 章、第 9 章：邱育桥（琼州学院）；

第 1 章、第 2 章、第 3 章第 6 节：赵晓津（海南政法职业学院）；

第 6 章：王晓燕（河南职业技术学院）；

第 10 章：刘海军（商丘师范学院）；

第 3 章第 1 节～第 3 节：高海军（辽宁科技学院）；

第 3 章第 4 节～第 5 节：于方（包头师范学院）。

本书在编写过程中，参考了国内外大量有价值的文献与资料，并得到了众多前辈的支持与帮助，在此表示真诚的感谢。限于编者学识水平有限，且时间仓促，加之新技术层出不穷，本书中的疏漏和讹误在所难免，恳请各位专家同仁和广大读者予以批评指正。

编　者

2013 年 11 月

目　　录

第1章　数据库系统概述

1.1　数据库的基本概念

1.1.1　数据库相关知识

1. 数据

数据(Data)是描述事物的符号记录，也是数据库中存储、用户操纵的基本对象。数据可以有多种描述形式，数据不仅是数值，还可以是文字、图形、图像、声音、视频等，这些符号组成的集合称为记录。数据的描述形式不能完全表达其内容，需要经过解释形成一个完整的信息。

2. 数据库

“数据库”这个名词起源于20世纪中叶，当时美军因作战指挥需要建立了一个高级军事情报基地，把收集到的各种情报存储在计算机中，并称之为“数据库”。起初人们只是简单地将数据库看作一个电子文件柜，即将它当成是一个存储数据文件的仓库或容器。后来随着数据库技术的产生，人们引申并沿用了该名词，给“数据库”这个名词赋予了更深层的含义。

数据库(Data Base,DB)是指长期存储在计算机内的、有组织的、可共享的数据集合。就像是一个存放数据的仓库，但数据是按一定格式存放的。数据库的主要作用是借助计算机保存、管理大量的数据，以方便充分地利用资源。

说明：

(1)数据库中的数据是按一定的结构——数据模型来进行组织的。即:数据间有一定的联系，以及数据有语义解释。数据与对数据的解释是不可分割的。如:160，若描述一个人的身高，则表示160厘米;若描述一个学生的分数则表示160分。

(2)数据库的存储介质通常是硬盘，也用光盘或移动硬盘等，所以可以大量地、长期地存储及高效地使用。

(3)数据库中的数据可为用户所共享，方便不同的应用服务。

(4)数据库是一个有机的数据集成体，由多种应用的数据集成而来，具有较少的冗余、较高的数据独立性。

数据库的用户分为3种。

· 数据库管理员：使用数据库管理系统提供的工具软件对数据库进行各种维护和管理，使其更好地为其他用户服务。

· 应用程序员：使用数据库语言和程序设计语言编写使用和操纵数据库中数据的程序。

· 非程序员用户：通过联机终端设备，使用数据查询语言访问数据库。

3. 数据库管理系统

数据库管理系统(Data Base Management System,DBMS)，指对数据库进行管理和操作的系统，它是建立在操作系统基础之上，位于操作系统与用户之间的一种数据管理软件，负责对数据库的数据进行统一的管理和控制。用户发出的或应用程序中的各种对数据库的操作都要通过 DBMS 来执行。

4. 数据库系统

数据库系统(Data Base System,DBS)是引入数据库后的计算机系统。它由数据库、数据库管理系统及其开发工具、应用系统、数据库管理员和用户构成，如图 1-1 所示。

数据的重要价值是使用而非收集，数据库系统就是为了方便使用数据而设计的。它对数据进行集中控制，能有效地维护和利用数据。

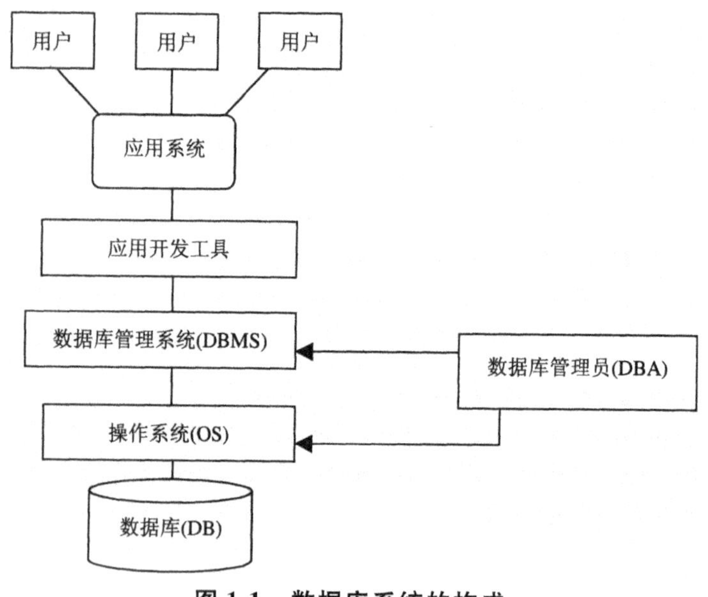

图 1-1　数据库系统的构成

1.1.2　数据库相关概念之间的联系

1. 数据与信息

在信息技术领域，数据和信息是两个重要的基本概念。

信息是指人们头脑对现实事物的抽象反映，泛指通过各种方式传播的，可被感受到的数字、文字、图像和声音等符号所表征的关于某一事物的情况、信息和知识。通常，信息的内容是关于客观事物或思想的知识。这些内容能反映已存在的客观事实，或预测未发生事物的状态或用于指挥、控制事物发展的决策，是人们活动的必需了解。信息是一种重要的战略资源。

数据是数据库系统存储、处理和研究的基本单元，它是描述客观事物的数、字符以及所有能输入计算机并被计算机程序处理的符号的集合。因此，在计算机科学技术中，数据的含义是十分广泛的，可以是数值，其他诸如字符、图形、图像乃至声音等也可以被视为数据。数据集合中的每一个个体称为数据元素，它是数据的基本单位。

数据和信息这两个重要的基本概念之间既有联系又有区别。数据是信息的素材，是信息的载体，而信息则是对数据进行加工的结果，是对数据的解释，是数据的内涵。有时在某些场合人们不会严格区分数据与信息。

信息在管理和决策中起着主导作用，是管理和决策的依据，在信息技术中，信息通常是指“经过加工而成为有一定的意义和价值且具有特定形式的数据，这种数据对信息的接收者的行为有一定的影响”。

由上可知，数据是信息的素材，是信息的载体，数据库系统的每项操作，均是对数据进行某种处理。数据输入计算机后，经存储、传送、排序、计算、转换、检索、制表以及仿真等操作，输出人们需要的结果，即信息。

2. 数据处理与管理

对围绕数据所做的工作就称为数据处理。数据处理是指对数据的收集、组织、整理、加工、存储、传播等工作。数据管理则是在数据处理中的基本工作，其主要内容：组织和保存数据，将收集到的数据合理地分类组织，将其存储在物理载体上，使数据能够长期地被保存；数据维护，即根据需要随时进行插入新数据、修改原数据和删除失效数据的操作；提供数据查询和数据统计功能，以便快速地得到需要的正确数据，满足各种使用要求。

3. 数据库、数据库管理系统和数据库系统

数据库(DB)是一个长期存储在计算机内的、有组织的、可共享的、统一管理的数据集合。

数据库中的数据有如下性质。

①数据整体性。数据库是一个单位或一个应用领域的通用数据处理系统，它存储的是属于企业和事业部门、团体和个人的有关数据的集合。数据库中的数据是从全局观点出发建立的，会按照一定的数据模型进行组织、描述和存储，其结构基于数据间的自然联系，从而提供一切必要的存取路径，且数据不再针对某一应用，而是面向全组织，具有整体的结构化特征。

②数据共享性。数据库中的数据是为众多用户所共享其信息而建立的，已经摆脱了具体程序的限制和制约。不同的用户可以按各自的用法使用数据库中的数据；多个用户可以同时共享数据库中的数据资源，即不同的用户可以同时存取数据库中的同一个数据。数据的共享不仅满足了各用户对信息内容的要求，同时也满足了各用户之间信息通信的要求。

数据库管理系统(DBMS)是为数据库的建立、使用和维护而配置的系统软件。DBMS可以进一步被定义为可用来管理数据库并与数据库相互作用的工具。

DBMS的目标是让用户能够更方便、更有效、更可靠地建立数据库并使用数据库中的信息资源。DBMS不是应用软件，它不能直接用于诸如工资管理、人事管理或资料管理等事务管理

工作，但能够为事务管理提供技术和方法、应用系统的设计平台和设计工具，使相关的事务管理软件很容易设计。即DBMS是为设计数据管理应用项目提供的计算机软件，利用DBMS设计事务管理系统可以达到事半功倍的效果。

1.1.3 组成数据库系统的软硬件

数据库系统由支持系统的计算机硬件设备、数据库、相关的计算机软件系统，以及开发管理数据库系统的人员组成。

1. 数据库系统对硬件的要求

数据库系统是建立在计算机硬件基础之上的，必须有相应的硬件资源支持才能运行。支持数据库系统的计算机的硬件资源需要CPU、内存、外存及其他设备。外部设备主要包括某个具体的数据库系统所需的数据通信设备和数据输入/输出设备。

数据库系统因数据量大、数据结构复杂、软件内容多，因而要求其硬件设备能够快速处理它的数据。所以在配置数据库系统的硬件时，要满足以下3个方面的要求。

(1)尽量大的内存

数据库系统的软件结构包括操作系统、数据库管理系统(DBMS)、应用程序及数据库，构成较为复杂。工作时它们都需要占用一定的内存作为程序工作区或数据缓冲区，与其他计算机相比需要更大的内存。而内存的大小对数据库系统性能的影响非常明显，内存大可以建立较多、较大的程序工作区或数据缓冲区，以管理更多的数据文件和控制更多的程序进程，进行更复杂的数据管理，更快地进行数据操作。每种数据库系统对内存有一定的要求，如果内存达不到要求，便无法正常运行。

(2)尽量大的外存

计算机外存主要有磁带、光盘和硬盘，其中硬盘为主要的外存设备。数据库系统要求硬盘有尽量大的容量，这样的优势在于：

- 能够为数据文件和数据库软件提供足够的空间，满足数据和程序的存储要求。
- 能够为系统的临时文件提供存储空间，保证系统的正常运行。
- 数据检索时间缩短，加速数据存取速度。

(3)计算机尽量快的数据传输速度

由于数据库的数据量大而操作复杂度不大，数据库运行时要经常进行内、外存之间的交换操作，要求计算机不仅有较强的运算能力，而且数据存取和数据交换的速度要快。对一般的系统来说，计算机的运行速度是由CPU和数据I/O的传输速度两者决定的，但对于数据库系统来说，数据I/O的传输速度是提高运行速度的关键问题，提高数据传输速度是提高数据库系统效率的重要部分。

2. 数据库系统的软件组成

(1)操作系统

操作系统是所有计算机软件运行的基础，在数据库系统中它支持数据库管理系统(DBMS)及主语言系统的工作。

(2)数据库管理系统(DBMS)和主语言系统

数据库管理系统是为定义、建立、维护、使用及管理数据库而提供的有关数据管理的系统软件。

主语言系统是为应用程序提供诸如程序控制、数据输入/输出、功能函数、图形处理、计算方法等数据处理功能的系统软件。应用系统的设计与实现，需要将数据库管理系统和主语言系统的结合才能完成。

(3)应用开发工具软件

应用开发工具是数据库管理系统为应用开发人员和最终用户提供的高效率、多功能的应用生成器等各种软件工具，如报表生成器、表单生成器、查询和视图设计器等，它们为数据库系统的开发提供了良好的环境和有效的支持。

(4)应用系统及数据库

数据库应用系统包括：为特定应用环境建立的数据库、开发的各类应用程序及编写的文档资料。它们是一个有机整体。数据库应用系统涉及到各个方面，如人工智能和计算机控制等。通过运行数据库应用系统，可以实现对数据库中数据的维护、查询、管理和处理操作。

数据库系统人员则由软件开发人员、软件使用人员和软件管理人员组成。其中软件开发人员包括系统分析员、系统设计员及程序设计员，他们的主要职责便是对数据库系统的开发；软件使用人员是数据库的最终用户，他们利用功能菜单、表格及图形用户界面等实现数据的查询与管理工作；软件管理人员是数据库管理员(Data Base Administrator，DBA)，他们负责对数据库系统的全面管理与控制。数据库系统与计算机软、硬件的关系如图1-2所示。

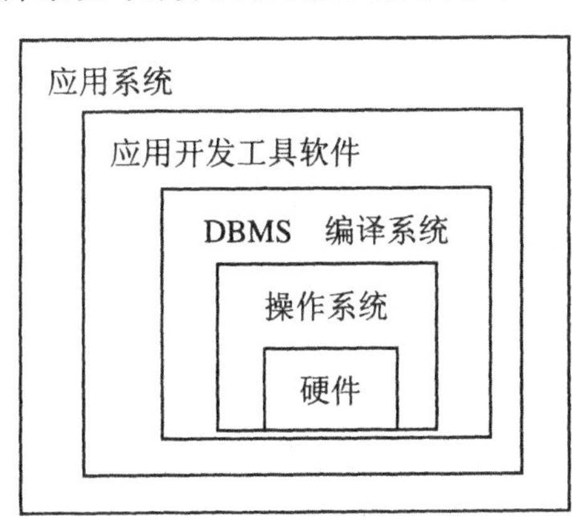

图1-2　数据库系统与软、硬件的关系

1.1.4　数据管理技术的发展

数据管理经历了由低级到高级的发展过程，随着计算机硬件和软件技术的发展而不断提高，数据管理技术的发展经过了3个阶段：人工管理阶段、文件管理系统阶段和数据库系统阶段。

1. 人工管理阶段(20世纪50年代)

年代特征：以科学计算为主。存储设备是纸带、卡片、磁带等，无操作系统，无管理数据的软件，数据处理方式是批处理。该阶段计算机系统只提供输入/输出操作，数据的逻辑组织与物理组织相同，如图 1-3 所示。数据的逻辑结构是指呈现在用户面前的数据结构形式；数据的物理结构是指数据在计算机存储设备上的实际存储结构。

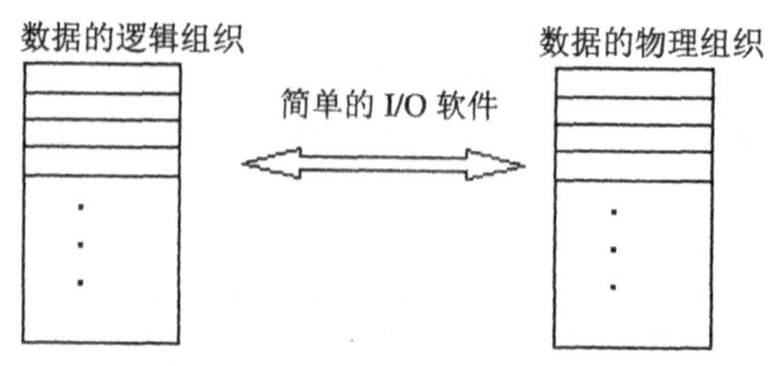

图 1-3　人工管理的数据组织

在 20 世纪 50 年代中期以前，由于计算机软、硬件技术发展水平的限制，计算机系统中没有专门对数据进行管理的软件。数据管理任务，包括存储结构、存取方法、输入输出方式等，都是针对每个具体应用，由编程人员单独设计解决。这一时期数据和程序之间的关系可以用图 1-4 来表示。

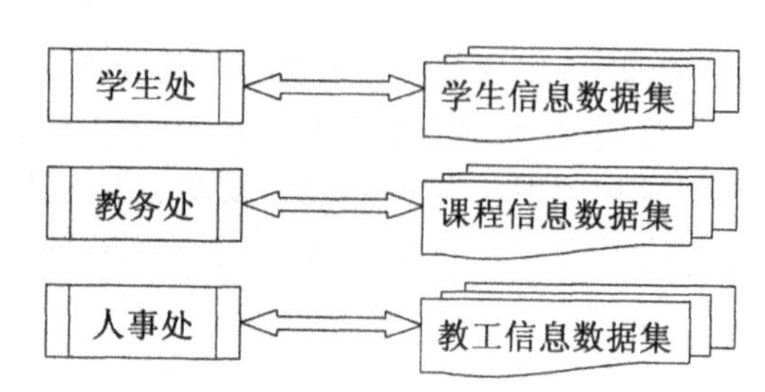

图 1-4　人工管理阶段的数据和程序之间的关系

学习过计算机高级语言(C 或 VB 等)的读者并不难理解人工管理阶段的特点，举例如下。

要编写一个程序(学生处)，求一个班 N 个学生每个人 M 门课程的平均成绩并排序。那么这 M×N 个成绩就必须在编写程序时考虑其输入方式和存储形式(数组)，输入随程序的运行而完成，输出结果无法长期保存。

要再编写一个程序(教务处)，求某一门课程需要参加补考的学生人数。那么这门课程所有学生的成绩必须在编写这个程序时考虑其输入方式和存储形式(简单变量)，输入随程序的运行而完成(尽管这个数据与前面程序中的数据有重复，但无法共享)，输出结果同样也无法长期保存。

人工管理阶段的特点如下。

(1)数据能不保存。计算机系统不提供对用户数据的管理功能。应用程序包含自己要用到的全部数据，用户编写程序时，必须全面考虑好相关的数据，包括数据的定义、存储结构及存取方法等。程序和数据是一个不可分割的整体。

(2)数据不能共享。不同的程序均有各自的数据，这些数据对不同的程序通常是不相同的，不可共享；即使不同的程序使用了相同的一组数据，这些数据也不能共享，程序中仍然需要各自加入这组数据，谁也不能省略。数据的不可共享性，导致程序与程序之间存在大量的重复数据，浪费存储空间。

(3)数据不具有独立性。基于数据与程序是一个整体，数据只为本程序所使用，数据只有与相应的程序一起保存才有价值，即数据面向应用，否则就毫无用处。所有程序的数据均不单独保存。

总之，人工管理阶段的缺点就是应用程序依赖于数据的物理组织与存储形式，数据冗余度大、独立性差。

2. 文件系统阶段(20世纪50年代后期至60年代中期)

年代特征：已有磁盘、磁鼓等直接存取存储设备；操作系统中已有了专门的数据管理软件，称为文件系统；处理方式不仅有批处理，而且能够联机实时处理。

20世纪50年代后期至60年代中后期，数据管理工作开始借助计算机完成，大量的数据存储、检索和维护工作提上议事日程。此时，在硬件方面可直接存取的磁鼓、磁带、磁盘逐渐成为主要的外部存储工具。软件方面出现了高级语言和操作系统。操作系统中的文件管理模块(即输入输出控制模块)的重要功能之一是管理外存储器中的数据。

在文件系统的支持下，数据开始从程序中逐步地独立出来，数据文件可以独立地、长期地存储，数据的逻辑结构和物理结构有了一定的区别。

例如，用户看到的记录是按照记录号顺序排列的，实际上这些记录可能是分散存储在磁盘的不同扇区里，以链接的方式组织起来。逻辑结构与物理结构之间的转换由文件系统的存取方式来实现。用户访问记录时只需给出文件名、逻辑记录号，而不必关心记录在存储器上的地址和内、外存交换数据的过程。这一时期数据和程序之间的关系可以用图1-5来表示。

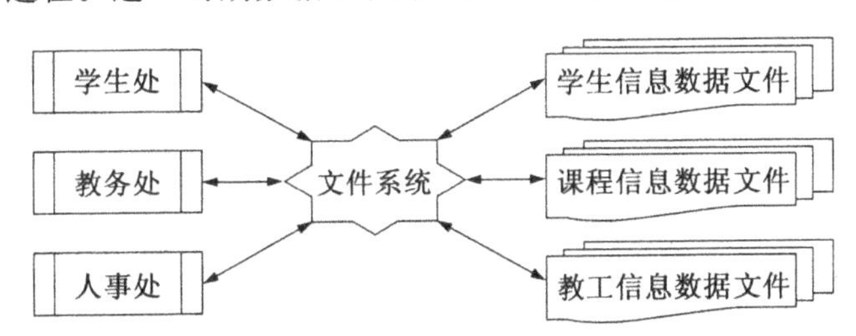

图1-5 文件系统阶段的数据和程序之间的关系

要理解这个阶段的特点，同样可以利用计算机高级语言(C或VB等)的(文件操作)编程举例。

要编写一个程序(学生处)，求一个班N个学生每个人M门课程的平均成绩并排序。那么这M×N个成绩就必须事先通过某种方式先写到一个数据文件(顺序文件)中，而数据文件中的数据存储形式必须要与对应程序中数据读取方式契合，虽然这个文件可以长期存储并多次读取，但其具有较强的专一性和依赖性，共享性差。

若再编写一个程序(教务处)，求某一门课程需要参加补考的学生人数。那么这门课程所有学生的成绩又必须事先通过某种方式先写到一个数据文件中，而这个数据文件中的数据存储形式必须要与对应程序中数据读取方式契合，尽管这些数据与前面程序中的数据有重复，但碍于文件存储形式的差异，共享性差。当然这个数据文件同样可以长期存储并多次读取，但其同样具有较强的专一性和依赖性，基本上只能为一个程序服务，共享性差，同时数据存储结构的扩展修改空间有限。

文件管理系统是用户和数据文件之间的一个接口，它负责对数据文件进行专门的管理，虽然对计算机数据管理能力的提高起了很大的作用，但仍然存在许多根本性问题。其特点如下。

(1)数据可以长期保存。数据以文件形式可长期保存在外部存储器的磁盘上。

(2)应用程序管理数据。数据的逻辑结构与物理结构有区别,但比较简单。程序与数据之间具有设备独立性,即程序只需用文件名就可与数据打交道,不必关心数据的物理位置。由操作系统的文件系统提供存取方法(读/写),对数据的操作以记录为单位;文件中只存储数据,不存储文件记录的结构描述信息。文件的建立、存取、查询、插入、删除、修改等所有操作,都要用程序来实现。

(3)数据依赖性强。文件的逻辑组织与应用程序紧密相关,当数据结构需要修改时,应用程序也要做相应的修改;反之当应用程序需要修改和扩充时,数据结构也要做相应的改变,这对数据的维护是非常不便的。虽然文件组织已多样化,有索引文件、链接文件和直接存取文件等,但文件之间相互独立、缺乏联系。数据之间的联系要通过程序去构造。虽然数据不再属于某个特定的程序,可以重复使用,但是文件结构的设计仍然是基于特定的用途,程序基于特定的物理结构和存取方法,因此程序与数据结构之间的依赖关系并未根本改变,即数据依然是面向应用的。如图 1-6 所示。

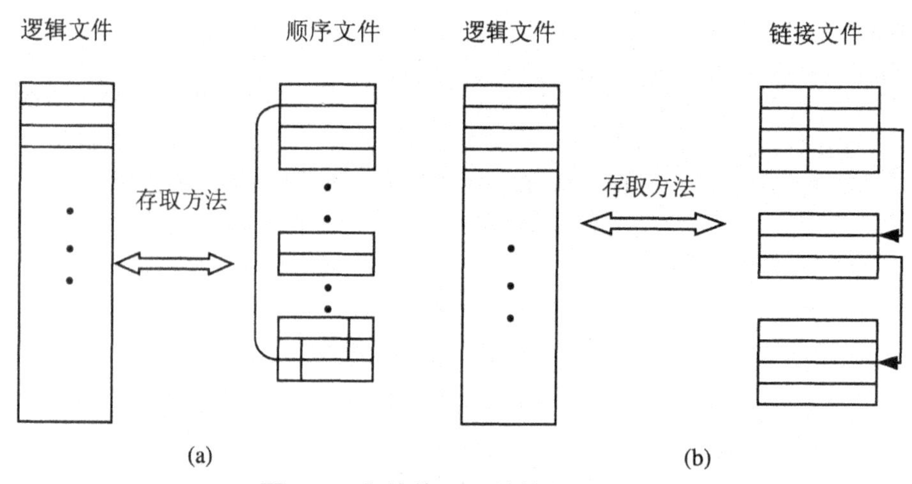

图 1-6　文件管理系统的数据组织

(4)数据之间联系弱,数据共享性差,冗余度大。由于文件之间缺乏联系,造成每个应用程序都有对应的数据文件,有可能同样的数据在多个文件中重复存储。

(5)数据不一致性。数据冗余往往造成数据不一致,在进行更新操作时,稍不谨慎,就可能使同样的数据在不同的文件中不一样。

文件系统阶段是数据管理技术发展中的一个重要阶段。在这一阶段中,得到充分发展的数据结构和算法丰富了计算机科学,为数据管理技术的进一步发展打下了基础。

3. 数据库系统阶段(20 世纪 60 年代后期至今)

年代特征:使用大容量磁盘,硬件价格下降,软件价格上升,联机实时处理要求高,开始提出和考虑分布处理。

20 世纪 60 年代后期开始,计算机用于数据管理的规模迅速扩大,对数据共享的需求增强,为解决数据的独立性问题,实现数据统一管理达到数据的共享,发展了数据库技术。同时,计算机的软、硬件技术,特别是磁盘技术的逐渐成熟给联机存取的数据库技术的实现提供了有力的支持。

数据库技术克服了前几个阶段管理方式的问题，试图提供一种完善的、更高级的数据管理方式，它的基本思想是解决多用户数据共享的问题，实现对数据的集中统一管理，具有较高的数据独立性，可以为数据提供各种保护措施。数据库系统阶段的数据库管理软件作为用户与数据的接口，程序和数据的关系如图 1-7 所示。

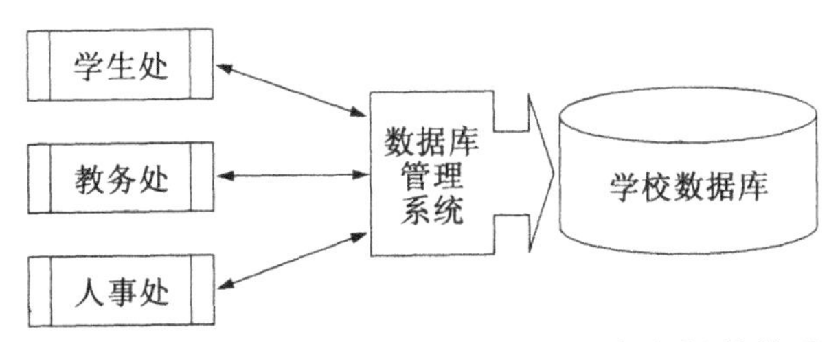

图 1-7　数据库系统阶段的数据和程序之间的关系

数据库系统阶段的数据管理的特点如下。

(1)数据是结构化的。这是与文件系统的根本区别。目的是节省空间、增强灵活性，可以为多个应用提供服务。

在数据库系统中不仅要考虑某个应用的数据结构，还要考虑整个组织的数据结构，以便为各部门的管理提供必要的记录。数据模型不仅描述数据本身的特征，还要描述数据之间的联系，这种联系通过存取路径实现。

例如，一个学校的管理信息系统中，不仅要考虑学生的人事管理，还要考虑学籍管理、选课管理等，可按图 1-8 所示方式为该校的管理信息系统组织学生数据。

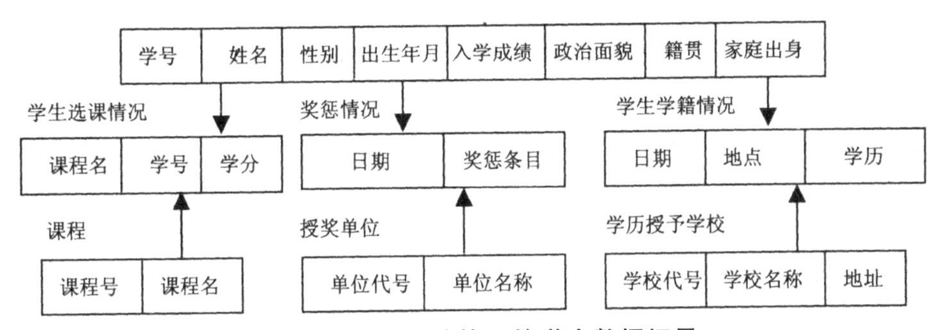

图 1-8　适应多种管理的学生数据记录

(2)实现广泛的数据共享性和较小的数据冗余度。通过所有存取路径表示自然的数据联系是数据库与传统文件的根本区别。这样，数据不再面向特定的某个或多个应用，而是面向整个应用系统。具有广泛的适应性，有多种语言的接口，数据冗余明显减少，实现了数据共享。

(3)具有较高的数据独立性。数据的逻辑结构与物理结构之间的差别可以很大。用户以简单的逻辑结构操作数据而无需考虑数据的物理结构。数据库的结构构成为用户的局部逻辑结构、数据库的整体逻辑结构和物理结构三级。用户(应用程序或终端用户)数据与外存数据之间的转换由数据库管理系统实现。

(4)数据库管理系统为用户提供了方便的用户接口。用户可以使用查询语言或终端命令操作数据库，也可以用程序方式(如用高级语言和数据库语言联合编写的程序)操作数据库。

(5)数据库系统提供了数据控制功能。①数据库的并发控制：对程序的并发操作加以控制，防止数据库被破坏，杜绝向用户提供不正确的数据。②数据库的恢复：在数据库被破坏或数据不可靠时，系统有能力把数据库恢复到最近的某个正确状态。③数据完整性：保证数据库中的数据始终是正确和完整的。④数据安全性：保证了数据的安全，防止数据的丢失和破坏。

(6)增加了系统的灵活性。对数据的操作不一定以记录为单位，可以以数据项为单位。

20 世纪 80 年代以来，关系数据库理论日趋完善，逐步取代了网状和层次数据库，占领了市场并向更高阶段发展。

4. 高级数据库阶段

随着计算机技术的发展和网络技术的日渐成熟，数据库技术也呈现出多元化、多层面和多形态并存的现状，数据管理技术进入了高级数据库阶段。

传统的数字类型和字符串数据类型一直是数据库管理的主要数据对象。现在，新的数据类型不断涌现。例如图形、图像数据、视频数据、音频数据、文本数据、动画、多媒体文档、数据仓库中的 Cube 类型数据、多维数据、Web 上的 HTML、XML 数据、时间序列数据、流数据、过程或“行为”数据等。

目前数据库技术已成为计算机领域中最重要的技术之一，它是软件科学中的一个独立分支，正在朝着面向对象数据库、分布式数据库、并行数据库、主动数据库、移动数据库、模糊数据库、知识库系统、多媒体数据库、XML 数据库、工程数据库、空间数据库等多方向发展。特别是数据仓库和数据挖掘技术的发展，大大推动了数据库向智能化和大容量化发展的趋势，充分发挥了数据库的作用。

数据库应用不再限于机构内部的商务逻辑管理，而是面向开放的和有更多其他要求的应用环境。分布自治的计算环境、移动环境、实时处理要求、隐私保护等成为数据库的研究题目。新一代应用提出的挑战极大地激发了数据库技术的研究和开发者，使数据库技术的研究和开发不断深入不断扩大。

1.1.5 数据库系统的模式结构

数据库系统的一个主要目的就是为用户提供数据的逻辑抽象视图，并隐藏数据的实际物理存储和操作细节。由于数据库是一个共享资源，所以不同用户需要获取数据库中数据的不同逻辑视图。为了满足所有用户的需求，数据库系统就必须构建严谨的模式体系结构，这种对数据库的整体描述称为数据库模式结构。

数据库系统的模式结构可以从不同的角度来认识。在数据库系统中，用户看到的数据与计算机中存放的数据是不同的，当然这两种数据之间是有联系的。它们之间实际上是经过了两次变换(即二级映射)：第一次是系统为了减少冗余，实现数据共享，对所有用户的数据进行了综合，抽象成一个统一的数据视图；第二次是为了提高存取效率，改善性能，将若干个数据视图集合而成为全局视图，并将其数据按照物理组织的最优形式存放。

用户使用的数据视图称为外模型，又叫子模型。外模型是一种局部数据逻辑视图，它是表示用户所理解的实体、实体属性和实体联系。全局的数据逻辑视图称为概念模型，简称模型，它是数据库管理员所看到的实体、实体属性和实体间的联系。数据存储的模型称为内模型，即数据存放的具体形式。

数据库系统分为 3 层：外层、概念层和内层，分别对应外模型、概念模型和内模型。用户只能看到外层，即用户级，其他两层是看不到的。外模型可以有多个，而概念模型（概念级）和内模型（物理级）分别只有一个，内模型是整个数据库的最底层。

数据库管理系统尽管产品很多，它们可以支持不同的数据模型，使用不同的数据库语言，建立在不同的操作系统上，数据结构也各不相同，但它们在体系结构上通常都具有相同的特征，即采用三级模式结构，提供两级映像功能。

1. 数据库系统模式概念

数据模型中有"型"和"值"的概念。型是指对某一类数据的结构和属性的说明，值是型的一个具体赋值。例如：学生记录定义是一个型，而具体的某一条记录则是一个值。

模式：是数据库中全体数据的逻辑结构和特征的描述，它只涉及到型的概念，不涉及具体的值。

实例：模式的一个具体值称为模式的一个实例，涉及到具体的值。同一个模式可以涉及很多实例。

模式与实例的区别：模式相对稳定，实例是相对变动的。模式反映的是数据的结构及其联系，而实例反映的是数据库某一时刻的状态。

2. 三层模式结构

现在世界中运行的各式各样的数据库系统，其类型和规模可能相差很大，但它们的模式体系结构大体相同，几乎所有的数据库系统在某种程度上都是基于ANSI-SPARC[1]三层模式体系结构的，如图1-9所示。

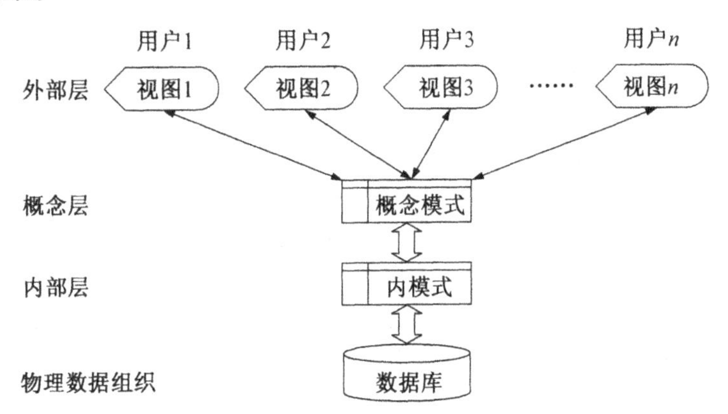

图1-9 数据库系统ANSI-SPARC三级模式体系结构

三层模式体系结构对数据库的组织从内到外分三个层次描述，即内模式、概念模式和外模式。

掌握数据库的三级结构及其联系与转换关系是深入了解数据库的关键所在。模式是用数据描述语言精确地定义数据模型的程序。定义外模型的模式称为外模式，又称外模式，用外模式定义语言来定义。定义概念模型的模式称为概念模式，简称模式，用模式定义语言来定义。定义内

[1] 美国国家标准委员会所属标准计划和要求委员会(Standards Planning and Requirements Committee)，在1975年公布了一个关于数据库的标准报告，提出了数据库的三层结构组织，也就是SPARC分级模式结构。

模型的模式称为内模式或者存储模式，用设备介质语言来定义。

在外部层，有许多外部模式与不同的数据视图相对应。在概念层，有概念模式，描述所有实体、属性和联系，以及完整性约束。在最底层有内模式，是内部模型的完整描述，包括对存储记录的定义、表示方法、数据域界定等。

ANSI-SPARC三层模式体系结构将用户的数据库逻辑视图与数据库物理描述分离开来。用户从外部层观察数据；数据库管理系统和操作系统从内部层观察数据。在内部层，数据实际上是使用了某种数据结构和文件组织方法存储；概念层提供内部层和外部层之间的映射和必要的数据独立性。一个数据库的概念层和内部层均只有一个。

这样的分层模式结构可以达到如下效果。

• 每个用户通过各自的自定义数据逻辑视图访问相同的数据。每个用户都可以改变自己的数据逻辑视图而不会影响其他用户。

• 用户不直接参与数据库物理存储的细节，即用户与数据库的交互是独立于物理存储细节的，如对数据进行索引。

• 数据库管理员可以在不影响所有用户逻辑视图的前提下，修改数据库存储结构和概念结构。

• 数据库的内部结构不受存储设备物理数据组织变化的影响，如转换存储设备。

(1)外部层

外部层又称外模式或子模式，是数据库的用户视图。这一层描述每个与用户相关的数据库部分。

外部层由若干数据库的不同视图组成。每个用户都可以用其熟悉的方式显示其感兴趣的实体、属性和联系的逻辑视图(其中的数据也许直接来源于数据库，也许是通过计算之后而得到的数据)，而不感兴趣的部分仍存储在数据库中，却不在用户的视图范围内。

(2)概念层

概念层又称概念模式或逻辑模式，描述数据库的整体逻辑结构特征。这一层描述了数据库中的数据以及数据和数据之间的关系，是所有用户的公共数据在逻辑层面上的视图。

概念层包括数据库管理员可以看到的整个数据库的逻辑结构，是关于自制的数据需求的完整视图，且完全独立于实际的物理存储。

概念层描述以下内容：①所有实体、实体的属性和实体间的联系。②数据的约束。③数据的语义信息。④安全性和完整性信息。

(3)内部层

内部层又称内模式或存储模式，是数据库在计算机上的物理表示。这一层描述数据库中数据的实际存储结构。

内部层包括了为得到数据库最佳运行效果而采用的所有物理实现方法。它包括在存储设备上存储数据所使用的数据结构和文件组织，以及数据库与操作系统的访问方式接口，以便将数据存到存储设备上，建立索引、检索数据等。

内部层的主要功能为：①数据和索引的存储空间分配。②用于存储的记录描述(数据项的存储大小)。③记录放置。④数据压缩和数据加密技术。

内部层再之下是物理层，物理层在数据库管理员的指导下受到操作系统的控制。

3. 两层模式映射

事实上，三层模式中，只有内模式才是真正存储数据的，概念模式和外模式只是一种逻辑表示数据的方法，但用户却可以放心地使用它们，这是由数据库管理系统的映射功能实现的。映射实现三层模式结构间的联系和转换，使用户可以逻辑地处理数据，不必关心数据的底层表示方式和存储方式。三层模式结构保证了数据的独立性，即对较底层的数据修改不会影响较高层的操作。数据独立性分逻辑数据独立性和物理数据独立性。

这三层模式之间提供了两层映射：外模式与概念模式之间的映射和概念模式与内模式之间的映射，如图 1-10 所示。

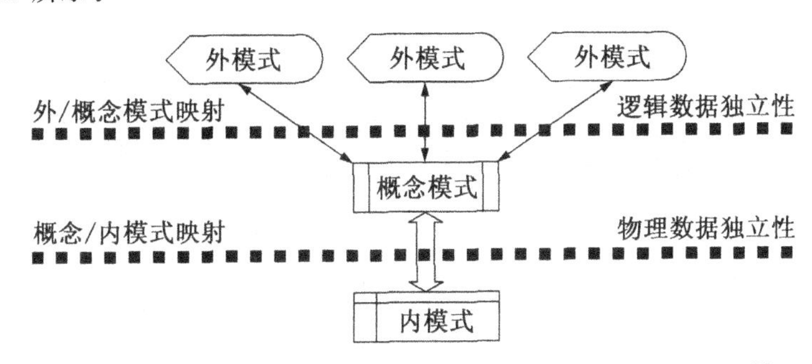

图 1-10　数据库系统三层模式的两层映射和数据独立性

每个外模式都由概念模式导出，且它必须使用概念模式中的信息，完成外模式与概念模式的映射。概念模式通过概念层到内部层的映射与内模式相关联，这样，数据库管理系统就能在物理存储中找到构成概念模式中逻辑记录的实际记录或者记录的组合，以及对逻辑记录进行操作过程中应该执行的约束。它允许两类模式在实体名称、属性名称、属性顺序、数据类型等方面存在不同。最后，每一个外模式通过外部层到概念层的映射与概念模式项联系。图 1-11 展示了数据库系统三层模式表现形式的异同。

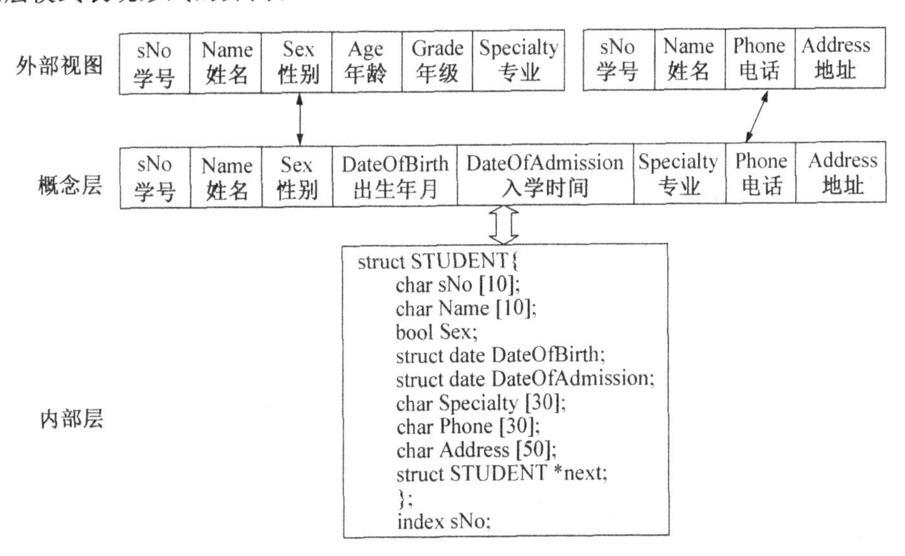

图 1-11　数据库系统三层模式表现形式的异同

(1)外模式/概念模式映射

外模式/概念模式映射将用户数据库与概念数据库联系了起来。这一层的映射可以保证逻辑数据的独立性。

逻辑数据独立性指外模式不受概念模式变化的影响。当概念模式改变时(如增加新的关系、新的属性、改变属性的数据类型等),由数据库管理员对各个外模式/概念模式的映射作相应改变,可以使外模式保持不变。应用程序是依据数据的外模式编写的,因此不必修改,保证了数据与程序的逻辑独立性。

(2)概念模式/内模式映射

概念模式/内模式映射将概念数据库与物理数据库联系了起来。这一层的映射可以保证物理数据独立性。

物理数据独立性指概念模式不受内模式变化的影响。当数据库的存储结构改变了(如选用了另一种存储结构),由数据库管理员对概念模式/内模式的映射作出相应改变,使概念模式保持不变,从而应用程序也不必改变,保证了数据与程序的物理独立性。

1.2 数据模型

1.2.1 数据模型基础

数据模型是数据库系统的核心和基础,通常人们要将现实世界中的具体事物进行抽象、组织成 DBMS 所支持的数据模型。一般过程是将现实世界抽象为信息世界,再将信息世界转换成数据世界,如图 1-12 所示。

数据库的发展集中表现在数据模型的发展。从最初的层次数据模型、网状数据模型发展到关系数据模型,数据库技术产生了巨大的飞跃。数据库系统均是基于某种数据模型的。

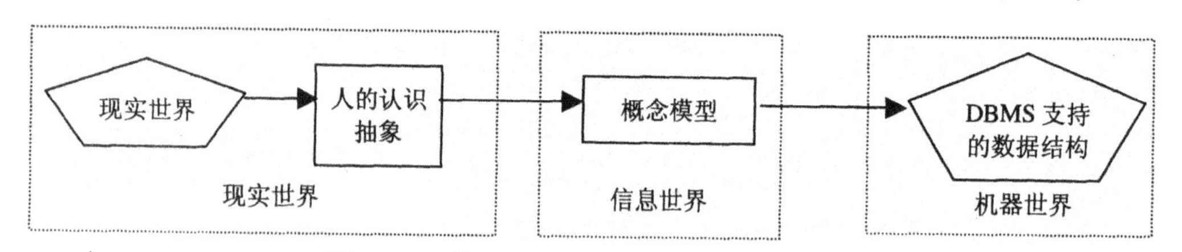

图 1-12 从现实世界到机器世界的过程

模型是现实世界的模拟,在数据库技术中,模型是一组严格定义的概念的集合。数据库管理系统的一个主要功能就是将数据组织成一个逻辑集合,为系统定义该集合的数据及其联系的过程称为数据建模,其使用技术与工具则称为数据模型。数据模型就是关于数据的数学表示,包括数据的静态结构和动态行为或操作,结构又包括数据元素和元素间关系的表示。这些概念精确地描述了系统的静态特性、动态特性和完整性约束条件(Integrity Constraints)。

数据模型的三要素就是数据结构、数据操作和完整性约束三部分。

1. 数据结构

数据结构是数据模型最基本的组成部分，它描述了数据库的组成对象以及对象之间的联系。一般由两部分组成：①与对象的类型、内容、性质有关的，如网状模型中的数据项、记录，关系模型中的域、属性、关系等。②与数据之间联系有关的对象，如网状模型中的系型。

在数据库系统中，通常人们都是按照其数据结构的类型来命名数据模型的，如层次结构、网状结构和关系结构的数据模型分别命名为层次模型、网状模型和关系模型。

2. 数据操作

数据操作是指一组用于指定数据结构的任何有效的操作或推导规则，包括操作及有关的操作规则。常见的数据操作主要有两大类：检索和更新（包括插入、删除、修改）、数据模型定义的操作。

3. 完整性约束

完整性约束条件是一系列完整性规则的集合。完整性规则是给定的数据模型中数据及其联系所具有的制约和依存规则，用于限定符合数据模型的数据库状态以及其变化，以确保数据正确、有效地相容。

通常，数据模型应该反映和规定本数据模型必须遵守的基本的通用的完整性约束条件。此外，数据模型还应该提供定义完整性约束条件的机制，以反映具体应用所涉及的数据必须遵守的特定的语义约束条件。

数据结构是对数据库系统的静态特性的描述，数据操作是对系统动态特性的描述，完整性约束条件是该模型必须遵守的基本规则。

1.2.2 数据模型的发展

随着数据库应用领域的扩展，要求数据库管理的数据对象类型越来越多越来越复杂，传统的关系数据模型开始暴露出许多弱点，如对复杂对象的表示能力差，语义表达能力弱，缺乏灵活丰富的建模能力，对文本、时间、空间、声音、图像、视频、流数据、半结构化的 HTML 和 XML 等数据类型的处理能力差等。为此，人们提出并发展了许多新的数据模型。

1. 概念模型

基于实体对象的数据模型又称概念模型，使用了实体、属性和联系等概念。

概念模型也称信息模型，是对现实世界的第一层抽象，是面向现实世界、用户的数据模型。该模型完全不涉及信息在计算机中的表示，只是用来描述某个特定组织所关心的信息结构。概念数据模型注重于对现实世界复杂数据的结构描述及其相互之间内在联系的刻画，强调其语义表达能力和便于用户和数据库设计人员之间的交流。

概念模型是按用户的观点来对数据进行建模，强调的是语义表达能力，是对真实世界中问题域内事物的描述，是数据库设计的有力工具。概念模型不依赖于具体的计算机系统，它纯粹反映信息需求的概念结构。图 1-13 为数据库系统数据模型的抽象和解释的过程示意图。

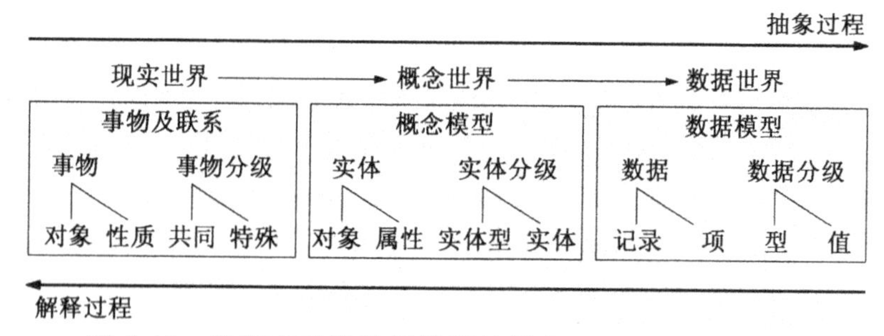

图 1-13　数据库系统数据模型的抽象和解释过程示意图

概念模型的设计方法很多，其中最早出现的、最著名的、最常用的方法便是实体-联系方法(Entity-Relationship Approach，E-R 方法)，即使用 E-R 模型图来表示现实世界的概念模型。

E-R 数据模型是实体-联系(entity-relationship)数据模型的缩写，由 Peter Chen 于 1976 年首先提出的一种使用实体-联系图表示数据逻辑关系的概念数据模型。E-R 数据模型首先从现实世界中抽象出实体类型和实体间的联系，然后使用图形符号来表示实体及其联系。E-R 图是 E-R 模型的直观表示形式，是用于表示现实世界中实体及其联系的一种信息结构图。

E-R 数据模型的基本思想是：首先设计一个概念模型，它是现实世界中实体及其联系的一种信息结构，并不依赖于具体的计算机系统，与存储组织、存取方法、效率等无关，然后再将概念模型转换为计算机上某个数据库管理系统所支持的逻辑数据模型。可以说，概念模型是现实世界到计算机世界的一个中间层。在 E-R 模型中只有实体、联系和属性三种基本成分，所以简单易懂、便于交流。

在使用 E-R 模型方法设计数据库系统逻辑结构时，通常可分为如下两步。

(1)将现实世界的信息及其联系用 E-R 图描述出来，这种信息结构是一种组织模式，与任何一个具体的数据库系统无关。

(2)根据某一具体系统的要求，将 E-R 图转换成由特定的数据库管理系统支持的逻辑数据结构。

E-R 模型包含 3 个基本要素：实体、属性和联系。

实体(entity)是可区别且可被识别的客观存在的事、物或概念，它是一个数据对象。例如，一把椅子、一个学生、一个产品、一个部门等都是一个实体。具有共性的实体可划分为实体集。实体的内涵用实体类型表示。在 E-R 图中，实体以矩形框表示，实体名写在框内。

属性(attribute)是实体所具有的特性或特征。一个实体可以有多个属性，例如，一个大学生有学生的姓名、学号、性别、出生年月、所属学校、院、系、班级、健康情况等属性。在 E-R 图中，属性以椭圆形框表示，属性名写在其中，并用线与相关的实体或联系相连接，表示属性的归属。对于多值属性可以用双椭圆形框表示，而派生属性则可以用虚椭圆形框表示。不但实体有属性，联系也可以有属性。

以学校实验室为实例，画出该学校实验室教学系统的 E-R 图，如图 1-14 所示。E-R 模型是各种数据模型的共同基础，也是现实世界的纯粹表示，它比数据模型更一般、更抽象、更接近现实世界。

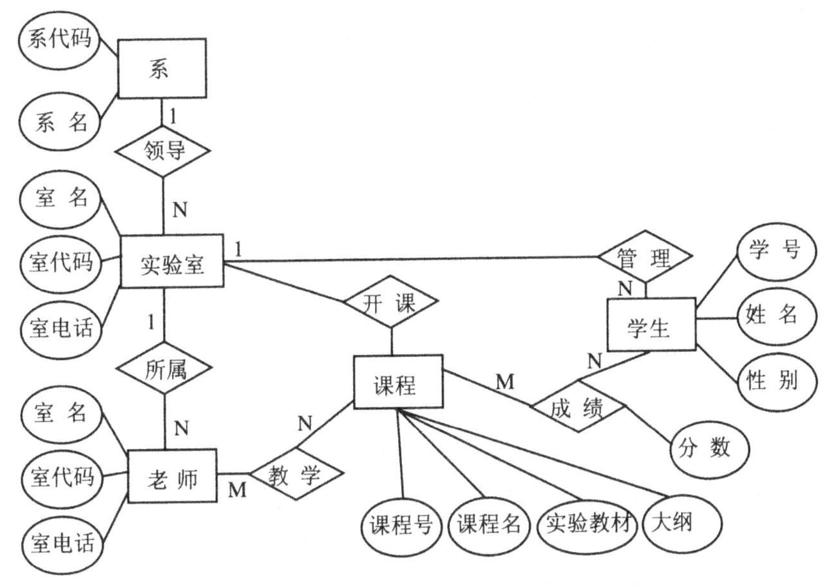

图 1-14　学校实验室教学系统 E-R 图

唯一标识实体集中的一个实体，又不包含多余属性的属性集称为标识属性，如实体“学生”的标识属性为“学号”。实体的一个重要特性是能够唯一地标识。

联系(relationship)表示一个实体集中的实体与另一个实体集中的实体之间的关系，例如，隶属关系、亲属关系、上下级关系、成员关系等。联系以菱形框表示，联系名写在菱形框内，并用连线分别将相连的两个实体连接起来，可以在连线旁写上联系的方式。通常，根据联系的特点和相关程度，联系可分为以下四种基本类型。

①一对一联系

一对一联系(1:1)是指实体集 A 中的一个实体至多对应实体集 B 中的一个实体。例如，班级和正班长之间的联系，如图 1-15 所示。

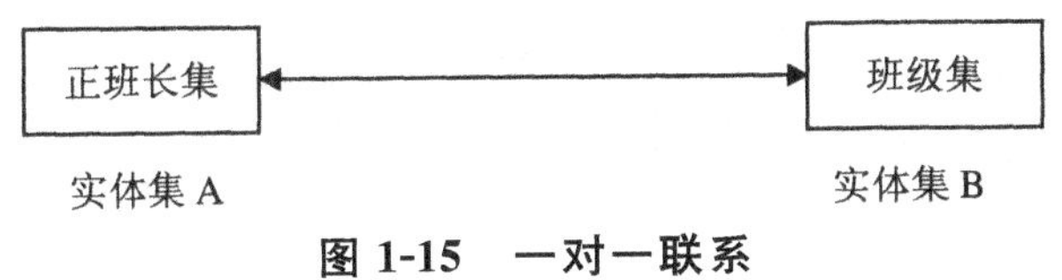

图 1-15　一对一联系

②一对多联系

一对多联系(1:n)是指实体集 A 中至少有一个实体对应于实体集 B 中的一个以上的实体。例如，班级与学生，每个班级有多名学生等，如图 1-16 所示。

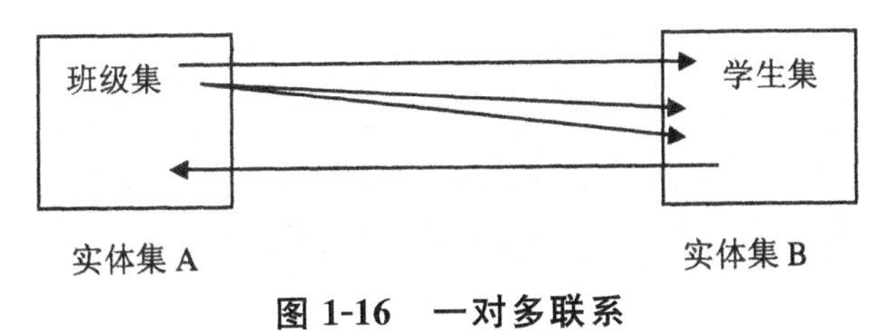

图 1-16　一对多联系

③多对多联系

多对多联系(m∶n)是指实体集 A 中至少有一个实体对应于实体集 B 中的一个以上的实体，且实体集 B 中至少有一个实体对应于实体集 A 中的一个以上的实体，则称实体集 A 与实体集 B 具有多对多联系，记为 m∶n。例如，学生与课程，每个学生选修多门课程，一门课程可供多名学生选读，如图 1-17 所示。

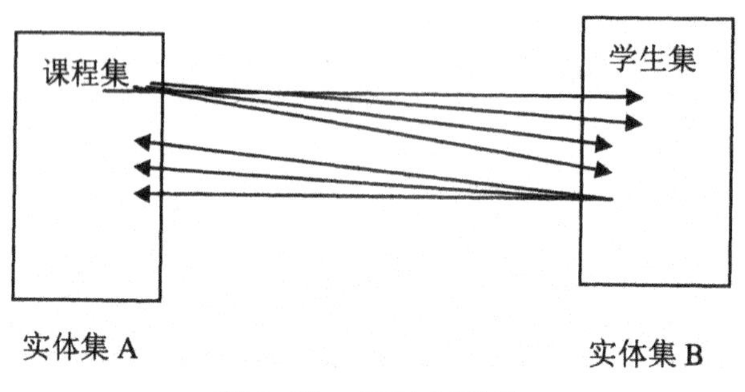

图 1-17　多对多联系

m∶n 联系是实体关系中更为一般的关系，如教师与学生，学生与课程等。1∶1 和 1∶m 的联系都可归为 m∶n 联系的特例。1∶1 联系是 1∶m 联系的特例，而 1∶n 又是 m∶n 联系的特例，他们之间的关系是包含关系，如图 1-18 所示。

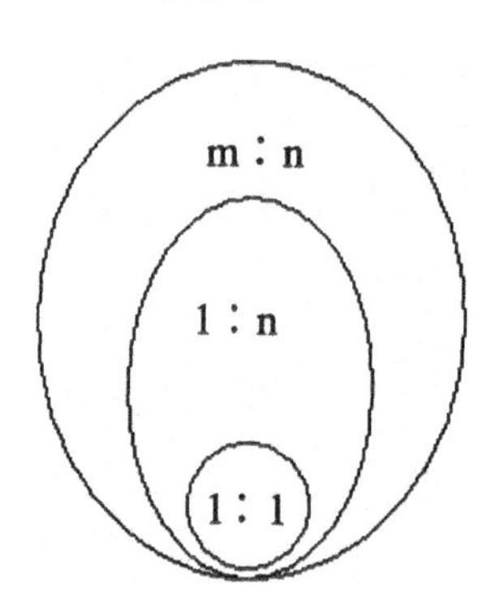

图 1-18　3 种联系的关系

④条件联系

条件联系是指仅在某种条件成立时，实体集 A 中有一个实体对应于实体集 B 中的一个实体，当条件不成立时没有这种对应关系。例如，职工姓名与子女姓名，仅当该职工有子女这个条件成立时，才有确定的子女姓名，对于没有子女的职工，其子女姓名为空。

属性又可分为原子属性和可分属性，前者是指不可再分的属性，后者则是还可以细分的属性。例如，在学生的属性中，学生的姓名、性别、出生年月、所属学校、院、系、班级都是原子属性，而健康情况则是可再细分为身高、体重、视力、听力等属性的可分属性。

实体型之间的一对一、一对多、多对多联系不仅存在于两个实体型之间，也存在于两个以上的实体型之间。同一个实体集内的各实体之间也可以存在一对一、一对多、多对多的联系。表 1-1 给出了学籍管理实体联系概念模型的基本术语理解。

表 1-1 学籍管理实体联系概念模型的基本术语理解

实体型	实体	学生	课程	成绩
	属性	学号、姓名、性别、出生年月、入学时间、专业、电话、地址	课程号、课程名、考试、开课学期、学分、学时	学号、课程号、成绩
属性值(个例)		学号为“090344007”，姓名为“张天天”	课程名为“行为艺术”，学分为7	学号为“090344007”，课程号为“070007”，成绩为97
域(个例)		学号为字符类型，字符数不超过10个	考试为布尔类型	成绩为数值类型，范围为0～100
码		学号	课程号	学号、课程号
实体集		所有学生信息	所有课程信息	所有学生成绩信息
联系		其中，学生与成绩是一对多联系(1:n)：一个学生可以选多门课，有多门课程的成绩；课程与成绩是一对多联系(1:n)：一门课程可以有多个选择此课程学生的成绩；学生与课程是多对多联系(m:n)：一个学生可以选多门课，一门课程可有多个学生选		

2. 层次模型

层次模型是数据库系统中最早出现的数据模型，层次数据库系统采用层次模型作为数据的组织方式。通常称，用树状结构来表示实体之间联系的模型为层次模型，该模型中数据被组织成由“根”开始的“树”，每个实体由根开始沿着不同的分支放在不同的层次上。树中的每一个结点代表实体型，连线则表示它们之间的关系。根据树形结构的特点，要建立数据的层次模型需要满足如下两个条件。

(1)有且只有一个结点没有双亲结点，这个结点就是根结点。

(2)根结点以外的其他结点有且仅有一个双亲结点，这些结点称为从属结点。

层次模型是按照层次结构(即树型结构)来组织数据的，树中的每一个结点表示一个记录类型，箭头表示双亲-子女关系。因此，层次模型实际上是以记录类型为结点的有向树，每一个结点除了具有(1)(2)性质外，还具有：

(3)由“双亲-子女关系”确定记录间的联系，上一层记录类型和下一层记录类型的联系是一对多联系。

层次模型这种结构方式反映了现实世界中数据的层次关系，例如图1-19所示是一个高等学校的组织结构，这个组织结构图像一棵树，校部就是树根(称为根节点)，各分院、专业、教师、学生等为枝点(称为节点)，树根与枝点之间的联系称为边，树根与边之比为1:n，即树根只有一个，树枝有n个。结构比较简单、直观。

层次结构模型实质上是一种有根节点的定向有序树(在数学中“树”被定义为一个无回路的连通图)。下图1-20为层次模型示意图，其中，R_i(i=1,2,…,6)代表记录(即数据的集合)，其中R_1就是根节点(如果R_i看成是一个家族，则R_1就是祖先，它是R_2、R_3、R_4的双亲，而R_2、R_3、R_4互为兄弟)，R_5、R_6也是兄弟，且其双亲为R3。R_2、R_4、R_5、R_6又被称为叶节点(无子女的节点)。这样，R_i(i=1,2,…,6)就组成了以R_1为树根的一棵树。

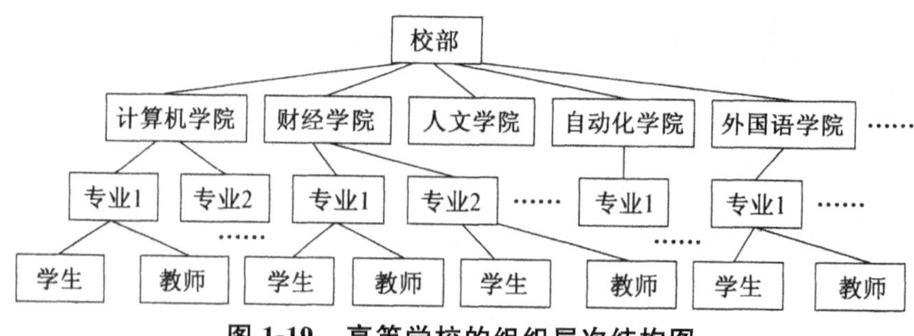

图 1-19　高等学校的组织层次结构图

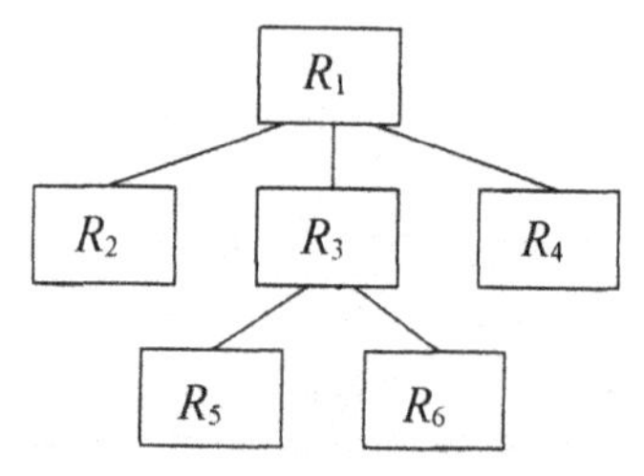

图 1-20　层次结构模型

层次模型最明显的特点是层次清楚、构造简单及易于实现，它可以很容易地表示现实世界的层次结构的事物及其之间的一对一和一对多这两种实体之间的联系。但由于层次模型需要满足上面两个条件，这样就使得多对多联系不能直接用层次模型表示。如果要用层次模型来表示实体之间的多对多联系，则必须首先将实体之间的多对多联系分解为几个一对多联系。分解方法有两种：冗余节点法和虚拟节点法。

层次数据模型的优缺点。优点有：①数据模型比较简单，操作简单。②提供良好的完整性支持。③对于实体间联系是固定的、且预先定义好的应用系统，性能较高。缺点有：①查询子女结点必须通过双亲结点。②对插入和删除操作的限制比较多。③不适合于表示非层次性的联系。④由于结构严密，层次命令趋于程序化。

3. 网状模型

网状模型和层次模型在本质上是一样的，从逻辑上看它们都使用连线表示实体之间的联系，用节点表示实体集；从物理上看，层次模型和网络模型都用指针来实现两个文件之间的联系，其差别仅在于网状模型中的连线或指针更加复杂，更加纵横交错，从而使数据结构更复杂。

网状数据模型用以实体型为结点的有向图来表示各实体及其之间的联系，且各结点之间的联系不受层次的限制，可以任意发生联系。网状模型中的结点有如下特点。

(1)允许有一个以上的结点无双亲结点。

(2)至少有一个结点有多于一个的双亲结点。

并且网状模型中还允许两个结点之间有两种或两种以上的关系。

图 1-21 为某医院医生、病房和病人之间的联系，即每个医生负责治疗 3 个病人，每个病房可住 1～3 个病人。如果将医生看成是一个数据集合，病人和病房分别是另外两个数据集合，那么医生、病人和病房的比例关系就是 m:n:p(即 m 个医生，n 个病人，p 间病房)。这种数据结构就是网状数据结构。

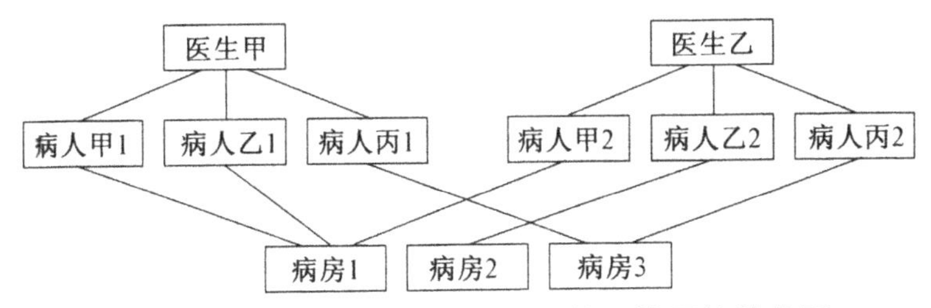

图 1-21　医生、病房和病人之间关系的网络结构图

网状模型中的联系用结点间的有向线段表示。每个有向线段表示一个记录间的一对多的联系。由于网状模型中的联系比较复杂，两个记录之间可以存在多种联系，这种联系也简称为系，一个记录允许有多个父记录，所以网状模型中的联系必须命名。如图 1-22 所示，即为网状数据模型。记录 $R_i(i=1,2,\cdots,8)$满足以下条件：①可以有一个以上的节点无双亲（如 R_1、R_2）。②至少有一个节点有多于一个以上的双亲（如 R_7、R_8）。

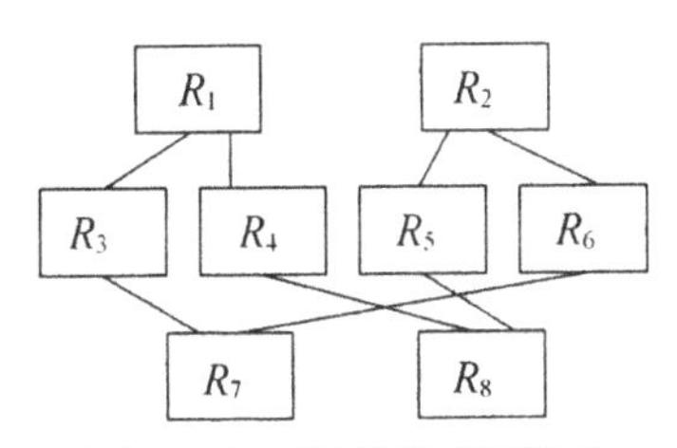

图 1-22　网状数据模型

在医生、病人、病房案例中，医生集合由若干个节点（m 个医生节点）无双亲，而病房集合有 p 个节点（病房），并有 1 个以上的双亲（病人）。

用网状模型设计出来的数据库称为网状数据库。网状数据库是目前应用较为广泛的一种数据库，它不仅具有层次模型数据库的一些特点，而且也能方便地描述较为复杂的数据关系。

网状数据模型的优点是能够更为直接地描述现实世界，如一个节点可以有多个双亲；具有良好的性能，存取效率较高。网状数据模型的缺点是结构比较复杂，需要程序员熟悉数据库的逻辑结构，在重新组织数据库时，容易失去数据独立性，而且随着应用环境的扩大，数据库的结构变得越来越复杂，不利于用户最终掌握；其 DDL、DML 语言复杂，用户不容易使用。

典型的网状数据库系统，DBTG 系统，也称为 CODASYL 系统，是由 DBTG 提出的一个系统方案，为数据库系统的基本概念、方法和技术的提出奠定了基础，于 20 世纪 70 年代推出。实际系统包括 Cullinet Software Inc. 公司的 IDMS、Univac 公司的 DMS 1100、Honeywell 公司的 IDS/2、HP 公司的 IMAGE 等。

4. 关系模型

关系模型是目前最重要的、应用最广泛的一种数据模型，该数据模型的产生开创了数据库的新模式。它是在层次模型和网状模型之后发展起来的一种逻辑数据模型，由于它具有严格的数学理论基础且其表示形式更加符合现实世界中人们的常用形式，和层次、网状模型相比，数据结构简单，容易理解。

关系模型是数学化的模型，由于把表格看成一个集合，因此，集合论、数理逻辑等知识可引入到关系模型中。从用户观点看，关系模型由一组关系组成，每个关系的数据结构是一张规范化的二维表，用来表示实体集，表中的列称为属性，列中的值取自相应的域，域是属性所有可能取值的集合，表中的一行称为一个元组，元组用主键标识。一般的二维表都是由多行和多列组成。

表 1-2 所示的学生关系就是一个二元关系。这个四行八列的表格的每一列称为一个字段（即属性），字段名相当于标题栏中的标题（属性名称）；表的每一行是包含了八个属性（学号、姓名、性别、出生年月、入学时间、专业、电话、地址）的一个八元组，即一个人的记录。这个表格清晰地反映出了学校学生的基本情况。

表 1-2 学生基本情况

学号	姓名	性别	出生年月	入学时间	专业	电话	地址
09071107	李白	女	1992/2/15	20009/9/1	美术	13912345678	上海未名路 5 号
09071104	张田	男	1991/9/05	2009/9/1	古典乐	13912345678	北京未名路 3 号
09071103	王强	男	1993/11/1	2009/9/1	美术	13912345678	深圳未名路号 7 号
09071122	陶虹	女	1990/12/25	2009/9/1	民族舞	13512345678	武汉未名路 9 号

①关系（Relation）：一个关系就是通常说的一张二维表。

②元组（Tuple）：表中的一行即为一个元组，描述一个具体实体，在关系数据库中称为记录。

③属性（Attribute）：表中的一列即为一个属性，给每一个属性起一个名称即属性名，在关系数据库中称为数据项或字段。

④关系模式（relation mode）：是对关系的描述。通常，关系模式可表示为

关系名（属性 1，属性 2，…，属性 n）

⑤域（domain）：属性的取值范围称为域。例如，大学生年龄属性的域为（16～35）。

⑥分量（element）：元组中的一个属性值称为分量。

⑦在关系模型中，键占有重要地位，主要有下列几种键：

- 超键（super key）：在一个关系中，能惟一标识元组的属性集。
- 候选键（candidate key）：一个属性集能够惟一标识元组，且不含多余属性。
- 主键（primary key）：关系模式中用户正在使用的候选键。
- 外键（foreign key）：如果模式 R 中某属性集是其他模式的主键，那么该属性集对模式 R 而言是外键。

一个 m 行、n 列的二维表格的结构如图 1-23 所示。表中每一行表示一个记录，每一列表示一个属性（即字段或数据项）。该表一共有 m 个记录，每个记录包含 n 个属性。

	属性 1	属性 2	属性 3	属性 4	……	属性 n
记录 1	……	……	……	……	……	……
记录 2	……	……	……	……	……	……
⋮	……	……	……	……	……	……
记录 m	……	……	……	……	……	……

图 1-23 m 行、n 列的二维表格的结构图

作为一个关系的二维表，必须满足以下条件：

- 表中每一列必须是基本数据项（即不可再分解）。

· 表中每一列必须具有相同的数据类型(如字符型或数值型)。
· 表中每一列的名字必须是唯一的。
· 表中不应有内容完全相同的行。
· 行的顺序与列的顺序不影响表格中所表示的信息的含义。

关系模型具有如下特点。

(1)关系模型的概念单一,易于理解,具有高度的简明性和精确性,但其查询效率不如非关系模型,需要进行优化。

(2)关系模型的存取路径对用户隐蔽,这样用户操作时可以完全不必关心数据的物理存储方式。

(3)关系模型中的数据联系是靠数据冗余实现的,关系数据库中不可能完全消除数据冗余,这使得关系的空间效率和时间效率都较低。

(4)关系模型建立在严格的数学基础上,关系运算的完备性和规范化设计理论为数据库技术的成熟奠定了基础。

(5)关系数据库语言与一切谓词逻辑的固有内在联系,为以关系数据库为基础的推理系统和知识库系统的研究提供了方便,并成为新一代数据库技术不可缺少的基础。

关系模型的优点是:①使用表的概念使信息简单直观,通过关系中的码可以直接表示实体之间的联系。②关系模型具有较好的数据独立性。关系模型的缺点则是其连接等操作开销较大,需要较高性能的计算机支持。

在关系数据库中,对数据的操作几乎全部建立在一个或多个关系表格上,通过对这些关系表格的分类、合并、连接或选取等运算来实现数据的管理。

由关系数据结构组成的数据库系统称为关系数据库管理系统,被公认为最强有力的一种数据库管理系统。它的发展十分迅速,目前在数据库管理系统中占据主导地位。自20世纪80年代以来,作为商品推出的数据库管理系统几乎都是关系型的,例如,Oracle、DB2、Sybase、Informix、Visual FoxPro、Access和SQL Server等。

5. 面向对象数据模型

面向对象数据模型简称对象数据模型。对象数据模型吸收了面向对象程序设计方法学的核心概念和基本思想,最基本的概念是对象和类。一个对象数据模型是用面向对象观点来描述现实世界实体(对象)的逻辑组织、对象间限制、联系等的模型。一系列面向对象核心概念构成了对象数据模型的基础。具有丰富语义的数据模型,可以描述对象的语义特征,包括对象的命名和标识、对象之间的多种联系、对象的层次结构、对象的继承性、多态性等。

对象是现实世界中实体的模型化,它是面向对象系统在运行时的基本实体,将状态(state)和行为(behavior)封装(encapsulate)在一起,每个对象有一个唯一的标识。其中,对象的状态是该对象属性值的集合,对象的行为是在该对象属性值上操作的方法集(method set)。

对象所具有的特点是:①封装性,是操作集描述可见的接口,界面独立于对象的内部表达。②继承性,即一个类(子类)可以是另一个类(超类)的特化(层次关系)。③子类继承超类的结构和操作,且可加入新的结构和操作。④多态性,又称为可重用性,是对象行为的一种抽象,是指允许存在名称相同但实现方式不同的方法,当调用某一个方法时,系统将自动进行识别并调用相应的方法。对象所具有的多态性可提高类的灵活性。

类是具有相同结构(属性)和行为(方法)的对象所组成的集合。属于同一个类的对象具有相同的操作。类具有若干个接口，它规定了对用户公开的操作，其中细节对用户不公开，用户通过消息(message)来调用一个对象接口中公开的操作，一个消息包括接收消息的对象、要求执行的操作和所需要的参数。

面向对象模型比网络、层次和关系模型具有更丰富的表达能力，也正因为如此，其模型相当复杂，实现也比较困难。面向对象数据库系统的典型代表是 GIS 地理信息系统。

6. XML 数据模型

随着 Web 应用的发展，越来越多的应用都将数据表示成 XML 的形式，XML 已成为网上数据交换的标准。所以当前数据库管理系统都扩展了对 XML 的处理，存储 XML 数据，支持 XML 和关系数据之间的相互转换等功能。由于 XML 数据模型不同于传统的关系模型和对象模型，其灵活性和复杂性导致了许多新挑战的出现。在学术界，XML 数据处理技术成为数据库、信息检索及许多其他相关领域研究的热点，涌现了许多研究方向，如 XML 数据模型、XML 数据的存储和索引、XML 查询处理和优化、XML 数据压缩、XML 检索等。

XML 数据类似与半结构化数据，可当作半结构化数据的特例，但二者存在差别，半结构化数据模型无法描述 XML 的特征。

目前还没有公认的 XML 数据模型，W3C 已经提出的有：XML Information Set，XPath 1.0 Data Model，DOM Model 和 XML Query Data Model。这 4 种模型都采用树结构。XML Query Data Model 属于较为完全的一种。

7. 半结构化数据模型

Web 环境中的数据大都是半结构化的数据(Semi-Structured Data)和无结构(Unstructured Data)的数据。随着 Internet 的全球普及，海量的 Web 数据已经成为一种新的重要的信息资源，如何对 Web 数据进行更有效的访问和管理已成为信息领域也是数据库领域面临的新课题。

一般的半结构化数据存在一定的结构，但这些结构或者没有被清晰地描述，或者是动态变化的，或者过于复杂而不能被传统的模式定义来表现。因此，针对半结构化数据的特点，研究它的数据模型及描述形式，成为研究半结构化数据模式提取方法的基础的必要条件。

从描述形式上，半结构化数据大致可分为基于逻辑的描述形式和基于图的两类描述形式。

采用逻辑方式描述半结构化数据模型的代表有 AT&T 实验室的 Information Manifold 系统。它采用描述逻辑(description logic)来表示数据模型。还有用一阶逻辑(first-order logic)和数据库逻辑(Datalog)规则描述数据模型的方法。Datalog 规则描述半结构化数据模型的主要思想是通过指明对象的入边和出边来定义对象的类型，数据模型定义就是一组 Datalog 规则。

1.3 关系型数据库

1.3.1 关系数据库的发展

关系数据库应用数学方法来处理数据库中的数据。最早将这类方法用于数据处理的是 1962 年 CODASYL 发表的“信息代数”，之后有 1968 年 David Child 在 IBM 7090 机上实现的集合论数据结构，但系统地、严格地提出关系模型的是美国 IBM 公司的 E. F. Codd。

1970 年 E. F. Codd 在美国计算机学会会刊《Communications of the ACM》上发表的题为“A Relational Model of Data for Shared Data Banks”的论文，开创了数据库系统的新纪元。ACM 在 1983 年把这篇论文列为从 1958 年以来的四分之一世纪中具有里程碑意义的 25 篇研究论文之一。以后，他连续发表了多篇论文，奠定了关系数据库的理论基础。

20 世纪 70 年代是关系数据库研究和开发的时代，开发的 DBMS 产品中近百分之九十是采用关系数据模型。20 世纪 70 年代末，关系方法的理论研究和软件系统的研制均取得了很大成果，IBM 公司的 San Jose 实验室在 IBM370 系列机上研制的关系数据库实验系统 System R 历时 6 年获得成功。1981 年 IBM 公司又宣布了具有 System R 全部特征的新的数据库软件产品 SQL/DS 问世。

30 多年来，关系数据库系统的研究和开发取得了辉煌的成就。小型数据库系统有 FoxPro、ACCESS、PARADOX 等，大型数据库系统有 DB2、INGERS、ORACLE、INFORMIX、SYBASE 等。RDBMS 经历了从集中到分布、从单机到网络、从支持信息管理到联机事务处理(OLTP)、再到联机分析处理(OLAP)的发展过程。关系数据库系统从实验室走向了社会，成为最重要、应用最广泛的数据库系统，大大促进了数据库应用领域的扩大和深入。因此，关系数据模型的原理、技术和应用十分重要。

对关系模型的支持逐步完善，系统功能不断增强，关系数据库产品的发展可以从 4 方面的发展情况来说明。

(1)对关系模型的支持：第一阶段支持关系数据结构和基本的关系操作；第二阶段符合甚至超过 SQL 标准，但对数据完整性支持较差；第三阶段加强了对完整性和安全性的支持。

(2)运行环境：第一阶段为多用户系统，在单机环境下运行；第二阶段能在多种硬件平台和操作系统下运行，数据库向分布式系统发展；第三阶段为网络环境下分布式数据库和客户/服务器结构的数据库系统。

(3)RDBMS 系统构成：早期 RDBMS 主要提供数据定义、数据存取、数据控制等基本操作和数据存储组织、并发控制、安全性完整性检查、系统恢复、数据库的重组和重构等基本功能。第二阶段的产品以 RDBMS 数据管理的基本功能为核心，开发的外围软件构成一组相互联系的 RDBMS 工具软件，为用户提供一个良好的基于网络应用的开发环境，并提高应用开发效率。

(4)对应用的支持：第一阶段用于信息管理应用领域；第二阶段针对联机事务处理应用领域，包括事务吞吐量和事务联机响应时间及其相关的性能和可靠性等内容；第三阶段支持整个企业的联机事务处理和联机分析处理。

1.3.2 关系的形式定义、特点

通常把关系称为二维表，这是对关系的直观描述。关系模型的数据操作是以关系代数和关系演算为理论基础的。关系演算是和关系代数等价的关系运算数理逻辑表示方式。了解关系模型的数学基础，对于理解关系模型、设计数据模式和实现应用会有很大帮助。所以有必要从数学的角度给出关系的形式化定义，并对有关概念做一论述。

1. 域

域是一组有相同数据类型的值的集合。例如，自然数、整数、实数、长度小于25字节的字符串集合、{0,1}、大于等于0且小于50的正整数等，都可以是域。例如下面三个集合表示的域。

D1＝学生集合＝{天天，Kimi，王诗，田橙}，表示学生姓名的集合。

D2＝性别集合＝{男，女}，表示性别的集合。

D3＝专业集合＝{模特，飞行员，主持，运动员}，表示专业的集合。

域中所包含的所有值的个数称为域的基数。关系模型中域通常用于表示属性的取值范围。

2. 笛卡尔积

为了给出形式化的关系定义，首先定义笛卡儿积：

设 $D_1,D_2,\cdots,D_n$ 为任意集合，定义 $D_1,D_2,\cdots,D_n$ 的笛卡儿积为：

$D_1\times D_2\times\cdots\times D_n=\{(d_1,d_2,\cdots,d_n)\}\mid d_i\in D_i,i=1,\cdots,n\}$ 其中集合的每一个元素 $(d_1,d_2,\cdots,d_n)$ 称作一个 n 元组，简称元组，元组中每一个 d_i 称作元组的一个分量。

例如假设：

$$D_1=\{p2,p4,p7,p9\}$$

$$D_2=\{显示卡,声卡,解压卡\}$$

则

$D_1\times D_2$＝{(p2，显示卡)，(p2，声卡)，(p2，解压卡)，(p4，显示卡)，(p4，声卡)，(p4，解压卡)，(p7，显示卡)，(p7，声卡)，(p7，解压卡)，(p9，显示卡)，(p9，声卡)，(p9，解压卡)}

笛卡尔积实际上就是一个二维表，如图1-24所示。

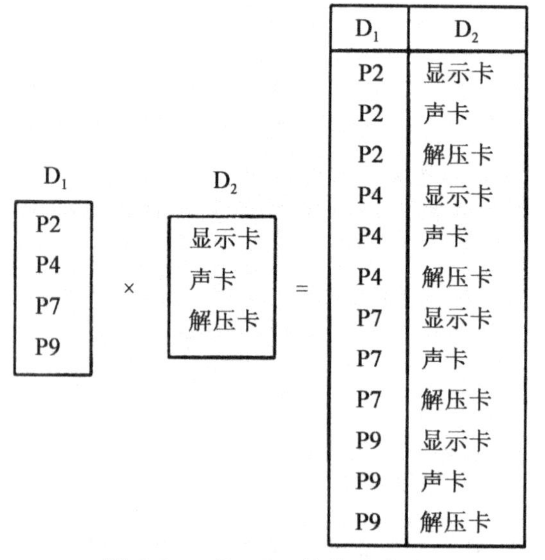

D_1	D_2
P2	显示卡
P2	声卡
P2	解压卡
P4	显示卡
P4	声卡
P4	解压卡
P7	显示卡
P7	声卡
P7	解压卡
P9	显示卡
P9	声卡
P9	解压卡

图1-24　D_1,D_2 的笛卡尔积

在图1-24中，表的任意一行就是一个元组，它的第一个分量来自 D_1，第二个分量来自 D_2。笛卡尔积就是所有这样的元组的集合。

3. 关系

根据笛卡儿积的定义可以给出一个关系的形式化定义：笛卡儿积 $D_1 \times D_2 \times \cdots \times D_n$ 的任意一个子集称为 $D_1, D_2, \cdots, D_n$ 上的一个 n 元关系。

形式化的关系定义同样可以把关系看成二维表，但是，关系与传统的二维表又有区别。

给表的每一列取一个名字，称为属性或字段。元关系有 n 个属性，每个属性都有名字，称为属性名，属性的名字要唯一。属性的取值范围 $D_i(i=1,\cdots,n)$ 称为值域(Domain)。

比如对上面的例子，取子集：

R＝{(P2，显示卡)，(P4，声卡)，(P7，声卡)，(P9，解压卡)}

如图 1-25 所示二维表的形式，把第一个属性命名为器件号，把第二个属性命名为器件名称。

器件号	器件名称
P2	显示卡
P4	声卡
P7	声卡
P9	解压卡

图 1-25　R 关系

关系中的行被称为元组(Tuple)或记录。元组中的每一个属性值称为元组的一个分量，n 元关系的每个元组有 n 个分量。如图 1-25 中，元组(P2，显示卡)中对应"器件号"属性的分量是"P2"，对应"器件名称"属性的分量是"显示卡"。

注意：

(1)关系是元组的集合，集合(关系)中的元素(元组)是无序的；而元组不是分量的集合，元组中的分量是有序的。

例如，在关系中$(a,b) \neq (b,a)$，但在集合中$\{a,b\}=\{b,a\}$。

(2)若一个关系的元组个数是无限的，则该关系称为无限关系，否则称为有限关系；在数据库中只考虑有限关系。

若关系中的某一属性组的值能唯一地标识一个元组，则称该属性组为候选码(Candidate Key)。

若一个关系有多个候选码，则选定其中一个为主码(Primary key)。

候选码的诸属性称为主属性(Prime Attribute)。不包含在任何候选码中的属性称为非主属性(Non-Prime Attribute)或非码属性(Non-key Attribute)。

在最简单的情况下，候选码只包含一个属性。在最极端的情况下，关系模式的所有属性是这个关系模式的候选码，称为全码(All-key)。

在关系数据库中可以通过外部关键字使两个关系关联，这种联系通常是一对多(1:n)的，其中主(父)关系(1 方)称为被参照关系(Referenced relation)，从(子)关系(n 方)称为参照关系(Referencing relation)。图 1-26 说明了通过外部关键字关联的两个关系，其中职工关系通过外部关键字仓库号参照仓库关系。

仓库号	城市	面积
WH1	北京	370
WH2	上海	500
WH3	广州	200
WH5	合肥	130

仓库号	职工号	工资
WH2	E1	1 220
WH1	E3	1 210
WH2	E4	1 250
WH3	E6	1 230
WH1	E7	1 250

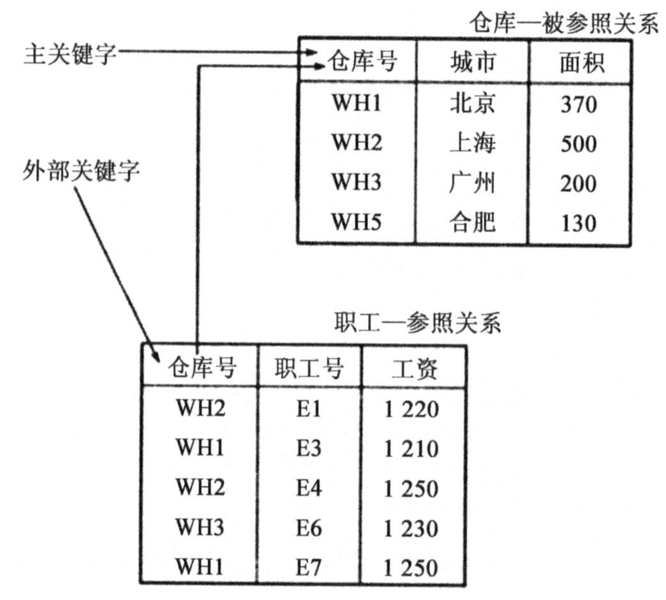

图 1-26　参照关系与被参照关系

1.3.3　关系数据库的性质

关系可以看作是二维表，但并不是所有的二维表都是关系，关系数据库需要满足以下性质。

(1)每一分量必须是不可再分的最小数据项，即每个属性都是不可再分解的基本属性，这是关系数据库对关系的最基本的限定，图 1-27 就是一个不满足限定的表格，其中高级职称人数不是最小数据项，它可以分解为教授和副教授两个数据项。

系名称	高级职称人数	
	教授	副教授
计算机系	6	10
信息管理系	3	5
电子与通信系	4	8

图 1-27　不满足限定的表格

(2)列的个数和每列的数据类型是固定的，即每一列中的分量是同类型的数据，来自同一个值域。

(3)不同的列应有不同的名，每一列对应一个属性。

(4)列的顺序是无关紧要的，即列的次序可以任意交换，但一定是整体交换，属性名和属性值必须作为整列同时交换。

(5)行的顺序是无关紧要的，即行的次序可以任意交换。

(6)元组不可以重复，即在一个关系中任意两个元组不能完全相同。

1.3.4 关系操作与关系模型的完整性约束

1. 关系操作

RDBMS 向用户提供了可以直接对数据库进行操作的查询语句。这种查询语句可以通过对关系(即二维表)的一系列运算来实现。

运算对象、运算符、运算结果是关系操作的三要素。关系运算的运算对象及运算结果均为关系,而关系是一个集合,所以关系操作采用的是集合操作方式。

关系运算包括查询(并、交、差、笛卡儿积、选择、投影、连接和除)和更新(插入、删除和修改)。

关系数据库系统至少应当支持三种关系运算即选择、投影和连接。

选择是从二维表中选出符合条件的记录,它是从行的角度对关系进行的运算。

投影是从二维表中选出所需要的列,它是从列的角度对关系进行的运算。

连接是同时涉及到两个二维表的运算,它是将两个关系在给定的属性上满足给定条件的记录连接起来而得到的一个新的关系。

关系数据库是建立在关系模型基础上的,选择、投影、连接是作为关系的二维表的三个基本运算。

对关系的操作是集合操作,操作的内容和返回的结果都是用集合表示的,可以把集合运算的操作符引入到关系操作中,可以灵活地对关系中的数据进行各种操作,例如集合的并、交、差、乘积、除等可以定义在关系上进行。

实现关系数据库操作的语言称为关系数据库语言,关系数据库语言分为关系代数语言、关系演算语言和结构化查询语言 SQL(Structured Query Language)三种。

2. 关系模型的完整性约束

数据库中数据的完整性是指数据的正确性和相容性。例如在“教学管理”数据库的“成绩”表中,成绩字段在设计中采用了“单精度型”数据存储,这个范围是很大的,而且还包括负数,但实际使用中大部分课程的成绩是采用百分制来描述的,这就需要对成绩字段做进一步的范围约束。另外,“成绩”表中字段“学号”的每一个记录值必须是“教学管理”数据库的“学生”表中存在的学号值,否则就意味着数据库中存在着不属于任何一个学生的学习成绩。这些与实际情况不符的情况,是数据不完整的表现。为了保证数据库中数据的完整性,要求对创建的关系数据库提供约束机制。

(1)关系完整性的类型

关系的完整性规则是对关系的某种约束条件,有 4 类:实体完整性、参照完整性、用户定义完整性和域完整性。其中实体完整性和参照完整性是关系模型必须满足的完整性约束条件,适用于任何关系数据库系统。用户定义的完整性是针对某一具体领域的约束条件,它反映某一具体应用所涉及的数据必须满足的语义要求。

①实体完整性

实体完整性是要保证在关系中的每个元组都是可识别和唯一的。

实体完整性规则的具体内容是：若属性 A 是关系 R 的主属性，则属性 A 不可以为空值。

所谓空值就是“不知道”或“没有确定”，它既不是数值 0，也不是空字符串，是一个未知的量。

实体完整性规则规定了关系的所有主属性都不可以取空值，例如有仓库关系：

仓库(仓库号，城市，面积)

其中仓库号是关键字，不可以取空值。再例如有关系：

库存(仓库号，器件号，存放数量)

其中仓库号和器件号共同构成关键字，则仓库号和器件号均不可以取空值。

对于实体完整性规则有如下说明。

• 实体完整性规则是针对基本关系而言的。一个基本表通常对应现实世界的一个实体集。例如学生关系对应于学生的集合。

• 现实世界中的实体是可区分的，即它们具有某种唯一性标识。例如每个学生都是独立的个体，是不一样的。

• 相应地，关系模型中以主码作为唯一性标识。

• 主码中的属性即主属性不能取空值。如果主属性取空值，就说明存在某个不可标识的实体，即存在不可区分的实体，这与第②点相矛盾，因此这个规则称为实体完整性。

②参照完整性

实体完整性是针对单个基本关系而言，而参照完整性主要是描述了多个关系间的完整性。

若属性(或属性组)E 是基本关系 R 的外码，它与基本关系 S 的主码 Ks 相对应，则对于 R 中每个元组在 F 上的值等于 S 中某个元组的主码值，或者为空值(F 的每个属性值均为空值时)。

例如，表 1-3 中，学生关系中“专业编号”是外码，该列要么全为空，若不为空则必须是专业关系中“专业编号”列的内容之一。空值表示该学生尚未分配专业。

表 1-3　学生-专业关系数据库实例

学生关系

学号	姓名	性别	专业编号	民族
20090407007	张天	男	02	汉
20090407005	王诗	女	03	汉
20090702003	郭子睿	男	07	汉

专业关系

专业编号	专业名称	备　注
02	模特	
03	跳水	
07	古典音乐	

③用户定义的完整性

任何关系数据库系统都应该支持实体完整性和参照完整性，这是关系模型所要求的。除此之外，不同的关系数据库系统根据其应用环境的不同，往往还需要一些特殊的约束条件，用户定义完整性约束就是针对某一具体数据的约束条件，由应用环境决定。

实体完整性和参照完整性是关系数据模型必须要满足的，或者说是关系数据模型固有的特性。除此之外，还有其他与应用密切相关的数据完整性约束，例如某个属性的值必须唯一，某个属性的取值必须在某个范围内，某些属性值之间应该满足一定的函数关系等。类似这些方面的约束不是关系数据模型本身所要求的，而是为了满足应用方面的语义要求而提出的，这些完整性需求需要用户来定义，所以又称为用户定义完整性。数据库管理系统需提供定义这些数据完整性的功能和手段，以便统一的进行处理和检查，而不是由应用程序去实现这些功能。

在用户定义完整性中最常见的是限定属性的取值范围，即对值域的约束，这包括说明属性的数据类型、精度、取值范围、是否允许空值等。对取值范围又可以分为静态定义和动态定义两种，静态取值范围是指属性的值域范围是固定的，而动态取值范围是指属性值域的范围动态依赖于其他属性的值。

④域的完整性

数据库表中对指定列有效的输入值，通过数据类型、格式(CHECK 约束和规则)或可能的取值范围(FOREIGN KEY、CHECK、DEFAULT、NOT NULL 等)来定义。

(2)强制数据完整性

声明数据的完整性：定义数据标准规定必须作为对象定义的一部分；可以通过使用约束、默认和规则来实现。

过程定义数据的完整性：用过程来实现定义数据的完整性，包括存储过程和触发器。

在 SQL Server 中可以用数据定义的方式定义的约束有 5 种，它们是主键约束(primary key constraint)、唯一性约束(unique constraint)、检查约束(check constraint)、默认约束(default constraint)和外部键约束(foreign key constraint)。SQL Server 可以使用存储过程和触发器实现复杂的数据完整性约束。

(3)完整性约束的作用

数据完整性的作用就是要保证数据库中的数据是正确的，这种保证是相对的，例如在域完整性中规定了属性的取值范围在 15～30 之间，如果将 20 误写为 22，这种错误靠数据模型或关系系统是无法控制的。

但是通过数据完整性规则还是大大提高了数据库的正确度，通过在数据模型中定义实体完整性规则、参照完整性规则和用户定义完整性规则，数据库管理系统将检查和维护数据库中数据的完整性。

①执行插入操作时检查完整性

执行插入操作时需要分别检查实体完整性规则、参照完整性规则和用户定义完整性规则。

首先检查实体完整性规则，如果插入元组的主关键字的属性不为空值、并且相应的属性值在关系中不存在(即保持唯一性)，则可以执行插入操作，否则不可以执行插入操作。

接着再检查参照完整性规则，如果是向被参照关系插入元组，则无须检查参照完整性；如果是向参照关系插入元组，则要检查外部关键字属性上的值是否在被参照关系中存在对应的主关键字的值，如果存在则可以执行插入操作，否则不允许执行插入操作。另外，如果插入元组的外部关键字允许为空值，则当外部关键字是空值时也允许执行插入操作。

最后检查用户定义完整性规则，如果插入的元组在相应的属性值上遵守了用户定义完整性规则，则可以执行插入操作，否则不可以执行插入操作。

综上所述，在插入一个元组时只有满足了所有的数据完整性规则，插入操作才能成功，否则插入操作不成功。

②执行删除操作时检查完整性

执行删除操作时一般只需要检查参照完整性规则。

如果删除的是参照关系的元组，则不需要进行参照完整性检查，可以执行删除操作。

如果删除的是被参照关系的元组，则检查被删除元组的主关键字属性的值是否被参照关系中某个元组的外部关键字引用，如果未被引用则可以执行删除操作；否则可能有三种情况：

- 不可以执行删除操作，即拒绝删除。
- 可以删除，但需同时将参照关系中引用了该元组的对应元组一起删除，即执行级联删除。
- 可以删除，但需同时将参照关系中引用了该元组的对应元组的外部关键字置为空值，即空值删除。

采用以上哪种方法进行删除，用户是可以定义的。

③执行更新操作时检查完整性

执行更新操作可以看作是先删除旧的元组，然后再插入新的元组。所以执行更新操作时的完整性检查综合了上述两种情况。

1.4　数据库设计基础

数据库设计是建立数据库及其应用系统的核心和基础。数据库设计是指对于一个给定的应用环境，构造最优的数据库模式，建立数据库及其应用系统，使之能够有效地存储数据，满足各个用户的应用需求。数据库设计的过程就是将现实世界的数据进行抽象、概括，使之与数据库系统有机协调结合的过程。

按照规范设计的方法，考虑数据库及其应用系统开发全过程，数据库设计一般分为 6 个阶段，如图 1-28 所示。

- 需求分析。准确了解与分析用户需求(包括数据与处理)。
- 概念结构设计。对用户需求进行综合、归纳与抽象，形成一个独立于具体 DBMS 的概念模型。
- 逻辑结构设计。将概念结构转换为某个 DBMS 所支持的数据模型，并对其进行优化。
- 物理结构设计。为逻辑数据模型选取一个最适合应用环境的物理结构(包括存储结构和存取方法)。
- 数据库实施。建立数据库，编制与调试应用程序，组织数据入库，进行试运行。
- 数据库运行与维护。对数据库系统进行深入评价、调整与修改。

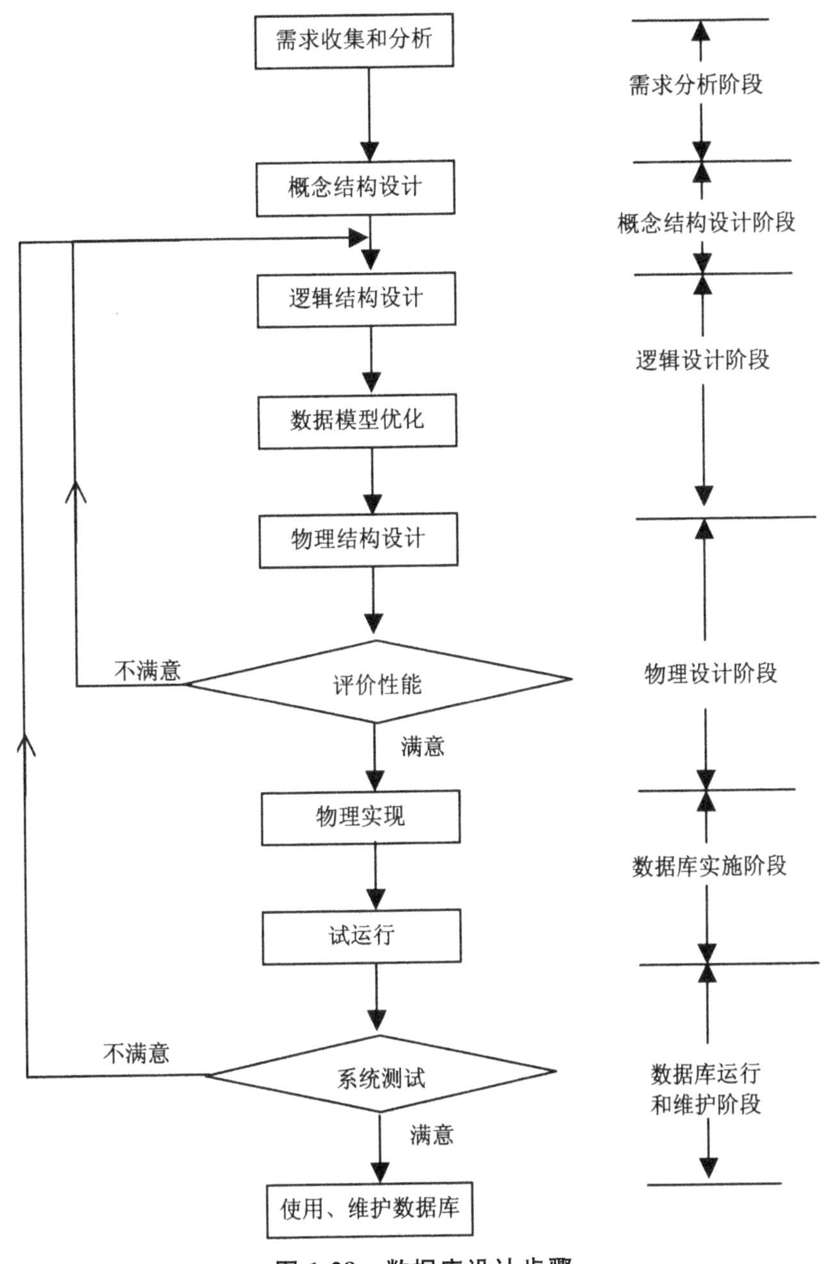

图 1-28　数据库设计步骤

1.4.1　需求分析

需求分析是整个数据库设计过程中最重要的步骤之一，是后继各阶段的基础。在需求分析阶段从多方面对整个组织进行调查，收集和分析各项应用对信息和处理两方面的需求。简单地说，需求分析就是分析用户的需求。如前所示，需求分析的结果是否准确地反映了用户的实际要求，将直接影响到后面各个阶段的设计，并影响到设计结果是否合理和实用。

1. 系统调查,收集相关资料

通过各种方式与各层次用户进行交流,了解用户对系统的要求,系统内部各部分所有的数据和处理,系统与环境的接口,形成整个系统的信息框架。收集资料是数据库设计人员和用户共同完成的任务。确定企业组织的目标,从这些目标导出对数据库的总体要求。通过调研,确定由计算机完成的功能。

2. 分析整理

在系统调查,并收集了相关资料之后,需要将调查和收集来的信息进行整理,形成规范的文档。分析的过程是对所收集到的数据进行抽象的过程,产生求解的模型。

3. 数据流图

设计人员对调查结果进行分析,获得业务流程以及业务与数据之间的联系。

分析的方法有多重,其中结构化分析方法(SA)属于简单实用型。结构化分析方法从最上层的系统组织机构入手,采用自顶向下、逐层分解的方式分析系统。系统总是由最高层次的处理,逐步分解为若干个更为具体的处理。一般采用数据流图来描述系统的功能。数据流图可以形象地描述事务处理与所需数据的关联,便于用结构化系统方法,自顶向下,逐层分解,步步细化。在逐步分解的过程中,各子处理的流程和功能逐步清楚,相应的数据也逐步被分解,形成若干的数据流程图(DFD),如图 1-29 所示。

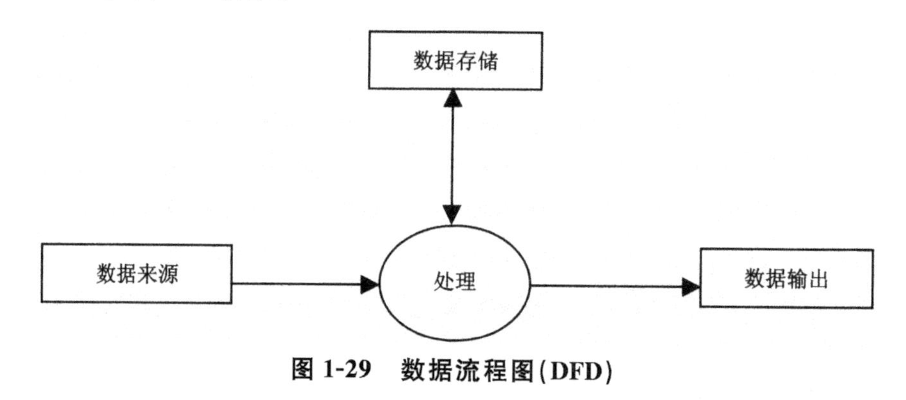

图 1-29　数据流程图(DFD)

例如,调查一所学校的教师在教材科的领书这个业务流程以及涉及的数据。

通过调查得知:首先,检查教师领书凭证,写明书名、作者、出版社、单价、版次;其次,由教材科查询书库,如果有教师需要的书,则将凭证登记在案,发书给教师,书库数量减少,将领书信息登记。

以上业务流程获得第一层数据流程图(DFD),如图 1-30 所示。

4. 数据字典

通过使用数据字典对数据流图的数据流和加工等进一步定义,从而完整地反映系统需求。

数据字典(DD)是系统中各类数据描述的集合,凡是系统中涉及的所有数据都必须记录在数据字典中,包括程序设计中所有的变量、常量等。数据字典是数据库设计的重要工具。数据字典通常包括数据项、数据结构、数据流、数据存储和处理过程5部分。

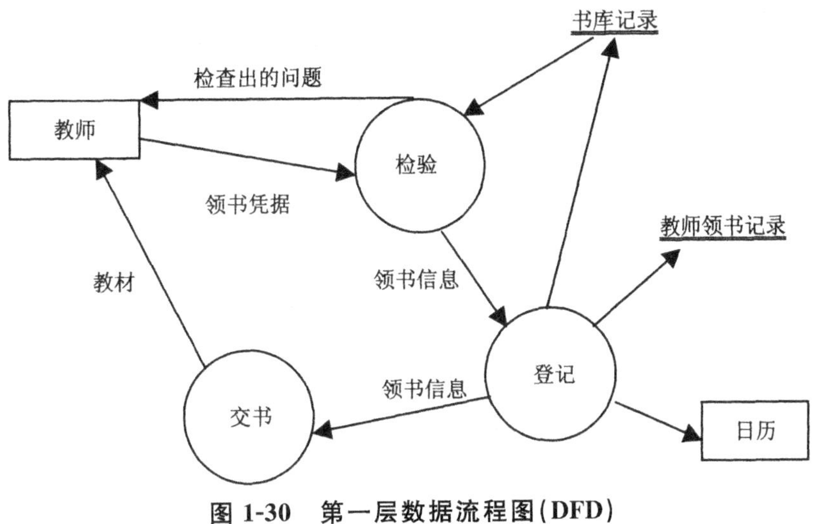

图 1-30　第一层数据流程图(DFD)

5. 用户确认

需求分析得到的数据流图和数据字典要返回给用户，通过反复完善，最终取得用户的认可。对用户需求进行分析与表述后，必须将需求分析报告提交给用户，征得用户的认可。图1-31描述了需求分析的过程。

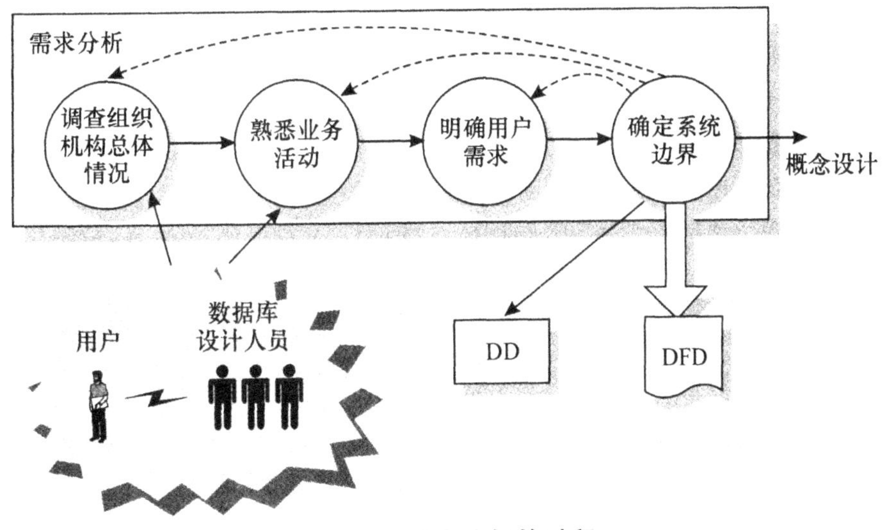

图 1-31　需求分析的过程

1.4.2　概念结构设计

概念结构设计是产生从用户的角度反映企业组织信息需求的数据库概念结构的过程。

概念结构设计阶段的目标是产生整体数据库概念结构，即概念模式。概念模式是整个组织各个用户关心的信息结构。如图 1-32 所示，在设计时将现实世界中的客观对象直接转换为计算机世界中的对象，设计者会非常不方便，注意力被牵扯到更多的细节限制方面；而不能集中在最重要的信息的组织结构和处理模式上。因此，通常是将现实世界中的客观对象首先抽象为不依赖任何具体计算机的信息结构，这种信息结构不是 DBMS 支持的数据模型，而是概念模型，然后再把概念模型转换成具体计算机上 DBMS 支持的数据模型。概念模型就是现实世界到计算机世界的过渡中间层次。

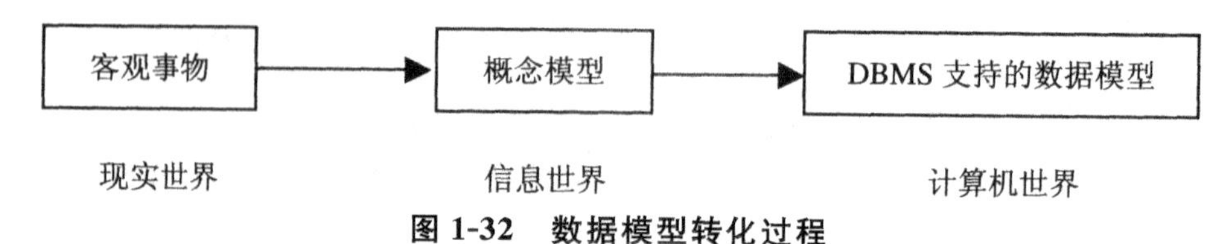

图 1-32　数据模型转化过程

概念结构设计的主要原料是需求分析中得到的用户信息。在设计的过程中，如果检查出需求分析中有遗漏或错误的地方，应返回需求分析进行补救。同时，概念结构设计的成果又是逻辑设计的原料，因此，概念结构设计在整个设计过程中比较重要。

概念结构设计的主要特征是：

- 真实、充分地反映客观世界，事物以及事物之间的联系。
- 独立于数据库逻辑结构，独立于存储安排和效率问题的考虑。
- 易于理解，不含具体 DBMS 所附加的技术细节，有利于与用户交流。
- 易于维护。
- 易于向各种数据模型转换。

描述概念结构的有力工具是 E-R 图。有关 E-R 图的描述参见 1.2.2 小节。

1.4.3　逻辑结构设计

逻辑设计就是把上述概念模型转换成为某个具体的数据库管理系统所支持的数据模型。

逻辑设计阶段主要分成两块：逻辑结构设计和应用程序设计。逻辑结构设计是静态结构设计，主要任务是将概念结构设计阶段的 E-R 模型转换为特定计算机上的 DBMS 所支持的数据模型，并进行优化。而应用程序设计是动态行为设计，主要任务是使用主语言和 DBMS 的 DML 进行结构式的程序设计。

逻辑结构设计的主要原料来自概念结构设计的结果基本 E-R 模型。在设计的过程中，如果检查出需求分析或概念结构设计中有遗漏或错误的地方，应返回出错的阶段进行补救。同时，逻辑结构设计的成果又是物理设计的原料，如果设计失败可能导致前面工作的浪费和后面工作无法进行的严重后果。因此，逻辑结构设计在整个设计过程中占据重要位置。

1. 逻辑结构设计环境

逻辑结构设计涉及的因素如图 1-33 所示。

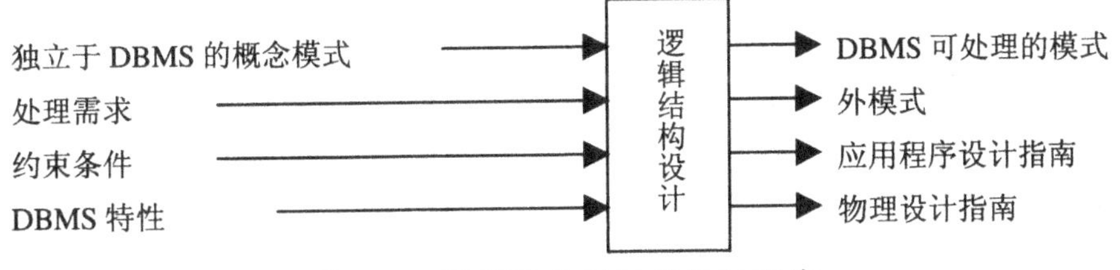

图 1-33　逻辑结构设计的设计因素

其中需要输入的信息包含以下内容。

(1)概念模式

概念结构设计阶段产生的局部和全局概念模式。

(2)处理需求

需求分析中产生的业务活动分析结果。

(3)约束条件

完整性、一致性、安全性以及响应时间要求等。

(4)DBMS 特征

特定的 DBMS 所支持的模式、外模式和程序语法的形式规则。

输出信息包含内容如下。

(1)DBMS 可处理的模式

即能用特定 DBMS 实现的数据库的说明，对某些访问路径参数的说明。

(2)外模式

与单个用户观点和完整性约束一致的 DBMS 所支持的数据结构。

(3)应用程序设计指南

为应用程序员提供访问路径选择。

(4)物理设计指南

完全文档化模式和外模式，其中包括容量、使用频率、软硬件等信息，为物理设计服务。

2. 逻辑结构设计步骤

逻辑结构设计是系统设计里的重要一环，主要经过转换、优化等步骤得到满意结果。一般只讨论关系模型，下图 1-34 所示为各步骤的详细介绍内容。

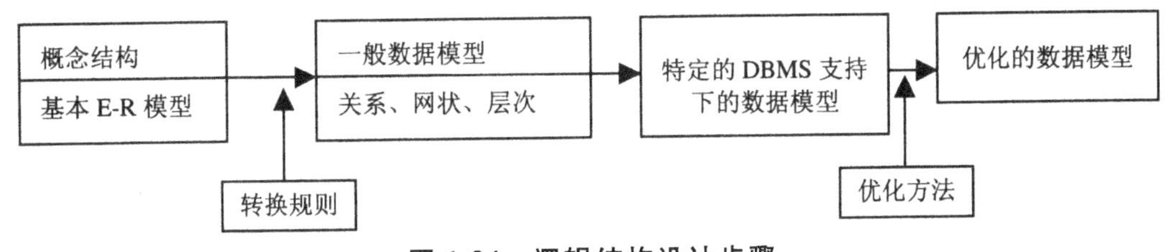

图 1-34　逻辑结构设计步骤

1.4.4　物理结构设计

物理设计的两大组成为：数据库物理结构设计和程序模块结构的精确化。

在设计得到一个满意的逻辑结构模型之后，数据库设计人员应该为其选择一个最适应的物理结构，这个选取过程称为物理结构设计。其中，物理结构是指数据库在物理设备上的存储结构和存取方法。显然，这依赖于特定的计算机系统。另外，由于不同的数据库系统所处环境、存取方法和存储结构的不同，数据库设计人员使用的变量、参考范围也相差很大。因此，并无可供遵循的通用设计方法。

1. 物理结构设计的环境

物理结构设计的整个过程是以逻辑结构设计的结果——模式和外模式为原料，综合考虑应用处理频率、操作顺序等用户具体要求，以及软硬件环境等各方面的因素，在检查逻辑结构设计正确的基础上，设计出理想的物理结构，其过程如图 1-35 所示。

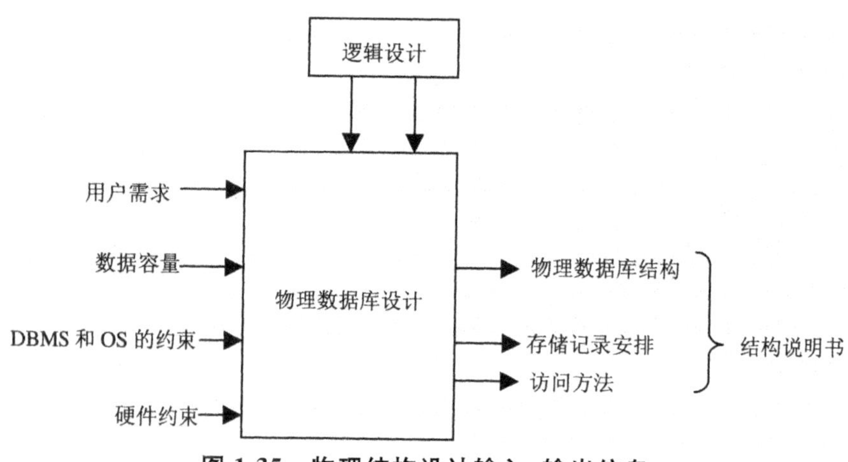

图 1-35　物理结构设计输入、输出信息

其中，输入信息包括内容如下。

(1)逻辑数据库结构包括模式和外模式结构，为物理设计提供一个工作框架。

(2)应用处理频率、操作顺序和运行要求由需求分析得到的用户需求而定。

(3)数据容量视系统给定的存储空间而定。

(4)DBMS 和 OS 为物理结构设计提供软件环境。

(5)硬件特性为物理结构设计提供硬件环境。

输出信息则是物理数据库结构说明书，即物理结构设计的产品。说明书的主要内容涵括：存储记录格式、存储记录位置分布、访问方法等。

2. 物理结构设计步骤

物理结构设计步骤的主要两点如下。

(1)确定数据库的物理结构，在关系数据库中主要是确定存储结构和存取方法。

在计算机系统中，有多种存储设备，如磁带、磁鼓、磁盘等。这些存储设备在存储成本上和存取时间上差别很大。一般，存储成本低的存取时间长，存储成本高的存取时间短。因此，确定物理结构的问题，既要确定数据库的数据文件存放在哪里比较好，还要确定以何种形式存储的问题。

(2)从时间和空间等角度对物理结构进行评价。

若干个物理结构方案确定以后，数据库设计人员会依据需求分析中用户对数据查询速度的要求和客观允许的物理存储空间量，对其进行评价和选择，以达到最佳的设计效果和用户满意度。

1.4.5　数据库的实施和维护

在完成物理设计，确定了数据库的逻辑结构和物理结构后，设计人员会结合DBMS提供的数据定义语言(DDL)、逻辑设计、物理设计的结果，形成DBMS可以接受的源程序，经过调试产生目标模式后组织数据入库，这个阶段就叫作实施阶段。实施阶段的工作分成两部分组成：一是数据载入，二是应用程序的编码和调试。

1. 数据载入

数据载入是将各类源数据从各个局部应用中抽取出来，输入计算机，再分类转换，最后综合成符合新设计的数据库结构的形式，输入数据库。

在数据输入时，应注意原系统的特点。若原系统为手工数据处理系统，那新系统的输入格式应尽量与原系统相近。若现有的DBMS不提供不同DBMS之间的数据转换，则可将原数据库中的关系转换为与新系统相同结构的临时表，再转换为新系统的数据模式。

2. 试运行

将一部分数据录入后，对数据库系统进行联合调试的过程就是试运行工作。

这一阶段要执行数据库的各种操作，测试系统的性能指标，分析是否达到设计目标。一般情况下，设计阶段的考虑都是近似的，会和实际系统运行的值有一定的差距。如果测试的结果无法满足设计要求则返回物理设计阶段，重新调整物理结构，修改系统参数，在有些情况下，甚至要返回逻辑设计阶段。如果测试结果满足设计要求则进入系统正式运行和维护阶段。

注意，由于系统在试运行阶段状态不稳定或软硬件故障的问题，人员误操作随时可能发生。因此，调试时应先调试运行DBMS的恢复功能，一旦发生故障，可以将损失降到最少。

3. 运行与维护

系统在通过了试运行之后，进入正式运行和维护阶段。这个工作较为长期，对数据库设计进行评价、调整、修改等维护工作是一项重要、长期的任务，一直延续到系统退役为止。维护的主要工作由DBA(数据库管理员)完成。

(1)数据库的转存和恢复

数据库的转存和恢复是维护中最重要的工作之一。数据库管理员要每隔一段时间将重要数据进行备份，以便保证在发生故障时能尽快和尽可能将数据库恢复到某一时段的状态，尽量减少对数据库的破坏。

(2)数据库的安全性、完整性控制

应用环境的变化，也会导致用户对安全性和完整性约束的要求发生变化。因此，数据库管理员应随时根据用户的要求，对数据库的安全控制和完整性控制作出相应调整。

(3)数据库性能的监督、分析和改造

数据库管理员的一项日常工作，就是借助一些工具监督系统运行，对监测数据进行分析，找出改进系统性能的方法。

(4)数据库的重组织和重构造

数据库在运行一段时间后，由于记录经过多次的更新操作，它们的物理存储结构可能发生了变化，这就降低了数据的存取效率，会影响到数据库的性能，所以数据库管理员需要定期对数据进行重新组织，按原设计要求重新安排存储位置、回收存储垃圾、减少指针链等，以提高系统性能。

用户对数据库应用的要求是会随着应用环境的变化而变化的。一旦数据库的维护不能满足用户的要求时，说明这个数据库应用系统的生命周期已经结束，需要将工作转入新的数据库应用系统的开发。

第2章 Access关系数据库

2.1 Access数据库简介

Access 2003是微软公司推出的Office 2003办公套件中的一个重要组件，是一个非常实用的关系型数据库管理系统，具有操作灵活、运行环境简单等优点，适用于中小企业管理和办公自动化。

2.1.1 Access的发展历程

1992年11月，Microsoft公司发行了关系数据库管理系统Microsoft Access 1.0，从此Access经历了版本不断更新、功能不断加强的发展过程。

刚开始时，Microsoft公司将Access单独作为一个产品进行发布，自1995年起，Access成为Microsoft Office 95办公系列软件的一部分。Access 95是世界上第一个32位关系数据库管理系统，使得Access的应用得到了普及和继续发展。

1997年，Access 97发布。它的最大特点是在Access数据库中开始支持Web技术，这一技术使得Access数据库从桌面应用拓展到网络应用。

21世纪初，Microsoft公司发布Access 2000，这是Microsoft公司桌面数据库管理系统的第6代产品，也是32位Access的第3个版本。至此，Access在桌面关系数据库领域的普及已经跃上了一个新台阶。

2003年，Microsoft公司正式发布了Access 2003，它除继承了以前版本的优点外，又新增了一些实用功能。

2007年1月，Microsoft公司推出了Microsoft Office 2007套件，Access 2007是其中的重要成员。

2010年6月，Microsoft Office 2010正式在中国发布，这是Microsoft公司推出的新一代办公软件，其中Microsoft Access 2010是其中的重要组件。

从Microsoft Office 2003起，Microsoft公司将Microsoft Office改称Microsoft Office System，原来的Office只是Microsoft Office System的核心部分，此外，还包括相应版本的其他程序和服务器产品。所以，Microsoft Office 2003、Microsoft Office 2007和Microsoft Office 2010包含了很多组件，而数据库管理系统Access是其重要的组件，在通用的办公事务管理中发挥重要作用。

2.1.2 Access 2003 的功能

Access 2003 是微软公司替代 Access 2000 的一个的升级版本，它提供了更多的新增和改进的功能，可以与其他 Office 应用程序更加高度地集成在一起。与 Access 的前期版本相比，Access 2003 新增了以下功能：

1. 查看对象的相关性信息

在 Access 2003 中，可以查看数据库对象间的相关性信息。查看那些使用特定对象的对象列表，有助于随时对数据库进行维护，并避免一些与丢失记录源相关的错误。查看相关对象的完整列表，有助于节省时间并减少错误。

2. 窗体和报表中的错误检查

在 Access 2003 中，可以启用自动错误检查以检查窗体和报表的常见错误。错误检查可指出错误，例如，两个控件使用了同一键盘快捷方式，报表的宽度大于打印页面的宽度等。启动错误检查便可帮助自动识别错误并更正它。

3. 传播字段属性

在 Microsoft Access 的早期版本中，只要修改了字段的被继承属性，就必须手动修改各个窗体和报表中相应控件的属性。在 Access 2003 中，修改“表”设计视图中的被继承字段属性时，Access 会显示一个选项，此选项用于更新全部或部分绑定到该字段的控件属性。

4. 智能标记

在 Microsoft Office Access 2003 中，可以使用 SmartTags 属性将智能标记添加到数据库的表、查询、窗体、报表或数据访问页中的任何字段。

5. 备份数据库或项目

对当前的数据库或项目作较大的改动之前，应该先对其进行备份。备份可以保存在默认的备份位置，也可以保存在当前文件夹中。

如果要恢复数据库，请转到备份的位置，重命名该文件，然后在 Access 中打开。

6. Windows XP 主题支持

Microsoft Windows XP 操作系统提供了若干主题。如果选择了默认主题以外的次主题，Access 会将选中的主题应用到视图、对话框和控件。通过在数据库或项目设置选项，可以防止窗体控件在操作系统中继承主题。

7. 控件增强的排序功能

可以对窗体和报表的“列表框向导”和“组合框向导”以及 Access 数据库的“查阅向导”中的

最多 4 个字段指定升序或降序的排序方式。添加到这些向导的排序页看起来像“报表向导”中的排序页。

8. 自动更正选项

在 Access 2003 中,可以更好地控制自动更正功能的行为。“自动更正选项”按钮将出现在已自动更正的文本旁边。若不希望更正该文本,则可以撤消更正,或者通过单击该按钮进行选择的方式来打开或关闭“自动更正”选项。

9. SQL 视图中的增强字体功能

在 Microsoft Access 数据库和 Microsoft Access 项目查询的 SQL 和查询设计视图中,可以使用新添加的“查询设计字体”选项(位于“工具”菜单下“选项”对话框的“表/查询”选项卡中)更改文本的字体和字体大小。这些设置将应用到所有的数据库,而且可以使用计算机的高对比度和其他辅助功能设置。

10. SQL 视图中基于上下文的帮助

在 Microsoft Access 数据库查询的 SQL 视图中,可以获得关于特定 Jet SQL 关键字、VBA 函数和 Access 函数的帮助。只需按 F1 键即可显示光标附近文本的相应帮助。此外,还可以搜索 Jet SQL 和 VBA 函数的参考信息主题。

11. 导入、导出和链接

在 Access 2003 中,可以从 Access 导入、导出或链接到 Microsoft Windows SharePoint Services 列表,从 Windows SharePoint Services 导出并链接到 Access 数据,还可以对已链接表中的结构(或数据和结构)生成本地副本。

另外,Office Access 2003 还新增了 XML 支持、安全增强,以及更好地集成了 Microsoft Office Online 等功能。

2.1.3　Access 2003 的特点

Access 2003 除了具备创建数据库、管理和操作表等一般关系数据库管理系统所共有的功能之外,还拥有很多适合现代数据库管理任务的独特功能,它具有以下几个特点:

1. 存储方式简单

Access 创建的数据库封装在一个单独的文件中,即一个 Access 数据库中的各种对象(包括表、查询、窗体、报表、宏和模块)都存储在一个文件中,这样有利于整个数据库系统的迁移和维护等工作。

2. 面向对象

Access 是一个面向对象的开发工具,利用面向对象的方式将数据库系统中的各种功能对象化，将数据库管理的各种功能封装在各类对象中。它将一个应用系统当作是由一系列对象组成的，每个对象定义一组方法和属性，以定义该对象的行为和外观，用户还可以按需要给对象扩展方法和属性。通过对象的方法、属性完成数据库的操作和管理，极大地简化了用户的开发工作。同时，这种基于面向对象的开发方式，使得开发应用程序更为简便。

3. 界面友好、易操作

Access 是一个可视化工具，风格与 Windows 完全一样，用户想要生成对象并应用，只要使用鼠标进行拖放即可，非常直观方便。系统还提供了表生成器、查询生成器、报表设计器以及数据库向导、表向导、查询向导、窗体向导、报表向导等工具，操作简便，容易使用和掌握。

4. 广泛地支持各种数据类型

除了基本数据类型外，Access 2003 还支持 OLE(Object Linking and Embedding)数据和 XML(Extensible Markup Language)数据，从而大大地提高了可管理的数据的类型。

5. 方便快捷的图形化工具和向导

Access 2003 采用了与整个 Office 2003 相统一的用户界面，并提供了许多图形化的工具和向导，其风格与 Windows 一样，用户想要生成对象并应用，只要使用鼠标进行拖放即可，从而使用户不用编写代码便可以轻松地创建并管理数据库系统。

6. 集成环境处理多种数据信息

Access 基于 Windows 操作系统下的集成开发环境，该环境集成了各种向导和生成器工具，极大地提高了开发人员的工作效率，使得建立数据库、创建表、设计用户界面、设计数据查询、报表打印等可以方便有序地进行。

7. 提供了大量的内置函数与宏

Access 2003 提供了大量的内置函数与宏，从而使数据库开发人员，甚至是不懂编程语言的开发人员都可以快速地以一种无代码的方式实现各种复杂数据的操作与管理任务。

8. 功能强大的集成开发环境

Access 2003 内置了功能强大且简单易用的 VBA(Visual Basic for Application)集成开发环境，从而使数据库开发人员无需安装并使用其他独立的开发工具便可以轻松地为数据库开发各种高级的功能。

9. 增强的网络功能

Access 2003 提供了创建数据访问页的功能。这是一种可以发布到网络上的 Web 页面，用户通过数据访问页可以直接查询和处理数据库中的数据。

当然，Access 作为一种小型桌面数据库管理系统，也有它的局限性。Access 只适合数据量较少的应用，在处理少量数据和单机访问的数据库时是较好的选择，效率也很高。但是，当同时访问的客户端个数较多时(100 人或稍多)，其并发能力受到限制。Access 数据库大小也有一定的极限，如果数据达到 100MB 左右时其性能会急剧下降。所以，Access 无论是在数据库功能上，还是在处理海量数据的效率、后台开发的灵活性、可扩展性等方面都受到一些局限。

2.2　Access 的启动与退出

要使用 Access 2003 进行数据库操作，首先要熟悉 Access 2003 的操作环境。作为 Office 2003 的一个组件，Access 2003 具有和 Office 其他组件风格一致的操作界面，但由于其操作的主体是数据库，所以也有其特殊性。

2.2.1　Access 2003 的启动

与启动其他 Windows 软件类似，启动 Access 2003 有多种方法。常用的方法有 3 种：使用“开始”菜单、快捷方式和已有的 Access 2003 文档。

1. 使用“开始”菜单启动 Access 2003

在 Windows 桌面中单击“开始”按钮，然后依次选择“所有程序”→“Microsoft Office”→“Microsoft Office Access 2003”命令。

2. 使用快捷方式启动 Access 2003

先在 Windows 桌面上建立 Access 2003 的快捷方式(方法是单击“开始”按钮，选择“所有程序”→“Microsoft Office”命令，然后将鼠标指向“Microsoft Office Access 2003”命令，按住 Ctrl 键向桌面拖曳，就可以在桌面上建立快捷方式)，然后在桌面上双击 Access 2003 快捷方式图标就可以启动 Access 2003。

3. 使用已有的文档启动 Access 2003

若进入 Access 2003 是为了打开一个已有的数据库，则使用这种方法启动 Access 2003 是很方便的。方法是在 Windows“我的电脑”或“资源管理器”窗口中，双击要打开的数据库文件即可启动 Access 2003。如果 Access 2003 还没有运行，它将启动 Access 2003，同时打开这个数据库文件；如果 Access 2003 已经运行，它将打开这个数据库文件，并激活 Access 2003。

启动 Access 2003 之后，屏幕显示 Access 2003 的主窗口，如图 2-1 所示。

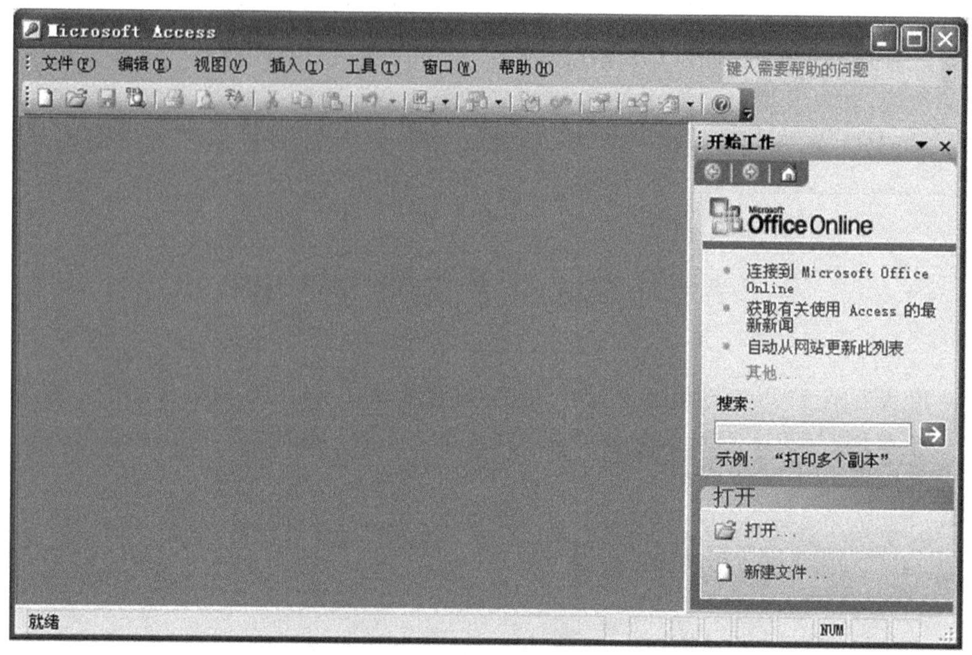

图 2-1 Access 2003 主窗口

2.2.2 Access 2003 的退出

当用户完成了数据库的操作工作，或者需要为其他应用程序释放内存空间时，可以退出 Access。退出 Access 的方法有以下几种方式：

(1)单击 Access 主窗口标题栏右上角的“关闭”按钮。

(2)选择 Access 主窗口菜单中“文件”→“退出”菜单命令。

(3)双击 Access 主窗口标题栏左上角的“控制菜单”图标。

(4)按“Alt+F4”组合键。

在退出系统时，若正在编辑的数据库对象没有保存，则会弹出一个对话框，提示是否保存对当前数据库对象的更改，这时可根据需要选择保存、不保存或取消这个操作。

2.3 Access 的工作界面

Access 2003 采用传统的 Windows 界面，工作界面同其他 Office 应用程序十分相似，同样展现了一个开放式的、充满活力的外观。Access 工作界面主要有标题栏、菜单栏、工具栏、任务窗格、工作区、状态栏等部分组成，如图 2-2 所示。

1. 标题栏

Access 2003 主窗口的最上面一排是标题栏。标题栏由 6 个部分组成，从左到右分别为：控制菜单图标、应用程序名、Access 2003 数据库文件名、“最小化”按钮、“最大化”/“向下还原”按钮和“关闭”按钮。

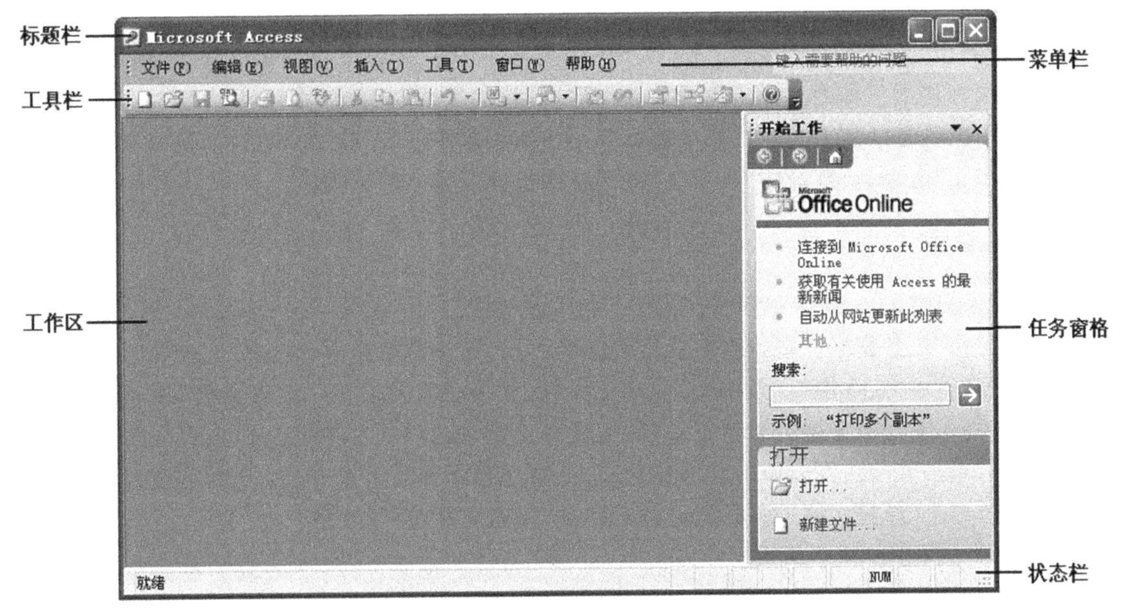

图 2-2　Access 2003 工作界面

2. 菜单栏

标题栏下面是菜单栏，上面包含多个下拉菜单项。如果用户需要使用菜单，只需将鼠标指针移到菜单栏的菜单项上，如果该菜单项有效，则以淡蓝色方式显示。此时单击即可打开该菜单的下拉菜单，单击下拉菜单的菜单项可激活该菜单。其中，可用的菜单呈正常黑色显示，不可用的菜单呈灰色显示。

如果菜单项后有一个省略号，表示选择该菜单项将打开一个对话框。如果菜单项后有一个下三角按钮，表示该菜单为层叠式菜单，单击该菜单将显示多个子菜单选项。某些菜单项后有一些组合键名称，表示该菜单可以通过操作键盘来执行该命令。

需要注意的是，不可用的菜单并不是永远不可用的，当满足一定的条件时即可使用。当条件不满足时，Access 用灰色显示这些菜单，不允许执行它。

3. 工具栏

菜单栏下面是工具栏，其中的按钮对应了最常用的一些菜单项的快捷方式，要选择某个菜单项，只需单击相应的功能按钮即可。

工具栏中的功能按钮对应不同的功能，这些功能都可以通过执行菜单栏中的相应菜单项来实现，但使用功能按钮更快捷。如果想知道某个按钮是什么功能，只要把鼠标箭头移到该按钮上，停留大约两秒钟，就会出现按钮的功能提示。

除了启动 Access 2003 默认的工具栏，Access 2003 中还有其他工具栏，一般都处于隐藏状态，在需要时可以将其打开，不需要时可以将其关闭以节省屏幕上的空间。若要显示和隐藏 Access 2003 的其他工具栏，有许多不同的方法，下面介绍其中的几种。

(1)选择“视图”→“工具栏”→“××”菜单命令。其中，“××”是“工具栏”子菜单中列出的工具栏的名称。

(2)选择“工具”→“自定义”菜单命令,将打开“自定义”对话框,选择其中的“工具栏”选项卡,从中选取所需要的工具选项,然后单击“关闭”按钮,就可以在屏幕上看到相应的工具栏。

(3)将鼠标移到工具栏上任何位置并单击右键,调出其快捷菜单,在快捷菜单中选择所需的工具栏选项,即可显示该工具栏。如果要用到在快捷菜单中没有列出的工具栏,可以在快捷菜单中选择“自定义”命令,从打开的“自定义”对话框中选择所需要的工具栏。

4. 任务窗格

任务窗格提供了 Access 2003 的常用命令,以方便用户的操作。Access 2003 启动时,自动显示“开始工作”任务窗格。根据当前执行任务的不同,任务窗格会自动随之变化。

选择“视图”→“任务窗格”菜单命令,或选择“视图”→“工具栏”→“任务窗格”菜单命令均可显示任务窗格。在任务窗格的最上方是“其他任务窗格”按钮,这个按钮上的文字是当前所显示的任务窗格,单击该按钮可以调出其下拉列表,从中选择所需要的命令,就可以切换到其他任务窗格。例如,单击“新建文件”选项,就可以切换到“新建文件”任务窗格。

5. 工作区

工作区是 Access 2003 用来打开和编辑数据库的区域。Access 2003 一次只能在工作区中打开一个数据库文件。工作区中打开的数据库文件的窗口叫做数据库窗口,数据库窗口是 Access 的命令中心,在这里可以创建和使用 Access 数据库中的对象。

6. 状态栏

状态栏可以显示正在进行的操作信息,可以帮助用户了解所进行的操作的状态。

2.4 Access 的数据库对象

Access 2003 所提供的对象均存放在同一个数据库文件(.mdb)中。进入 Access 2003,打开一个示例数据库,可以看到如图 2-3 所示的界面。在这个界面的“对象”栏中,包含有 Access 2003 的 7 个对象,各对象的关系如图 2-4 所示。

1. 表

表是 Access 数据库中唯一用于存储数据的对象,同时也是数据库中最基本、最重要的对象,通常由表结构和数据两个部分组成。

表中的每一行称为一条“记录”,对应一个真实的对象;每一列称为一个“字段”,对应着对象的一个属性信息,表示同种类型的数据。字段名显示在表的第一行。

每个表由若干记录组成,每条记录都对应于一个实体,每条记录都具有相同的字段定义,每个字段储存着对应于实体的不同属性的数据信息。每个表都要有关键字,以使表中的记录唯一。在表内还可以定义索引,当表内存放大量数据时可以加快数据查询的速度。

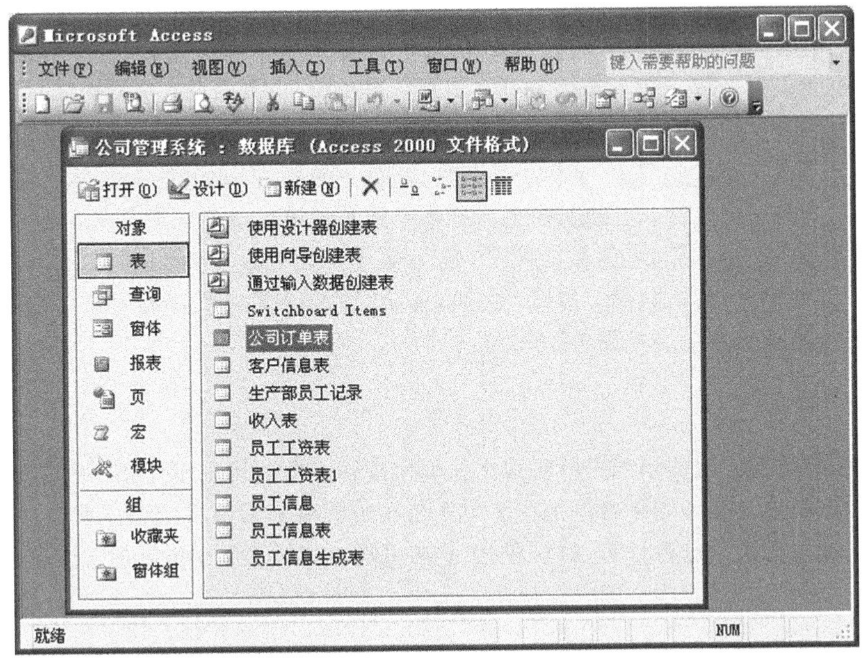

图 2-3　Access 2003 数据库窗口

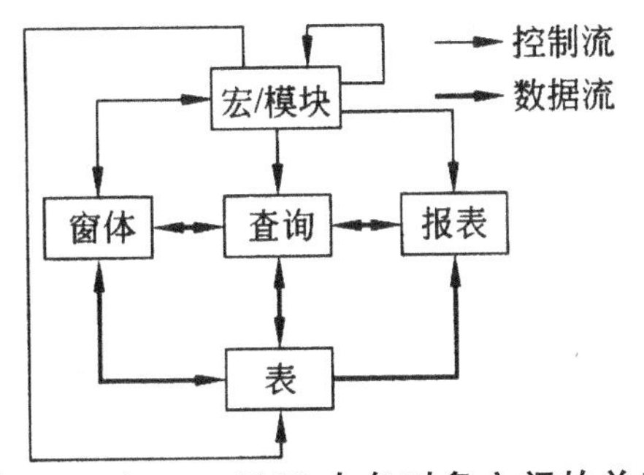

图 2-4　Access 2003 中各对象之间的关系

2. 查询

数据库的主要目的是存储和提取信息，在输入数据后，信息可以立即从数据库中获取，也可以以后再获取这些信息。查询成了数据库操作的一个重要内容。Access 2003 提供了三种查询方式。

(1)交叉数据表查询：查询数据不仅要在数据表中找到特定的字段、记录，有时还需要对数据表进行统计、摘要，如求和、计数、求平均值等，这样就需要交叉数据表查询方式。

(2)动作查询：也称为操作查询，可以运用一个动作同时修改多个记录，或者对数据表进行统一修改。动作查询有 4 种，生成表、删除、添加和更新。

(3)参数查询：参数即条件。参数查询是选择查询的一种，指从一张或多张表中查询那些符合条件的数据信息，并可以为它们设置查询条件。

3. 窗体

窗体是数据库管理者提供给普通用户的一个交互的图形界面，是 Access 数据库系统中一个非常重要的基本对象。作为用户和 Access 应用程序之间的主要接口，窗体主要用于数据的输入、输出及应用程序的执行控制。与数据库表不同，窗体本身不能存储数据，也不像表那样只能以行和列的形式显示数据。通过窗体还可以控制应用程序的运行过程，因而窗体是 Access 最灵活的对象。

窗体具有类似于窗口的界面，窗体中的各种按钮、列表框、菜单等称为控件。窗体所包含的控件及大小称为窗体的属性。在窗体中适当安排一些控件可以增强和完善窗体的功能。

常见的窗体一般由页眉、主体和页脚三个部分组成。从窗体显示数据的方式来看，窗体可分为纵栏式窗体、表格式窗体、数据表窗体、图表窗体、数据透视表窗体、对话框窗体和主/子表窗体等类型，以满足不同用户的应用需求。

4. 报表

报表用来将选定的数据信息进行格式化显示和打印。报表可以基于某一数据表，也可以基于某一查询结果，这个查询结果可以是在多个表之间的关系查询结果集。报表在打印之前可以预览。另外，报表也可以进行计算，如求和、求平均值等。在报表中还可以加入图表。

5. 页

页的全称是数据访问页，数据访问页是链接到某个数据库的 Web 页，以 HTML 文件格式存储。数据访问页具有 Web 的特性，专门用于查看、编辑在浏览器上活动的数据。数据访问页还可以包含图表、电子表格和数据透视表之类的组件。通过数据访问页，可以使数据库和 Internet/Intranet 建立联系，更利于信息的发布和更新。

6. 宏

宏是若干个操作的集合，用来简化一些经常性的操作。用户可以设计一个宏来控制一系列的操作，当执行这个宏时，就会按这个宏的定义依次执行相应的操作。宏可以用来打开并执行查询、打开表、打开窗体、打印、显示报表、修改数据及统计信息、修改记录、修改数据表中的数据、插入记录、删除记录、关闭数据库等操作，也可以运行另一个宏或模块。宏没有具体的实际显示，只有一系列的操作。

7. 模块

在实际开发软件的工作过程中，用户的需求往往比较复杂，很多功能用宏是无法实现的。为此，Access 嵌入了功能强大的数据库编程语言 Visual Basic for Applications，简称 VBA。

模块作为 Access 2003 中的一个重要对象，以 VBA 语言为基础编写，以函数过程(Function)或子过程(Sub)为单元的集合方式存储。在 Access 中，模块分为类模块和标准模块两种类型。

2.5 Access 的帮助系统

Access 2003 与其他 Windows 应用程序一样，提供了界面良好、针对性强、使用方便的联机帮助系统，帮助用户解决在实际工作中存在的各种问题，给 Access 用户提供了极大的便利。下面介绍几种获取帮助的方法：

1. 使用 Office 方法

如果要打开 Office 助手，操作方法如下：
(1)单击工具栏上的“Microsoft Access 帮助”按钮。
(2)选择“帮助”→“Microsoft Office Access 帮助(H) F1”菜单命令。

2. 键入需要帮助的问题

在 Access 主窗口中的菜单栏右边有“键入需要帮助的问题”文本框。在这个文本框中键入主题词就可以得到帮助。如果输入文本“数据库”，然后按 Enter 键，就会出现关于数据库的主题列表。

3. 在线帮助

选择“帮助”→“Microsoft Office Online”菜单命令，计算机将通过 Internet 连接到微软公司的网站上，让用户获取相关的帮助信息。图 2-5 为微软公司的 Office 主页。

图 2-5 微软公司的 Office 主页

第3章　数据库和表的基本操作

3.1　创建数据库

Access 提供了两种创建数据库的方法：一种是先创建一个空数据库，然后向其中添加表、查询、窗体和报表等对象；另一种是使用“模板向导”来创建数据库，即利用系统提供的模板来创建数据库，用户只需要进行一些简单的选择操作，就可以为数据库创建相应的表、窗体、查询和报表等对象，从而建立一个完整的数据库。

创建数据库的结果是在磁盘上生成一个扩展名为“mdb”的数据库文件。第一种方法比较灵活，但是必须分别定义数据库的每一个对象；第二种方法可以一次性地在数据库中创建所需的数据库对象，这是创建数据库最简单的方法。无论采用哪一种方法，在数据库创建之后，都可以在任何时候修改或扩展数据库。

3.1.1　创建空数据库

在 Access 2003 中创建一个空数据库，只是建立一个数据库文件，该文件中不含任何数据库对象，以后可以根据需要在其中创建所需的数据库对象。

【例 3-1】 建立“公司管理系统”数据库，并将建好的数据库文件保存在“F:\Access 2003”文件夹中。

具体操作步骤如下：

(1)在 Access 2003 主窗口中选择“文件”→“新建”菜单命令，或单击“常用”工具栏上的“新建”按钮，或单击“开始工作”任务窗格中的“新建文件”链接，打开“新建文件”任务窗格，如图 3-1 所示。

(2)单击“空数据库”链接，打开“文件新建数据库”对话框，如图 3-2 所示。

(3)在该对话框的“保存位置”下拉列表框中选择“F:\Access 2003”，在“文件名”下拉列表框中输入“公司管理系统”，如图 3-2 所示，单击“创建”按钮。

至此，完成“公司管理系统”空数据库的创建，同时出现“公司管理系统”数据库窗口。

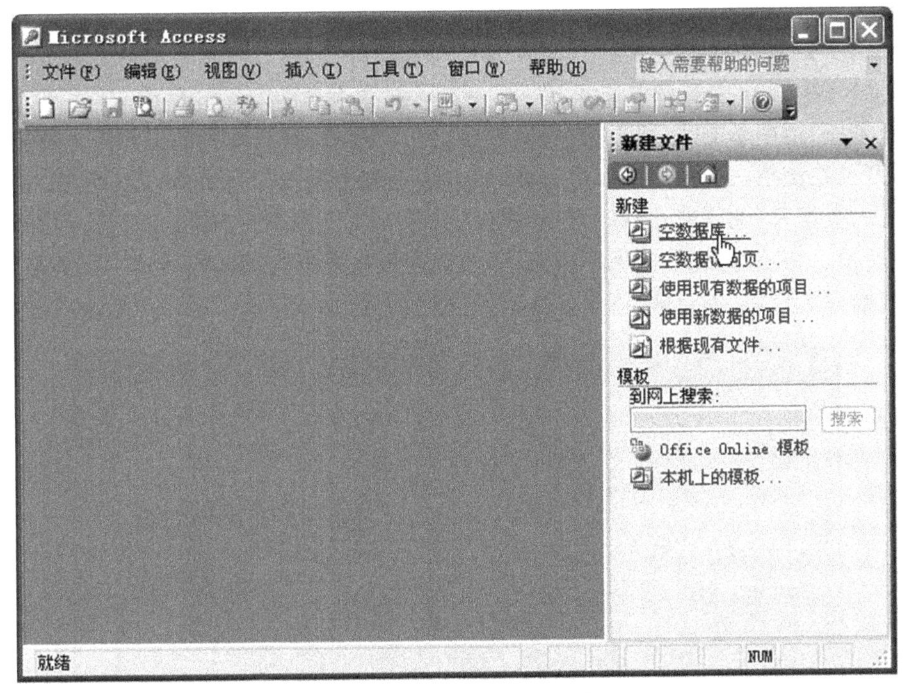

图 3-1　“新建文件”任务窗格

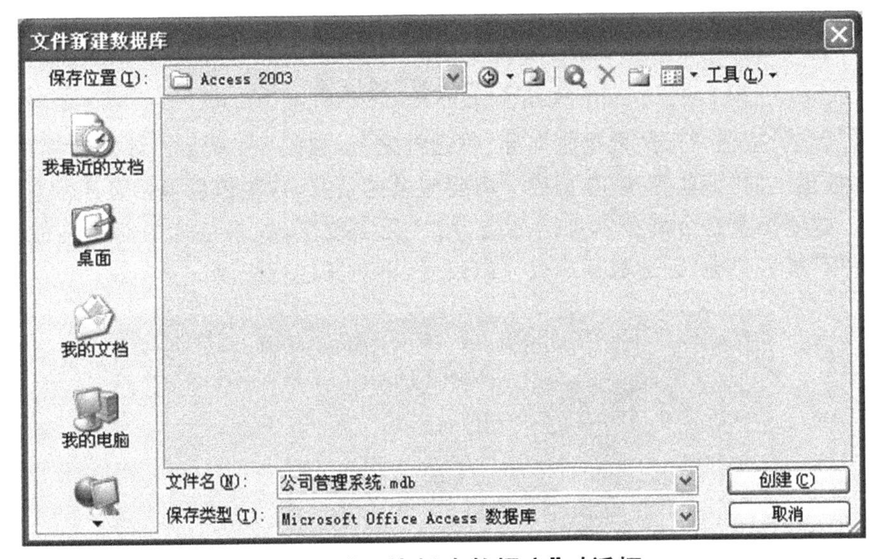

图 3-2　“文件新建数据库”对话框

3.1.2　使用向导创建数据库

Access 2003 预制了一些常用的数据库模板，用户可以使用这些模板创建新的数据库。由于模板已经预制了常用的数据对象，如表、查询、窗体和布局等。用户只需根据向导选择所需的数据库对象即可，不必费心去建立每一个数据库对象，从而可以大大提高工作的效率。

【例 3-2】利用向导创建“订单管理”数据库。

具体操作步骤如下：

(1)在 Access 2003 主窗口中选择“文件”→“新建”菜单命令，打开“新建文件”任务窗格。

(2)在“模板”栏中单击“本机上的模板”链接，打开“模板”对话框。如果本机上的模板还不能满足要求，可以在该栏中选择到网上进行搜索，方法是直接单击“Office Online 模板”链接。

(3)单击“数据库”选项卡，选择“订单”模板，如图 3-3 所示，单击“确定”按钮，打开“文件新建数据库”对话框。在该对话框的“保存位置”下拉列表框中选择合适的路径，在“文件名”下拉列表框中输入数据库名称“订单管理”，“保存类型”选择默认的“Microsoft Office Access 数据库”。

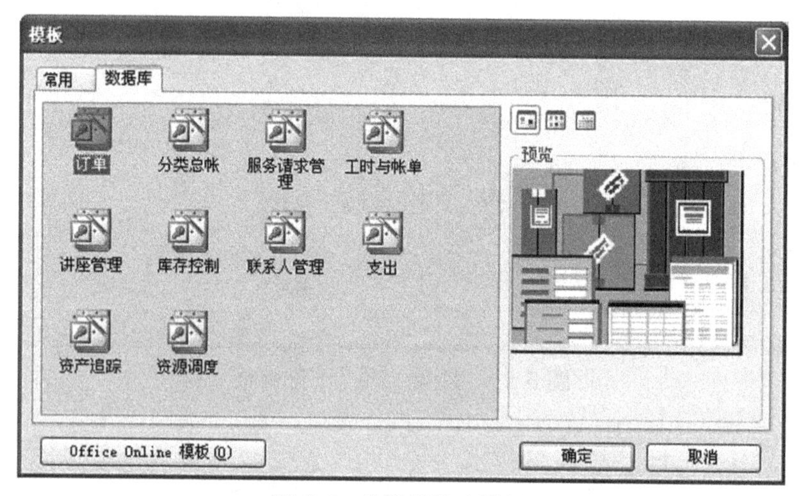

图 3-3 “模板”对话框

(4)单击“创建”按钮，打开“数据库向导”对话框之一，如图 3-4 所示。该对话框列出了用“订单”数据库模板建立的“订单管理”数据库中将要包含的信息，这些信息包括客户信息、订单信息、订单明细等。这些信息是由模板本身确定的，用户无法改变，如果包含的信息不能完全满足要求，可以在使用“模板向导”创建数据库操作结束后，再对其进行修改。

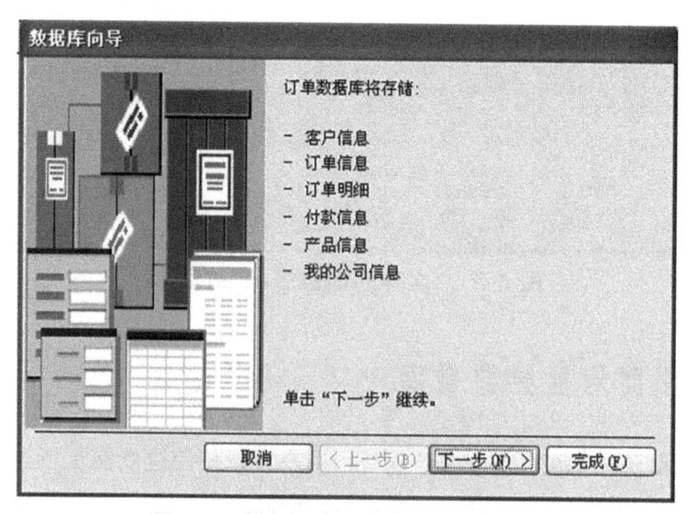

图 3-4 “数据库向导”对话框之一

(5)单击“下一步”按钮，打开“数据库向导”对话框之二，如图 3-5 所示。在该对话框左侧的列表框中列出了“订单管理”数据库包含的表。

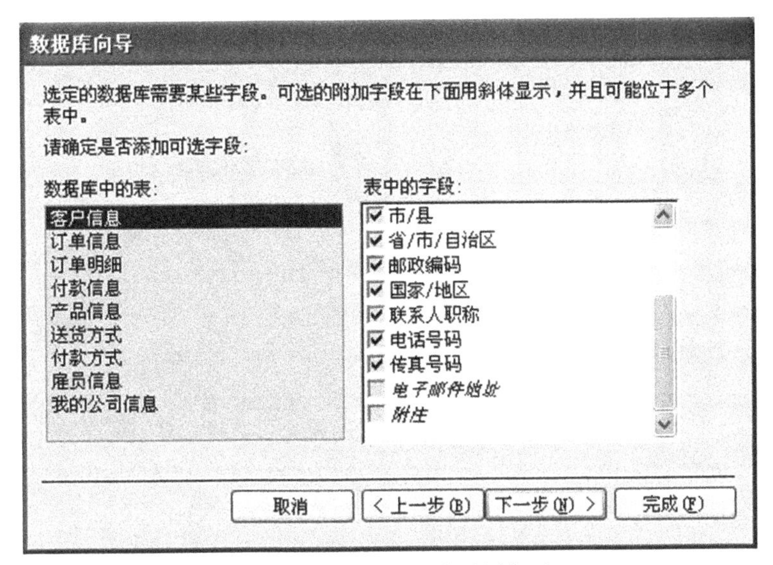

图 3-5　“数据库向导”对话框之二

单击其中的某一个表，对话框右侧列表框内将列出该表可包含的字段。这些字段分为两种：一种是表必须包含的字段；另一种是表可选择的字段，用斜体表示。如果要将可选择的字段包含到表中，则选中它前面的复选框。

(6)单击“下一步”按钮，打开“数据库向导”对话框之三，如图 3-6 所示。在该对话框中列出了向导提供的 10 种屏幕显示样式，可以从中选择一种样式，本例选择“标准”样式。

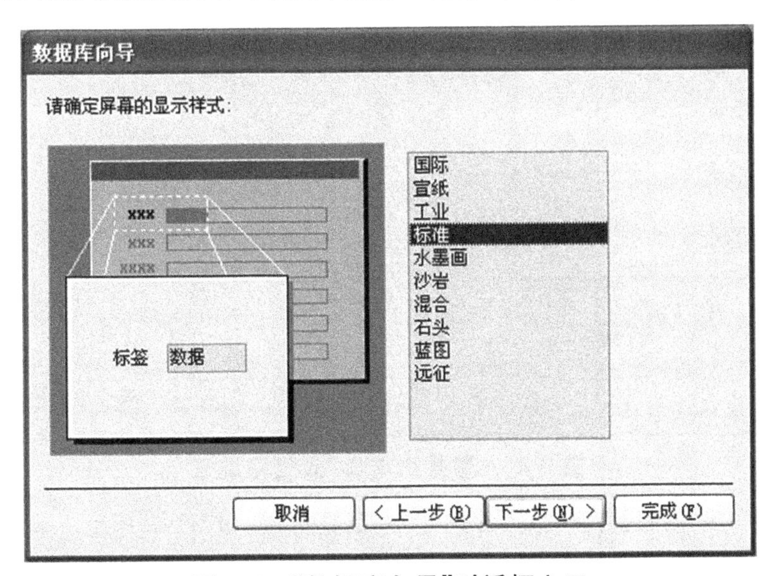

图 3-6　“数据库向导”对话框之三

(7)单击“下一步”按钮，打开“数据库向导”对话框之四，如图 3-7 所示。在该对话框中列出了向导提供的 6 种报表打印样式，本例选择“组织”样式。

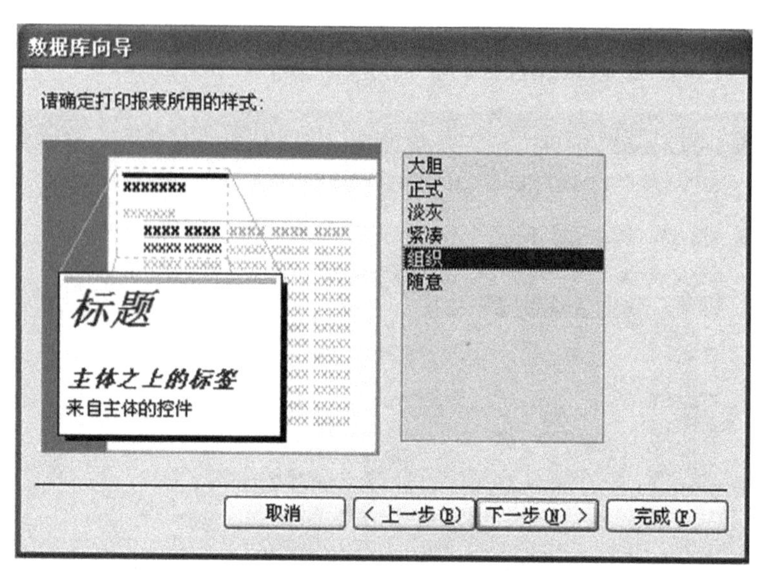

图 3-7 “数据库向导”对话框之四

(8)单击“下一步”按钮,打开“数据库向导”对话框之五,如图 3-8 所示,在“请指定数据库的标题”文本框中输入“订单管理”。如果要在所有报表上加一幅图片,则可以选中“是的,我要包含一幅图片”复选框,这时“图片”按钮有效,单击它可以打开“插入图片”对话框,用于选择所需要的图片。

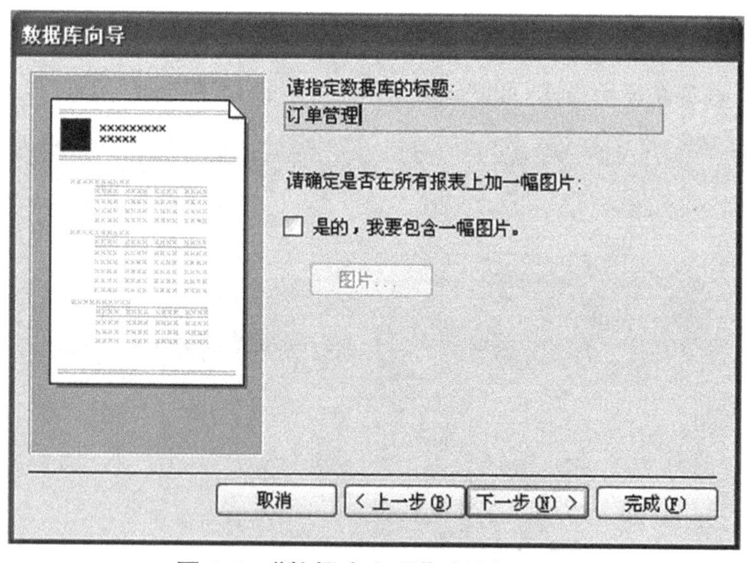

图 3-8 “数据库向导”对话框之五

(9)单击“下一步”按钮,打开“数据库向导”对话框之六,如图 3-9 所示。如果对前面所做的工作没有要修改的内容,这时单击“完成”按钮;如果要重新设置前面的选项,单击“上一步”按钮。如果选中“是的,启动该数据库”复选框,则在创建完数据库后,直接启动该数据库,否则不启动它。

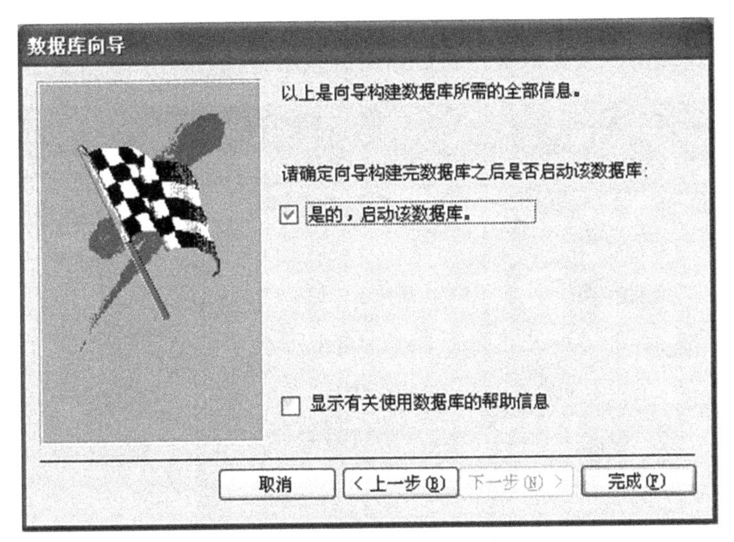

图 3-9　"数据库向导"对话框之六

(10)单击"完成"按钮,此时屏幕上将出现"正在创建的数据库"窗口,显示建立的进度,如图 3-10 所示。

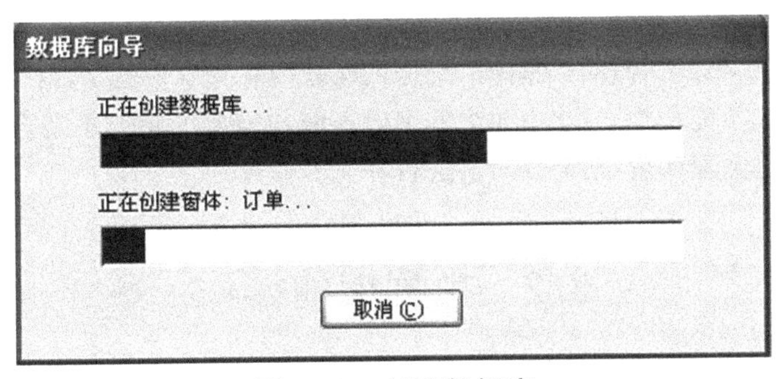

图 3-10　创建数据库

(11)当数据库创建完成后,此时会弹出"我的公司信息"窗口,在该窗口中输入相应的信息,如图 3-11 所示。

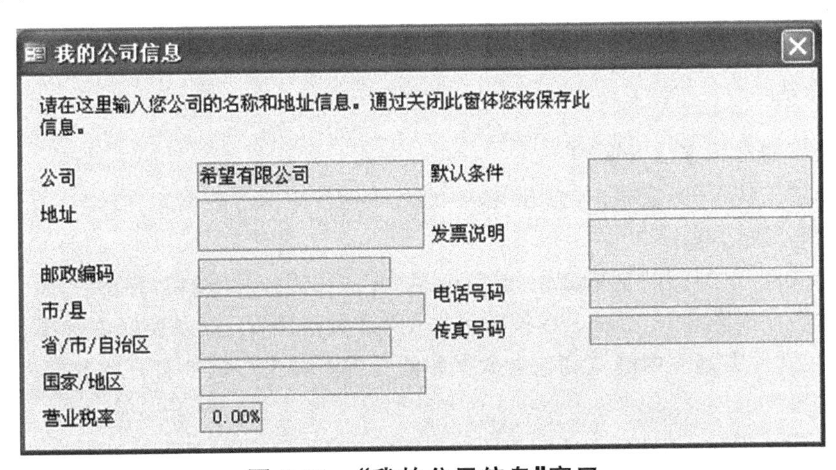

图 3-11　"我的公司信息"窗口

(12)当输入完信息后,单击窗口右上角的“关闭”按钮,此时会在屏幕上显示“主切换面板”窗体,如图 3-12 所示。此窗体会在每次打开数据库后显示,目的是让用户在此进行操作。

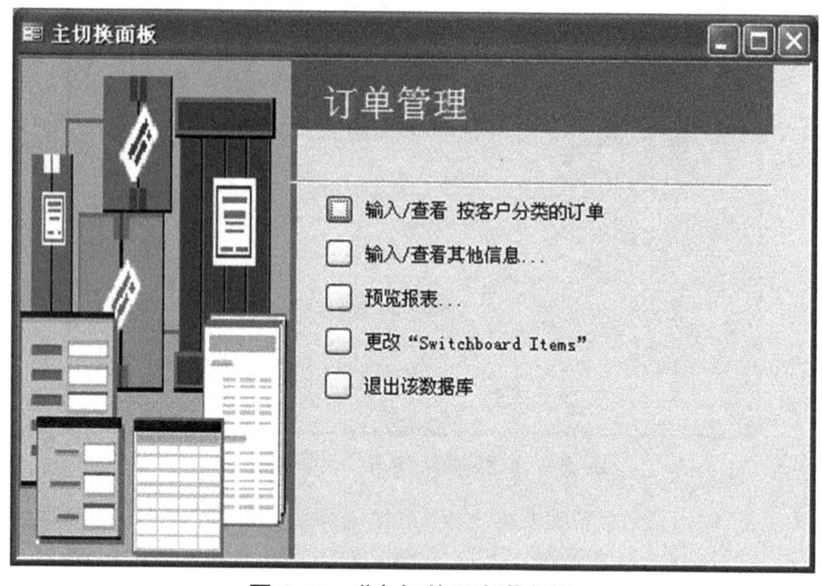

图 3-12 “主切换面板”窗体

完成上述操作后,“订单管理”数据库的结构框架就建立完毕。但是,由于“数据库向导”创建的表可能与需要的表不完全相同,表中包含的字段可能与需要的字段不完全一样,因此,通常使用“数据库向导”创建数据库后,还需要对其进行补充和修改。

3.2 数据库的操作

3.2.1 打开与关闭数据库

数据库建好后,就可以对其进行修改或扩充了,如添加、修改、删除数据库对象等。在进行这些操作之前应先打开数据库,操作结束后要关闭数据库。

1. 打开数据库

打开数据库的常用方法有两种:

(1)在“开始工作”任务窗格的“打开”栏中的文件列表中单击数据库文件名,或者单击“其他”链接,弹出“打开”对话框。

(2)选择“文件”→“打开”菜单命令,或单击工具栏中的“打开”按钮,弹出“打开”对话框。

“打开”对话框如图 3-13 所示。在该对话框的“查找范围”下拉列表框中选择包含所需数据库的文件夹,在文件夹列表中浏览到包含数据库的文件夹并选中需要打开的数据库文件,然后单击“打开”按钮即可。

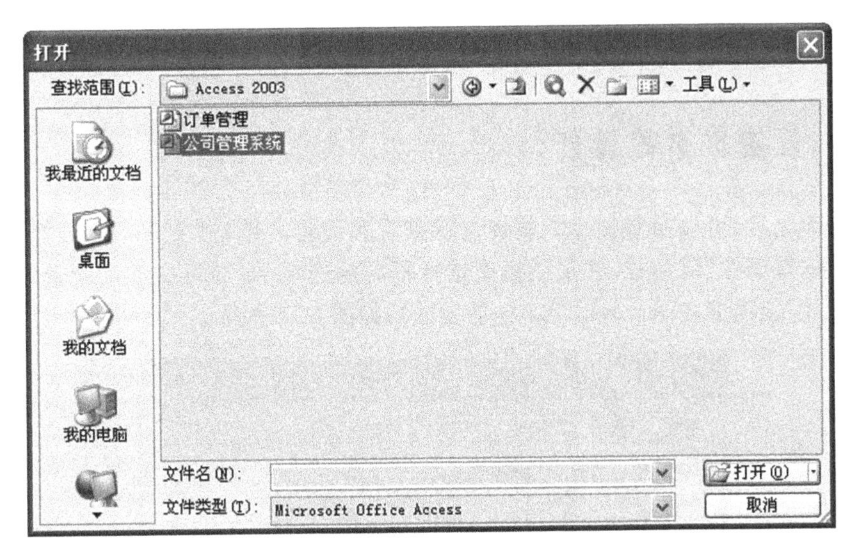

图 3-13　“打开”对话框

以上是单用户环境下，打开数据库的方法。若在多用户环境下（即多个用户，通过网络共同操作一个数据库文件），则应根据使用方式的不同，选中相应的打开方式。

在“打开”对话框中，“打开”按钮的右侧有一个下拉按钮，单击该按钮会弹出一个下拉菜单，如图 3-14 所示。菜单中的 4 个选项含义如下：

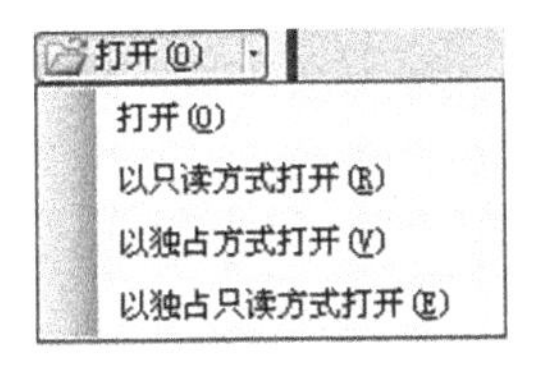

图 3-14　“打开”下拉菜单

(1)打开：选择该命令项，被打开的数据库文件可被其他用户共享，这是默认的打开方式。

(2)以只读方式打开：选择该命令项，只能使用和浏览被打开的数据库文件，不能对其进行修改。

(3)以独占方式打开：选择该命令项，其他用户不能使用被打开的数据库文件。

(4)以独占只读方式打开：选择该命令项，只能使用和浏览被打开的数据库文件，不能对其进行修改，其他用户不能使用该数据库文件。

2. 关闭数据库

在完成数据库操作后，需要将它关闭。在 Access 中，关闭了数据库窗口，也就关闭了相应的数据库文件，可以使用下面的方法关闭数据库：

(1)单击数据库窗口右上角的“关闭”按钮。

(2)双击数据库窗口左上角的控制菜单图标。

(3)单击数据库窗口左上角的控制菜单图标，在弹出的菜单中选择“关闭”命令。

(4)在 Access 主菜单中选择“文件”→“关闭”菜单命令。

(5)打开“文件”菜单,按 C 键。

(6)使用快捷键“Ctrl+F4”。

3.2.2 设置数据库属性

建立数据库之后,可以对数据库的属性进行查看和设置。单击“文件”→“数据库属性”菜单命令,弹出“数据库属性”对话框,在对话框中选择不同的选项卡,即可查看和设置数据库的属性(“常规”和“统计”选项卡由 Access 2003 自动设置),如图 3-15 所示。

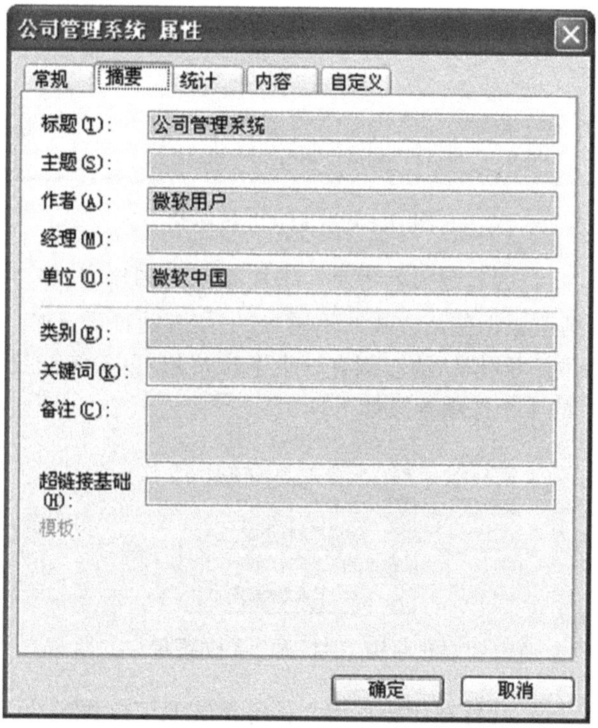

图 3-15 数据库属性窗口的“摘要”选项卡

3.2.3 设置数据库的默认文件夹

Access 2003 默认保存路径是 C:\My Documents 目录,为了能够和其他的文件进行区分,通常在进行数据库系统开发时,都会建立一个专门的文件夹,来存放程序和数据库等文件,以方便管理。在进行各种操作前,需要将建立的这个文件夹设置为默认目录。

默认保存路径修改方法如下:

(1)在 Access 窗口中,单击“工具”→“选项”菜单命令,打开“选项”对话框。

(2)选择“常规”选项卡,在“默认数据库文件夹”框中,输入要设置为默认工作文件夹的路径,在此输入 F:\Access 2003,然后单击“确定”按钮即可,如图 3-16 所示。

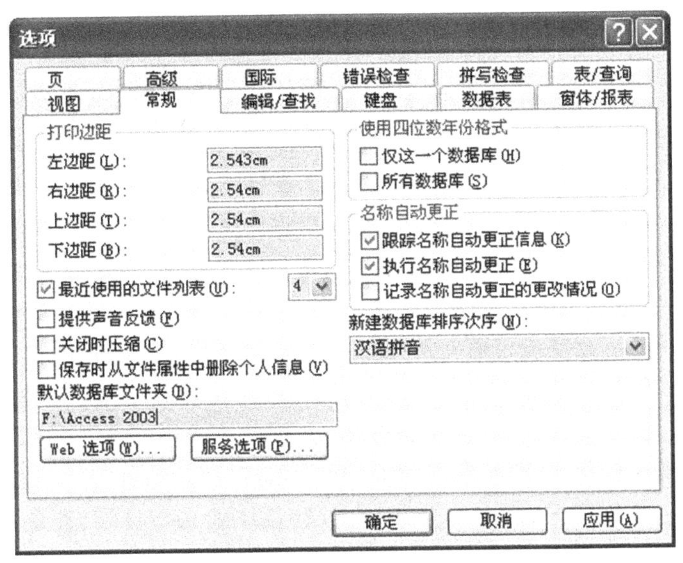

图 3-16　"选项"对话框

3.3　创建表

表是 Access 数据库的基础，是存储数据的容器，其他数据库，如查询、窗体、报表等都是在表对象基础上建立并使用的。在空数据库建好后，要首先建立表对象，并建立各表之间的关系，以提供数据的存储构架，然后逐步创建其他 Access 对象，最终形成完备的数据库。

3.3.1　表结构的组成

表结构是指数据表的框架，主要包括字段名称、数据类型、字段属性等。

1. 字段名称

每个字段应具有唯一的名字，称为字段名称。在 Access 2003 中，字段名称的命名规则如下：

(1)长度为 1～64 个字符。

(2)可以包含字母、汉字、数字、空格和其他字符，但不能以空格开头。

(3)不能包含句号"."、叹号"!"、方括号"[]"和重音符号"`"。

(4)不能使用 ASCII 为 0～32 的 ASCII 字符。

2. 数据类型

根据关系数据库理论，一个表中的同一列数据应具有相同的数据特征，称为字段的数据类型。数据的类型决定了数据的存储方式和使用方式。Access 的数据类型有 10 种，包括文本、备注、数字、日期/时间、货币、自动编号、是/否、OLE 对象、超级链接和查阅向导等类型。

(1)文本型。文本型字段可以保存文本或文本与数字的组合。例如,姓名、地址,也可以是不需要计算的数字,例如,电话号码、邮政编码。默认文本型字段大小是50个字符,但一般输入时,系统只保存输入到字段中的字符。设置“字段大小”属性可控制能输入的最大字符个数。文本型字段的取值最多可达到255个字符,如果取值的字符个数超过了255,可使用备注型。

(2)备注型。备注型字段可保存较长的文本和数字,如简短的备忘录或说明。与文本型一样,备注型也是字符或字符和数字的组合,它允许存储长达64000个字符的内容。在备注型字段中可以搜索文本,但搜索速度比在有索引的文本字段中慢。不能对备注型字段进行排序或索引。

(3)数字型。数字型字段用来存储进行算术运算的数值数据,一般可以通过设置“字段大小”属性定义一个特定的数字型字段。通常按字段大小分为字节、整型、长整型、单精度型和双精度型,分别占1、2、4、4和8个字节,其中单精度的小数位精确到7位,双精度的小数位精确到15位。

(4)日期/时间型。日期/时间型字段主要用来存储日期、时间或日期与时间的组合,在Access中这种字段共占8个字节,可分为普通日期(默认格式)、短日期、长日期、中日期、中时间、mm/dd/yy等几种形式,具体的形式可以在属性中设定。

(5)货币。货币型是数字型的特殊类型,等价于具有双精度属性的数字型。向货币型字段输入数据时,不必输入美元符号和千位分隔符号,Access会自动显示这些符号,并添加两位小数到货币字段中。货币型字段大小为8个字节。

(6)自动编号型。对于自动编号型字段,每当向表中添加一条新记录时,Access会自动插入一个唯一的顺序号。最常见的自动编号方式是每次增加1的顺序编号,也可以随机编号。自动编号型字段不能更新,每个表只能包含一个自动编号型字段。

(7)是/否型。是/否型是针对只有两种不同取值的字段而设置的,如Yes/No、True/False、On/Off等数据,又被称为布尔型数据。是/否型字段大小为1个字节。

(8)OLE对象型。OLE对象型是指字段允许单独链接或嵌入OLE对象。可以链接或嵌入到表中的OLE对象是指其他使用OLE协议程序创建的对象,如Word文档、Excel电子表格、图像、声音或其他二进制数据。OLE对象型字段最大为1GB,受磁盘空间限制。

(9)超级链接型。超级链接型字段是用来保存超级链接的。超接链接型字段包含作为超级链接地址的文本或以文本形式存储的字符与数字的组合。超级链接地址是通往对象、文档、Web页或其他目标的路径。一个超级链接地址可以是一个URL或一个UNC网络路径。超级链接地址也可能包含其他特定的地址信息,如数据库对象、书签或该地址所指向的Excel单元的范围。当单击一个超级链接时,Web浏览器或Access将根据超级链接地址到达指定的目标。超级链接型字段允许存储最长为65536个字符内容。

(10)查阅向导型。查阅向导用于创建一个查阅列表字段,该字段可以通过组合框或列表框选择来自其他表或值列表的值。该字段实际的数据类型和大小取决于数据的来源。

3. 字段属性

在设计表结构时,除要定义每个字段的字段名称和数据类型外,如果需要,还要定义每个字段的相关属性,如字段大小、格式、输入掩码、标题、默认值、有效性规则等。定义字段属性可实现输入数据的限制和验证,或控制数据在数据表视图中的显示格式等。

(1)字段大小。只有当字段数据类型设置为“文本”或“数字”时,这个字段的“字段大小”属性才可设置，设置的值将随着该字段数据类型的不同而不同。当设置字段的类型为文本类型时，字段大小的值可设置为 1～255，表示该字段可容纳的字符个数最少为 1 个字符，最多为 255 个字符，当设置字段的类型为数字类型时，字段大小的设置如表 3-1 所示。

表 3-1　数字型字段大小的属性取值

可设置值	说明	小数位数	大小
字节	保存 0～255 且无小数位的数字	无	1 个字节
整型	保存无小数的数字	无	2 个字节
长整型	系统的默认数字类型	无	4 个字节
单精度型	—	7	4 个字节
双精度型	—	15	8 个字节

(2)格式。格式决定数据的显示方式。文本、备注、数字、货币、日期/时间、是/否类型都可以设置格式属性。文本和备注类型可以使用表 3-2 所示的符号来创建自定义的格式。

表 3-2　文本和备注类型的“格式”属性

符号	说明
@	显示文本字符，字符个数不够时加前导空格
&	显示文本字符，无字符时省略
—	强制向右对齐
!	强制向左对齐
<	强制所有字符为小写
>	强制所有字符为大写

数字和货币类型可设置常规数字、货币、欧元、固定等格式，如图 3-17 所示。选择数字或货币类型后，“常规”选项卡中的“格式”属性下方会出现“小数位数”属性，默认值为“自动”，除“常规数字”格式外，其余格式的小数位数均可由“小数位数”属性设定，最多可设置 15 位。

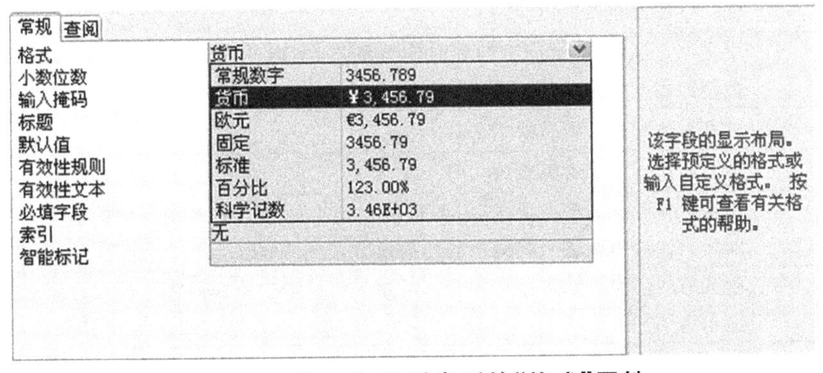

图 3-17　数字和货币类型的“格式”属性

日期/时间类型可设置常规、长、中、短日期等格式，如图 3-18 所示，默认值为“常规日期”。

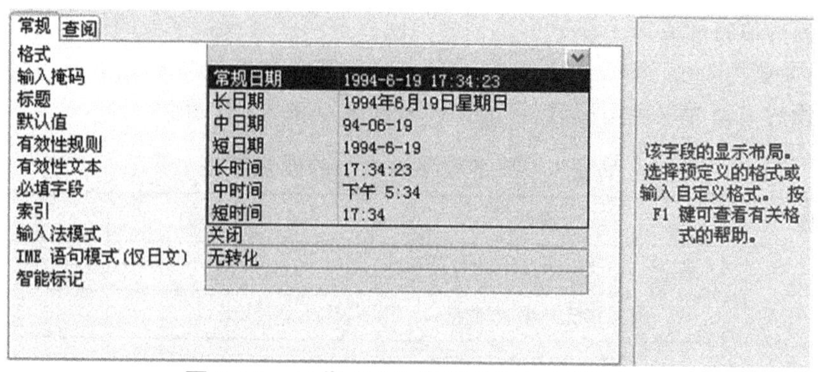

图 3-18 日期/时间类型的“格式”属性

(3)输入掩码。输入掩码用于控制输入数据时的格式外观以及存储方式，便于统一输入格式，减少输入错误，提高输入效率。主要用于文本、日期/时间类型的字段。

输入掩码和字段格式都对格式产生影响，但两者是有区别的。格式属性定义数据的显示与打印外观，输入掩码属性定义的数据的输入外观，能对数据输入作必要的控制以保证输入数据的正确性。简单来讲，格式属性控制输出格式，而输入掩码属性控制输入格式。

Microsoft Access 按照表 3-3 转译“输入掩码”属性定义中的字符。若要定义字面字符，请输入该表以外的任何其他字符，包括空格和符号。若要将下列字符中的某一个定义为字面字符，则在字符前面加上反斜线(\)。

表 3-3 输入掩码格式字符说明

字符	说明
0	数字(0 到 9，必选项；不允许使用加号[+]和减号[-])
9	数字或空格(非必选项；不允许使用加号和减号)
#	数字或空格(非必选项；空白将转换为空格，允许使用加号和减号)
L	字母(A 到 Z，必选项)
?	字母(A 到 Z，可选项)
A	字母或数字(必选项)
a	字母或数字(可选项)
&	任一字符或空格(必选项)
C	任一字符或空格(可选项)
. , : ; - /	十进制占位符和千位、日期和时间分隔符(实际使用的字符取决于 Microsoft Windows 控制面板中指定的区域设置)
<	使其后所有的字符转换为小写
>	使其后所有的字符转换为大写
!	使输入掩码从右到左显示，而不是从左到右显示。输入掩码中的字符始终都是从左到右填入。可以在输入掩码中的任何地方包括感叹号
\	使其后的字符显示为原义字符。可用于将该表中的任何字符显示为原义字符(例如，\A 显示为 A)
密码	将“输入掩码”属性设置为“密码”，以创建密码项文本框。文本框中键入的任何字符都按字面字符保存，但显示为星号(*)

(4)标题。标题可看作是字段名意义不明确时设置的说明名称,如果给字段设置了“标题”属性,数据表视图或控件中显示的将不是字段名称,而是“标题”属性中的名称。

(5)默认值。在表中新增加一个记录且未填入数据时,如果希望 Access 自动为某个字段填入一个特定的数据,则应为该字段设置“默认值”属性值。此处设置的默认值将成为新增记录中 Access 为该字段自动填入的值。一般可用“向导”帮助完成该属性的设置。例如,可以将籍贯默认值设置为“云南昆明”。

(6)有效性规则。“有效性规则”属性用于指定对输入到记录中字段值的要求。当输入的数据违反了“有效性规则”的设置时,将给用户显示“有效性文本”设置的提示信息。例如,“性别”字段的有效性规则设置为“男”或“女”,若输入除此之外的内容时,将出现“输入的数据有误”的提示信息。

(7)有效性文本。有效性文本是和有效性规则一起使用的。当输入的数据不满足有效性规则的条件限制时,就会弹出一个提示窗口,显示有效性文本,以提示用户字段的输入规则。

(8)必填字段。“必填字段”属性取值仅有“是”或“否”两个选项。当取值为“是”时,表示必须填写该字段,即不允许该字段数据为空;当取值为“否”时,表示可以不必填写字段数据,即允许字段数据为空。例如,将“姓名”字段设为“必填字段”后,如果不输入任何数据,则在存盘或输入下一条记录时会弹出提示:“字段‘姓名’不能包含 Null 值”的信息。

(9)允许空字符串。允许空字符串是文本型字段的专有属性,默认值为“是”,表示该字段可以是空字符串,如果设置为“否”,则不允许出现空字符串。空字符串是长度为零的字符串,输入时要用双引号括起来。

(10)索引。索引是将记录按照某个字段或某几个字段进行逻辑排序,就像字典中的索引提供了按拼音顺序对应汉字页码的列表和按笔画顺序对应汉字页码的列表,利用它们可以很快地找到需要的汉字。建立索引有助于快速查找和排序记录。在表设计器中,“常规”选项卡的“索引”属性有 3 个选项,如表 3-4 所示。

表 3-4 “索引”属性

设置	说明
无	默认值,表示无索引
有(有重复)	表示有索引,且允许字段有重复值
有(无重复)	表示有索引,但不允许字段有重复值

(11)Unicode 压缩。该属性决定是否对文本、备注等字段的内容进行压缩,以节约存储空间,系统默认选择“是”。

(12)输入法模式。输入法模式用于控制不同字段采用不同的输入法模式,以减少启动或关闭中文输入法的次数。

(13)查阅属性。查阅属性用于改变数据输入的方式,文本、数字、是/否类型可以设置该属性。在表设计视图的“查阅”选项卡的“显示控件”属性下拉列表框中有文本框、列表框和组合框 3 个选项。文本和数字类型字段的默认值为“文本框”,是/否类型为“复选框”。通过改变某些字段的查阅属性可以提高输入速度、减少输入错误。

3.3.2 建立表结构

1. 使用向导创建表

在 Access 中，利用表向导可以建立常用类型的数据表。Access 通过提供示例表来帮助用户快速完成表结构的定义。

【例 3-3】在“公司管理系统”数据库中，使用向导创建表的方法，创建一个名为“客户信息表”的表。

具体操作步骤如下：

(1)启动表向导。打开“公司管理系统”数据库，选择“表”对象，然后双击右侧窗格中“使用向导创建表”选项。或者单击工具栏中的“新建”按钮，在图 3-19 所示的“新建表”对话框中选择“表向导”列表项，然后单击“确定”按钮，弹出“表向导”对话框，如图 3-20 所示。

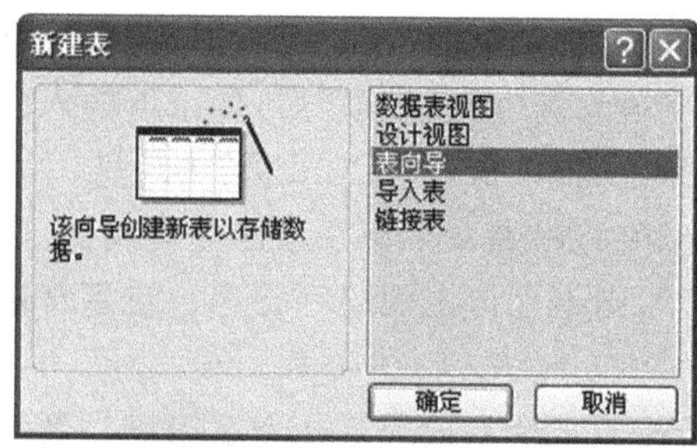

图 3-19 “新建表”对话框

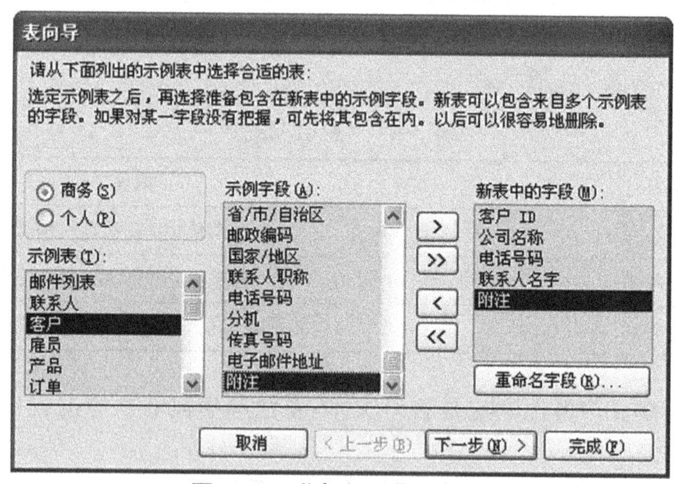

图 3-20 “表向导”对话框

(2)选择字段。在图 3-20 中，选择“商务”单选项，然后在“示例表”列表框中选择单选项“客户”表，接着双击“示例字段”中的字段，将“客户 ID”、“公司名字”、“电话号码”、“联系人名字”、“附注”等列表项作为新建表的字段，向导自动将其添加到“新表中的字段”列表框中，如图 3-20 所示。

(3)修改字段名称(可选项)。对于上述所建的新表，若要修改表中字段的名称，可在“新表中的字段”列表框中选中需修改的字段，例如，选择“客户 ID”字段，然后单击“重命名字段”按钮，弹出“重命名字段”对话框，如图 3-21 所示。输入新的字段名称“客户编号”，单击“确定”按钮。如需修改多个字段名，可重复此过程。

图 3-21　“重命名字段”对话框

(4)指定表的名称、设置主键。单击图 3-20 中的“下一步”按钮，打开“表向导”对话框之二，如图 3-22 所示。在“请指定表的名称”文本框中输入新建表的名称：“客户信息表”。在“请确定是否用向导设置主键：”单选框中，确定设置主键的方法。选择“是，帮我设置一个主键”，然后单击“下一步”按钮。

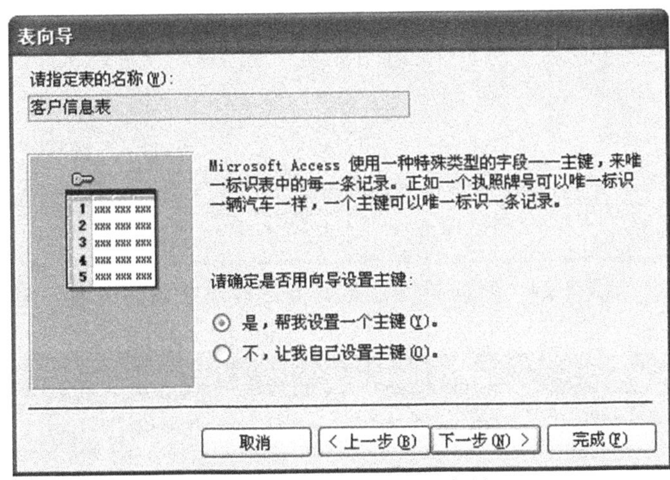

图 3-22　表向导设置主键

如果选择“不，让我自己设置主键”，然后单击“下一步”按钮，则弹出如图 3-23 所示的“表向导”对话框之三。在“请确定哪个字段将拥有对每个记录都是唯一的数据：”的下拉列表中选择字段作为主关键字字段：“客户编号”。然后，指定其数据类型，如“让 Microsoft Access 自动为新记录指定连续数字”，即自动编号类型。

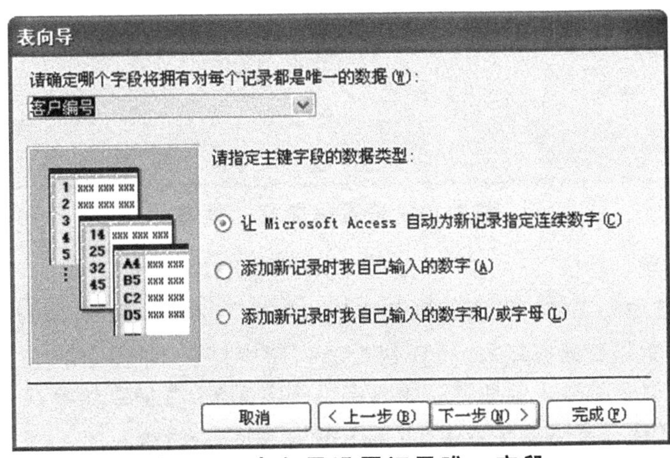

图 3-23　表向导设置记录唯一字段

(5)设置表之间的关系。如果创建的表为数据库中的第 1 张表,则不会出现此步操作,如果不是,则需要设置该表与已有表之间的关系,弹出如图 3-24 所示的“表向导”对话框之四,如表之间不相关联,直接单击“下一步”按钮即可;如表之间有关联,单击图 3-24 中的关系进行设置,如图 3-25 所示。

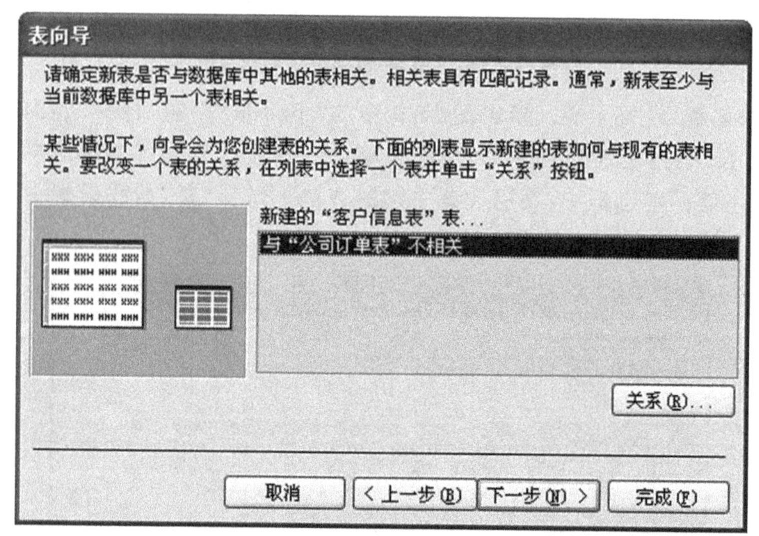

图 3-24　表向导设置新表与已有表之间的关系

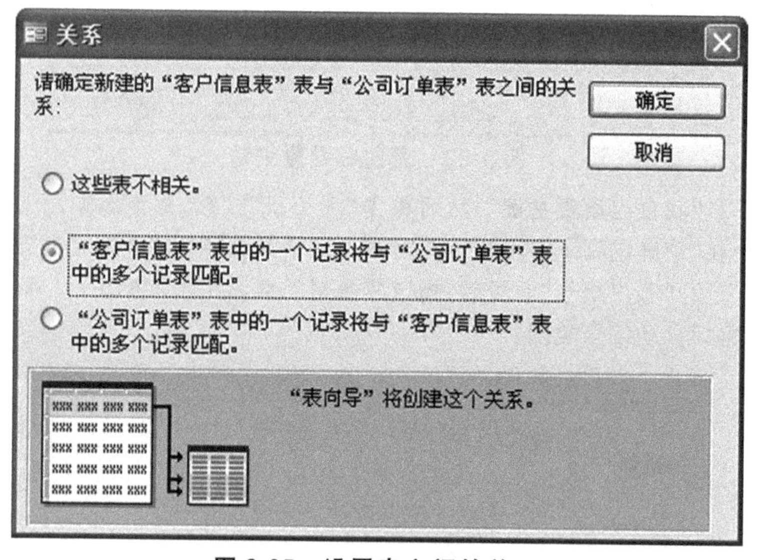

图 3-25　设置表之间的关系

(6)完成表的创建。单击“下一步”按钮,系统弹出如图 3-26 所示“表向导”对话框之五,选择利用向导创建完表之后的工作,如“直接向表中输入数据”,然后单击“完成”按钮。

(7)输入数据。新建表完成之后,将在数据表视图中打开,如图 3-27 所示。在图 3-27 所示的数据表视图中,可以直接输入字段值。输入完一个字段后,按回车键确认,并跳到下一个字段(需要注意的是,自动编号类型的字段值,由系统给出,用户不能输入)。

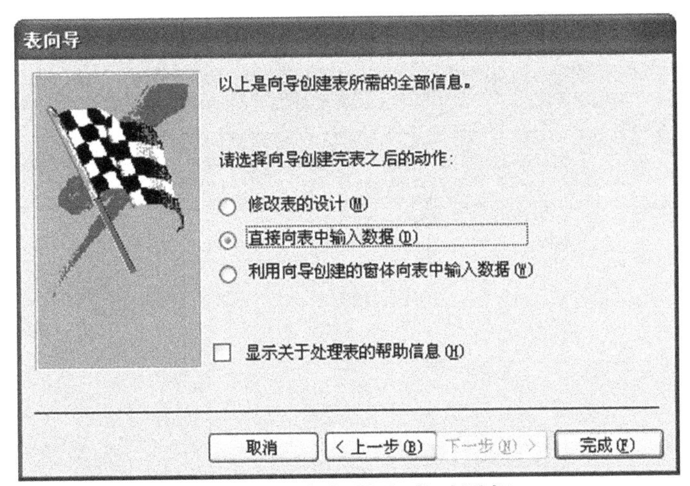

图 3-26　表向导完成对话框

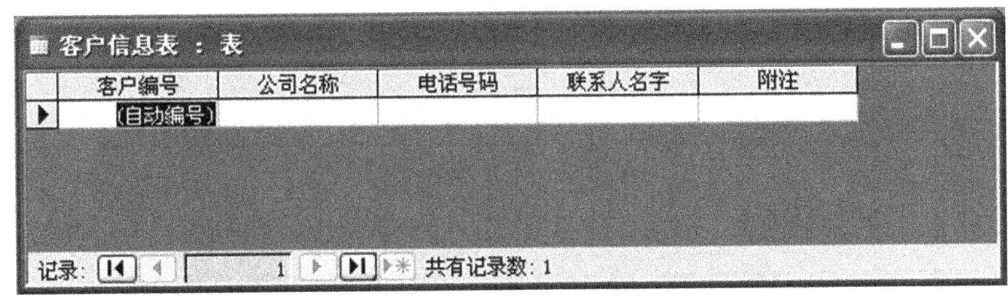

图 3-27　数据表视图

输入完一条记录的最后一个字段后,按回车键,系统会自动保存本条记录,并定位到下一条记录的第一个字段。也可单击工具栏中的"保存"按钮,保存记录。切换回"数据库"窗口,可查看客户信息表已创建成功。

2. 使用表设计器创建表

利用向导创建的表很有可能和用户的需求不太一致,还需要通过设计器对表进行修改。因此,更多的用户选择直接使用表设计器来创建表。

【例 3-4】在"公司管理系统"数据库中,使用表设计器创建一个名为"员工信息表"的表。

具体操作步骤如下:

(1)打开"公司管理系统"数据库,选择"表"对象,然后双击右侧"使用设计器创建表",即弹出表设计器,也可单击工具栏中的"新建"按钮。在如图 3-28 所示的"新建表"对话框中选择

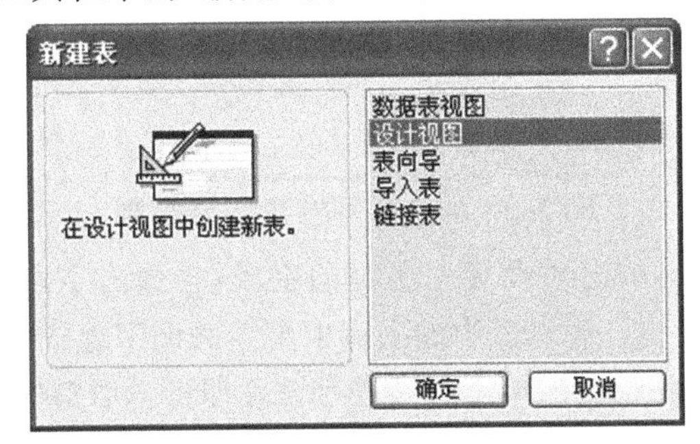

图 3-28　使用设计视图创建表

“设计视图”列表项，然后单击“确定”按钮，屏幕上也会弹出表设计器，如图 3-29 所示。

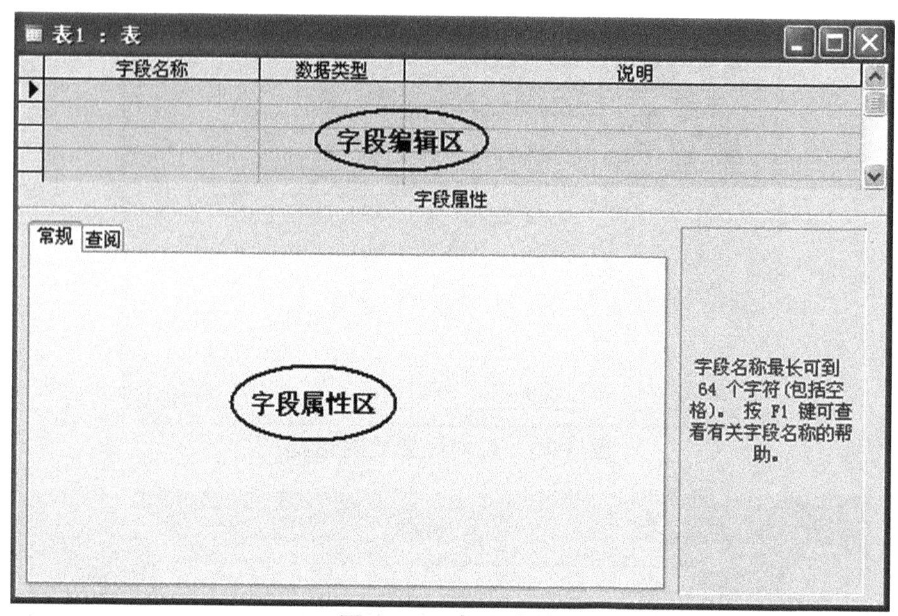

图 3-29 表设计器

(2)定义字段。在“字段名称”列输入各字段名称，选择各字段的数据类型，如图 3-30 所示。

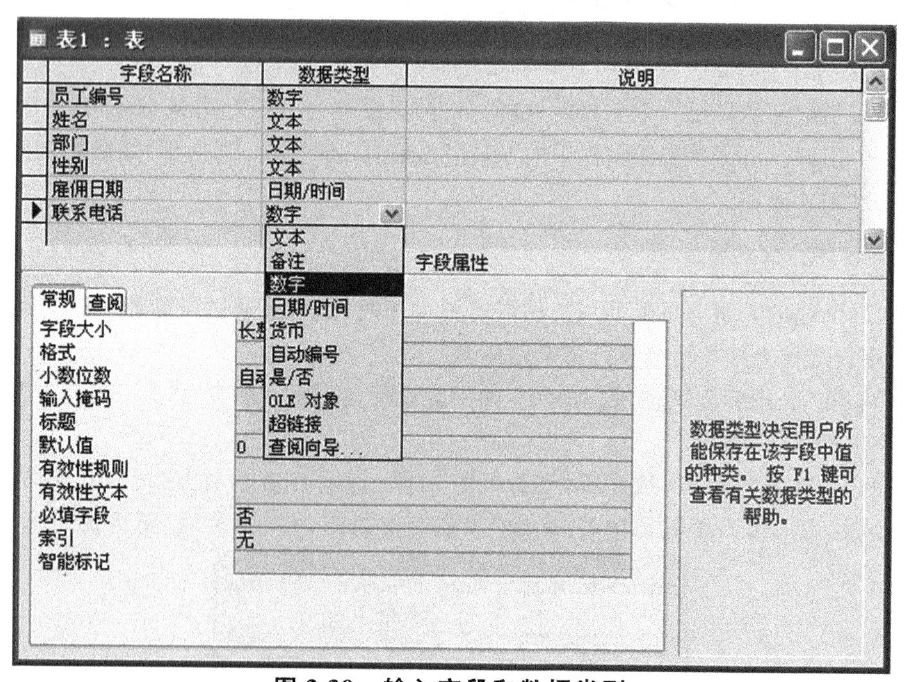

图 3-30 输入字段和数据类型

(3)设置表的主键。右键单击要设置为主键的字段，会弹出字段操作的快捷菜单，选择“主键”，即完成了表中主键的设置。有时表中的主键由多个关键字组成，只需要按住 Ctrl 键选取构成主键的多个字段，然后按住 Ctrl 键单击右键进行设置即可。取消主键设置的方法和设置主键类似，如图 3-31 所示。

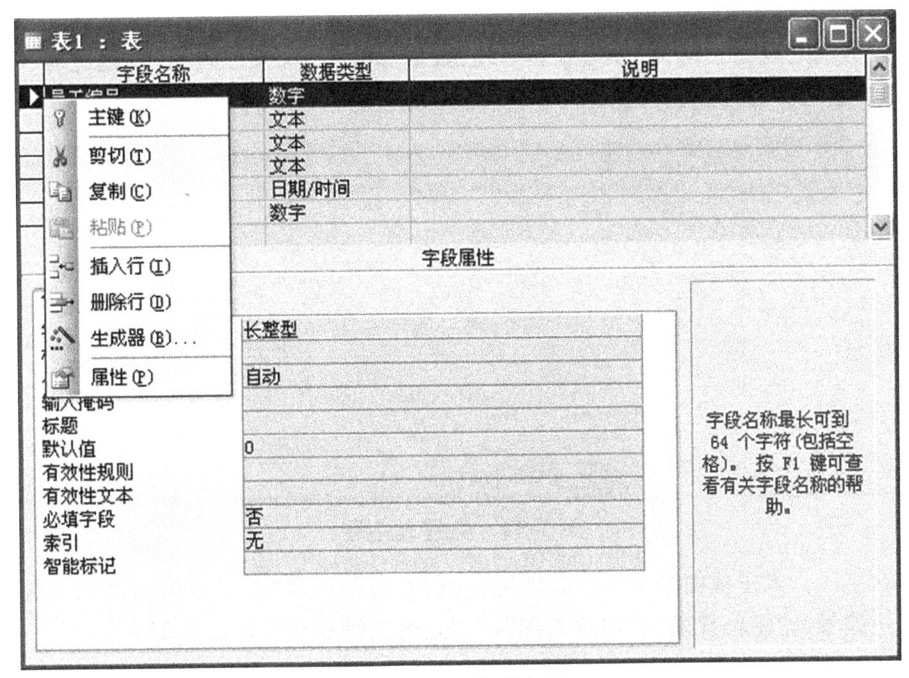

图 3-31　设置主键

(4)输入完成后,单击“关闭”按钮,弹出保存表的对话框,如图 3-32 所示。选择“是”,则会保存表,弹出“另存为”对话框,如图 3-33 所示;选择“否”,将放弃对表的创建;选择“取消”,将继续对表结构进行编辑。

图 3-32　关闭表对话框

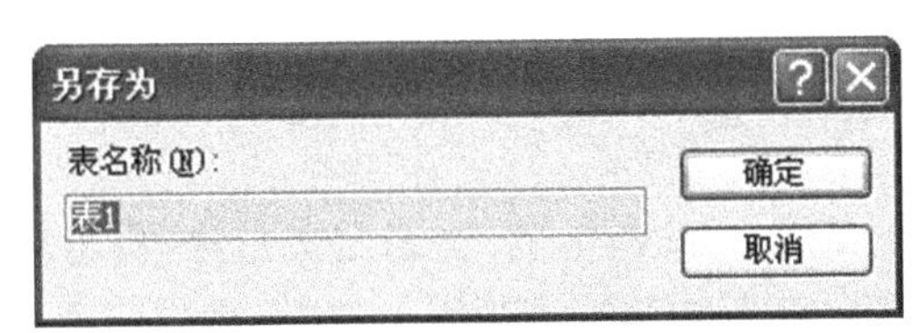

图 3-33　“另存为”对话框

(5)在“另存为”对话框中,输入表名“员工信息表”,单击“确定”按钮,即完成表的创建。

3. 通过输入数据创建表

通过“输入数据创建表”的方法可一次性完成表的创建和数据的输入,适合把记录在纸上的数据直接建成数据库的形式。

【例 3-5】用“输入数据创建表”的方法创建完成“公司管理系统”数据库中一个名为“公司订单表”的表。

具体操作步骤如下：

(1)打开数据表视图。打开“公司管理系统”数据库窗口，双击列表框中“通过输入数据创建表”列表项，屏幕上弹出数据表视图，如图 3-34 所示。

图 3-34　数据表视图

(2)命名字段。双击视图中的“字段 1”，输入所需的字段名“订单号”，然后依次将各字段名称改为“客户编号”、“订单日期”、“签署人编号”、“是否执行完毕”，如图 3-35 所示。

图 3-35　命名字段

(3)输入数据。在各字段中按顺序输入数据。可拖动表的分栏线，改变表格的宽度。

(4)保存表。单击工具栏中的“保存”按钮，在弹出的“另存为”对话框中输入表名“客户信息表”，然后单击“确定”按钮。

(5)定义主键。系统弹出如图 3-36 所示的“尚未定义主键”警告对话框，单击“是”按钮，系统自动为表创建一个主键，并显示该表的数据表视图。这样，客户信息表就通过输入数据的方法创建成功了。

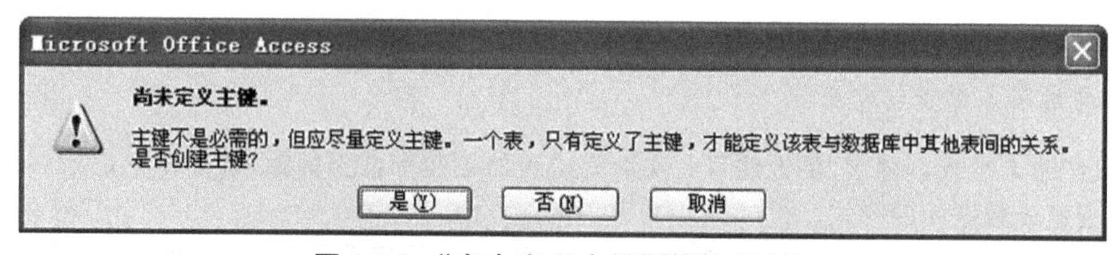

图 3-36　“尚未定义主键”警告对话框

同理，可以建立“公司管理系统”数据库中的“员工工资表”（字段包括：员工编号、基本工资、业绩奖金、住房补助、应扣劳保金额）。

3.4　表的操作

3.4.1　打开和关闭表

在对表进行各种操作之前，要打开相应的表，完成操作后，要关闭表。

1. 打开表

在 Access 2003 中，可以在数据表视图中打开表，也可以在表设计视图中打开表。

在数据表视图中打开表的方法是：在数据库窗口中，单击“表”对象，再选择要打开表的名称，然后单击数据库窗口的“打开”按钮，或直接双击要打开表的名称，或右击要打开表的名称，在弹出的快捷菜单中选择“打开”命令。此时，Access 在数据表视图中打开所需的表。

在数据表视图下打开表以后，可以在该表中输入、修改和删除数据，还可以添加、删除和修改字段。

如果要修改字段的数据类型或属性，应当在表设计视图中打开表。方法是：使用主窗口工具栏上的“视图”按钮切换到表设计视图，或在数据库窗口中，单击“表”对象，再选择要打开表的名称，然后单击数据库窗口的“设计”按钮，或右击要打开表的名称，在弹出的快捷菜单中选择“设计视图”命令。此时，Access 直接在表设计视图中打开所需的表。

2. 关闭表

表的操作结束后，应该将其关闭。无论表是处于表设计视图状态，还是处于数据表视图状态，在主窗口中选择“文件”→“关闭”菜单命令或单击视图窗口的“关闭”按钮都可以将打开的表关闭。

在关闭表时，如果曾对表的结构或内容进行过修改，会显示一个提示框，询问用户是否保存所作的修改，选择“是”则会保存所作的修改；选择“否”则会放弃所作的修改；选择“取消”则取消关闭表的操作。

3.4.2　复制、删除和重命名表

表的复制、删除和重命名操作都是在数据库窗口中进行的。

1. 复制表

表可以在同一个数据库中进行复制，也可以从一个数据库复制到另一个数据库。复制时还可以选择复制表结构，或复制全部，或将数据追加到已有的表中。

【例 3-6】 在“公司管理系统”数据库中，将“员工信息表”复制一份，并将其命名为“员工信息”。

具体操作步骤如下：

(1)打开“公司管理系统”数据库，选中要复制的表(“员工信息表”)。

(2)单击工具栏中的“复制”按钮，或者选择“编辑”→“复制”菜单命令。

(3)单击工具栏中的“粘贴”按钮，或者选项“编辑”→“粘贴”菜单命令。

(4)系统会打开“粘贴表方式”对话框，在“表名称”文本框中输入“员工信息”，如图 3-37 所示；然后根据需要在 3 个“粘贴选项”单选按钮中选择其中之一；单击“确定”按钮，即可完成复制工作。

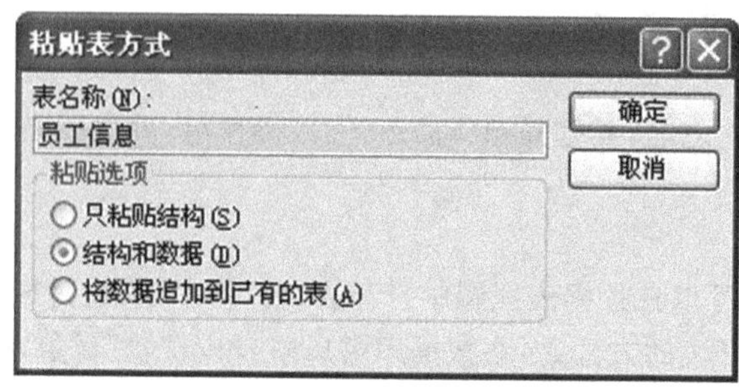

图 3-37　“粘贴表方式”对话框

【例 3-7】 新建一个名称为“公司管理备份”的数据库，将“公司管理系统”数据库中的“客户信息表”复制到新建的数据库中，表名不变。

具体操作步骤如下：

(1)新建“公司管理备份”数据库。具体操作参考【例 3-1】。

(2)打开“公司管理系统”数据库，选择“客户信息表”，单击工具栏中的复制按钮，或者选择“编辑”→“复制”菜单命令。

(3)打开新建的“公司管理备份”数据库，单击工具栏中的粘贴按钮，或者选择“编辑”→“粘贴”菜单命令，弹出“粘贴表方式”对话框。在“表名称”文本框中输入表名称“客户信息表”，粘贴选项采用默认设置“结构和数据”，然后单击“确定”按钮，返回数据库窗口，出现“客户信息表”。

提示：在“粘贴表方式”对话框中选择“只粘贴结构”单选按钮，会生成一个具有相同结构的空表；选择“结构和数据”单选按钮，会生成一个结构和数据完全相同的表；选择“将数据追加到已有的表”单选按钮，可实现数据的追加，此时需要在“表名称”文本框中输入已经存在的表的名称。

2. 删除表

【例 3-8】 删除“公司管理系统”数据库中的“员工信息”表。

具体操作步骤如下：

(1)打开“公司管理系统”数据库，选择“员工信息”表。

(2)单击工具栏中的删除按钮或者按 Delete 键，弹出如图 3-38 所示的提示框，单击“是”按钮即可。

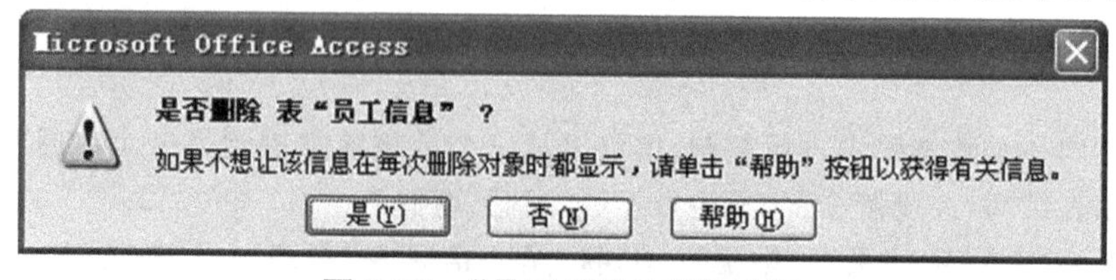

图 3-38　“是否删除表”提示框

提示：如果待删除的表与其他表建立了关系，系统将提示用户先删除表间关系。

3. 重命名表

重命名表就是修改表的名称，操作方法与改文件名一样。但表名一旦修改，将会影响到表间关系和其他对象，因此，建议不要轻易重命名表。

3.4.3　修改表的结构

Access 数据库允许通过表设计视图和数据表视图对表的结构进行修改。对表结构的修改，会影响与之相关的查询、窗体和报表等其他对象，因此一定要慎重，提前备份。

1. 添加字段

添加字段有两种方法。

(1)在表设计视图下添加字段。用表设计视图打开需要添加字段的表，然后将光标移动到要插入新字段的位置，选择“插入”→“行”菜单命令，或单击主窗口工具栏上的“插入行”按钮，或单击鼠标右键，在弹出的快捷菜单中选择“插入行”命令，则在当前字段的上面插入一个空行，在空行中依次输入字段名称、字段数据类型等。

(2)在数据表视图窗口中添加字段。用数据表视图打开需要添加字段的表，在某一列标题上单击鼠标右键，在弹出的快捷菜单中选择“插入列”命令，或选中某一列，然后选择“插入”→“列”菜单命令，则在当前列的左侧插入一个空列，再双击新列中的字段名“字段 1”，为该列输入唯一的名称。

2. 修改字段

修改字段包括修改字段的名称、数据类型、说明和字段属性等。在数据表视图中，只能修改字段名，其操作方法为：双击需要修改的字段名进入修改状态，或右击需要修改的字段名，在弹出的快捷菜单中选择“重命名”命令。

如果还要修改字段数据类型或定义字段的属性，需要切换到表设计视图进行操作。具体操作方法为：用表设计视图打开需要修改字段的表，如果要修改字段名称，则在该字段的“字段名称”列中单击，然后修改字段名称；如果要修改字段数据类型，则单击该字段“数据类型”列右侧的向下箭头，然后从打开的下拉列表中选择需要的数据类型；如果要修改字段属性，则选中该字段，再在字段属性区域进行修改。

3. 删除字段

与添加字段操作相似，删除字段也有两种方法。

(1)在表设计视图下删除字段。用表设计视图打开需要删除字段的表，然后将光标移到要删除的字段行上。如果要选择一组连续的字段，可用鼠标指针拖过所选字段的字段选定器；如果要选择一组不连续的字段，可先选中要删除的某一个字段的字段选定器，然后按下 Ctrl 键不放，再单击每一个要删除字段的字段选定器。最后选择“编辑”→“删除行”菜单命令，或单击鼠标右键，在弹出的快捷菜单中选择“删除行”命令。

(2)在数据表视图窗口中删除字段。用数据表视图打开需要删除字段的表,选中要删除的字段列,然后单击鼠标右键,在弹出的快捷菜单中选择"删除列"命令。

4. 移动字段

移动字段可以在表设计视图中进行。用表设计视图打开需要移动字段的表,单击字段选定器选中需要移动的字段行,然后再次单击并按住鼠标左键不放,拖动鼠标即可将该字段移到新的位置。

5. 重新设置主关键字

重新设置主关键字时,需要确定与原主关键字相关的关系已经被删除。具体操作方法为:选定新的主关键字字段(对多字段主关键字,需要使用 Ctrl 键),单击工具栏上的"主键"按钮,则消除原主关键字字段前的主关键字标志,在新的主关键字字段前显示主关键字标志。

一个表只能有一个主关键字,当设置另一主关键字时,原来的主关键字自动取消。

3.4.4 修改表的内容

1. 定位记录

在数据表中,每一条记录都有一个记录号,记录号是由系统按照记录录入的先后顺序赋给记录的一个连续整数。在数据表中记录号与记录是一一对应的。数据表中有了记录后,修改是经常需要的操作,其中定位和选择记录是首要工作。

常用的定位方法有两种:

(1)使用数据表视图下方的定位记录号定位。在数据表视图窗口的底端有一组记录号浏览按钮。可以用这些按钮在记录间快速移动,如图 3-39 所示。

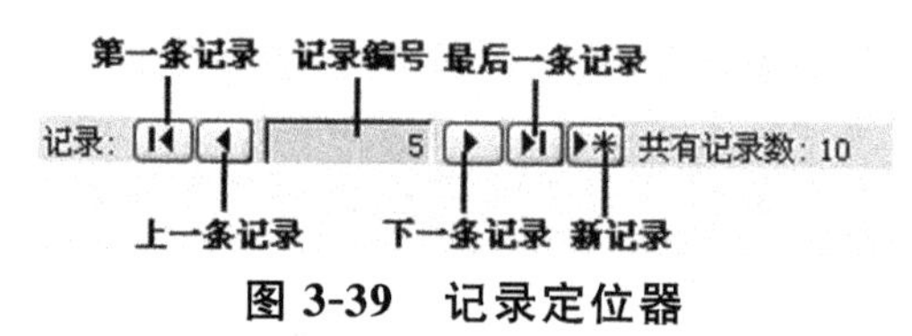

图 3-39 记录定位器

(2)使用快捷键定位。Access 提供了一组快捷键,通过这些快捷键可以方便地定位记录。表 3-5 列出了这些快捷键及其定位功能。

表 3-5 快捷键及其定位功能

快捷键	定位功能
Tab、Enter、→	下一字段
Shift+Tab、←	上一字段
Home	当前记录中的第一个字段
Ctrl+Home	第一条记录中的第一字段

续表

快捷键	定位功能
End	当前记录中的最后一个字段
Ctrl+End	最后一条记录中的最后一个字段
↑	上一条记录中的当前字段
Ctrl+↑	第一条记录中的当前字段
↓	下一条记录中的当前字段
Ctrl+↓	最后一条记录中的当前字段
Page Down	下移一屏
Page Up	上移一屏
Ctrl+Page Down	右移一屏
Ctrl+Page Up	左移一屏

2. 选择记录

可以在数据表视图下用鼠标或者键盘两种方式来选择记录或数据的范围。使用鼠标的操作方法如表 3-6 所示，使用键盘的操作方法如表 3-7 所示。

表 3-6　鼠标操作方法

数据范围	操作方法
字段中的部分数据	单击开始处，拖动鼠标到结尾处
字段中的全部数据	移动鼠标到字段左侧，待鼠标指针变为"+"后单击鼠标左键
相邻多字段中的数据	移动鼠标到字段左侧，待鼠标指针变为"+"后拖动鼠标到最后一个字段尾部
一列数据	单击该列的字段选定器
多列数据	将鼠标放在一列字段顶部，待鼠标指针变为向下箭头后，拖动鼠标到选定范围的结尾列处
一条记录	单击该记录的记录选定器
多条记录	单击第一条记录的记录选定器，按住鼠标左键，拖动鼠标到选定范围的结尾处
所有记录	选择"编辑"菜单中的"选择所有记录"的命令

表 3-7　键盘操作方法

选择对象	操作方法
一个字段的部分数据	光标移到字段开始处，按住 Shift 键，再按方向键到结尾处
整个字段的数据	光标移到字段中，单击 F2 键
相邻多个字段	选择第一个字段，按住 Shift 键，再按方向键到结尾处

3. 添加记录

添加记录时，使用数据表视图打开要编辑的表，可以将光标直接移动到表的最后一行，直接输入要添加的数据；也可以单击记录定位器上的添加新记录按钮，或单击主窗口工具栏上的“新记录”按钮，或选择“记录”→“数据项”菜单命令，待光标移到表的最后一行后输入要添加的数据。

4. 删除记录

删除记录时，使用数据表视图打开要编辑的表，单击要删除记录的记录选定器，然后单击工具栏上的“删除记录”按钮，在弹出的“删除记录”提示框中单击“是”按钮。

在数据表中，可以一次删除多条相邻的记录。如果要一次删除多条相邻的记录，则在选择记录时，先单击第一条记录的记录选定器，然后拖动鼠标经过要删除的每条记录，最后单击工具栏上的“删除记录”按钮。

5. 修改数据

在数据表视图中，用户可以方便地修改已有的数据记录。只要将光标移到要修改数据的相应位置直接修改即可。修改时，可以修改整个字段的值，也可以修改部分字段的值。

3.4.5 修改表的外观

对表设计的修改，将导致表结构的变化，会对整个数据库产生影响。如果只是针对数据表视图进行修改，则只影响数据在数据表视图中的显示，而对表的结构没有任何改变。

1. 改变字体、字号和颜色

在数据表视图中，要改变数据表显示数据的字体、字号和颜色，其操作步骤如下：

(1)将表以数据表视图的方式打开。

(2)选择“格式”→“字体”菜单命令，系统将弹出如图 3-40 所示的“字体”对话框。

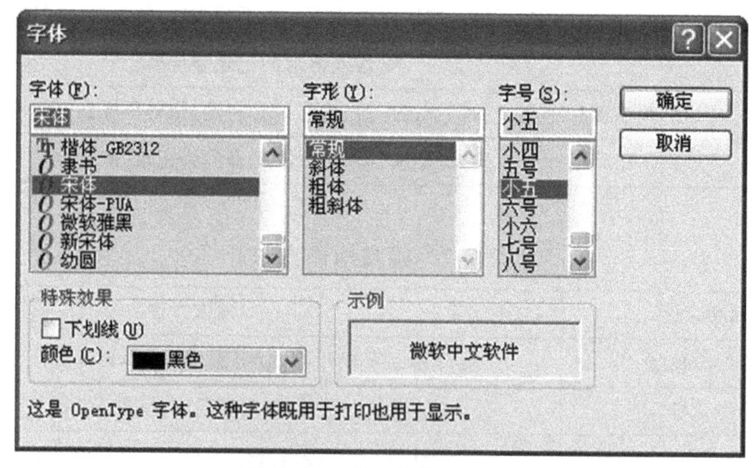

图 3-40 “字体”对话框

（3）在该对话框中，选择好合适的“字体、“字形”、“字号”和“颜色”等，在“示范”窗口中可以看到与设置相对应的效果。

（4）设置好后，单击“确定”按钮即可。

2. 设置数据表格式

要设置数据表格式，具体操作步骤如下：

（1）将表以数据表视图的方式打开。

（2）选择“格式”→“数据表”菜单命令，将打开如图 3-41 所示的“设置数据表格式”对话框。

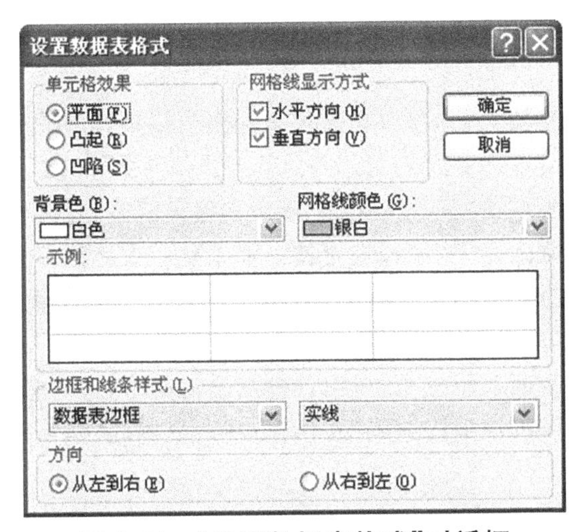

图 3-41　“设置数据表格式”对话框

（3）在此对话框中可以设置“单元格效果”、“网格线显示方式”、“背景颜色”、“网格线颜色”、“边框和线条样式”和“方向”等数据表视图属性，以改变表格单调的样式布局风格。

（4）设置好后，单击“确定”按钮即可。

3. 调整行高和列宽

调整行高最简单的方式是将鼠标指针移动到两个记录选择器之间，当指针变成上下的双向箭头时，按住鼠标左键拖动改变行高。同样，将鼠标指针移动到两个字段名之间，指针变成左右的双向箭头，按住鼠标左键拖动可以改变列宽。

如果想更精确地调整行高和列宽，可以选择“格式”菜单中的“行高”和“列宽”命令，打开如图 3-42 和图 3-43 所示的对话框输入实际数值。其中，标准高度和标准宽度是系统自动设置的默认值。“列宽”对话框中还有一个“最佳匹配”按钮，单击此按钮可以自动调整列宽刚好容纳数据内容。

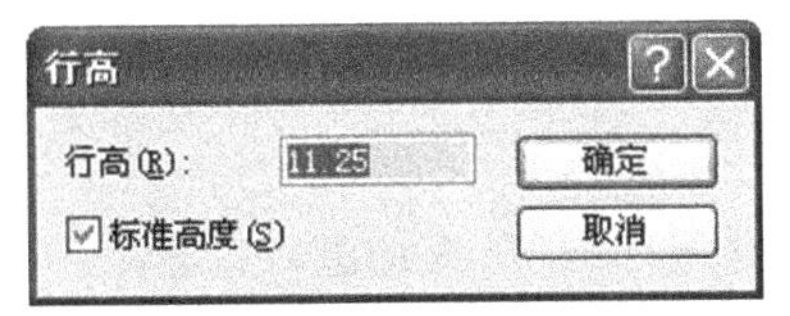

图 3-42　“行高”对话框

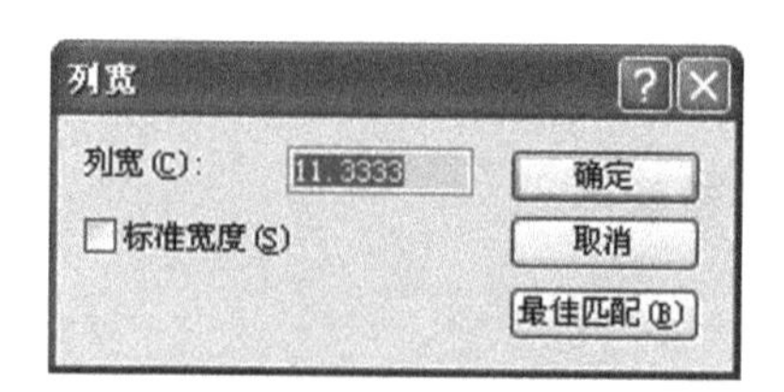

图 3-43 “列宽”对话框

需要注意的是，在 Access 2003 中，每一行的行高是相同的，不能单独设置某一行记录的行高。列宽可以单独设置，在设置前需要先选择要设置的列。

4. 隐藏与显示列

为了便于查看表中的主要数据，可以在数据表视图中将某些字段列暂时隐藏起来，需要时再将其显示出来。

假设要将“客户信息表”中的“联系人名字”字段列隐藏起来，其操作方法为：用数据表视图打开“客户信息表”，单击“联系人名字”字段选定器。如果要一次隐藏多列，单击要隐藏的第 1 列字段选定器，然后按住鼠标左键不放，拖动鼠标到最后一个需要选择的列。选择“格式”→“隐藏列”菜单命令，这时，Access 将选定的列隐藏起来。

如果希望将隐藏的列重新显示出来，可以在数据表视图中打开“客户信息表”，选择“格式”→“取消隐藏列”菜单命令，打开“取消隐藏列”对话框，在对话框的“列”列表框中选中要显示列的复选框，单击“关闭”按钮。

5. 冻结列

当表的字段较多时，在数据表视图中，有些字段值水平滚动后无法看到，这就影响了数据的查看。此时，可以利用 Access 提供的冻结列功能，冻结某字段列或某几个字段列，此后，无论怎样水平滚动窗口，这些字段总是可见的，并且总是显示在窗口的最左侧。

例如，冻结“员工信息表”中的“姓名”列，具体操作方法为：用数据表视图打开“员工信息表”，选中“姓名”字段列，然后选择“格式”→“冻结列”菜单命令。此时水平滚动窗口时，可以看到“姓名”字段列始终显示在窗口的最左侧。要取消冻结列可以选择“格式”→“取消对所有列的冻结”菜单命令。

3.4.6 数据的查找与替换

表中往往存储着大量的数据，要快速找到满足某些条件的数据或者批量替换某些数据，可以通过查找和替换功能实现。

【例 3-9】 在“公司管理系统”数据库的“员工信息表”中查找部门为“销售部”的记录，并将其部门替换为“业务部”。

具体操作步骤如下：

(1)打开“公司管理系统”数据库中的“员工信息表”。

(2)选择“编辑”→“查找”命令，即打开“查找和替换”对话框，如图 3-44 所示。

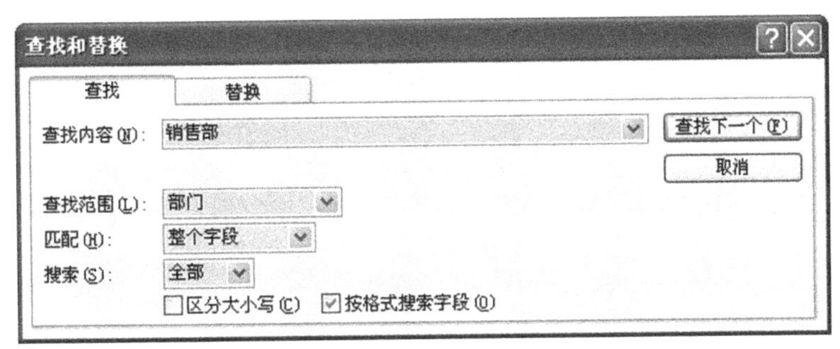

图 3-44 “查找”选项卡

(3)在“查找内容”文本框中输入需要查找的内容“销售部”，在“查找范围”下拉列表框选择“部门”选项，在“匹配”下拉列表框中选择“整个字段”选项，其他选项为默认，单击“查找下一个”按钮，即可找到部门为“销售部”的记录。

(4)选择“替换”选项卡，如图 3-45 所示，在“查找内容”文本框中输入文本“销售部”，在“替换为”文本框中输入文本“业务部”后，单击“替换”按钮，即可完成替换操作。

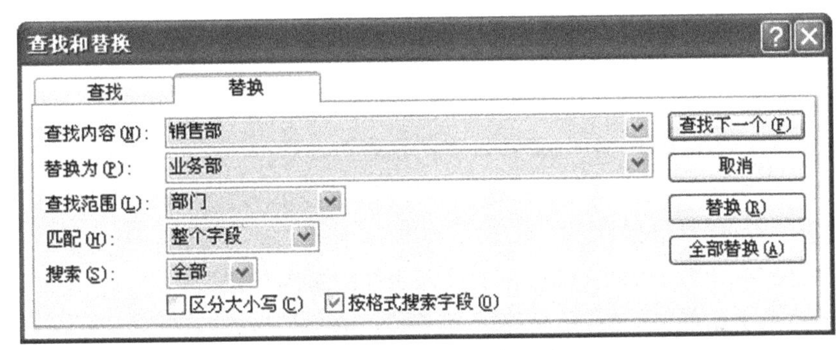

图 3-45 “替换”选项卡

3.4.7 记录的筛选与排序

1. 记录的筛选

筛选是把表中符合给定条件的记录显示出来。Access 2003 提供了 4 种筛选方法：按选定内容筛选、内容排除筛选、按窗体筛选和高级筛选。

1)按选定内容筛选

按选定内容筛选的方法只能选择与选定内容相同的记录。

【例 3-10】 将“公司管理系统”数据库中“员工信息表”中性别为“男”的员工筛选出来。

具体操作步骤如下：

(1)打开“公司管理系统”数据库中的“员工信息表”。

(2)将光标移到性别所在字段中的任意一个“男”处。

(3)单击“按选定内容筛选”按钮 ，或选择“记录”→“筛选”→“按选定内容筛选”菜单命令。

筛选工作完成后，“数据表”视图中即显示所有符合条件的记录。如果要取消筛选，重新显示全部记录，则单击“数据库”工具栏上的“取消筛选”按钮，或者选择“记录”→“取消筛选/排序”菜单命令即可。

2)内容排除筛选

内容排除筛选和按选定内容筛选恰恰相反，显示不符合条件的记录。

【例 3-11】 将“公司管理系统”数据库中“员工信息表”中“部门”为“生产部”的记录排除筛选出去。

具体操作步骤如下：

(1)打开“公司管理系统”数据库中的“员工信息表”。

(2)将光标移到某个“部门”为“生产部”的字段上。

(3)选择“记录”→“筛选”→“内容排除筛选”菜单命令，则数据表将显示所有“部门”不是“生产部”的记录。

3)按窗体筛选

如果筛选内容比较复杂，则应该用“按窗体筛选”。“按窗体筛选”可以指定多个条件，在设置同一行的条件之间是“与”的关系，设置在不同行的条件之间是“或”的关系。

【例 3-12】 将“公司管理系统”数据库中“员工信息表”中“性别”为“男”和“部门”为“销售部”的记录筛选出来。

具体操作步骤如下：

(1)打开“公司管理系统”数据库中的“员工信息表”。

(2)单击工具栏中的“按窗体筛选”按钮，或者选择“记录”→“筛选”→“按窗体筛选”菜单命令，打开“按窗体筛选”对话框。

(3)单击“性别”字段名下的空白框，在下拉列表框中选择“男”选项。

(4)单击窗口左下角的“或”标签，该窗口又多了一个“或”标签，再按第(3)步的做法，选择“部门”为“生产部”的条件，如图 3-46 所示。

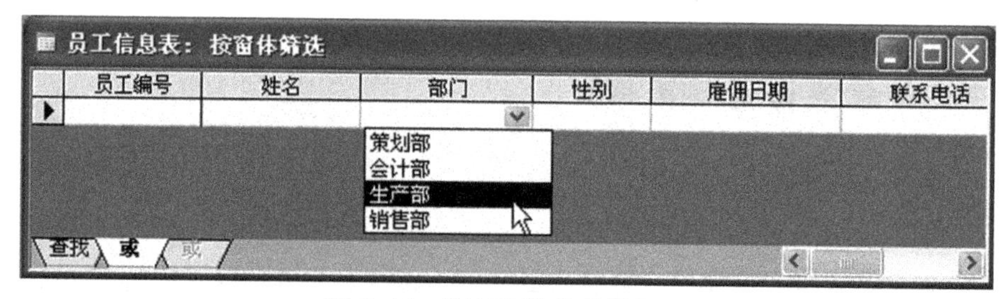

图 3-46 “按窗体筛选”窗口

(5)单击“应用筛选”按钮，即可完成筛选工作。

4)高级筛选

“按选定内容”和“按窗体筛选”虽然已经实现了按一定规则筛选记录的功能，但当筛选的条件较多时必须多次重复同一步骤，这时就可考虑利用“高级筛选”的方法。

【例 3-13】 在“公司管理系统”数据库中的“员工信息表”中筛选“部门”为“生产部”、“性别”为“男”的员工编号。

具体操作步骤如下：

(1)打开“公司管理系统”数据库中的“员工信息表”。

(2)选择“记录”→“筛选→“高级筛选/排序”菜单命令，打开“筛选”对话框。

(3)在“字段”列表框中选择“员工编号”；“部门”条件为“生产部”；“性别”条件为“男”，如图 3-47 所示。

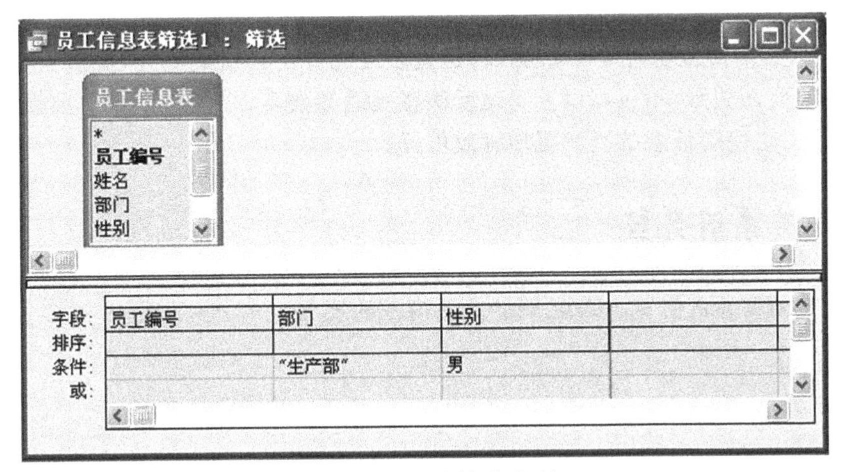

图 3-47　设置筛选条件

(4)设置完成后，单击工具栏中的“应用筛选”按钮 ，系统将会按照“筛选”对话框中所设置的筛选条件进行筛选

2. 记录的排序

在 Access 2003 的表中，如果设置了主键，默认情况下以主键的升序显示表中的记录，如果没有设置主键，则以原始的输入顺序显示表中的记录。若要按照某个字段或某几个相邻字段的值重新排列表中的记录，则可以通过排序实现。

基于单个字段的排序，只需要在数据表视图中单击要排序字段的任一单元格，然后单击工具栏中的升序按钮 或降序按钮 或者选择“记录”→“排序”子菜单中的相应命令即可。

基于多个相邻字段的排序，需要同时选中多列要排序的字段，再执行排序操作，排序的结果以自左而右的顺序先按照第一个字段排序，当第一个字段具有相同值时，再按照第二个字段排序，依次类推。

【例 3-14】 将“公司管理系统”数据库中“员工信息表”中按“性别”和“雇佣日期”两个字段的降序排序。

具体操作步骤如下：

(1) 打开“公司管理系统”数据库中的“员工信息表”。

(2)同时选中“性别”和“雇佣日期”两列字段，单击工具栏中的降序按钮 ，即可得到排序结果。可以看到表中的记录先按“性别”字段的拼音排序，性别相同时按“雇佣日期”字段从大到小排列。

在 Access 2003 中进行排序需要注意以下几点：

(1)如果两个字段不在一起，可以先用鼠标将两列拖到一起，再进行排序。

(2)多个字段只能同时升序或降序。

(3)选择“记录”→“取消筛选/排序”菜单命令即可取消排序，恢复到原始的数据表视图。

3.5 建立表之间的关系

一个数据库中常常包含若干个数据表，这些表之间并不是彼此完全对立，而是相互有联系的。建立数据之间的关系，不仅可以真实地反映客观世界的联系，还可以减少数据的冗余，提高数据的存储效率，也使得信息的查询更加有效可行。

3.5.1 关系的类型

关系是表之间联系的方式。表之间的关系有三种类型：一对一关系、一对多关系和多对多关系。

1. 一对一关系

在一对一的关系中，表1中的一条记录只能与表2中的一条记录相匹配，同时表2中的一条记录也只能与表1中的一条记录相匹配。这种对应关系比较简单，但在实际中并不适用。

2. 一对多关系

Access 2003 数据库中最常见的关系类型就是一对多。假设在表1和表2中，如果表1中的一条记录能够与表2中的许多条记录相匹配，而表2中的一条记录只能和表1中的一条记录匹配，那么称表1和表2是一对多关系。

3. 多对多关系

如果表1中的一条记录能与表2中的许多条记录匹配，同时表2中的一条记录也能与表1中的许多条记录匹配，它们之间的关系一般只能通过定义第三个表来完成关联，第三个表称为连接表。因此，在 Access 2003 数据库中一般不存在两个表之间的直接多对多关系。

3.5.2 关系的完整性

关系模型提供了丰富的完整性控制机制，允许定义三类完整性：实体完整性、参照完整性和用户定义的完整性。

1. 实体完整性

要求在组成主关键字的字段上不能有空值。

2. 用户定义的完整性

用户定义的完整性是针对某一具体关系数据库的约束条件，由系统检验实施。如在字段的有效性规则属性中，对字段输入值的限制。

3. 参照完整性

参照完整性存在于两个表之间，是在输入和删除记录时为了维护表之间的关系而必须遵循的一个规则系统。

在符合下列全部条件时才可以设置参照完整性。

(1)来自主表的匹配字段是主键或具有唯一索引。

(2)相关字段具有相同的数据类型。只有两个例外："自动编号"字段与"字段大小"为"长整型"的"数字"字段相关，"字段大小"为"同步复制 ID"的"自动编号"字段与"字段大小"为"同步复制 ID"的"数字"字段相关。

(3)两个表同属于一个数据库。

在使用参照完整性时需要遵循以下原则：

(1)不能在相关表的外部关键字段中输入不存在于该主表主键中的值。

(2)如果在相关表中存在匹配的记录，则不能从主表中更改主键值。

(3)如果某个表已经存储了相关的记录，则不能在主表中更改主键值。

(4)如果需要 Access 为某个关系实施这些规则，在创建关系时，应选中"实施参照完整性"复选框。如果出现了破坏规则的操作，系统将自动出现禁止提示。

3.5.3 建立表间关系

在表之间创建关系，可以确保 Access 将某一表中的改动反映到相关联的表中。一个表可以和多个其他表相关联，而不是只能与另一个表组成关系对。Access 提供了一个关系窗口，对于已建立的关系，在关系窗口中可清楚显示。

【例 3-15】 以"公司管理系统"数据库中的"公司订单表"、"客户信息表"、"员工信息表"、"员工工资表"4 个数据表为例，创建它们的相互关系。

具体操作步骤如下：

(1)打开"公司管理系统"数据库。

(2)在数据库窗口的空白处单击鼠标右键，在弹出的快捷菜单中选择"关系"命令，或在"数据库"工具栏上，单击"关系"按钮，打开"关系"窗口，如图 3-48 所示。

(3)如果该数据库在此之前还没有定义过任何关系，系统将弹出如图 3-49 所示的"显示表"对话框。如果"显示表"对话框没有出现在屏幕上，用户可以单击"数据库"工具栏上的"显示表"按钮。

(4)在"显示表"对话框的"表"选项卡中，双击所要创建关系的相关表名称，或者选择表，然后再单击"添加"按钮，这时在数据库"关系"视图窗口中会显示所选择的表，其中的主关键字字段用粗体字显示。单击"关闭"按钮，将"显示表"对话框关闭。本例需要添加全部 4 个表。

(5)选定主表的主键字段，按住鼠标左键不放，拖动鼠标到子表的外键字段上松开左键即可。本例是选定"员工工资表"的"员工编号"字段，按住鼠标不放，拖到"员工信息表"的"员工编号"字段上松开；系统会自动打开"编辑关系"对话框，如图 3-50 所示。

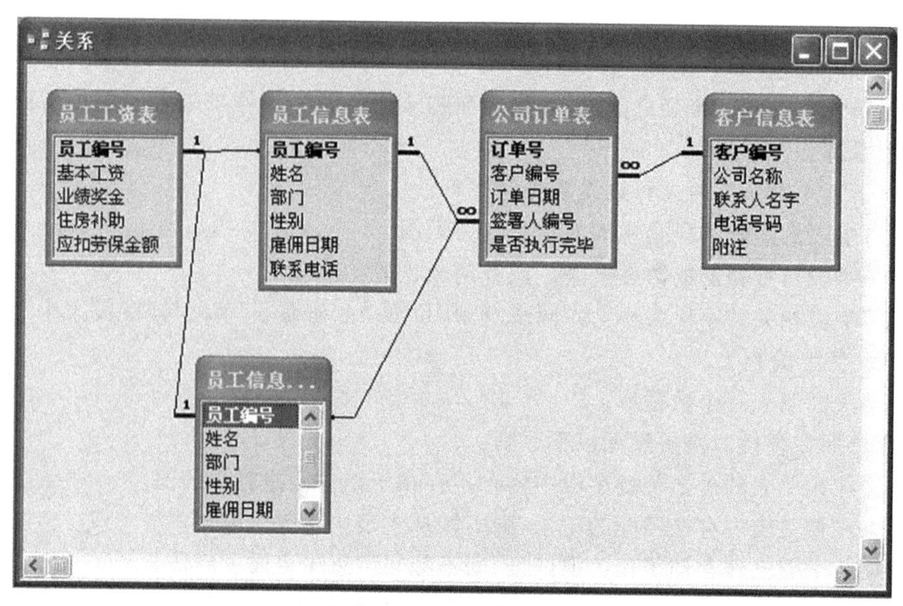

图 3-48 “关系”窗口

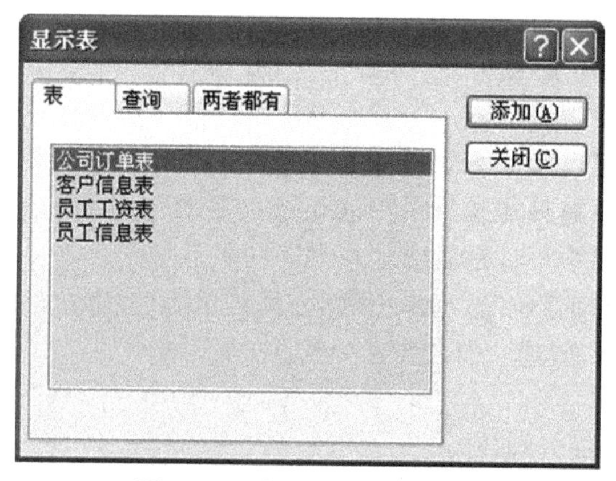

图 3-49 “显示表”对话框

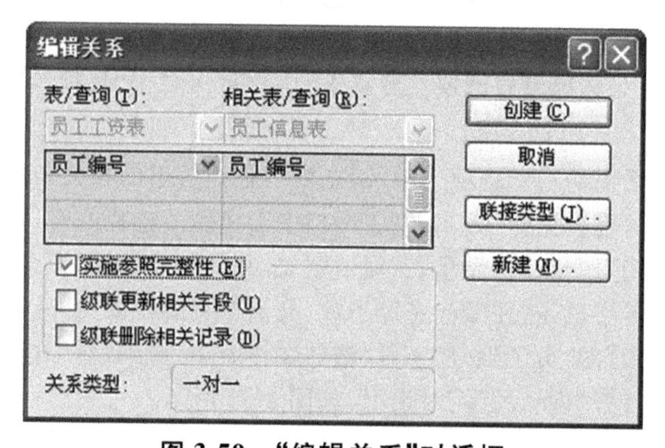

图 3-50 “编辑关系”对话框

(6)在“编辑关系”对话框中选择需要的关系选项。本例选择“实施参照完整性”复选框,再单击“新建”按钮就关闭了“编辑关系”对话框,在“关系”窗口中的“员工工资表”和“员工信息表”两个表之间就会出现一根连线,它表示这两个表之间建立了关系。

(7)重复(5)和(6)两步操作,在其他表间建立关系。本例创建好全部关系后的“关系”窗口如图 3-48 所示。

(8)单击“关系”窗口右上角的“关闭”按钮,系统会打开如图 3-51 所示的提示框,单击“是”按钮,“关系”窗口关闭,建立关系的工作完成。

图 3-51　关闭提示框

需要注意的是,如果没有选择“实施参照完整性”复选框,其关系线的两端不会出现“1”或者“∞”。

3.5.4　查看、编辑和删除关系

在“数据库”窗口中,单击工具栏上的“关系”按钮,或者选择“工具”→“关系”菜单命令,打开“关系”窗口。如果“关系”窗口中为空白,则单击工具栏上的“显示所有关系”按钮,或者右击鼠标,从弹出的快捷菜单中选择“全部显示”命令,所有创建的关系将全部显示出来,此时可以对这些关系进行重新编辑或删除。

首先选中要编辑或删除的关系之间的连线。通常,关系之间的连线两端粗,中间细,将光标移动到细线上后单击,此时选中的连线中间会变得和两端一样粗。在其上右击鼠标,从弹出的快捷菜单中选择“编辑关系”命令,将进入“编辑关系”对话框,可重新编辑选定的关系;选择“删除”命令,将弹出如图 3-52 所示的警告对话框,单击“确定”按钮就可以将该关系删除,关系之间的连线也会消失。

图 3-52　删除关系警告对话框

3.6　数据的导入与导出

Access 数据库有多种方法实现与其他应用项目的数据共享,既可以直接从某个外部数据源获取数据来创建新表或追加到已有的表中,也可以将表或查询中的数据输出到其他格式的文件中。前者叫做数据的导入,后者叫做数据的导出。

3.6.1 数据的导入

外部数据源可以是文本文件、电子表格(如 Excel)文件、其他数据库文件,也可以是另一个 Access 数据库文件等。

由于导入的外部数据的类型不同,导入的操作步骤也会有所不同,但基本步骤是类似的。下面以 Excel 电子表格为例,说明导入外部数据的操作过程。

【例 3-16】 Excel 文件"通讯录 . xls"导入"公司管理系统"数据库中,生成"通讯录"表。

具体操作步骤如下:

(1)打开"公司管理系统"数据库,选中"表"对象,在数据库窗口的空白处右击,选择快捷菜单中的"导入"命令,或者选择"文件"→"获取外部数据"→"导入"菜单命令,都可以打开"导入"对话框,如图 3-53 所示。

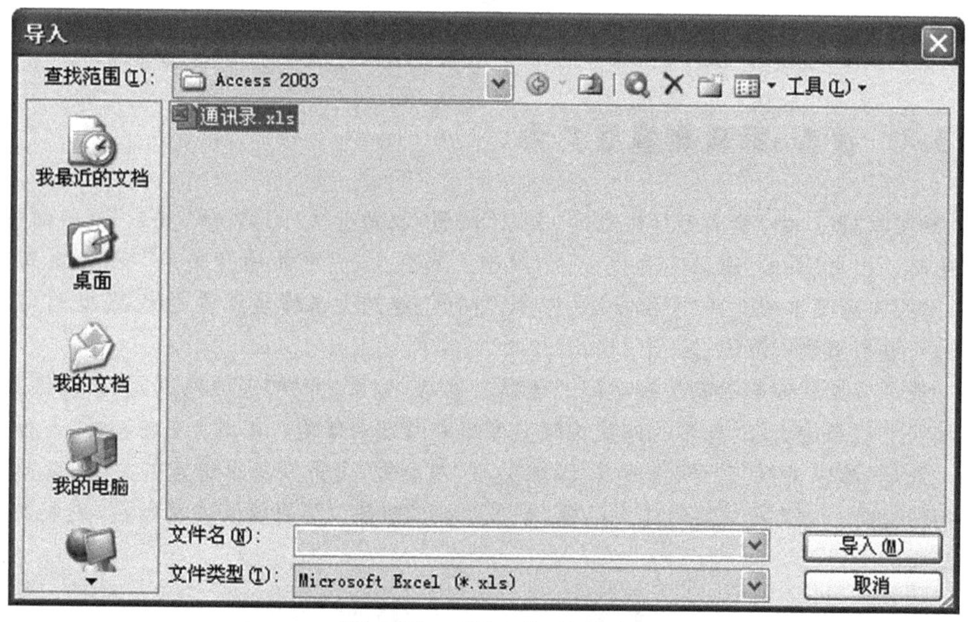

图 3-53 "导入"对话框

(2)从"查找范围"下拉列表框中找到导入文件的位置,在"文件类型"下拉列表框中选择要导入的数据文件类型,在列表中选择"通讯录 . xls"文件,单击"导入"按钮,打开"导入数据表向导"对话框之一,如图 3-54 所示。该对话框中列出了 Excel 文件中的所有工作表,选择所需的工作表。

(3)单击"下一步"按钮,打开"导入数据表向导"对话框之二。在该对话框中选中"第一行包含列标题"复选框,如图 3-55 所示。

(4)单击"下一步"按钮,打开"导入数据表向导"对话框之三,如图 3-56 所示,在该对话框中设置导入表的保存位置。如果要将导入的表放在当前数据库的新表中,则选中"新表中"单选按钮;如果要将导入表的数据追加到当前数据库的现有表中,则选中"现有的表中"单选按钮。不过,在追加到已有的表中时,应保证两者结构的一致性。本例选中"新表中"单选按钮。

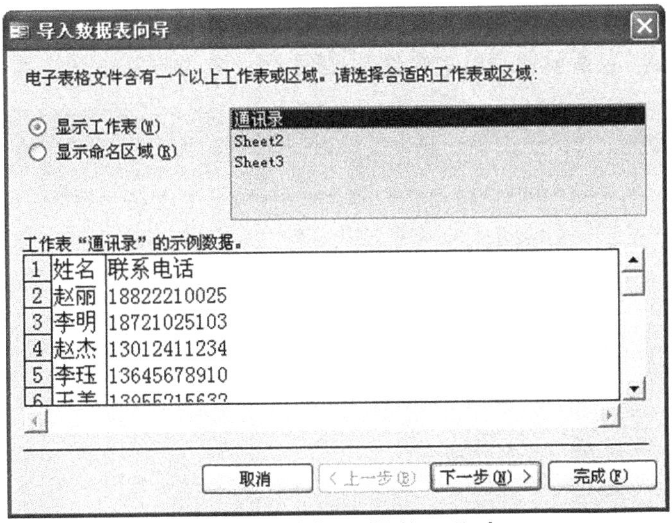

导入数据表向导

电子表格文件含有一个以上工作表或区域。请选择合适的工作表或区域：

◉ 显示工作表(W)
○ 显示命名区域(R)

通讯录
Sheet2
Sheet3

工作表“通讯录”的示例数据。

1	姓名	联系电话
2	赵丽	18822210025
3	李明	18721025103
4	赵杰	13012411234
5	李珏	13645678910

取消　< 上一步(B)　下一步(N) >　完成(F)

图 3-54　选择所需的工作表

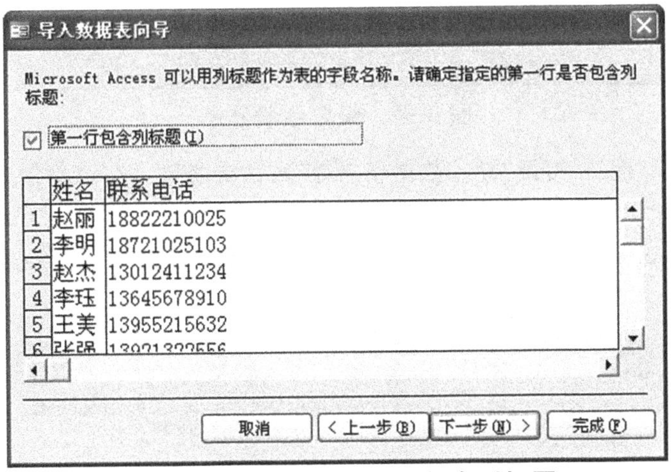

导入数据表向导

Microsoft Access 可以用列标题作为表的字段名称。请确定指定的第一行是否包含列标题：

☑ 第一行包含列标题(I)

	姓名	联系电话
1	赵丽	18822210025
2	李明	18721025103
3	赵杰	13012411234
4	李珏	13645678910
5	王美	13955215632

取消　< 上一步(B)　下一步(N) >　完成(F)

图 3-55　设置第一行是否包含列标题

导入数据表向导

可以保存到新表中，也可以保存在现有的表中。

请选择数据的保存位置：

◉ 新表中(W)
○ 现有的表中(X)：

	姓名	联系电话
1	赵丽	18822210025
2	李明	18721025103
3	赵杰	13012411234
4	李珏	13645678910
5	王美	13955215632

取消　< 上一步(B)　下一步(N) >　完成(F)

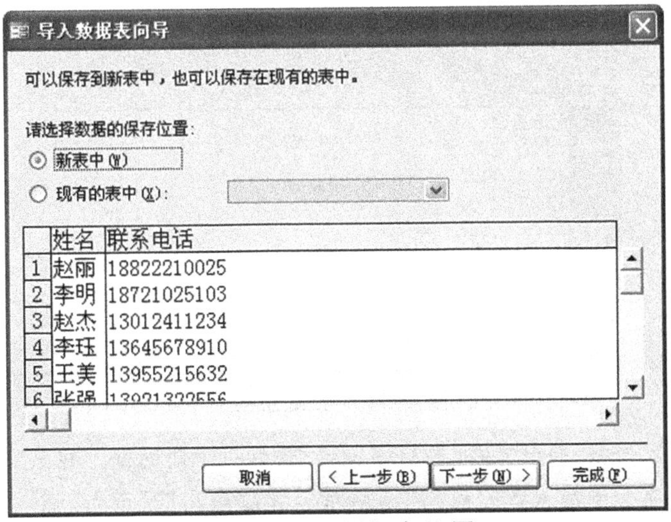

图 3-56　设置保存位置

(5)单击“下一步”按钮，打开“导入数据表向导”对话框之四，如图3-57所示。在该对话框中，要求指定字段信息，包括设置字段数据类型、索引等。本例选择默认选项。

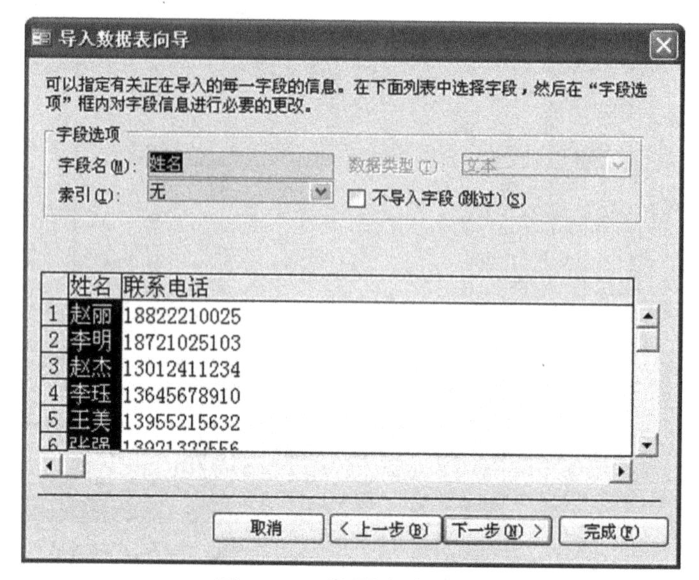

图 3-57　设置字段信息

(6)单击“下一步”按钮，打开“导入数据表向导”对话框之五。在该对话框中，要求对新表定义一个主键，若选中“让 Access 添加主键”单选按钮，则由 Access 添加一个自动编号作为主键；若选中“我自己选择主键”单选按钮，则可以选定主键字段。这里指定主键是“姓名”，如图3-58所示。

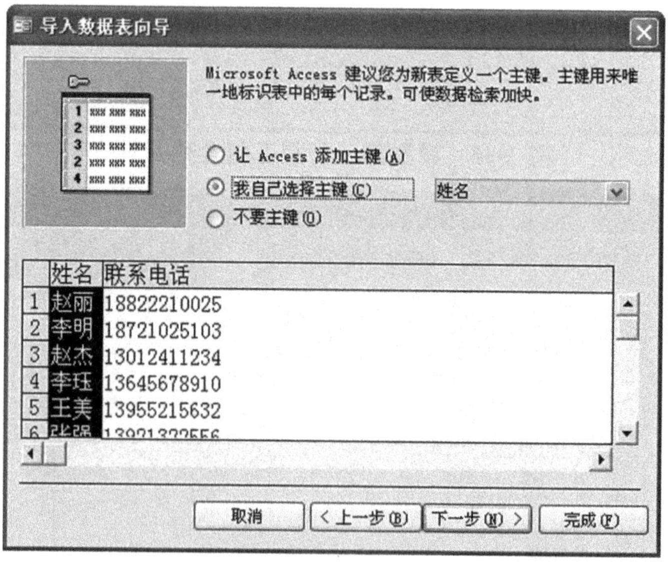

图 3-58　设置主键

(7)单击“下一步”按钮，打开“导入数据表向导”最后一个对话框。在该对话框中要求输入表名，在“导入到表”文本框中输入表的名称“通讯录”，然后单击“完成”按钮，弹出“导入数据表向导”结果提示框，提示数据导入已经完成，单击“确定”按钮关闭提示框。

从以上操作过程可以看出，导入数据的操作是在导入向导的提示下逐步完成的。从不同的数据源导入数据，Access 将启动与之对应的导入向导，其操作步骤基本相同。

3.6.2 数据的导出

将 Access 数据库中的数据导出到其他格式的文件中，其操作方法有以下两种。

(1)在数据库窗口中选择要导出的表，单击鼠标右键，并在快捷菜单中选择“导出”命令，再在弹出的对话框中选择文件的类型、存储位置和文件名，最后单击“导出”按钮。

(2)在数据库窗口中选择要导出的表，在主窗口中选择“文件”→“导出”菜单命令，在弹出的对话框中选择文件的类型、存储位置和文件名，最后单击“导出”按钮。

第4章　查询的创建与操作

4.1　查询概述

数据库建立好之后就可以对其中的基本表进行各种管理操作了，查询是其中最基本的操作。利用查询可以实现对数据库表中的数据进行浏览、筛选、检索、统计、排序以及加工等各种操作。查询是数据库七大对象中实用性最强的一个，用户利用该对象可以轻松地从若干个数据表中提取更多、更有用的综合信息。

4.1.1　查询的概念

要实现对数据库中多个表中存储数据的一体化详细浏览以及其他加工操作，必须借助于Access 2003提供的一组功能强大的数据管理工具——查询工具。查询就是依据一定的查询条件，对数据库中的数据信息进行查找。它允许用户依据准则或查询条件抽取表中的字段和记录。Access 2003中的查询可以对一个数据库中的一个表或多个表中存储的数据信息进行查找、统计、计算、排序。

Access 2003中有多种设计查询的方法，用户可以通过查询设计器设计查询，如图4-1所示，也可以使用查询设计向导来设计查询，如图4-2所示。

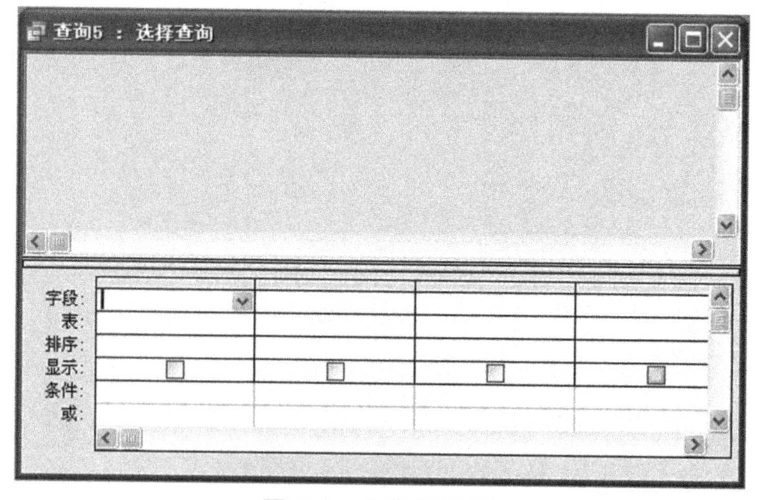

图4-1　查询设计器

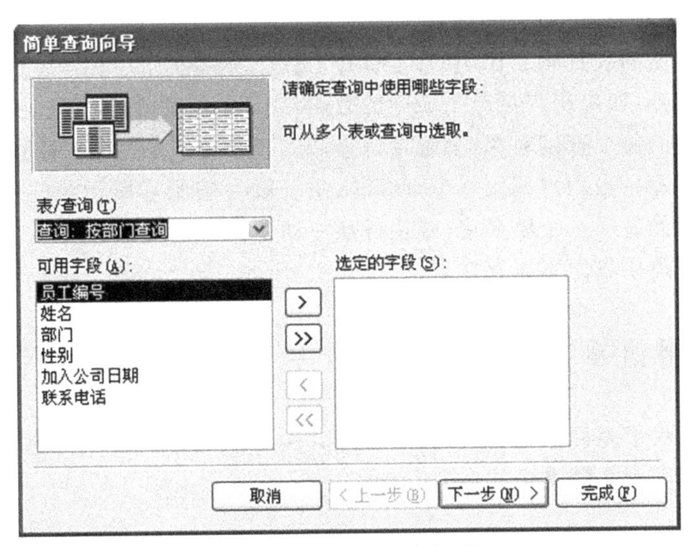

图 4-2　简单查询向导

无论选择何种方式设计好某个查询后，使用者可以选中该查询，直接用鼠标单击工具栏中的“执行”按钮来执行这个查询。如果某个查询早已设计好，那么可通过在数据库管理窗口中直接用鼠标双击这个查询的图标来执行它。查询结果将以工作表的形式显示出来，如图 4-3 所示为一种查询的结果显示。

员工工资—交叉表用 : 选择查询

姓名	部门	基本工资	业绩奖金
赵丽	会计部	5325.075	1720
李明	会计部	5788.125	4000
赵杰	销售部	5325.075	5600
李珏	销售部	5325.075	0
王美	销售部	9029.475	4080
张强	策划部	4283.2125	0
林琳	策划部	4630.5	12000
邵觉	生产部	4630.5	6000
陈可	生产部	5788.125	35600
高松	生产部	5325.075	7000

记录: 1 共有记录数: 10

图 4-3　查询结果工作表

显示查询结果的工作表又称为结果集。从图中不难看出，它与基本表有着十分相似的外观，但它并不是一个基本表，而是符合查询条件的记录集合。结果集中的所有记录实际上都保存在其原来的基本表中。这样处理有两个好处:第一，节约硬盘空间。每个查询的结果集中可能有很多记录，如果每个查询都保存下来，查询的结果会越来越多，需要不断地进行维护、删除旧的查询结果，而保存查询方式就不存在这些烦恼。第二，由于结果集的内容是动态的，在符合查询条件的前提下，其内容是随着基本表变化的。因此当记录数据信息的基本表发生改变时，仍可以用该查询进行同样的查找，并且可以获得实际的结果集，即查询结果集与基本表的更改同步。实际上，查询和它们所依据的表是相互作用的。当用户更改了查询中的数据时，查询所依据的表中的数据也随之更改；同样，如果用户更改了表中的数据，查询的结果也会改变。

Access 2003 中的每个查询对象，只记录该查询的查询方式，包括查询条件、执行的动作（如添加、删除、更新表）等。当用户调用一个查询时，系统就会按照它所记录的查询方式进行查找，并执行相应的工作，如显示一个结果集，或执行某一动作。并且，结果集有一定的“寿命”期限，当关闭一个查询后，其结果集便不再存在了。

4.1.2 查询的种类

Access 2003 提供了多种查询工具，通过这些工具，用户可以进行各种查询。在 Access 2003 数据库中，常见的有下列 5 种类型的查询。

1. 选择查询

选择查询是最常见的查询类型。随着基本表中数据的不断增加，迅速查找所需数据成为数据管理工作的一项重要内容，选择查询能很好地实现这一工作。

选择查询是从一个或多个表或者其他查询中检索符合条件的数据，并且按照所需要的排列次序显示查询结果。利用选择查询可以方便地查看一个或多个表中的部分数据，查询的结果是一个数据记录的结果集（或动态集），用户可以对结果集中的记录进行修改、删除和新增，也可以对记录进行分组，并对分组作总计、计数、求平均以及其他类型的统计计算。

2. 参数查询

参数查询是在选择查询中增加了可变化的参数。参数查询增加了总计或产生总计的功能，它在执行时显示自己的对话框以提示用户输入信息。例如，可以把姓名作为参数，检索信息提示框中输入名字所在记录；又例如，可以设计用参数来提示输入两个日期，然后检索在这两个日期之间的所有记录。该种查询有利于用户更准确、更方便地查找到所需信息。

将参数查询作为窗体、报表和数据访问页的基础也很方便。例如，可以以参数查询作为基础，来创建月盈利报表。打印报表时，Access 2003 显示对话框来询问报表所需涵盖的月份。

3. 交叉表查询

交叉表查询实际上是一种综合功能很强的查询方式。使用交叉表查询可以计算并重新组织数据的结构。交叉表查询显示来源于表中某个字段的统计值，并将汇总计算的结果分组显示在行与列交叉的单元格中。也可以将其理解为：将源数据表中的某个字段的内容转换成结果集的字段名称。交叉表查询允许精确确定汇总数据如何在屏幕上进行显示的汇总查询。交叉表查询以传统的行列电子数据表形式显示汇总数据并且与 Excel 数据透视表密切相关。

4. 动作查询

动作查询是在一个设定的操作中更改许多记录的查询。可见，与主要用于查看数据的选择查询不同，用户实际上可以利用动作查询来更新或更改现有数据表中的数据。Access 2003 中提供了 4 种类型的动作查询：删除查询、更新查询、追加查询和生成表查询。

(1)删除查询：从一个或多个数据表中删除一组记录。使用删除查询通常会删除整个记录而不是记录中所选择的字段。

(2)更新查询：对一个或多个数据表中的一组记录作全局的修改。使用更新查询可以更改已有表中的数据。

(3)追加查询：可以将一个或多个数据表中的一组记录追加到另一个或多个表的尾部。

(4)生成表查询：从一个或多个表中的全部或部分数据中创建一张新表。生成表查询可以应用在以下几个方面：

其一，创建用于导出到其他数据库的表。

其二，创建从特定时间点显示数据的报表。

其三，创建表的备份副本。

其四，创建包含旧记录的历史表。

其五，提高基于表查询或 SQL 语句的窗体和报表的性能。

5. SQL 查询

SQL 是一种结构化查询语言，是数据库操作的工业化标准语言。SQL 查询是用户使用结构化查询语句 SQL 创建的查询。SQL 查询包括：传递查询、联合查询、数据定义查询和子查询等。使用 SQL 查询则可以创建任何类型的查询。

(1)传递查询：直接将命令发送到 ODBC 数据源的一种查询，可以使用服务器上的表，而不用让 Microsoft Jet 数据库引擎处理数据。

(2)联合查询：可以将来自表或者其他查询中的字段组合起来，作为查询结果中的一个字段。

(3)数据定义查询：利用数据定义语言(DDL)语句，来创建或更改数据库中的对象。

(4)子查询：包含另一个选择查询或操作查询中的 SQL Select 语句。可以在查询设计网格的“字段”行输入语句来定义新的字段，或在“准则”行中来定义字段的准则。

4.1.3 查询的功能

Access 2003 查询的基本功能是将各个表中分散的数据按照一定的条件集合起来，形成一个数据记录集合，并以数据工作表的格式显示出来。除此之外，它还有许多其他方面的功能。

第一，以一个或多个表的查询为数据源，根据用户的要求生成满足某一特定条件的动态的数据集。

第二，可以对数据进行统计、排序、计算和汇总，大大增强数据使用效率。

第三，可以设置查询参数，形成交互式的查询方式。

第四，利用交叉表查询可以按某个字段将数据进行分组汇总，从而更好地查看和分析数据。

第五，利用动作查询可以生成新表，对数据表进行追加、更新、删除等操作。

第六，查询可以为其他查询、窗体、报表或数据访问页提供数据源。

总之，利用查询允许用户查看指定的字段，显示特定条件的记录。如有需要可以将查询的结果保存起来。

4.2 创建选择查询

选择查询即选择符合条件的部分记录集，它是 Access 2003 查询中的默认查询，也叫标准查询。利用选择查询可以从一个或多个有联系的表中方便、快捷地检索数据。运行选择查询时看到的是查询结果的数据表视图，在这个数据表视图中显示的是满足查询条件的动态记录集数据（又称为虚拟表）。

下面结合“公司管理系统”数据库中大量实际应用例题，来详细阐述创建选择查询的技巧设计方法。

4.2.1 使用向导创建简单查询

简单查询一般是指简单的选择查询，是应用最广泛的查询，也是 Access 2003 中默认的查询。使用“简单查询向导”可以快速生成具有基本数据检索要求的选择查询。如果只检索一个表中的数据，这种查询是单表查询；如果检索多个表中的数据，则这种查询是多表查询。通过“简单查询向导”方法创建的查询属于选择查询类型。

使用“简单查询向导”创建的选择查询，具有强大功能。现结合数据库“公司管理系统”，循序渐进地挖掘该向导的使用技巧。

【例 4-1】 以“公司管理系统”数据库中的“员工工资表”为数据源，使用“简单查询向导”方法创建选择查询。要求查询结果中只显示“员工编号”、“基本工资”、“业绩奖金”、“住房补助”字段，过滤掉了“应扣劳保金额”。

(1)在数据库“公司管理系统”窗口中，选择“对象”下的“查询”。

(2)单击“数据库”窗口工具栏上的 新建(N) 按钮，弹出“新建查询”对话框，如图 4-4 所示。（也或者双击数据库窗口上的“使用向导创建查询”选项，启动“简单查询向导”。）

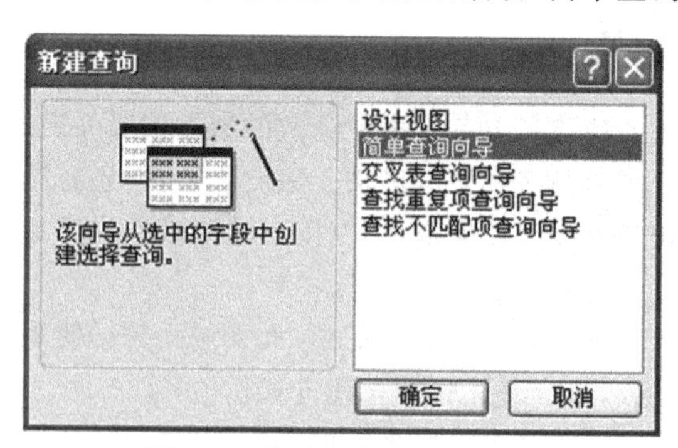

图 4-4 “新建查询”对话框

(3)在“新建查询”对话框中选择“简单查询向导”选项，单击“确定”按钮，进入“简单查询向导”对话框。从对话框左上区域的“表/查询”下拉列表中选择“表：员工工资表”选项，从左侧的“可用字段”区域选择指定字段“员工编号”、“基本工资”、“业绩奖金”、“住房补助”，利用单选工具按钮 > 将其移动到右侧“选定字段”区域中，如图 4-5 所示。

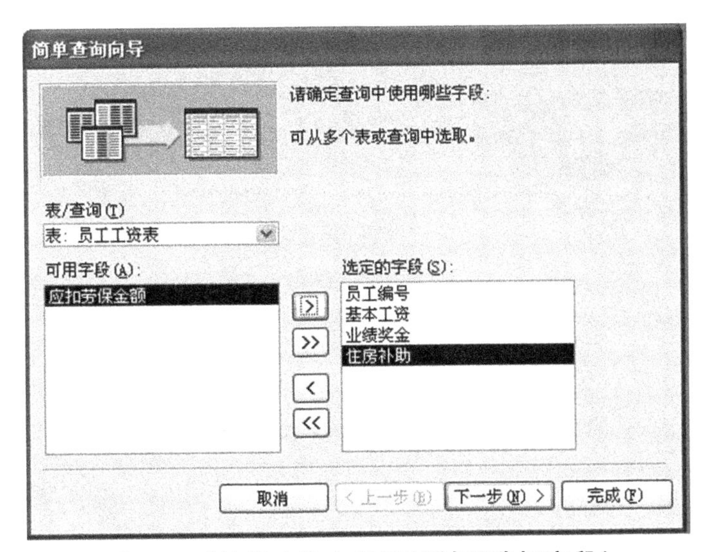

图 4-5　“简单查询向导”对话框(选择字段)

说明:“表/查询”下拉列表中列出了当前数据库中可供使用的所有表。选中任一表后在“可用字段”框中都会出现该表的所有字段。并且,此处可以对一个或多个表中的字段进行选择。通过双击字段名也可以添加或删除字段。

(4)字段选择完成以后,点击“下一步”按钮,进入如图 4-6 所示的进一步明确查询类型选择窗口。这里选择“明细”单选按钮,单击“下一步”按钮,弹出如图 4-7 所示对话框。

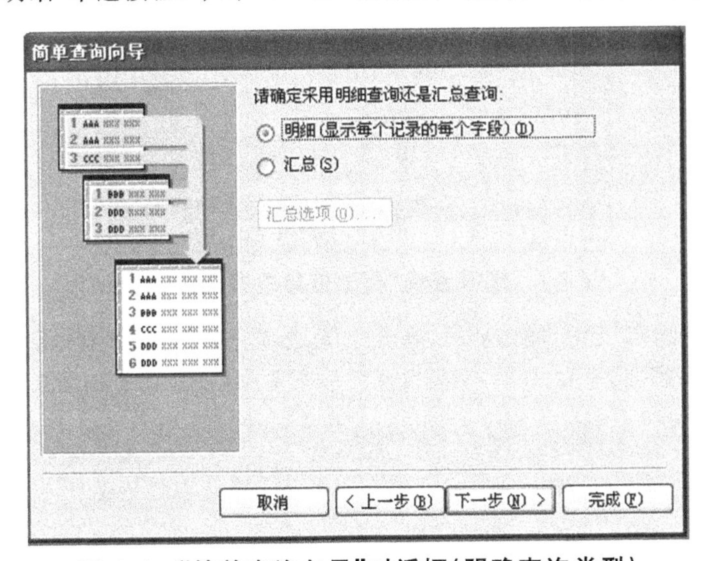

图 4-6　“简单查询向导”对话框(明确查询类型)

说明:该对话框中将选择查询又分为明细查询和汇总查询两类。其中,明细查询是指普通的选择查询,汇总查询是指在普通的选择查询基础上对一些数字字段进行统计处理。

(5)在图 4-7 中将查询命名为“员工工资表 简单查询”,并默认选定“打开查询查看信息”单选按钮。这里如果选择“修改查询设计”单选项则可以在“设计视图”中修改查询。有关设计视图的使用我们在以后进行阐述。

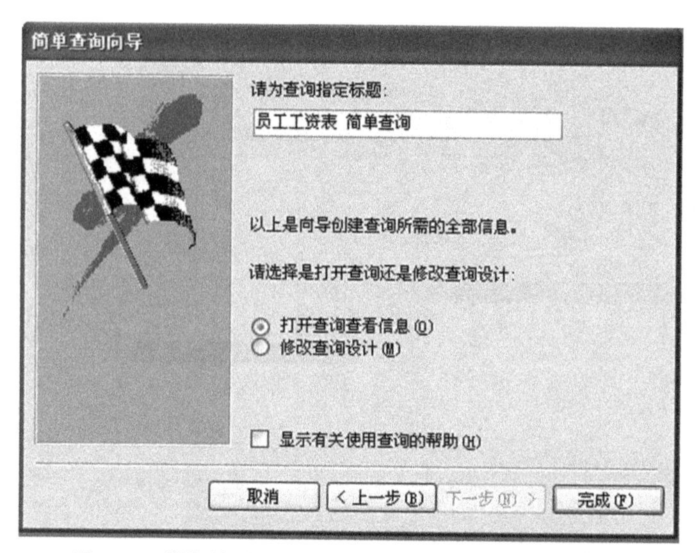

图 4-7 “简单查询向导”对话框(输入查询标题)

(6)单击右下角的“完成”按钮,弹出如图 4-8 所示的查询结果数据表视图。

员工工资表 简单查询 : 选择查询

员工编号	基本工资	业绩奖金	住房补助
211	5325.075	1720	1123.2
212	5788.125	4000	1468.8
213	5325.075	5600	950.4
214	5325.075	0	950.4
215	9029.475	4080	950.4
216	4283.2125	0	864
217	4630.5	12000	1036.8
218	4630.5	6000	864
219	5788.125	35600	1468.8
220	5325.075	7000	950.4

记录: 1 共有记录数: 10

图 4-8 选择查询“员工信息总览”输出结果

如果在图 4-6 中选定“汇总”单选项后,单击“汇总选项”按钮则会弹出如图 4-9 所示的“汇总选项”对话框,可以对数字(或货币、日期)字段设置汇总选项。汇总后的查询结果如图 4-10 所示。

汇总选项

请选择需要计算的汇总值:

字段	汇总	平均	最小	最大
基本工资	☐	☐	☐	☑
业绩奖金	☐	☐	☐	☑
住房补助	☐	☐	☐	☑

确定　取消

☐ 统计 员工工资表 中的记录数(C)

图 4-9 汇总选项

员工工资表 简单查询1 ：选择查询

员工编号	基本工资 之 最大值	业绩奖金 之 最大值	住房补助 之 最大值
211	5325.075	1720	1123.2
212	5788.125	4000	1468.8
213	5325.075	5600	950.4
214	5325.075	0	950.4
215	9029.475	4080	950.4
216	4283.2125	0	864
217	4630.5	12000	1036.8
218	4630.5	6000	864
219	5788.125	35600	1468.8
220	5325.075	7000	950.4

记录：1 共有记录数：10

图 4-10　汇总后查询结果显示

4.2.2　使用“设计视图”创建选择查询

利用查询向导只能进行一些简单的查询，而 Access 2003 提供的“设计视图”，是一种功能强大的创建查询和修改查询的工具，使用查询设计视图不仅可以完整地设计、创建一个查询，还可以编辑、修改已有的查询。现结合实例来探讨使用“设计视图”法创建选择查询的操作方法与设计技巧。

【例 4-2】 以“公司管理系统”数据库中的“员工信息表”为数据源，使用“设计视图”创建选择查询。选出表中“生产部”，“雇用日期”在 2003-1-1 之后的员工。

(1)在数据库“公司管理系统”窗口中，第三，单击“对象”下的“查询”。

(2)单击“数据库”窗口工具栏上的 新建(N) 按钮，打开“新建查询”对话框，如图 4-11 所示。(也或者双击数据库窗口上的“在设计视图中创建查询”选项，进入“设计视图”界面。)

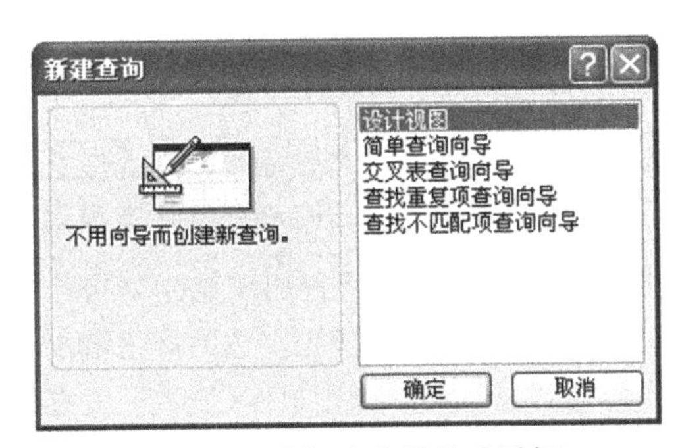

图 4-11　“新建查询”对话框

(3)从图 4-11 中选择“设计视图”选项，并单击“确定”按钮，进入查询设计器的“显示表”对话框，如图 4-12 所示。

说明：查询数据源可以是表，也可以是另外一个查询，也或者是两者兼有。根据查询需要，数据源可以有一个或多个，需要逐一选定。

(4)从“显示表”对话框的“表”选项卡中选定查询数据源，可以双击“员工信息表”或者选中“员工信息表”并单击“添加”按钮。然后关闭“显示表”对话框，进入查询设计器窗口。

(5)根据查询要求，在设计网格“字段”行上从数据源表中依次选择所需字段，可以有三种方式选取所需字段:第一,双击数据源中的字段名;第二,按住鼠标左键,将字段名拖入"字段"行;第三,单击字段行单元格,通过右侧下拉按钮选择。

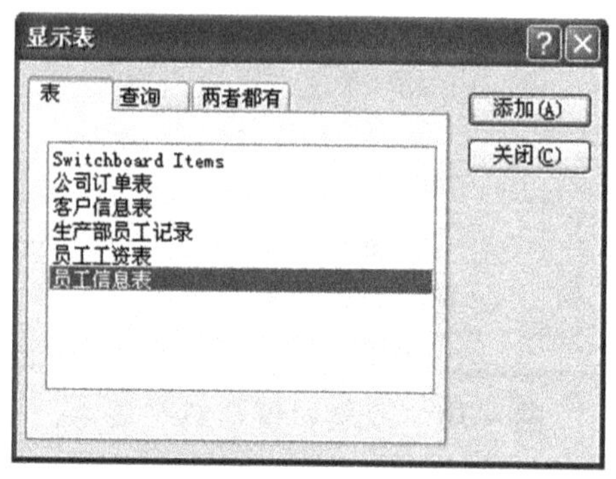

图 4-12 "显示表"对话框

这里选择"员工编号"、"姓名"、"性别"、"部门"、"加入公司日期"、"联系电话"。如图 4-13 所示。

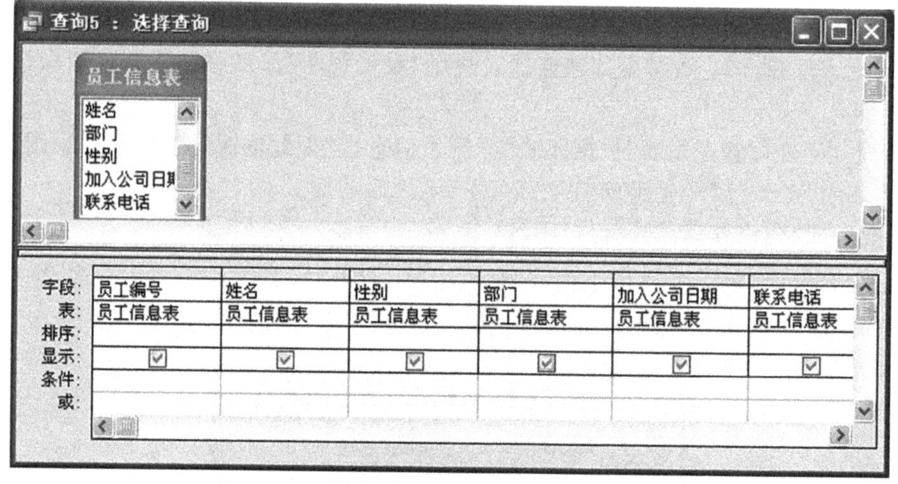

图 4-13 添加字段后的查询设计器窗口

(6)设置排序字段。网格设计区中的"排序"行用于确定对应字段的排序方式。如果当"排序"行上出现了两个或两个以上的排序字段,则优先左边的排序请求。默认为不排序。

(7)设定显示。设定字段使能够在查询结果中显示,显示行复选框选中为显示。

(8)设置条件。条件的设置在"条件"行的相关单元格中进行,该查询的两个条件为"生产部","雇用日期"在 2003-1-1 之后。条件表达式如图 4-14 所示。

(9)保持查询。设计完成之后,关闭查询设计器,会弹出是否保存查询的对话框,选择"是"按钮,在打开的"另存为"对话框中输入新建查询的名称"设计查询 员工信息",并单击确定,保存查询,回到数据库窗口。

(10)运行查询。在"查询"对象右侧的列表区中找到并双击查询"设计查询 员工信息",在数据表视图中显示出查询结果,如图 4-15 所示。

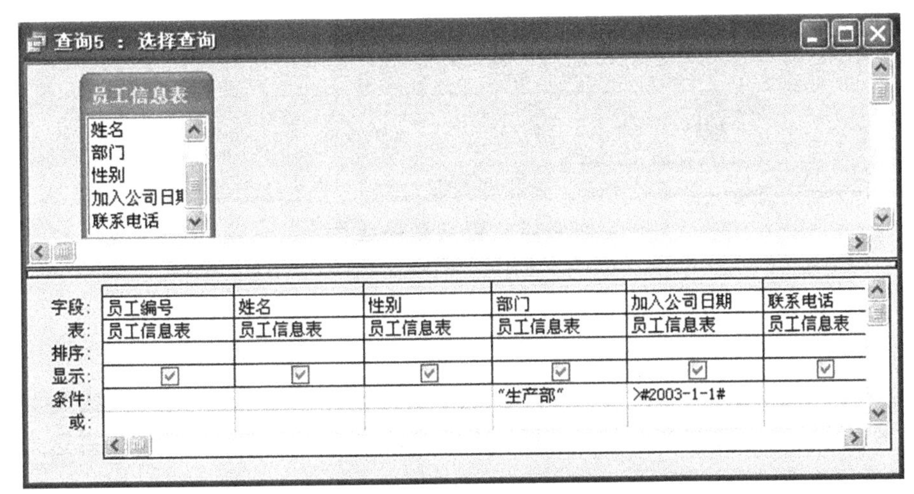

图 4-14　设定表达式后的查询设计器窗口

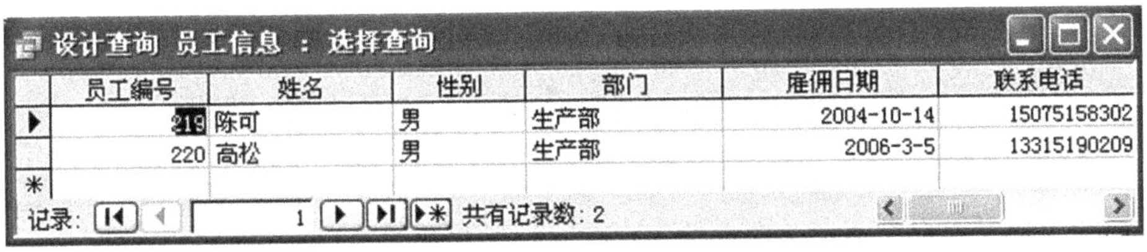

设计查询 员工信息 : 选择查询

员工编号	姓名	性别	部门	雇佣日期	联系电话
219	陈可	男	生产部	2004-10-14	15075158302
220	高松	男	生产部	2006-3-5	13315190209

记录: 1 共有记录数: 2

图 4-15　选择查询“设计查询 员工信息”的输出结果

【例 4-3】 在设计视图中创建一个查询，名为“设计查询 员工信息 1”。要求在【例 4-2】中再增加一个查询条件，即在查询结果中还能显示出员工的基本工资。

该查询的数据源是“员工信息表”和“员工工资表”两个表。创建过程与【例 4-2】基本相同，只是在选择数据源的时候，两个表逐一选定；并在选择字段时候，“基本工资”字段要从“员工工资表”中选取。具体操作过程不再赘述。查询创建完成后，设计视图如图 4-16 所示，查询结果如图 4-17 所示。

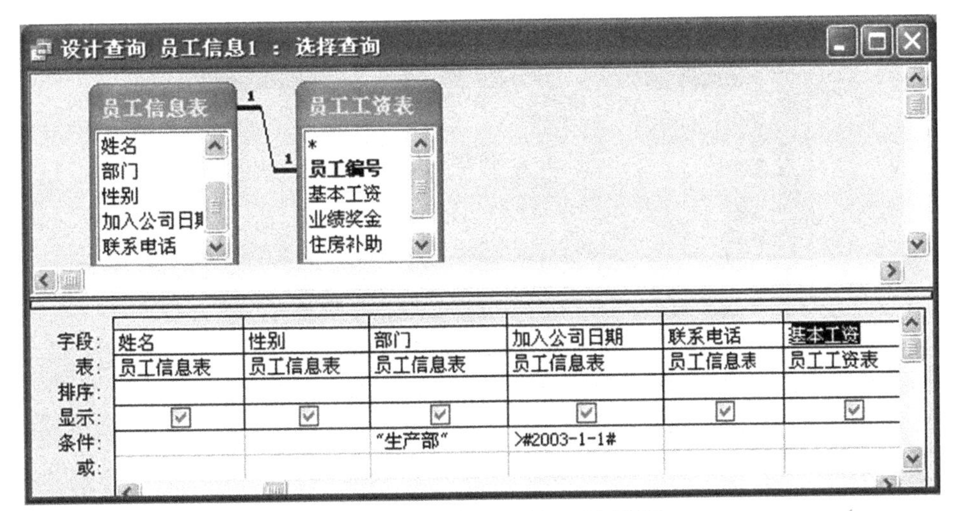

图 4-16　多表查询的设计视图

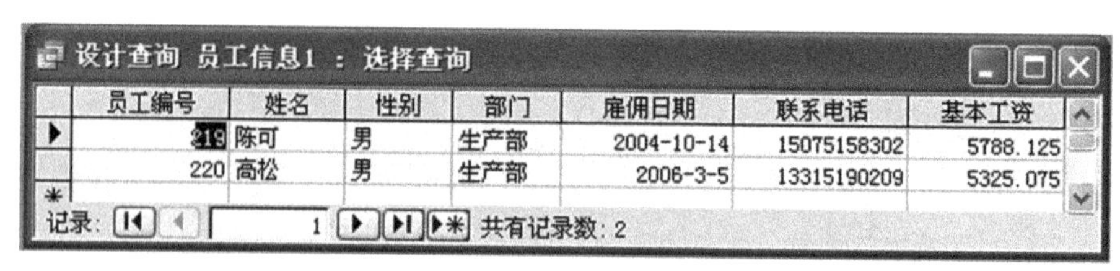

设计查询 员工信息1 : 选择查询
员工编号 姓名 性别 部门 雇佣日期 联系电话 基本工资
219 陈可 男 生产部 2004-10-14 15075158302 5788.125
220 高松 男 生产部 2006-3-5 13315190209 5325.075
记录: 1 共有记录数: 2

图 4-17 查询结果显示

4.2.3 查询条件的设置

在查询中加入查询条件,可使查询结果仅包含满足条件的数据记录。通过【例 4-2】我们了解到,在查询中添加条件的方法是在查询设计视图的条件网格中直接输入条件表达式或使用表达式生成器来创建条件表达式。

1. 条件表达式的生成

在建立或打开查询设计视图时,会自动打开"查询设计"工具栏,如图 4-18 所示。该工具栏中包括视图、查询类型、运行、显示表、总计、上限值、属性和生成器等多种按钮。

All

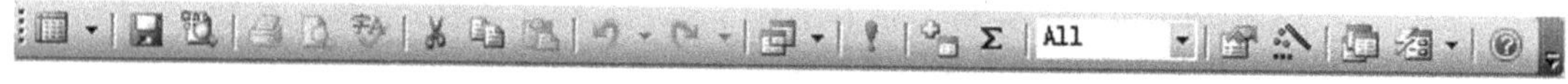

图 4-18 "查询设计"工具栏

条件表达式是由运算符和参数值组成的,它可以在设计视图的网格中输入,也可以通过"表达式生成器"生成。在查询设计视图中,使用"表达式生成器"的过程为:将光标置于要设置条件表达式的单元格内,单击工具栏中的生成器图标 ,启动"表达式生成器"对话框,如图 4-19 所示。

表达式生成器
"生产部"
确定
取消
撤消(U)
帮助(H)
+ - / * & = > < <> And Or Not Like ( )
粘贴(P)
设计查询 员工信息1
表
查询
窗体
报表
函数
常量
操作符
员工编号
姓名
性别
部门
加入公司日期
联系电话
基本工资
<值>

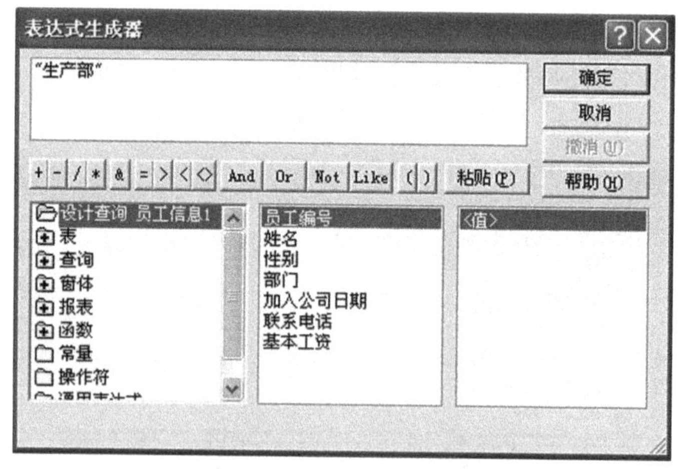

图 4-19 表达式生成器

2. 特殊运算符

(1)Like 操作符

Like 操作符用来指定字符串的样式。模式是由普通字符和通配符组成的一种特殊字符串。

在查询中使用该操作符和通配符可以搜索部分匹配和完全匹配的内容。使用该操作符的语法规则如下：

[〈测试表达式〉] Like〈模式〉

如：like "李 * "，指姓李的名字(第一个字符为“李”)。

(2)In 操作符

In 操作符用于指定一系列值的列表。该操作符的语法格式如下：

[〈测试表达式〉] In(表达式列表)

如：In("山东","浙江","安徽")，含义为找出省份分别为“山东”，“”浙江”，“安徽”的记录。

(3)Between 操作符

Between 操作符用于测试一个值是否位于指定的范围内，在“条件”单元格中使用该操作符时，应按照如下格式：

[〈测试表达式〉]Between 〈起始值〉 and 〈终止值〉

如：Between 75 and 90。

(4)Null 操作符

字段不包括任何数据，为空值。

3. 通配符

在创建表达式时，如果查询条件不确定，可以使用通配符，通配符一般用在 Like 运算符后。Access 2003 中有以下通配符：

(1)?：代表任意一个字符。如：使用 b?ll 可以找到 ball、bell、bill 等。

(2) * ：代表任意字符串(0 或多个字符)。在字符串中它可以当做第一个或最后一个字符使用。如：使用 wh * 可以找到 what、when、where、why 等。

(3)#：代表任意一个数字字符。如：使用 1#3 可以找到 103、113、123 等。

(4)[字符表]：字符表中的单一字符。如：p[b－g]：表示以字母 p 开头，后接 b～g 之间的 1 个字母。

(5)[！ 字符表]：不在字符表中的单一字符。如：使用 b[！ ae]ll 可以找到 bill 和 bull 等，但是可能不会找到 ball、bell。

4. 逻辑运算符

逻辑运算符除包括常见的＞、＜、＝之外，还包括：

(1)And：逻辑与，两个条件同时满足。如：≥60 and ≤100。

(2)or：逻辑或，满足两个条件之一即可。如：＜60 or ＞120。

(3)Not：逻辑否，不属于表达式范围。如：Is Not Null。

5. 日期的表达

在某个字段的“条件”单元格内输入条件表达式时，对于“条件”常量，输入数字时不用定界符；而日期型常量用“#”作为定界符，以区别于其他数字。如：1980 年 1 月 2 日以后出生的学生，表达式可为：＞#1980/1/2#或＞#/1/2/1980#。

另外，系统还提供了以下时间函数：

(1) Date()：返回系统当前日期。

(2) Year()：返回日期中的年份。

(3) Month()：返回日期中的月份。

(4) Day()：返回日期中的日数。

(5) Weekday()：返回日期中的星期几。

(6) Hour()：返回时间中的小时数。

(7) Now()：返回系统当前的日期和时间。

4.3 创建参数查询

为了方便用户查询，Access 2003 提供了另一实用工具：让选择查询具备了可以接受外部输入参数的功能，这就是参数查询。参数查询只是对选择查询的一种便捷应用。并不是所有查询类型均可以设置为参数查询。

参数查询是动态的，它是在执行查询时首先显示输入参数对话框，待用户输入参数信息(即查询条件时)后，再检索并最终形成符合输入参数的查询结果。

如果想要创建参数查询，则需要在查询"设计视图"网格设计区的"条件"行上对应单元格中输入参数表达式(方括号[]内)，而不是输入特定条件。

4.3.1 创建一个参数的查询

打开准备创建参数查询的"设计视图"，在网格设计区中将要作为参数的字段下面的"条件"行上输入参数表达式，即可创建包含一个参数的参数查询。

【例 4-4】 以"公司管理系统"数据库中的"员工信息表"为数据源创建一个查询，要求每次运行该查询时，通过对话框提示输入要查找的部门信息，检索该部门的员工信息。

(1)在数据库"公司管理系统"窗口中，选择"对象"下的"查询"。

(2)双击数据库窗口上的"在设计视图中创建查询"选项，打开查询设计视图，在"显示表"对话框中将"员工信息表"添加到查询设计视图中。

(3)将"员工信息表"中的全部字段逐一添加到设计网格的"字段"单元格中。

(4)在"部门"字段的"条件"单元格中输入提示文本信息"[输入要查找的部门名称：]"，如图4-20 所示。注意：在设置参数查询时，在"条件"单元格中输入的查询提示信息两边必须加"[]"方括号，如果不加方括号，系统在运行查询时会把提示信息当做查询条件。

(5)运行该查询，出现如图 4-21 所示的对话框。

(6)如图 4-22 所示为输入"销售部"后的查询结果。每次运行该查询都可以输入不同的部门名称，查询相关的员工信息。

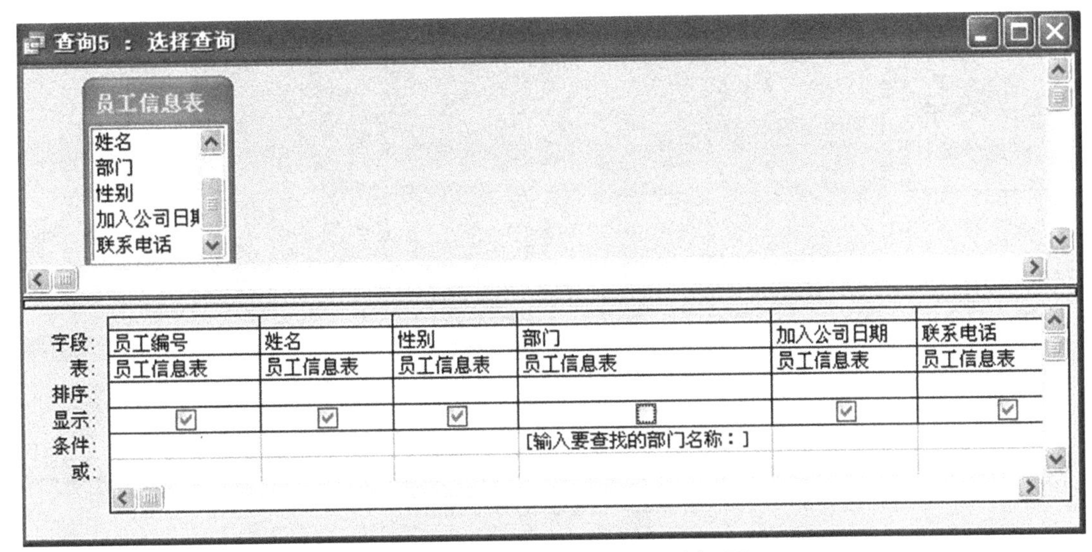

图 4-20　带参数的查询设计视图

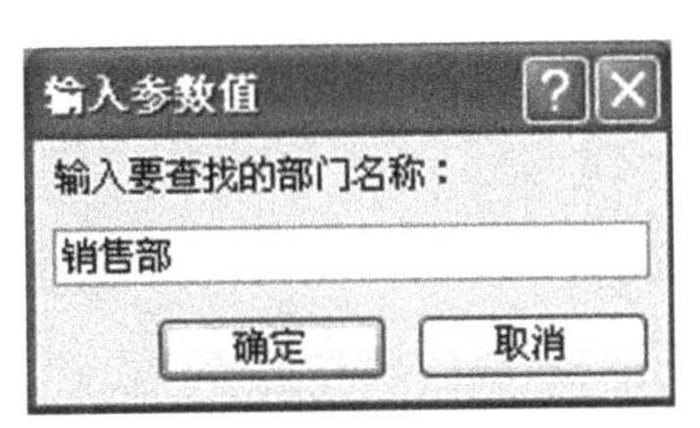

图 4-21　“输入参数值”对话框

查询5 : 选择查询

员工编号	姓名	性别	部门	雇佣日期	联系电话
213	赵杰	男	销售部	2003-8-10	13012411234
214	李珏	男	销售部	2003-8-15	13645678910
215	王美	女	销售部	2004-4-5	13955215632

记录: 1 共有记录数: 3

图 4-22　带参数查询结果

4.3.2　创建多个参数的查询

【例 4-5】 在“公司管理系统”数据库中创建带有多个参数的查询，以“加入公司日期”字段作为参数，提示输入两个日期，检索在这两个日期之间员工的基本信息。

(1)前面的步骤同【例 4-4】相同，不同之处是在图 4-20 中的“加入公司日期”字段下方的“条件”栏中输入“Between [输入开始日期] And [输入结束日期]”，如图 4-23 所示。

(2)运行该查询，出现提示对话框，分别提示“输入开始日期”、“输入结束日期”，如查询加入公司日期在“2003-1-1”和“2004-12-31”之间的员工信息，如图 4-24 和图 4-25 所示。

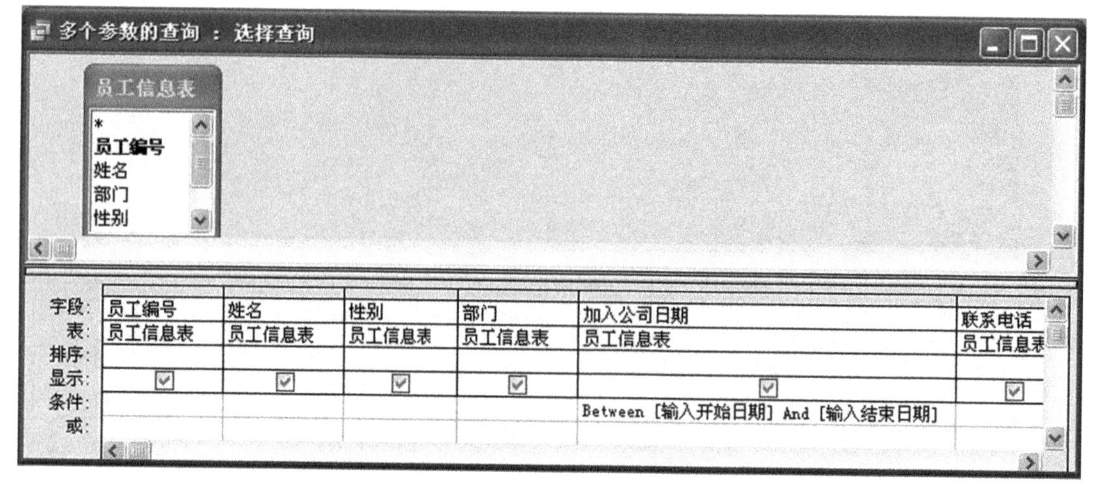

图 4-23　查询的设计视图

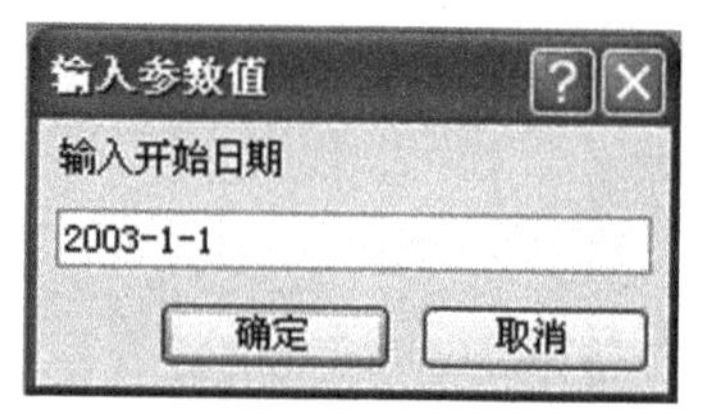

图 4-24　输入开始日期

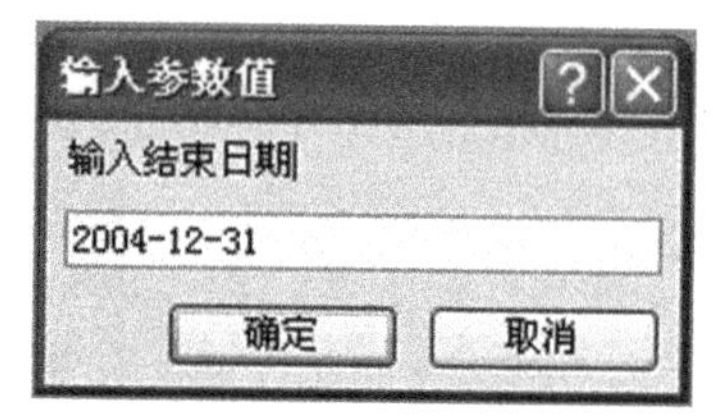

图 4-25　输入结束日期

(3)两个值输入并单击“确定”按钮之后,就会打开查询的数据表视图,如图 4-26 所示。

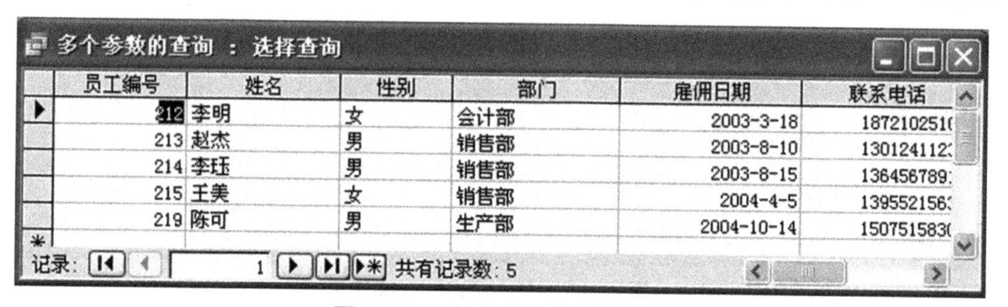

员工编号	姓名	性别	部门	雇佣日期	联系电话
212	李明	女	会计部	2003-3-18	187210251
213	赵杰	男	销售部	2003-8-10	130124112
214	李珏	男	销售部	2003-8-15	136456789
215	王美	女	销售部	2004-4-5	139552156
219	陈可	男	生产部	2004-10-14	150751583

图 4-26　查询的数据表视图

4.4　创建交叉表查询

交叉表查询是一种特殊的合计查询类型,可以使数据按照电子表格的方式显示查询结果集,这种显示方式在水平与垂直方向同时对数据进行分组,使数据的显示更为紧凑。

【例 4-6】 以“公司管理系统”数据库中的“员工信息表”、“员工工资表”为数据源创建交叉表查询。

(1)在数据库“公司管理系统”窗口中,选择“对象”下的“查询”。

(2)双击数据库窗口上的“在设计视图中创建查询”选项，打开查询设计视图，在“显示表”对话框中将“员工信息表”、“员工工资表”添加到查询设计视图中。然后关闭“显示表”对话框。

(3)单击工具栏中的“查询类型”按钮，在其下拉列表中选择“交叉表查询”选项，则设计网格中的“显示”栏变为“交叉表”栏。

(4)双击“员工信息表”中的“姓名”、“部门”字段将其添加到查询中，然后单击该列的“交叉表”栏，在下拉列表中分别选择“行标题”和“列标题”；用同样的方法将“员工工资表”中的“业绩奖金”字段添加到查询中，然后在“总计”行选择函数“总计”，单击该列的“交叉表”栏，在下拉列表中选择“值”选项。设计好的查询如图 4-27 所示。

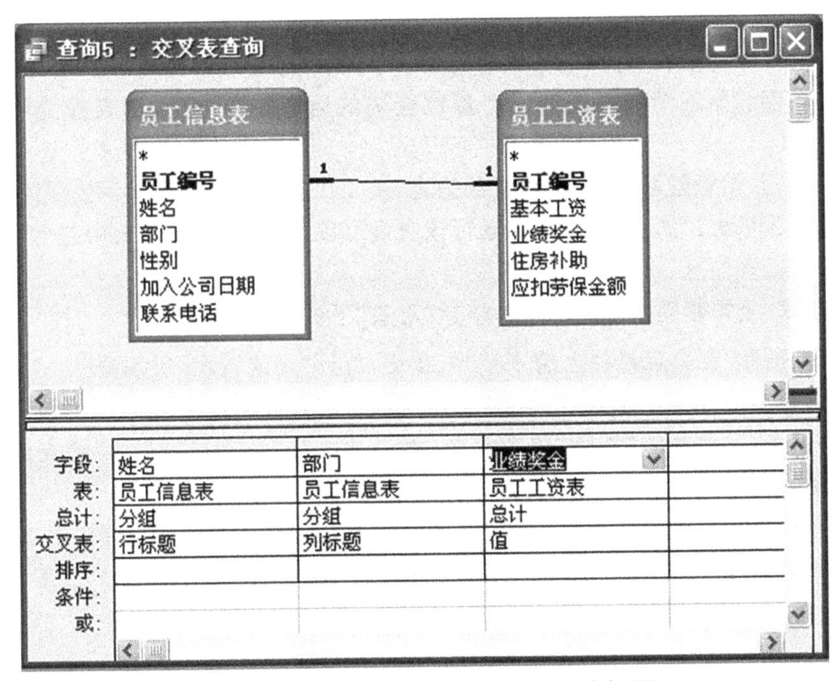

图 4-27　设计好的交叉表查询设计视图

(5)单击工具栏上的“运行”按钮，则交叉表的查询结果集如图 4-28 所示。

查询5 : 交叉表查询

姓名	策划部	会计部	生产部	销售部
陈可			35600	
高松			7000	
李珏				0
李明		4000		
林琳	12000			
邵觉			6000	
王美				4080
张强	0			
赵杰				5600
赵丽		1720		

记录: 1 共有记录数: 10

图 4-28　交叉表查询结果集

4.5 创建操作查询

通过操作查询可以创建数据表和修改数据表中的数据。在 Access 2003 中操作查询包括生成表查询、更新查询、追加查询、删除查询。

4.5.1 生成表查询

生成表查询可以利用表、查询中的数据创建一个新表，还可以将生成的表导出到另一个数据库中。如果想保存前面某个选择查询或者参数查询的运行结果，则生成表查询可以快速达到目的。

【例 4-7】 以“公司管理系统”数据库中的查询“员工工资表 简单查询”为数据源，创建一个名为“生成表 员工工资表 1”的生成表查询，运行该查询可以生成一个新表，表中包含所有员工扣除劳保之前的实发工资信息。

(1)在数据库“公司管理系统”窗口中，选择“对象”下的“查询”。

(2)单击“数据库”窗口工具栏上的 新建(N) 按钮，打开“新建查询”对话框。

(3)从中选择“设计视图”选项，并单击“确定”按钮，进入查询设计器的“显示表”对话框。

(4)从“显示表”对话框的“查询”选项卡中，选中并添加“员工工资表 简单查询”。单击“关闭”按钮以关闭“显示表”对话框，进入查询设计器窗口。

(5)单击“查询设计”工具栏上“查询类型”按钮的下拉列表箭头，从中选择“生成表查询”选项(或者从右击后弹出的快捷菜单中选取)，打开“生成表”对话框，输入表名称“员工工资表 1”，如图 4-29 所示。单击“确定”按钮。

图 4-29 “生成表”对话框

(6)返回查询设计器窗口，在网格设计区第 1 列的“字段”行上选择“员工工资表 简单查询 . *”选项，如图 4-30 所示。

(7)单击“查询设计”工具栏上“数据表视图”按钮 切换到查询结果窗口，观察数据是否满足设计要求(此步可省略)。注意：这时候还是常规的查询浏览窗口，并没有生成新表，不过所浏览窗口显示的数据将成为生成新表中的数据。

(8)保存查询，取名“生成表 员工工资表 1”。

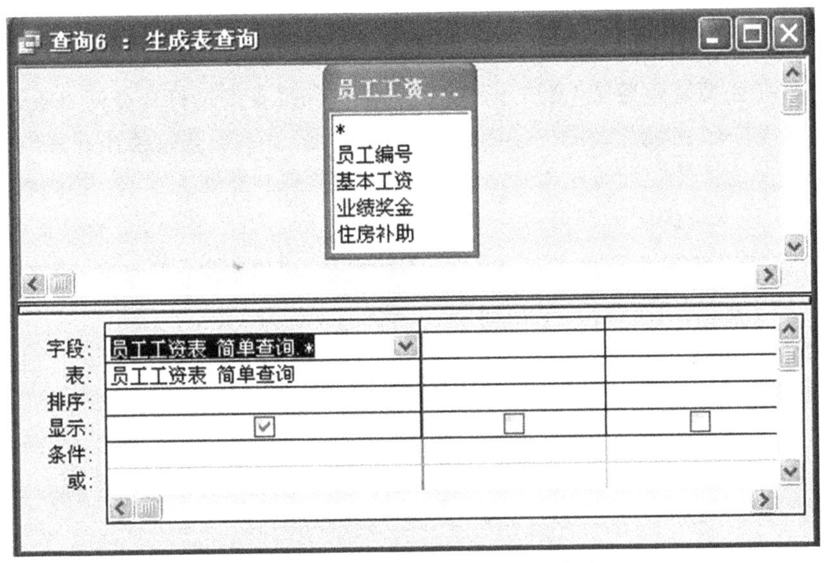

图 4-30　选取数据源的所有字段

(9)运行查询以生成新表,弹出如图 4-31 所示的提示对话框,单击"是"按钮,继续弹出如图 4-32 所示的准备向新表粘贴数据提示对话框。单击"是"按钮,新表建立完成。

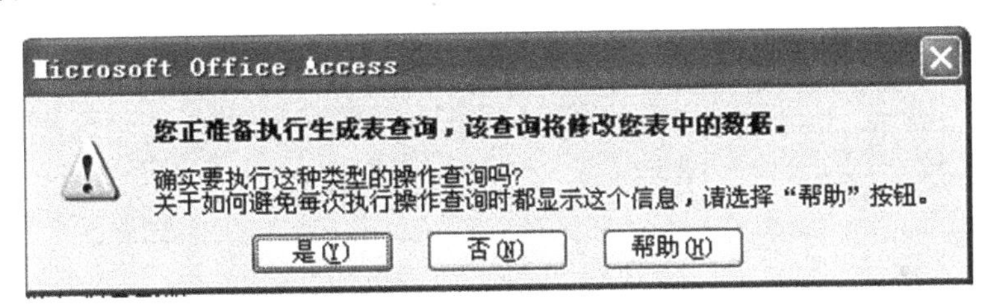

图 4-31　提示对话框

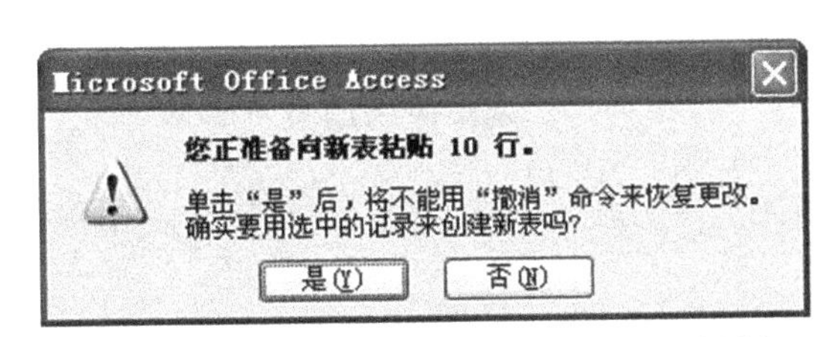

图 4-32　准备向新表粘贴数据提示对话框

(10)切换到数据库"公司管理系统"的"表"对象列表窗口,可找到新建的表"员工工资表 1"。

注意:"员工工资表 1"是通过查询创建的,其数据是运行查询时数据源表的反映。不过该表数据从建成的那一刻起就和生成它的查询脱离了关系,当对查询数据源表中的数据进行任何修改更新时,都不会自动更新该生成表中的数据。

4.5.2　更新查询

更新查询可以对一个或多个表中的一组记录做全局的更改。通过更新查询可以更新数据库中满足指定条件的记录内任意字段的值。

【例 4-8】在“公司管理系统”数据库中创建更新查询，在“员工工资表 1”中将住房补贴每人提高 200。

(1)在数据库“公司管理系统”窗口中，选择“对象”下的“查询”，打开查询对象面板。

(2)选择“查询”→“在设计视图中创建查询”选项，打开查询的设计视图并弹出“显示表”对话框。从“显示表”对话框的“表”选项卡中，选中并添加“员工工资表 1”。单击“关闭”按钮以关闭“显示表”对话框，进入查询设计器窗口。

(3)在查询的设计视图中单击工具栏中的“查询类型”按钮，从中选择“更新查询”命令，则设计视图的下部增加了“更新到”栏，如图 4-33 所示。

(4)在查询设计视图中，依次将“员工工资表 1”的“员工编号”、“基本工资”、“业绩奖金”、“住房补助”等字段添加到查询设计视图中。在“住房补助”字段下方的“更新到”栏中输入“[住房补助]＋200”，如图 4-33 所示。

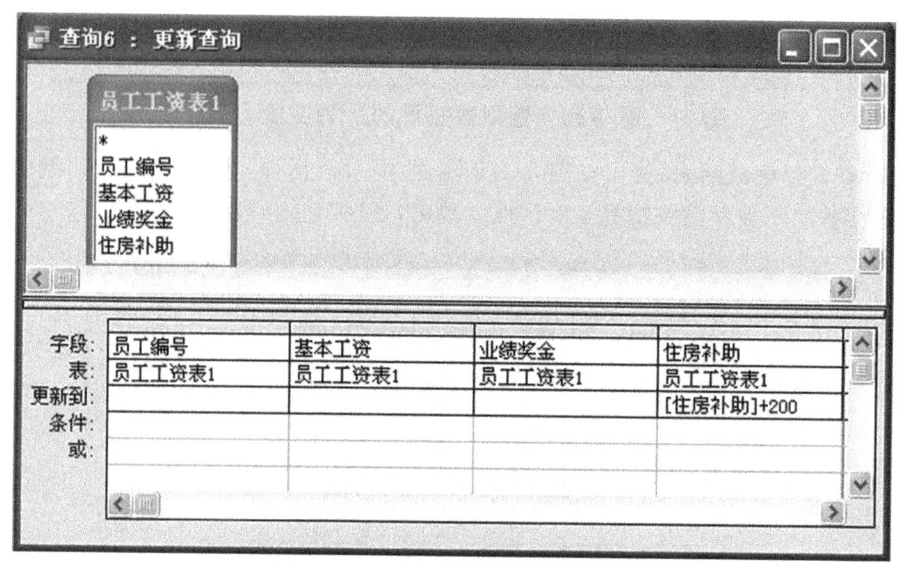

图 4-33 更新查询的设计视图

(5)在查询的设计视图中单击工具栏中的“运行类型”按钮，弹出对话框，如图 4-34 所示。单击“是”，更新数据。

图 4-34 准备更新数据提示对话框

(6)选择“文件”→“保存”命令或单击按钮，弹出“另存为”对话框，在“查询”名称下的文本框中输入“更新查询”，单击“确定”按钮即可。

(7)返回数据库“公司管理系统”的“表”对象列表窗口，打开“员工工资表 1”就会发现已经自动更新了记录。

4.5.3　追加查询

追加查询可以将一个表(或查询)中符合条件的动态数据集(记录),追加到另一个表中。追加记录时只能追加相匹配的字段,其他字段被忽略。

【例 4-9】 先将"公司订单表"的结构复制到"公司订单表 1"(不复制记录)中,然后创建一个追加查询,将"公司订单表"中记录追加到"公司订单表 1"中。

操作步骤如下。

(1)在数据库"公司管理系统"窗口中,选择"表"对象,选中"公司订单表"。

(2)右击鼠标,在出现的快捷菜单中选择"复制"命令,在空白处右击鼠标,在出现的快捷菜单中选择"粘贴"命令,出现"粘贴表方式"对话框,选中"只粘贴结构"选项,输入表名称"公司订单表 1",如图 4-35 所示。单击"确定"按钮,即生成"公司订单表 1"。

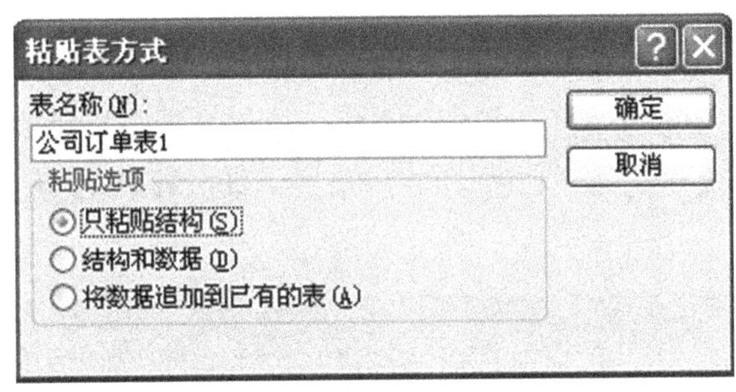

图 4-35　粘贴生成"公司订单表 1"

(3)在"数据库"窗口工具栏上单击新建按钮,打开"新建查询"对话框,从中选择"设计视图"选项,并单击"确定"按钮,进入查询设计器的"显示表"对话框,在"显示表"对话框中将"公司订单表"添加到查询中,然后选择"关闭"按钮。

(4)在查询的设计视图中,单击工具栏上"查询类型"按钮,从中选择"追加查询"选项,出现一个"追加"对话框,在"表名称"框中输入要追加记录的表名称 "公司订单表 1",如图 4-36 所示。

图 4-36　"追加"对话框

(5)从字段列表将要追加的字段和用来设置条件的字段拖动到查询设计网格中。这里将"公司订单表. *"直接拖到第一个字段中,在已经拖动到网格中的字段的"条件"单元格中输入用于生成追加内容的条件。最终的追加查询如图 4-37 所示。

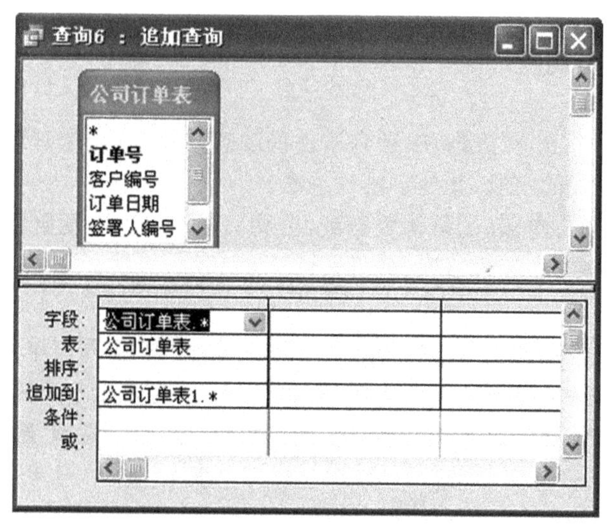

图 4-37　追加查询设计视图

(6)追加记录,单击工具栏上的“执行”按钮 ! 可以开始追加记录。这时候会出现一个提示消息框,询问是否真的要追加记录。如图 4-38 所示。一旦运行了“追加查询”所做的修改就不能恢复了。这里选择“是”。

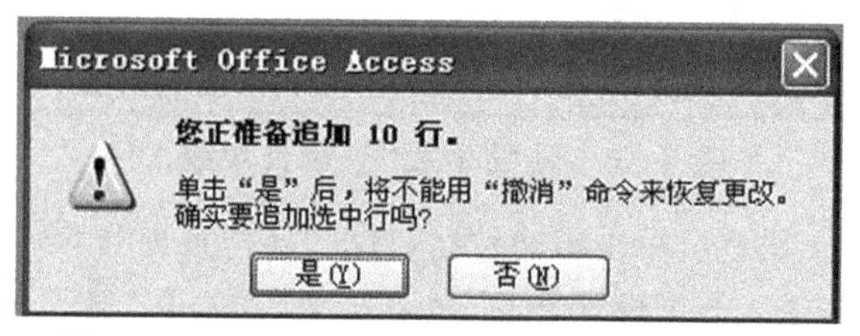

图 4-38　准备向新表追加数据提示对话框

(7)切换到数据库“公司管理系统”的“表”对象列表窗口,打开“公司订单表 1”就会发现已经自动添加了记录。如图 4-39 所示。

公司订单表1 : 表

订单号	客户编号	订单日期	签署人编号	是否执行完毕
11-10-02	103	11-10-08	211	☐
11-10-03	104	11-10-10	219	☑
11-10-04	101	11-10-17	218	☐
11-10-05	102	11-10-23	214	☐
11-11-01	105	11-11-15	217	☐
11-11-11	106	11-11-02	216	☑
11-11-12	104	11-11-10	213	☐
11-9-01	101	11-09-18	215	☑
11-9-05	103	11-09-02	212	☑
12-3-09	106	12-03-12	220	☐
*	0			☐

记录: 1 共有记录数: 10

图 4-39　追加查询执行的结果

4.5.4　删除查询

删除查询可以利用查询条件删除数据表中指定条件的一组记录。删除记录后被删除的记录将无法恢复，因此使用应当慎重，选择条件要严格。

【例 4-10】 在"公司管理系统"数据库中删除"员工工资表 1"中基本工资小于 5000 的员工信息。

操作步骤如下。

(1)在数据库"公司管理系统"窗口中，选择"对象"下的"查询"，打开查询对象面板。

(2)选择"查询"→"在设计视图中创建查询"选项，打开查询的设计视图并弹出"显示表"对话框。从"显示表"对话框的"查询"选项卡中，选中并添加查询"员工工资表 1"。单击"关闭"按钮以关闭"显示表"对话框，进入查询设计器窗口。

(3)在查询设计视图中，依次将"员工工资表 1"的全部字段添加到查询设计视图中。在"基本工资"下方的条件栏中输入"＜5000"。

(4)在查询的设计视图中单击工具栏中的"查询类型"按钮，从中选择"删除查询"命令，则设计视图的下部增加了"删除"栏，如图 4-40 所示。

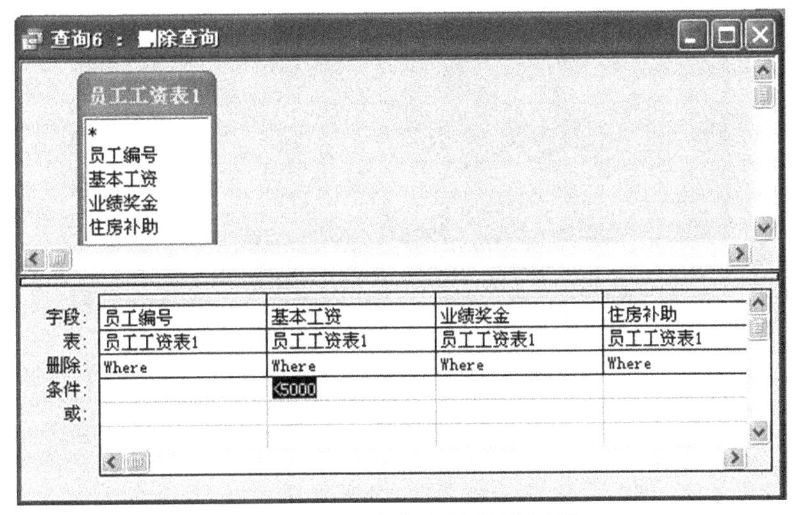

图 4-40　删除查询的设计视图

(5)单击工具栏的视图按钮，打开查询的数据表视图，如图 4-41 所示，其中显示了符合条件的记录。

查询6 : 删除查询

员工编号	基本工资	业绩奖金	住房补助
216	4283.2125	0	1064
217	4630.5	12000	1236.8
218	4630.5	6000	1064

记录: 1 共有记录数: 3

图 4-41　查询的数据表视图

(6)返回设计视图,单击工具栏中的"运行类型"按钮 ,弹出对话框,如图 4-42 所示。单击"是",删除"员工工资表 1"中符合条件的数据。

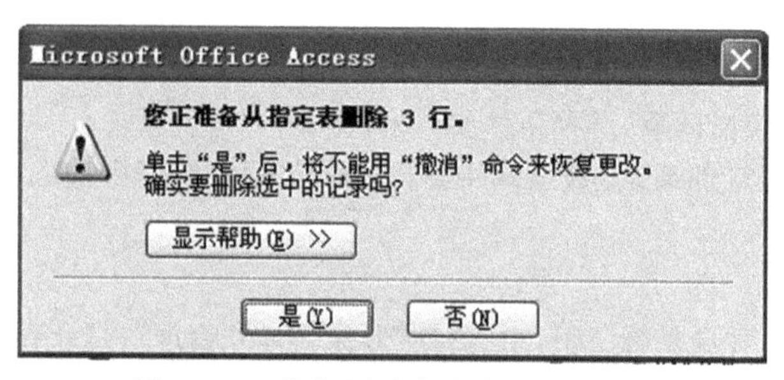

图 4-42　准备删除数据提示对话框

(7)选择"文件"→"保存"命令或单击 按钮,弹出"另存为"对话框,在"查询"名称下的文本框中输入"删除查询",单击"确定"按钮即可。

(8)切换到数据库"公司管理系统"的"表"对象列表窗口,打开"员工工资表 1"就会发现已经自动删除了记录,如图 4-43 所示。

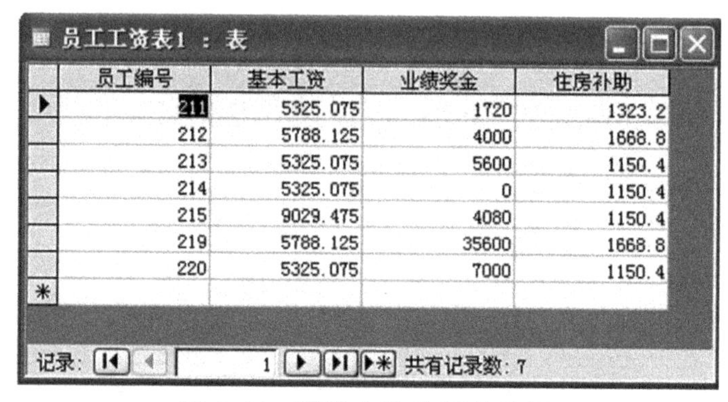
员工工资表1 : 表

员工编号	基本工资	业绩奖金	住房补助
211	5325.075	1720	1323.2
212	5788.125	4000	1668.8
213	5325.075	5600	1150.4
214	5325.075	0	1150.4
215	9029.475	4080	1150.4
219	5788.125	35600	1668.8
220	5325.075	7000	1150.4

记录: 1 共有记录数: 7

图 4-43　删除查询执行的结果

第5章　关系数据库标准语言SQL

5.1　SQL概述

5.1.1　SQL语言发展

SQL结构化查询语言，是Structured Query Language的缩写，它是一种结构化查询语言，也是数据库操作的工业化标准语言。

SQL语言是一种基于关系运算理论的、通用的功能极强的关系数据库标准语言，是一种介于关系代数与关系演算之间的语言。由于SQL所具有的特点，目前几乎所有的关系数据库管理系统软件都采用SQL语言，使其成为一种通用的国际标准数据库语言。最早是由IBM的圣约瑟研究实验室为其关系数据库管理系统SYSTEM R开发的一种查询语言，其前身是SQUARE语言。SQL语言结构简洁、功能强大、简单易学，自从IBM公司1981年推出以来得到了广泛的应用。如今无论是像Oracle、Sybase、Informix、SQL Server这些大型的数据库管理系统，还是像Visual FoxPro、PowerBuilder、Access这些微机上常用的数据库开发系统，都支持SQL语言作为查询语言。

SQL是从IBM公司研制的关系数据库管理系统SYSTEM-R上实现的。从1982年开始，美国国家标准局(ANSI)即着手进行SQL的标准化工作，1986年10月，ANSI的数据库委员会X3H2批准了将SQL作为关系数据库语言的美国标准，并公布了第一个SQL标准文本。1987年6月国际标准化组织(ISO)也作出了类似的决定，将其作为关系数据库语言的国际标准。这两个标准现在称为SQL86。1989年4月，ISO颁布了SQL月9标准，其中增强了完整性特征。1992年ISO对SQL89标准又进行了修改和扩充，并颁布了SQL92(又称为SQL2)，其正式名称为国际标准数据库语言(International Standard Database Language)SQL92。随着SQL标准化工作的不断完善，SQL已从原来功能比较简单的数据库语言逐步发展成为功能比较丰富、内容比较齐全的数据库语言。

由于SQL具有功能丰富、语言简洁、使用灵活等优点，因而受到广泛的应用，在其成为国际标准后，各个数据库厂家纷纷推出各自的支持SQL的软件或与SQL接口的软件。其趋势是：各种计算机，即不管是微机、小型机或者大型机上的数据库系统，都采用SQL作为共同的数据存取语言和标准接口。使不同数据库系统之间的互操作有了共同的基础。SQL不仅用于IBM公司的DBMS产品(如DB2、SQL/400、QMF等)中，而且也用于许多非IBM的DBMS产品(如Oracle、Sybase、Unify、SQL Server等大型数据库系统)中。此外，微型机上的Access、Delphi、Visual

FoxPro 等小型数据库系统也广泛使用了 SQL 语言。由于 SQL 的普及与推广，进一步促进了数据库技术的发展和应用。

此外，SQL 对数据库以外的领域也产生了很大影响，有不少软件产品将 SQL 的数据查询功能与图形功能、软件工程工具、软件开发工具、人工智能程序结合起来，开发出功能更强的软件产品。可以预见，在未来相当长的一段时间内，SQL 仍将是关系数据库的主流语言，而且在知识发现、人工智能、软件工程等领域，也具有广阔的应用前景。

5.1.2 SQL 语言特点

SQL 之所以能够为用户和业界所接受，并成为国际标准，是因为它是一种综合的、通用的、功能极强、同时又简单易学的语言。其主要特点如下。

1. 综合统一

数据库系统的主要功能是通过数据库支持的数据语言来实现的。

非关系模型(层次模型、网状模型)的数据语言一般都分为数据操纵语言(Data Manipulation Language，DML)和数据定义语言(Data Definition Language，DDL)。数据定义语言描述数据库的逻辑结构和存储结构。这些语言各有各的语法。当用户数据库投入运行后，如果需要修改模式，必须停止现有数据库的运行，转储数据，修改模式并编译后再重装数据库，十分繁琐。

SQL 则集数据定义语言 DDL、数据操纵语言 DML、数据控制语言 DCL 的功能于一体，语言风格统一，可以独立完成数据库生命周期中的全部活动，包括定义关系模式、插人数据建立数据库、查询和更新数据、维护和重构数据库、数据库安全性控制等一系列操作要求，这就为数据库应用系统的开发提供了良好的环境。用户在数据库系统投入运行后，还可根据需要随时、逐步地修改模式，且并不影响数据库的运行，从而使系统具有良好的可扩展性。

另外，在关系模型中实体和实体间的联系均用关系表示，这种数据结构的单一性带来了数据操作符的统一，查找、插入、删除、更新等操作都只需一种操作符，从而克服了非关系系统由于信息表示方式的多样性而带来的操作复杂性。

2. 高度非过程化

SQL 是一种第四代语言(4GL)，是一种非过程化语言，它一次处理一个记录集，对数据提供自动导航。SQL 允许用户在高层的数据结构上工作，而不对单个记录进行操作，可操作记录集。所有 SQL 语句接受集合作为输入，返回集合作为输出。SQL 的集合特性允许一个 SQL 语句的结果作为另一 SQL 语句的输入。

SQL 允许用户依据做什么来说明操作，而无需说明或了解怎样做，其存取路径的选择和 SQL 语句操作的过程都由系统自动完成。这不但大大减轻了用户负担，而且有利于提高数据独立性。

3. 面向集合的操作方式

非关系数据模型采用的是面向记录的操作方式，操作对象是一条记录。例如查询所有平均成绩在 80 分以上的学生姓名，用户必须一条一条地把满足条件的学生记录找出来(通常要说明具体处理过程，即按照哪条路径，如何循环等）。而SQL采用集合操作方式，不仅操作对象、查找结果可以是元组的集合，而且一次插入、删除、更新操作的对象也可以是元组的集合。

4. 同种语法结构的两种使用方式

SQL既是独立的语言，又是嵌入式语言。作为独立的语言，它能够独立地用于联机交互的使用方式，用户可以在终端键盘上直接键入SQL命令对数据库进行操作；作为嵌入式语言，SQL语句能够嵌入到高级语言（例如Java，C++）程序中，供程序员设计程序时使用。而在两种不同的使用方式下，SQL的语法结构基本上是一致的。所有用SQL写的程序都是可移植的。用户可以轻易地将使用SQL的技能从一个RDBMS转到另一个。这种以统一的语法结构提供两种不同的使用方式的做法，提供了极大的灵活性与方便性。

5. 语言简洁，易学易用

SQL的功能极强，但由于设计巧妙，语言十分简捷，完成核心功能只用了9个动词，如表5-1所示。SQL接近英语口语，因此容易学习，容易使用。

表5-1　SQL的核心动词

SQL功能	动词
数据查询	SELECT
数据定义	CREATE，DROP，ALTER
数据操纵	INSERT，UPDATE，DELETE
数据控制	GRANT，REVOKE

5.1.3　SQL语言基础

1. 操作对象

SQL语言可以对两种基本数据结构进行操作，一种是“表”，另一种是“视图（View）”。视图由数据库中满足一定约束条件的数据所组成，这些数据可以是来自于一个表也可以是多个表。用户可以像对基本表一样对视图进行操作。当对视图操作时，由系统转换成对基本关系的操作。视图可以作为某个用户的专用数据部分，方便用户使用。SQL支持关系数据库的三级模式结构，如图5-1所示，其中外模式对应于视图和部分基本表，概念模式对应于基本表，内模式对应于存储文件。

（1）基本表

基本表是本身独立存在的，在SQL中一个关系对应一个基本表。基本表是按数据全局逻辑模式建立的。一个表可以带若干个索引，索引存放在存储文件中。存储文件的逻辑结构组成了关系数据库的内模式，存储文件的物理结构是任意的，对用户的透明的。

（2）视图

视图是从基本表或其他视图中导出的表，它本身不独立存储在数据库中。也就是说，数据库中只存放视图的定义，数据仍存放在导出视图的基本表中。因此，视图实际上是一个虚表。视图在概念上基本表的等同，用户也可以在视图上在定义视图。

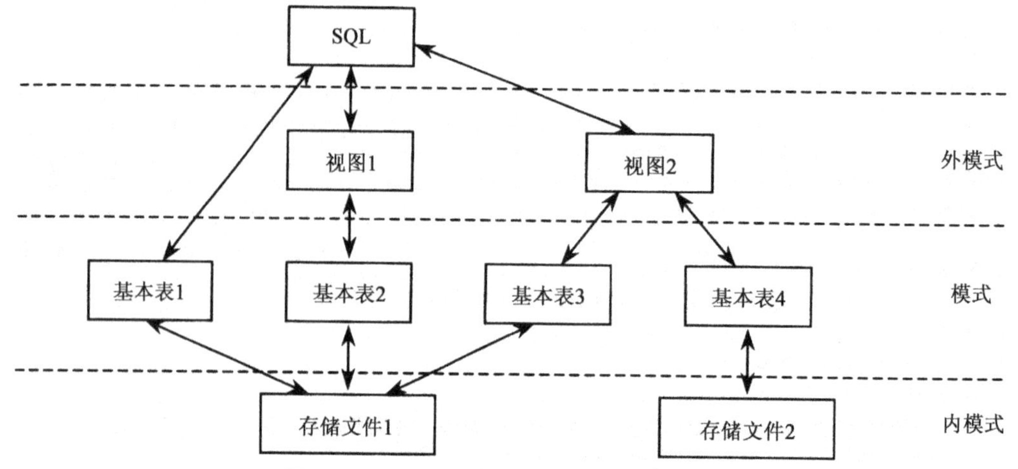

图 5-1　SQL 对关系数据库模式的支持

用户可以使用 SQL 语言对视图和基本表进行查询。对于用户而言，视图和基本表都是关系。

SQL 数据库的体系结构具有如下特征：

①一个 SQL 模式是表和约束的集合。

②一个表(Table)是行(Row)的集合，每行是列(Column)的序列，每列对应一个数据项。

不同的关系型数据库管理系统中，SQL 语言的具体使用也略有不同，但它们应与 ANSISQL 兼容。

2. 基本规则

在 SQL 语句格式中，有下列约定符号和相应的语法规定。

(1)语句格式约定符号

- <>：其中的内容为必选项，表示实际语义，不能为空。
- []：其中的内容为任选项。
- {}或．必选其中的一项。
- [,…n]：表示前面的项可以重复多次。

(2)语法规定

①一般语法规定：

- 字符串常数的定界符用单引号“'”表示。
- SQL 中数据项(列项、表和视图)的分隔符为“,”。

②SQL 特殊语法规定：

- SQL 语句的结束符为“;”。
- SQL 采用格式化书写方式。
- SQL 的关键词一般使用大写字母表示。

3. 数据类型

数据类型是一种属性，是数据自身的特点，主要是指定对象可保存的数据的类型。数据类型用于给特定的列提供数据规则，数据在列中的存储方式和给列分配的数据长度，并且决定了此数据是字符、数字还是时间日期数据。

每一个 SQL 的实施方案都有自己特有的数据类型，因此有必要使用与实施方案相关的数据类型，它能支持每个实施方案有关数据存储的理论。但要注意，所有的实施方案中的基本数据类型都是一样的，SQL 提供的主要数据类型一般有以下几种：

(1)数值型

• SMALLINT：短整数。

• INT：长整数，也可写成 INTE GER。

• REAL：取决于机器精度的浮点数。

• DOUBLE PRECISION：取决于机器精度的双精度浮点数。

• FLOAT(n)：浮点数，精度至少为 n 位数字。

• NUMBERIC(p,q)：定点数由 p 位数字组成，但不包括符号和小数点，小数点后面有 q 位数字，也可写成 DECIMAL(p,q)或 DEC(p,q)。

(2)字符型

• CHAR(n)：长度为 n 的定长字符串，n 是字符串中字符的个数。

• VARC HAR(n)：具有最大长度为 n 的变长字符串。

(3)日期型

• DATE：日期，包含年、月、日，格式为 YYYY-MM-DD。

• TIME：时间，包含一日的时、分、秒，格式为 HH：MM：SS。

(4)位串型

• BIT(n)：长度为 n 的二进制位串。

• BIT VARYING(n)：最大长度为 n 的变长二进制位串。

还有系统可能还会提供货币型、文本型、图像型等类型。此外，需要注意的是，SQL 支持空值的概念，空值是关系数据库中的一个重要概念，与空(或空白)字符串、数值 0 具有不同的含义，不能将其理解为任何意义的数据。

在 SQL 中有不同的数据类型，允许不同类型的数据存储在数据库中，不管是简单的字母还是小数，不管是日期还是时间。数据类型的概念在所有的语言中都一样。

4. 函数

在 SQL 中 FUNCTIONS 是函数的关键字，主要用于操纵数据列的值来达到输出的目的。函数通常是和列名或表达式相联系的命令。在 SQL 中有不同种类的函数，包括统计函数、单行函数等。

(1)统计函数

统计函数是在数据库操作中时常使用的函数，又称为基本函数或集函数。它是用来累加、合计和显示数据的函数，主要用于给 SQL 语句提供统计信息。常用的统计函数有 COUNT、SUM、MAX、MIN 和 AVG 等，如表 5-2 所示。

表 5-2 常用函数

函数名称	一般形式	含义
平均值	AVG([DISTINCT〈属性名〉)	求列的平均值，有 DISTINCT 选项时只计算不同值
求和	SUM([DISTINCT]〈属性名〉)	求列的和，有 DISTINCT 选项时只计算不同值
最大值	MAX(〈属性名〉)	求列的最大值
最小值	MIN(〈属性名〉)	求列的最小值
计数	COUNT(＊) COUNT([DISTINCT]〈属性名〉	统计结果表中元组的个数统计结果表中 不同属性名值元组的个数

(2)单行函数

单行函数主要分为数值函数、字符函数、日期函数、转换函数等，它对查询的表或视图的每一行返回一个结果行。

- 转换函数是将一种数据类型的值转换成另一种数据类型的值。
- 单行字符函数用于接受字符输入，可返回字符值或数值。
- 日期函数是操作 DATE 数据类型的值，所有日期函数都返回一个 DATE 类型的值。
- 数值函数用于接受数值输入，返回数值。许多函数的返回值可精确到 38 位十进制数字，三角函数精确到 36 位十进制数字。

5. 表达式

所谓表达式一般是指常量、变量、函数和运算符组成的式子，应该特别注意的是单个常量、变量或函数亦可称作表达式。SQL 语言中包括三种表达式，第一种是〈表名〉后的〈字段名表达式〉，第二种是 SELECT 语句后的〈目标表达式〉，第三种是 WHERE 语句后的〈条件表达式〉。

(1)字段名表达式

〈字段名表达式〉可以是单一的字段名或几个字段的组合，还可以是由字段、作用于字段的集函数和常量的任意算术运算(+、-、＊、/)组成的运算公式。主要包括数值表达式、字符表达式、逻辑表达式、日期表达式四种。

(2)目标表达式

〈目标表达式〉有 4 种构成方式：

①＊——表示选择相应基表和视图的所有字段。

②〈表名〉.＊——表示选择指定的基表和视图的所有字段。

③集函数()——表示在相应的表中按集函数操作和运算。

④[〈表名〉.]〈字段名表达式〉[,[〈表名〉.]〈字段名表达式〉]…——表示按字段名表达式在多个指定的表中选择。

(3)条件表达式

〈条件表达式〉常用的有以下 6 种：

①集合。IN…,NOT IN…

查找字段值属于(或不属于)指定集合内的记录。

②指定范围。BETWEEN…AND…,NOT BETWEEN…AND…

查找字段值在(或不在)指定范围内的记录。BETWEEN 后是范围的下限(即低值),AND 后是范围的上限(即高值)。

③比较大小。

应用比较运算符构成表达式,主要的比较运算符有:＝,＞,＜,＞＝,＜＝,! ＝,＜＞,! ＞(不大于),! ＜(不小于),NOT＋(与比较运算符同用,对条件求非)。

④字符匹配。LIKE,NOT LIKE'〈匹配串〉'[ESCAPE'〈换码字符〉']

查找指定的字段值与〈匹配串〉相匹配的记录。〈匹配串〉可以是一个完整的字符串,也可以含有通配符_和%。其中_代表任意单个字符;%代表任意长度的字符串。如 c%s 表示以 c 开头且以 s 结尾的任意长度字符串:cttts,cabds,cs 等;c__s 则表示以 c 开头且以 s 结尾的长度为 4 的任意字符串:cxxs,cffs 等。

⑤多重条件。AND,OR

AND 含义为查找字段值满足所有与 AND 相连的查询条件的记录;OR 含义为查找字段值满足查询条件之一的记录。AND 的优先级高于 OR,但可通过括号改变优先级。

⑥空值。IS NULL,IS NOT NULL

查找字段值为空(或不为空)的记录。NULL 不能用来表示无形值、默认值、不可用值,以及取最低值或取最高值。SQL 规定,在含有运算符＋、－、*、/的算术表达式中,若有一个值是空值,则该算术表达式的值也是空值;任何一个含有 NULL 比较操作结果的取值都为“假”。

5.2　SQL 的数据定义

SQL 的数据定义功能包括模式定义、表定义、视图和索引的定义,如表 5-3 所示。

表 5-3　SQL 的数据定义语句

操作对象	操作方式		
	创建	删除	修改
模式	CREATE SCHEMA	DROP SCHEMA	
表	CREATE TABLE	DROP TABLE	ALTER TABLE
视图	CREATE VIEW	DROP VIEW	
索引	CREATE INDEX	DROP INDEX	

SQL 的数据定义功能是指定义数据库的结构,包括定义基本表、定义视图和定义索引三个部分。由于视图是基于基本表的虚表,索引是依附于基本表的,因此 SQL 通常不提供修改视图定义和修改索引定义的操作。用户如果想修改视图定义或索引定义,只能先将它们删除掉,然后再重建。不过有些产品如 Oracle 允许直接修改视图定义。

模式是数据库数据在逻辑级上的视图。一个数据库只有一个模式。

基本表是本身独立存在的表,在 SQL 中,一个关系就对应一个表。一个(或多个)基本表对应一个存储文件,一个表可以带若干索引,索引也存放在存储文件中。

视图是从基本表或其他视图中导出的表。它本身不独立存储在数据库中，即数据库中只存放视图的定义而不存放视图对应的数据，这些数据仍存放在导出视图的基本表中，因此视图是一个虚表。视图在逻辑上与表等同，即：在用户的眼中表和视图是一样的。

由于视图是基于基本表的虚表，索引是依附于基本表的，因此SQL通常不提供修改视图定义和修改索引定义的操作。用户如果想修改视图定义或索引定义，只能先将它们删除掉，然后再重建。

5.2.1 模式定义

模式也称逻辑模式或概念模式，是数据库中全体数据的逻辑结构和特征的描述，是所有用户的公共数据视图。定义模式时不仅要定义数据的逻辑结构，而且要定义数据之间的联系，定义与数据有关的安全性、完整性要求。

1. 定义模式

在SQL中，模式定义语句如下：

CREATE SCHEMA〈模式名〉AUTHORIZATION〈用户名〉

如果没有指定〈模式名〉，那么〈模式名〉隐含为〈用户名〉。

要创建模式，调用该命令的用户必须拥有DBA权限，或者获得了DBA授予的CREATE SCHEMA的权限。

例如，定义一个班级—课程模式C-T

CREATE SCHEMA“C-T”AUTHORIZATION ME;

为用户ME定义了一个模式C-T。

若语句是：

CREATE SCHEMA AUTHORIZATION ME;

该语句没有指定〈模式名〉，所以〈模式名〉隐含为用户名ME。

定义模式实际上定义了一个命名空间，在这个空间中可以进一步定义该模式包含的数据库对象，例如基本表、视图、索引等。

在CREATE SCHEMA中可以接受CREATE TABLE，CREATE VIEW和GRANT子句。也就是说用户可以在创建模式的同时在这个模式定义中进一步创建基本表、视图，定义授权。即

CREATE SCHEMA〈模式名〉AUTHORIZATION〈用户名〉[〈表定义子句〉|〈视图定义子句〉|〈授权定义子句〉]

2. 删除模式

在SQL中，删除模式语句如下：

DROP SCHEMA〈模式名〉〈CASCADE|RESTRICT〉

其中CASCADE和RESTRICT两者必选其一。

选择了CASCADE(级联)，表示在删除模式的同时把该模式中所有的数据库对象全部一起删除。

选择了RESTRICT(限制)，表示如果该模式中已经定义了下属的数据库对象(如表、视图等)，则拒绝该删除语句的执行。只有当该模式中没有任何下属的对象时才能执行DROP

SCHEMA 语句。

5.2.2　基本表的定义

在介绍基本表的定义时需要知道的是，在 DBMS 中，数据库是用来存储数据库对象和数据的，数据库对象包括表(table)、视图(view)、索引(index)、触发器(trigger)、存储过程(stored procedure)等，在创建数据库对象之前需要先创建数据库。

基本表(Base Table)是独立存放在数据库中的表，是实表。在 SQL 中，一个关系就对应一个基本表。基本表的创建操作并不复杂，复杂的是表应该包含哪些内容，这是在数据库设计阶段的主要任务。创建表时，需要考虑的主要问题包括：表中包含哪些字段，字段的数据类型、长度、是否为空，建立哪些约束，等等。

1. 创建表

创建了一个模式，就建立了一个数据库的命名空间，一个框架。在这个空间中首先要定义的是该模式包含的数据库基本表。

SQL 语言使用 CREATE TABLE 语句定义基本表，其基本格式如下：

```
CREATE TABLE〈表名〉(〈列名〉〈数据类型〉[列级完整性约束条件]
                    [,〈列名〉〈数据类型〉[列级完整性约束条件]]
                    …
                    [,〈表级完整性约束条件〉]);
```

说明：

①建表时可以定义与该表有关的完整性约束条件，具体可见表 5-4 所示，包括 primary key、not null、unique、foreign key 或 check 等。约束条件被存入 DBMS 的数据字典中。当用户操作表中数据时，由 DBMS 自动检查该操作是否违背这些完整性约束条件。如果完整性约束条件涉及该表的多个属性列，则必须定义在表级上，称为表级完整性约束条件，否则完整性约束条件既可以定义在列级，也可以定义在表级。定义在列级的完整性约束条件称为列级完整性约束条件。

表 5-4　完整性约束条件

完整性约束条件	含义
primary key	定义主键
not null	定义的属性不能取空值
unique	定义的属性值必须唯一
foreign key(属性名 1)references 表名[(属性名 2)]	定义外键
check(条件表达式)	定义的属性值必须满足 check 中的条件

②在为对象选择名称时，特别是表和列的名称，最好使名称反映出所保存的数据的含义。比如学生表名可定义为 students，姓名属性可定义为 name 等。

③表中的每一列的数据类型可以是基本数据类型，也可以是用户预先定义的数据类型。

2. 更新表

随着应用环境和需求的变化,有时需要修改已建立好的基本表(即修改关系模式)。对基本表的修改允许增加新的属性,但是一般不允许删除属性,确实要删除一个属性,必须先将该基本表删除掉,再重新建立一个新的基本表并装入数据。增加一个属性不用修改已经存在的程序,而删除一个属性必须修改那些使用了该属性的程序。

SQL 语言使用 ALTER TABLE 命令来完成这一功能其一般格式为:

ALTER TABLE〈表名〉
  [ADD〈新列名〉〈数据类型〉[完整性约束]]
  [DROP〈完整性约束名〉]
  [ALTER COLUMN〈列名〉〈数据类型〉];

①add 子句用于增加新列和新的完整性约束条件。

②drop 子句用于删除完整性约束。

③drop column 子句用于删除列。

④alter column 子句用于修改原有的列定义,包括修改列名和数据类型。

(1)例如,在表名为 user 的表中增加一个年龄列。

ALTER TABLES user ADD 年龄 TINYINT;

注意:使用此方式增加的新列自动填充 NULL 值,所以不能为增加的新列指定:NOT NULL 约束。

(2)例如,将 user 表中的姓名列加宽到 6 个字符。

ALTER TABLE user ALTER COLUMN 姓名 CHAR(6);

注意:使用 ALTER 方式有如下限制:

①不能改变列名。

②不能将含有空值的列的定义修改为 NOT NULL 约束。

③若列中已有数据,则不能减少该列的宽度,也不能改变其数据类型。

④只能修改 NULL|NOT NULL 约束,其他类型的约束在修改之前必须先将约束删除,然后再重新添加修改过的约束定义。

3. 删除表

基本表的删除使用 drop table 命令,删除表时会将与表有关的所有对象一起删掉。基本表一旦删除,表中的数据、在此表上建立的索引都将自动被删除掉,而建立在此表上的视图虽仍然保留,但已无法引用。因此执行删除操作一定要格外小心。具体的语法格式为:

drop table〈表名〉[restrict | cascade]

若使用了 restrict 选项,并且表被视图或约束引用,drop 命令不会执行成功,会显示一个错误提示。如果使用了 cascade 选项,删除表的同时也将全部引用视图和约束删除。

删除基本表后,表中的数据和在此表上的索引都被删除,而建立在该表上的视图不会随之删除,系统将继续保留其定义,但已无法使用。如果重新恢复该表,这些视图可重新使用。具体的不同产品对 DROP TABLE 的不同处理策略,如表 5-5 所示,为 DROP TABLE 时,SQL99 与 3 个 RDBMS 的处理策略比较。

表 5-5 DROP TABLE 时，SQL99 与 3 个 RDBMS 的处理策略比较

标准及主流数据库的处理方式 / 依赖基本表的对象	SQL99		Kingbase ES		ORACLE 9i		MS SQL SERVER 2000
	R	C	R	C		C	
索引	无规定	√	√	√	√	√	
视图	×	√	×	√	√ 保留	√ 保留	√ 保留
DEFAULT，PRIMARY KEY，CHECK（只含该表的列）NOT NULL 等约束	√	√	√	√	√	√	√
外码 Foreign Key	×	√	×	√	×	√	×
触发器 TRIGGER	×	√	×	√	√	√	√
函数或存储过程	×	√	√ 保留	√ 保留	√ 保留	√ 保留	√ 保留

上表中，“×”表示不能删除基本表，“√”表示能删除基本表，“保留”表示删除基本表后，还保留依赖对象。从比较表中可以知道：

（1）对于索引，删除基本表后，这 3 个 RDBMS 都自动删除该基本表上已经建立的所有索引。

（2）对于存储过程和函数，删除基本表后，这 3 个数据库产品都不自动删除建立在此基本表上的存储过程和函数，但是已经失效。

（3）对于视图，ORACLE 9i 与 SQL Server 2000 是删除基本表后，还保留此基本表上的视图定义，但是已经失效。Kingbase ES 分两种情况，若删除基本表时带 RESTRICT 选项，则不可以删除基本表；若删除基本表时带 CASCADE 选项，可以删除基本表，同时也删除视图；Kingbase ES 的这种策略符合 SQL99 标准。

（4）如果想要删除的基本表上有触发器，或者被其他基本表的约束所引用（CHECK，FOREIGN KEY 等），可通过比较表中所列数据，即可得到这 3 个系统的处理策略。

5.2.3 视图的定义

1. 视图的概述

视图是从现有的表中全部或部分内容建立的一个表，用于间接的访问其他表或视图的数据，是存储在数据库中的预先定义好的查询，具有基本表的外观，可以像基本表一样对其进行存取，但不占据物理存储空间，也称做窗口。视图是一种逻辑意义上的特殊类型的表，它可以由一个表中选取的某些列或行组成，也可以由若干表满足一定条件的数据组成。在三层数据库体系结构中，视图是外部数据库，它是从一个或几个基本表（或视图）中派生出来的，它依赖于基本表，不能独立存在。

视图一经定义，就可以像表一样，被查询、修改、删除和更新。与实际存在的表不同，视图是

一个虚表，即视图所对应的数据并不实际地存储在视图中，而是存储在视图所引用的表中，数据库中仅存储视图的定义。对视图的数据进行操作时，系统根据视图的定义去操作与视图相关联的基本表。

具体的基本表与视图之间关系，可见图 5-2 所示。

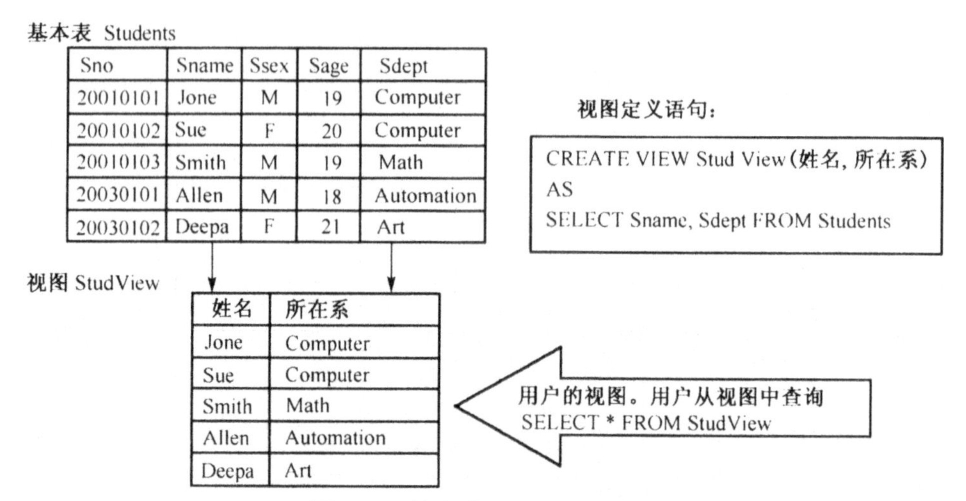

图 5-2　基本表与视图的关系

视图是定义在基本表上的，对视图的一切操作实际上都会转化为对基本表的操作。可见若合理适当地使用视图，会让数据库的操作更加灵活方便。视图的具体的优势作用主要有以下几个方面。

（1）集中显示数据。有些时候用户所需要的数据分散在多个表中，定义视图可以根据需要将不同表的数据从逻辑上集中在一起，方便用户的数据处理和查询，这样也简化了用户对数据的操作。使用户能以多种角度、方式来分析同一数据，具有很好的灵活性。

（2）简化操作，屏蔽数据库的复杂性。通过视图，用户可以不用了解数据库中的表结构，也不必了解复杂的表间关系，并且数据库表的更改也不影响用户对数据库的操作。

（3）加强了数据安全性。在设计数据库应用系统时，可对不同的用户定义不同的视图，使机密数据不出现在不应看到这些数据的用户视图上，并自动提供了对机密数据的安全保护功能，达到保密的目的，这样可以增加安全性，简化用户权限的管理。

（4）一定的逻辑独立性。能够很方便地组织数据输出到其他应用程序中，当由于特定目的需要输出数据到其他应用程序时，可以利用视图来组织数据以便输出。

（5）便于数据共享：通过视图，用户不必定义和存储自己的所需的数据，只需通过定制视图来共享数据库的数据，使同样的数据在数据库中只需要存储一次。

在关系数据库中，数据库的重构最常见的情况是把一个表垂直地分割成两个表，在这种情况下，可以通过修改视图的定义，使视图适应这种变化。但由于应用程序从视图中提取数据的方式和数据类型不变，从而防止应用程序的频繁改动。

2. 创建视图

视图是根据对基本表的查询定义的，创建视图实际上就是数据库执行定义该视图的查询语句。SQL 中使用 CREATE VIEW 语句创建视图。

语句格式：

CREATE VIEW[〈数据库名〉.][〈拥有者〉.]视图名[(列名[,…n])]

AS〈子查询〉

[WITH CHECK OPTION];

功能：

定义视图名和视图结构，并将〈子查询〉得到的元组作为视图的内容。

说明：

①WITH CHECK OPTION表示对视图进行UPDATE、INSERT和DELETE操作时要保证更新、插入和删除的行满足视图定义中的谓词条件，即〈子查询〉中WHERE子句的条件表达式。选择该子句，则系统对UPDATE、INSERT和DELETE操作进行检查。

②〈子查询〉可以是任意复杂的SELECT语句，但通常不允许含有ORDER BY(对查询结果进行排序)和DISTINCT(从查询返回结果中删除重复行)短语。

③一个视图中可以包含多个列名，最多可以引用1024个列。其中列名或者全部指定或全部省略。如果省略了视图的各个列名，则表明该视图的各列由〈子查询〉中SELECT子句的各目标列组成。但是在以下三种情况下，必须指定组成视图的所有列名：

- 需要在视图中改用新的、更合适的列名。
- 〈子查询〉中使用了多个表或视图，并且目标列中含有相同的列名。
- 目标列不是单纯的列名，而是SQL函数或列表达式。

该语句的执行结果，仅仅是将视图的定义信息存入数据库的数据字典中，而定义中的〈子查询〉语句并不执行。当系统运行到包含该视图定义语句的程序时，根据数据字典中视图的定义信息临时生成该视图。程序一旦执行结束，该视图立即被撤销。

视图创建总是包括一个查询语句SELECT。可利用SELECT语句从一个表中选取所需的行或列构成视图，也可以从几个表中选取所需要的行或列(使用子查询和连接查询方式)构成视图。

3. 删除视图

在SQL中删除视图使用DROP VIEW语句，具体格式为：

DROP VIEW〈视图名〉[,…n]

①创建视图后，若删除了导出此视图的基本表，则该视图将失效，但其一般不会被自动删除，要用DROP VIEW语句将其删除。

②DROP VIEW只是删除视图在数据字典中的定义信息，而由该视图导出的其他视图的定义却仍存在数据字典中，但这些视图已失效。为了防止用户在使用时出错，要用DROP VIEW语句把那些失效的视图都删除。

4. 查询视图

一旦定义好视图后，用户便可和对基本一样，对视图进行查询。即所有对表的各种查询操作都可以作用于视图，但是视图中不含有通常意义的元组。视图查询实际上是对基本表的查询，其查询结果是从基本表得到的。因此，同样一个视图查询，在不同的执行时间可能会得到不同的结果，因为在这段时间里，基本表可能发生了变化。

DBMS执行对视图的查询时，首先进行有效性检查，检查查询的基本表、视图等是否存在。如果存在，则从数据字典中取出视图的定义，把定义中的子查询和用户的查询结合起来，转换成等价的对基本表的查询，然后再执行修正了的查询，这一转换过程称为视图消解（View Resolution）。

目前，多数关系数据库系统对视图的查询都采用了视图消解的方法，但也有一些关系数据库系统采用了其他的方法。具体的视图消解定义是：DBMS执行对视图的查询时，首先进行有效性检查，检查查询涉及的表、视图等是否在数据库中存在。如果存在，则从数据字典中取出查询涉及的视图的定义，把定义中的子查询和用户对视图的查询结合起来，转换成对基本表的查询，然后再执行这个经过修正的查询。

5. 更新视图

视图的更新操作包括插入INSERT、删除DELETE和修改UPDATE三种，由于视图是由基本表导出的，视图本身并不存储记录，所以对视图的更新最终要转换成对基本表的更新。

在关系数据库中，并不是所有视图都可以执行更新操作。因为在有些情况下视图的更新不能惟一有意义地转换成对基本表的更新，所以对视图进行更新操作时有一定的限制和条件。

由于视图是通过SELECT语句对表中数据进行筛选构成的。因此，一个视图要能进行更新操作，对构成该视图的SELECT语句就有如下基本限制：

①视图的数据只来源于一个表，而非多个表。

②需要被更新的列是字段本身，而不是由表达式定义的列。

③SELECT语句中不含有GROUP BY，DISTINCT子句、组函数。

④视图定义里包含了表中所有的NOT NULL列。

视图的删除操作必须满足①，③两个限制；视图的修改操作必须满足前3个限制；而视图的插入操作需要满足以上全部限制条件。

一般的数据库系统只允许对行列子集的视图进行更新操作。对行列子集进行数据插入、删除、修改操作时，DBMS会把更新数据传到对应的基本表中。一般的数据库系统不支持对以下几种情况的视图进行数据更新操作：

- 由两个基本表导出的视图。
- 视图的列来自列表达式函数。
- 在一个不允许更新的视图上定义的视图。
- 视图中有分组子句或使用了DISTINCT的短语。
- 视图定义中有嵌套查询，且内层查询中涉及与外层一样的导出该视图的基本表。

5.2.4 索引的定义

1. 索引的概述

建立索引是加快表的查询速度的有效形式，它是最常见的改善数据库性能的技术，是索引是数据库随机检索的常用手段，它实际上就是记录的关键字与其相应地址的对应表。

简单来说，一个索引就是一个指向表中数据的指针。数据库中一个查询指向基本表中数据的确切物理地址。实际上,查询都被定向于数据库中数据在数据文件中的地址,但对查询者来说,它是在参阅一张表。

当建立索引以后,它便记录了被索引列的每一个取值在表中的位置。当在表中加入新的数据时,索引中也增加相应的数据项。当对数据库中的基本表建立了索引,进行数据查询时,首先在相应的索引中查找。如果数据被找到,则返回该数据在基本表中的确切位置。

索引是 SQL 在基本表中列上建立的一种数据库对象,也可称其为索引文件,它和建立于其上的基本表是分开存储的。建立索引的主要目的是提高数据检索性能。索引可以被创建或撤销,这对数据毫无影响。但是,一旦索引被撤销,数据查询的速度可能会变慢。索引要占用物理空间,且通常比基本表本身占用的空间还要大。

在基本表上可以建立一个或多个索引,以提供多种存取路径,加快查找速度。一般来说,建立与删除索引是由数据库管理员(DBA)或表的属主(即建立表的人)负责完成的。系统在存取数据时会自动选择合适的索引作为存取路径。

在数据库中,对于一张表可以创建几种不同类型的索引,所有这些索引都具有加快数据查询速度以提高数据库的性能的作用。

(1)根据索引记录的存放位置划分,索引可分为聚集索引与非聚集索引。聚集索引按照索引的字段排列记录,并且按照排好的顺序将记录存储在表中。非聚集索引按照索引的字段排列记录,但是排列的结果并不会存储在表中,而是存储在其他位。由于数据在表中已经依索引顺序排好了。但当要新增或更新记录时,由于聚集索引需要将排序后的记录存储在表中,一般在检索记录时,聚集索引会比非聚集索引速度快。另外,一个表中只能有一个聚集索引,而非聚集索引则可有多个。

(2)唯一索引表示表中每一个索引值只对应唯一的数据记录,这与表的 PRIMARY KEY 的特性类似。唯一索引不允许在表中插入任何相同的取值。因此,唯一索引常用于 PRIMARY KEY 的字段上,以区别每一个记录。当表中有被设置为 UNIQUE 的字段时,SQL Server 会自动建立非聚集的唯一索引。而当表中有 PRIMARY KEY 的字段时,SQL Server 会在 PRIMARY KEY 字段建立一个聚集索引。使用唯一索引不但能提高性能,还可以维护数据的完整性。

(3)复合索引是针对基本表中两个或两个以上的列建立的索引,单独的字段允许有重复的值。由于被索引列的顺序对数据查询速度具有显著的影响,因此创建复合索引时,应当考虑索引的性能。为了优化性能,通常将最强限定值和那些始终被指定的列放在第一位,在实际工作中创建哪一种类型的索引,主要由数据查询或处理需求决定,一般应首先考虑经常在查询的 WHERE 子句中用做过滤条件的列。若子句中只用到了一个列,则应当选择单列索引;若有两个或更多的列经常用在 WHERE 子句中,则复合索引是最佳选择。

2. 创建索引

建立索引使用 CREATE INDEX 命令,其格式为:

CREATE[UNIQUE][CLUSTER]INDEX〈索引名〉

　　ON〈表名〉(〈列名 1〉[〈次序〉][,〈列名 2〉[〈次序〉]]…)

其中〈表名〉指定要建索引的基本表的名字。索引可以建立在该表的一列或多列上,各列名之间用逗号分隔。每个〈列名〉后面还可以用〈次序〉指定索引值的排列次序,包括 ASC(升序)和

DESC(降序)两种,默认值为 ASC。

UNIQUE 表示此索引的每一个索引值只对应唯一的数据记录。

CLUSTER 表示要建立的索引是聚簇索引。所谓聚簇索引是指索引项的顺序与表中记录的物理顺序一致的索引组织。用户可以在最常查询的列上建立聚簇索引以提高查询效率。显然在一个表上最多只能建立一个聚簇索引。建立聚簇索引后,更新索引列数据时,往往导致表中记录的物理顺序的变更,代价较大,因此对于经常更新的列不宜建立聚簇索引。

SQL 中的索引是非显示索引,在改变表中的数据(如增加或删除记录)时,索引将自动更新。索引建立后,在查询使用该列时,系统将自动使用索引进行查询。一般来说对于仅用于查询的表可多建索引,对于数据更新频繁的表则应少建索引。索引数目无限制,但索引越多,更新数据的速度越慢。

3. 删除索引

索引一经创建,就由系统使用和维护,无需用户进行干预。建立索引是为了减少查询操作的时间,若如果数据增、删、改频繁,系统会花费许多时间来维护索引。因此,在必要的时候,可以使用 DROP INDEX 语句撤销一些不必要的索引。其格式为:

DROP INDEX 〈索引名〉[,…n]

其中,〈索引名〉是要撤销的索引的名字。撤销索引时,系统会同时从数据字典中删除有关对该索引的描述。一次可以撤销一个或多个指定的索引,索引名之间用逗号间隔。

5.3 SQL 的数据操纵

数据操纵是指对已经存在的数据库进行记录的插入、删除和修改的操作。SQL 数据操纵功能包括对基本表和视图的操纵。SQL 提供三个语句来改变数据库的记录行,即 INSERT、UPDATE 和 DELETE。

5.3.1 插入数据

SQL 的数据插入语句 INSERT 通常有两种形式。一种是插入一个元组,另一种是插入子查询结果。后者可以一次插入多个元组。

1. 插入单个元组

一次向基本表中插入一个元组,将一个新元组插入指定的基本表中,可使用 INSERT 语句其格式:

INSERT INTO〈表名〉[(〈列名 1〉[,〈列名 2〉,…])]

VALUES([〈常量 1〉[,〈常量 2〉,…]]);

①INTO 子句中的〈列名 1〉[,〈列名 2〉,…]指出在基本表中插入新值的列,VALUES 子句中的〈常量 1〉[,〈常量 2〉,…]指出在基本表中插入新值的列的具体值。

②INTO 子句中没有出现的列,新插入的元组在这些列上取空值。

③如果省略 INTO 子句中的〈列名 1〉[,〈列名 2〉,…],则新插入元组的每一列必须在 VALUES 子句中均有值对应。

④VALUES 子句中各常量的数据类型必须与 INTO 子句中所对应列的数据类型兼容,VALUES 子句中常量的数量必须匹配 INTO 子句中的列数。

⑤如果在基本表中存在定义为 NOT NULL 的列,则该列的值必须要出现在 VALUES 子句中的常量列表中,否则会出现错误。

⑥这种插入数据的方法一次只能向基本表中插入一行数据,并且每次插入数据时都必须输入基本表的名字以及要插入的列的数值。

2. 插入多个元组

在 SQL 中,子查询可以嵌套在 INSERT 语句中,将查询出的结果,代替 VALUE 子句,一次向基本表中插入多个元组。其对应的语法格式:

INSERT INTO〈表名〉[(〈列名 1〉[,〈列名 2〉,…])]

〈子查询〉;

具体过程是:SQL 先处理〈子查询〉,得到查询结果,再将结果插入到〈表名〉所指的基本表中。〈子查询〉结果集合中的列数、列序和数据类型必须与〈表名〉所指的基本表中相应各项匹配或兼容。

5.3.2 修改数据

SQL 中修改数据的语句为 UPDATE,可以修改存在于基本表中的数据。在数据库中,UPDATE 通常在某一时刻只能更新一个基本表,但是可以同时更新一个基本表中的多个列。在一个 UPDATE 语句中,可以根据需要更新基本表中的一行数据,也可以更新多行数据。

其语句格式为:

UPDATE〈表名〉

SET〈列名〉=〈表达式〉[,〈列名〉=〈表达式〉][,…n]

[WHERE〈条件〉];

其中,〈表名〉指出要修改数据的基本表的名字,而 SET 子句用于指定修改方法,用〈表达式〉的值取代相应〈列名〉的列值,且一次可以修改多个列的列值。WHERE 子句指出基本表中需要修改数据的元组应满足的条件,如果省略 WHERE 子句,则修改基本表中的全部元组。也可在 WHERE 子句中嵌入子查询。

1. 修改某一个元组

【例 5-1】 修改学号为 20010101 的学生的年龄为 20。

```
UPDATE Students
SET Sage=20
WHERE Sno='20010101';
```

2. 修改多个元组

【例 5-2】 将 Grade 中所有学生的成绩都加 5。

```
UPDATE Grade
SET grade=grade+5;
```

3. 带子查询的修改语句

【例 5-3】 将学生表中所有数学系的所有学生的成绩都清空为零。

```
UPDATE Grade
SET grade=0;
WHERE'Math'=(SELET Dept FROM Students WHERE Students. Sno=Math. Sno)
```

5.3.3 删除数据

现代社会信息快速更新，数据库中的部分数据可能很快就失去应用和保存价值，应将其从数据库的基本表中及时删除，以节省存储空间和优化数据。在 SQL 中使用 DELETE 语句进行数据删除。

语句格式：

DELETE FROM〈表名〉[WHERE〈条件〉];

通过上面的语句可以删除指定表中满足 WHERE 子句条件的所有元组。需要注意的是：SDELETE 语句删除的是基本表中的数据，而不是表的定义。省略 WHERE 子句，表示删除基本表中的全部元组。在 WHERE 子句中也可以嵌入子查询。数据一旦被删除将无法恢复，除非事先有备份。

1. 删除某个元组的值

【例 5-4】 删除学号为“20010101”的学生记录。

```
DELETE
FROM Students
WHERE Sno='20010101';
```

2. 删除多个元组的值

【例 5-5】 删除所有的学生记录。

```
DELETE
FROM Students;
```

3. 带子查询的删除语句

子查询同样也可以嵌套在 DELETE 语句中，用以构造执行删除操作的条件。

【例 5-6】 删除所有的女学生记录。

```
DELETE FROM Students
WHERE Sno IN
        (SELECT Students. Sno
        FROM Students,Grade
        WHERE Ssex='F' AND Students. Sno=Grade. Sno);
```

增删改操作只能对一个表操作，注意更新操作与数据库的一致性。

5.4　SQL 的数据查询

数据查询是从表中找到用户需要的数据，它是数据库的核心操作。在数据库的实际应用中，用户最经常使用的操作就是查询操作，一般由 SQL 的数据操纵语言的 SELECT 语句实现。

需指出的是对视图的查询操作如同对基表的查询操作一样，这是由数据库管理系统机制所决定的。因为数据库管理系统执行视图查询时，首先进行有效性检查，判断待查的表、视图等是否存在。如果存在则从数据字典中取出视图的定义，把定义中的子查询和用户的查询结合起来，转换成等价的基表查询，然后执行修正了的查询。目前多数关系数据库系统对行列子集视图的查询均能进行正确、直截了当的转换，但当出现集函数＋GROUP BY（非行列子集）时，就不能转换，只能直接对基表查询。

5.4.1　SELECT 查询语句

一个完整的 SELECT 语句包括 SELECT、FROM、WHERE、GROUP BY 和 ORDER BY 子句，它具有数据查询、统计、分组和排序的功能。SQL 的所有查询都是利用 SELECT 语句完成的，它对数据库的操作十分方便灵活，原因在于 SELECT 语句中的成分丰富多彩，有许多可选形式，尤其是目标列和条件表达式。

SELECT 语句及各子句的一般格式如下：

SELECT[ALL|DISTINCT][〈目标列表达式〉[，…n]]

FROM〈表名或视图名〉[，〈表名或视图名〉，…]

[WHERE〈条件表达式〉]

[GROUP BY〈列名 1〉[HAVING〈条件表达式〉]]

[ORDER BY〈列名 2〉[ASC|DESC]，…]；

通过以上语句可从指定的基本表或视图中，选择满足条件的元组，并对其进行分组、统计、排序和投影，形成查询结果集。其中，SELECT 和 FROM 语句为必选子句，其他子句为任选子句。

上述整个 SELECT 语句的含义是，根据 WHERE 子句的条件表达式，从 FROM 子句指定的表或视图中找出满足条件的元组，再按 SELECT 子句的目标列表达式，选出元组中的属性值形成结果表。如果有 GROUP 子句，则将结果按（列名 1）的值进行分组，该属性列的值相等的元组为一个组。如果 GROUP 子句带 HAVING 短语，则只有满足指定条件的组才予以输出。如果有 ORDER 子句，则结果表还要按（列名 2）的值的升序（ASC）或降序（DESC）排列。

1. SELECT 子句

SELECT 子句主要用于指明查询结果集的目标列。其中，〈目标列表达式〉是指查询结果集中包含的列名，可以是直接从基本表或视图中投影得到的字段、与字段相关的表达式或数据统计的函数表达式，目标列还可以是常量；DISTINCT 说明要去掉重复的元组；ALL 表示所有满足条件的元组。〈SELECT 表达式〉可以是字段名，也可以是与字段有关的系统函数；列名用于指定输出时使用的列标题，它不同于字段名；在 SELECT 子句中，省略〈目标列表达式〉表示结果集中包含〈表名或视图名〉中的所有列也可以用 * 号来表示查询表达式。

若目标列中使用了两个基本表或与视图中相同的列名，则要在列名前加表名限定，即使用“〈表名〉.〈列名〉”表示。

2. FROM 子句

FROM 子句用于指明要查询的数据来自哪些基本表或视图。查询操作需要的基本表或视图名之间用“,”间隔。

若查询使用的基本表或视图不在当前的数据库中，则需要在表或视图前加上数据库名进行说明，即“〈数据库名〉.〈表名〉”的形式。

若在查询中需要一表多用，则每种使用都需要一个表的别名标识，并在各自使用中用不同的基本表别名表示。定义基本表别名的格式为“〈表名〉〈别名〉”。

3. WHERE 子句

WHERE 子句通过条件表达式描述对基本表或视图中元组的选择条件。DBMS 处理语句时，以元组为单位，逐个考察每个元组是否满足 WHERE 子句中给出的条件，将不满足条件的元组筛选掉，因此 WHERE 子句中的表达式也称为元组的过滤条件，它比关系代数中的公式更加灵活。

4. GROUP BY 子句

GROUP BY 子句作用是将结果集按〈列名 1〉的值进行分组，即将该列值相等的元组分为一组，每个组产生结果集中的一个元组，可以实现数据的分组统计。当 SELECT 子句后的〈目标列表达式〉中有统计函数，且查询语句中有分组子句时，则统计为分组统计，否则为对整个结果集的统计。

5. HAVING 子句

HAVING 子句用在 GROUP BY 子句中，增加限制条件。一般情况下，如果没有 GROUP BY 子句，即不分组，则限制条件写在 WHERE 子句中。WHERE 子句与 HAVING 子句的区别在于，WHERE 子句的作用对象是表，SELECT 语句依据 WHERE 子句限定的条件，筛选出满足条件的记录；HAVING 子句的作用对象是由 GROUP BY 子句所分组产生的列表，HAVING 子句从列表中选择出满足条件的记录。

6. ORDER BY 子句

ORDER BY 子句是对结果集按〈列名 2〉的值的升序(ASC)或降序(DESC)进行排序。查询结果集可以按多个排序列进行排序，根据各排序列的重要性从左向右列出。

整个过程是：根据 WHERE 子句的条件表达式，从 FROM 子句指定的基本表或视图中找出满足条件的元组，再按 SELECT 子句中的目标列表达式选出元组中的列值形成结果集。如果有 GROUP 子句，则将结果集按〈列名 1〉的值进行分组，该列值相等的元组为一个组，每个组产生结果集中的一个元组。如果 GROUP BY 子句后带 HAVING 短语，则只有满足指定条件的组才予以输出。如果有 ORDER BY 子句，则结果集还要按〈列名 2〉的值的升序或降序进行排序。

此外，SQL 还提供了为属性重新命名的机制，这对从多个关系中查出的同名属性以及计算表达式的显示非常有用。它是通过使用具有如下形式的 AS 子句来进行的：

〈原名〉AS〈新名〉

在实际应用中有的 DBMS 可省略“AS”。

5.4.2　简单查询

简单查询是指在查询过程中只涉及一个表或视图的查询，也称单表查询，是最基本的查询语句。

1. 选择表中的列

SELECT 语句包含了关系代数中的选择、投影、连接、笛卡尔积等运算。

选择表中的全部列或部分列，这就是关系代数的投影运算。在很多情况下，用户只需要表中的一部分属性列，于是便可以在 SELECT 子句的〈目标列表达式〉中指定要查询的属性列。

若要查询表中所有的列则可以在 SELECT 关键字后面列出所有列名，若列的显示顺序和表中的顺序相同则也可以简单地将〈目标列表达式〉指定为 * 。

此外，用户还可以通过指定别名来改变查询结果的列标题，这对于含算术表达式、常量、函数名的目标列表达式非常有用。

(1)查询指定列

假设有如下三个表：

单位编码表 Dwbmb

Dwbm	Dwmc
0121	一分厂生产科
0101	一分厂一车间
0102	一分厂二车间
0221	二分厂生产科
0201	二分厂一车间
0202	二分厂二车间
0203	二分厂三车间
0204	二分厂四车间

物资编码表 Wzbmb

Wzbm	Wzmc	Xhgg	Jldw	Price
010101	铍铜合金	铍铜合金	kg	800
010201	铅钙合金	铅钙合金	kg	750
010301	铅锑合金	铅锑合金	kg	1000
010401	锆镁合金	锆镁合金	kg	1200
020101	25 铜管材	25×1000	根	90
020102	20 铜管材	20×1000	根	80
020103	15 铜管材	15×1000	根	70
020201	25 铝管材	25×1000	根	70

物资入库表 Wzrkb

Rq	Rkh	Wzbm	Gms	Srs	Price	Rkr
2002/12/01	0001	020101	35	30	90	林平
2002/12/01	0002	010201	150	150	750	林平
2002/12101	0003	010301	80	80	1000	林平
2002/12/01	0004	010101	100	100	800	林平
2002/12/02	0005	020101	250	250	90	林平
2002/12/02	0006	020102	120	100	80	林平
2002/12/02	0007	020103	45	45	70	林平
2002/12/02	0008	010101	20	20	800	林平

物资出库表 Wzlkb

Rq	Lkh	Dwbm	Wzbm	Qls	Sfs	Llr	Flr
2002/12/01	0001	0101	020101	5	5	刘林	林平
2002/12/01	0002	0203	010401	10	8	周杰	林平
2002/12/02	0003	0102	010101	20	20	李虹	林平
2002/12/02	0004	0102	020102	5	5	李虹	林平
2002/12/02	0005	0102	020101	10	10	李虹	林平
2002/12/02	0006	0204	010301	8	8	卫东	林平
2002/12/02	0007	0204	020101	3	3	卫东	林平
2002/12/02	0008	0204	020201	20	15	卫东	林平

(2)指定列的查询

【例 5-7】 查询所有物资的物资编码、名称和价格。

```
SEUZCT Wzbm,Wzmc,Price
FROM Wzbmb;
```

即为根据应用的需要改变列的显示顺序。

得到的结果如下：

```
Wzbm    Price   Wzmc
010101  800     镀铜合金
010201  750     铅钙合金
010301  1000    铅锑合金
010401  1200    锆镁合金
020101  90      25 铜管材
020102  80      20 铜管材
020103  70      15 铜管材
020201  70      25 铝管材
```

将表中的所有字段都选出来，可以有两种方法。一种是在 SELECT 后面列出所有字段名；另一种是当字段的显示顺序与其在基表中的顺序相同时，可简单地用 * 表示。

(3)经过计算的查询

【例 5-8】 查询每批入库物资的购买总金额。

使用的查询语句如下：

```
SELECT Rq,Rkh,Wzbm,Gms,Price,Gms * Price AS TGmCost
FROM Wzrkb;
```

得到的结果如下：

Rq	Rkh	Wzbm	Gms	Price	TGmCost	Rkr
2002/12/01	0001	020101	35	90	3150	林平
2002/12/01	0002	010201	150	750	112500	林平
2002/12/01	0003	010301	80	1000	80000	林平
2002/12/01	0004	010101	100	800	80000	林平
2002/12/02	0005	020101	250	90	22500	林平
2002/12/02	0006	020102	120	80	9600	林平
2002/12/02	0007	020103	45	70	3150	林平
2002/12/02	0008	010101	20	800	16000	林平

用户可通过 AS 指定别名来改变查询结果的字段标题，这对于含算术表达式、常量、函数名的目标表达式尤为有用。此例中就定义了别名 TGmCost 表示购买总金额，它的值由 Gms 和 Price 两个字段的乘积构成。

2. 选择表中的元组

(1)消除取值重复的行

两个本来并不完全相同的元组，投影到指定的某些列上后，可能变成相同的行了，如果想去掉结果表中的重复行，就必须指定 DISTINCT 短语。

【例 5-9】 查询领取了物资的单位的编码。

使用的查询语句如下：

```
SELECT DISTINCT Dwbm
FROM Wzlkb
```

得到的结果如下：

Dwbm
0101
0203
0102
0204

用 DISTINCT 短语除去了 Dwbm 字段值重复的记录，因而结果得到的是唯一值。

(2)查询满足条件的元组

查询满足指定条件的元组可以通过 WHERE 子句来实现。

①比较大小

【例 5-10】 查询价格在 800 元以下的物资编码、名称和型号规格。

使用的查询语句如下：

```
SELECT Wzbm,Wzmc,Xhgg,Price
FROM Wzbmb WHERE Price<800;
```

得到的结果如下：

Wzbm	Wzmc	Xhgg	Price
010201	铅钙合金	铅钙合金	750
020101	25 铜管材	25×1000	90
020102	20 铜管材	20×1000	80
020103	15 铜管材	15×1000	70
020201	25 铝管材	25×1000	70

通过此查询得到了物资编码表中价格低于 800 元的那些物资信息。

②确定范围

【例 5-11】 查询实际入库量不在 50～200 之间的物资入库情况。

使用的查询语句如下：

```
SELECT *
FROM Wzrkb WHERE Srs NOT BETWEEN 50 AND 200;
```

得到的结果如下：

Rq	Rkh	Wzbm	Gms	Srs	Price	Rkr
2002/12/01	0001	020101	35	30	90	林平
2002/12/02	0005	020101	250	250	90	林平
2002/12/02	0007	020103	45	45	70	林平
2002/12/02	0008	010101	20	20	800	林平

③确定集合

【例 5-12】 查询领料人李虹和卫东领取物资的情况。

使用的查询语句如下：

```
SELECT Rq,Lkh,Dwbm,Wzbm,Q1s,Sfs,Lk
FROM Wzlkb
WHERE Llr IN('李虹','卫东');
```

得到的结果如下：

Rq	Lkh	Dwbm	Wzbm	Qls	Sfs	Llr
2002/12/02	0003	0102	010101	20	20	李虹
2002/12/02	0004	0102	020102	5	5	李虹
2002/12/02	0005	0102	020101	10	10	李虹
2002/12/02	0006	0204	010301	8	8	卫东
2002/12/02	0007	0204	020101	3	3	卫东
2002/12/02	0008	0204	020201	20	15	卫东

④字符匹配

谓词 LIKE 可以用来进行字符串的匹配，其格式为：

[NOT]LIKE'〈匹配串〉'[ESCAPE'〈换码字符〉']

【例 5-13】 若物资型号规格“25×1000”改为“25_1000”，请查询型号规格为“25_1000”物资。

此例查询时由于字符串本身含有%或_，就要使用 ESCAPE'〈换码字符〉'短语对通配符进行转义，如下用“\”来转义“_”。

使用的查询语句如下：

```
SELECT *
FROM Wzbmb WHERE Xhgg LIKE '25\_1000' ESCAPE'\';
```

得到的结果如下：

Wzbm	Wzmc	Xhgg	Jldw	Price
020101	25 铜管材	25_1000	根	90
020201	25 铝管材	25_1000	根	70

需要注意的是，若 LIKE 后的匹配串中不含通配符，则可以用=(等于)运算符取代 LIKE 谓词，用！=或<>(不等于)运算符取代 NOT LIKE 谓词。

3. 对查询结果排序

【例 5-14】 查询入库人为林平的物资入库情况，显示结果按物资编码升序排列，同一物资按购买量降序排列。

使用的查询语句如下：

```
SELECT *
FROM Wzrkb WHERE Rkr='林平' ORDER BY Wzbm,Gms DESC;
```

得到的结果如下：

Rq	Rkh	Wzbm	Gms	Srs	Price	Rkr
2002/12/01	0004	010101	100	100	800	林平
2002/12/02	0008	010101	20	20	800	林平
2002/12/01	0002	010201	150	150	750	林平
2002/12/01	0003	010301	80	80	1000	林平
2002/12/02	0005	020101	250	250	90	林平
2002/12/01	0001	020101	35	30	90	林平
2002/12/02	0006	020102	120	100	80	林平
2002/12/02	0007	020103	45	45	70	林平

4. 对查询结果分组

GROUP BY 子句可以将查询结果表的各行按一列或多列取值相等的原则进行分组。

对查询结果分组的目的是细化集函数的作用对象。如果未对查询结果分组，集函数将作用于整个查询结果，即整个查询结果只有一个函数值。否则，如果对查询结果分组，集函数将作用于每一个组，即每一组都有一个函数值。

【例 5-15】 查询缺少领料人的物资出库记录。

假设原 wzlkb 表数据改为：

Rq	Lkh	Dwbm	Wzbm	Qls	Sfs	Llr	Flr
2002/12/01	0001	0101	020101	5	5		林平
2002/12/01	0002	0203	010401	10	8		林平
2002/12/02	0003	0102	010101	20	20	李虹	林平
2002/12/02	0004	0102	020102	5	5	李虹	林平
2002/12/02	0005	0102	020101	10	10	李虹	林平
2002/12/02	0006	0204	010301	8	8	卫东	林平
2002/12/02	0007	0204	020101	3	3	卫东	林平
2002/12/02	0008	0204	020201	20	15	卫东	林平

使用的查询语句如下：

SELECT Rq,Lkh,Dwbm,Wzbm,Qls,Llr FROM Wzlkb WHERE Llr IS NULL;

得到的结果如下：

Rq	Lkh	Dwbm	Wzbm	Qls	Llr
2002/12/01	0001	0101	020101	5	
2002/12/01	0002	0203	010401	10	

由此，在表中查出了 Llr 字段为空的记录。注意这里 IS 不能用“=”来代替。

ORDER BY 子句用于实现对查询结果按一个或多个字段进行升序（ASc）或降序（DESC）排列，默认为升序。对于排序字段值为空的记录，若按升序则显示在最后，若按降序则显示在最前。

5.4.3 连接查询

连接查询是指一个查询同时涉及两个以上的表。连接查询实际上是关系数据库中最主要的查询，主要包括等值连接、非等值连接、自然连接、自身连接、外连接和复合条件连接查询。

用来连接两个表的条件称为连接条件或连接谓词，其一般格式为：

[〈表名 1〉.]〈列名 1〉〈比较运算符〉[〈表名 2〉.]〈列名 2〉

其中，比较运算符（也称为连接运算符）有=、<、>、<=、>=、! =或<>。连接条件中的列名称为连接字段。连接条件中，连接字段类型必须是可比的，但不一定是相同的。

连接查询中的连接条件通过 WHERE 子句表达。在 WHERE 子句中，有时既有连接条件又有元组选择条件，这时它们之间用 AND(与)操作符衔接，且一般应将连接条件放在前面。

而 DBMS 的执行连接查询的过程如下：

首先，在〈表名 1〉中找到第一个（满足元组选择条件的）元组，然后从头开始顺序扫描或按索引扫描〈表名 2〉，查找满足连接条件的元组，每找到一个元组，就将〈表名 1〉中的第一个（满足元组选择条件的）元组与该元组按照 SELECT 子句的要求拼接起来，形成结果集中的一个元组。当〈表名 2〉全部扫描完毕后，再到〈表名 1〉中找第二个（满足元组选择条件的）元组，然后再从头开始顺序扫描或按索引扫描〈表名 2〉，查找满足连接条件的元组，每找到一个元组，就将〈表名 1〉中的第二个（满足元组选择条件的）元组与该元组按照 SELECT 子句的要求拼接起来，形成结果集中的一个元组。重复上述操作，直到〈表名 1〉中的全部元组都处理完毕（或没有满足元组选择条件的元组）为止。

以 5.4.2 节的样表为例，如图 5-3 所示为表间可建立的连接关系。

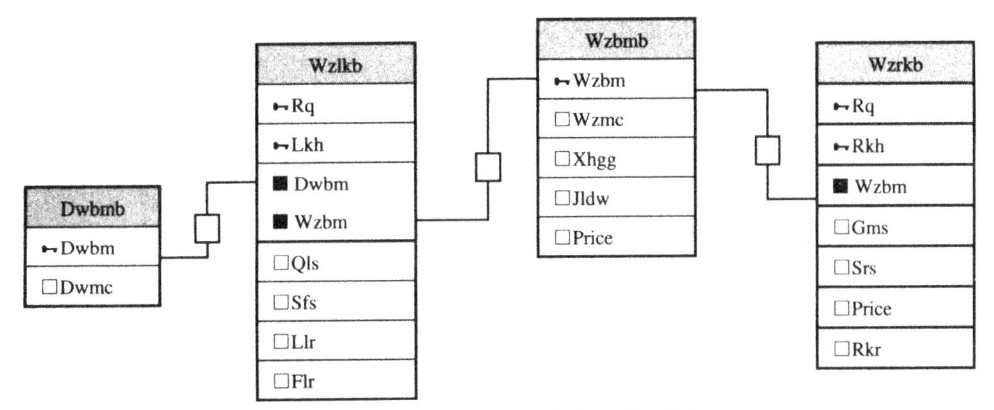

图 5-3 四个样表间的连接关系图

连接查询的一般过程如下：

(1)在基表 1 中找到第一个记录，然后从头开始扫描基表 2，逐一查找满足连接条件的记录，找到后就将基表 1 中的第 1 个记录与该记录拼接起来，形成结果表中的一个记录。

(2)基表 2 中符合的记录全部查找完毕后，开始找基表 1 中的第 2 个记录，再从头扫描基表 2，找到所有满足条件的，和基表 1 中第 2 个记录拼接形成结果表中的又一记录。

(3)重复上述过程直到基表 1 中全部记录都处理完毕为止。

1. 等值与非等值连接查询

(1)等值连接查询

所谓等值连接是指按对应列相等的值将一个表中的行与另一个表中的行连接起来，其中，整个连接表达式就是连接条件。连接条件中的字段成为连接字段。两个连接字段不一定要同名，但连接条件运算符前后表达的意义应该一致，连接字段的数据类型必须是可比的。

需要注意的是在多表查询中，为防止歧义性，在字段名前加上表名或表的别名作为前缀，以示区别。如果字段名确定是唯一的，则不必加前缀。另外也可以使用别名以节省输入。

(2)非等值连接查询

将等值连接查询中的＝接条件运算符改为＞、＜、＞＝、＜＝和！＝其中之一时，该连接就会变成非等值连接。

【例 5-16】 查询物资出库表中每个单位领取物资的情况。

使用的查询语句如下：

```
SELECT Rq,Lkh,Dwbmb.Dwmc,Wzbm,Qls,Sfs
FROM Dwbmb,Wzlkb
WHERE Dwbmb.Dwbm=Wzlkb.Dwbm;
```

得到的结果如下：

Rq	Lkh	Dwbmb.Dwmc	Wzbm	Qls	Sfs
2002/12101	0001	一分厂一车间	020101	5	5
2002/12101	0002	二分厂三车间	010401	10	8
2002/12/02	0003	一分厂二车间	010101	20	20

2002112102	0004	一分厂二车间	020102	5	5
2002/12102	0005	一分厂二车间	020101	10	10
2002/12102	0006	二分厂四车间	010301	8	8
2002/12102	0007	二分厂四车间	020101	3	3
2002/12/02	0008	二分厂四车间	020201	20	15

由于物资出库表中只记录了领取物资的单位编码，因而要想在查询结果中显示单位名称就必须从单位编码表中查出相应的单位名称，这两个表有个共同的字段 Dwbm，就以此字段做自然连接可得以上结果。

引用字段时为避免混淆，一般常在字段名前加上表名前缀，中间以“. ”相连，但如果字段名在连接的多表中是唯一的就可以省略表名前缀。采用的方式如下：

〈关系名/表名〉.〈字段名/ * 〉

如上例中，Rq，Wzbm，Sfs 是唯一的，引用时去掉了表名前缀，而 Dwbm 在两个表中均存在，所以必须加上表名前缀。

2. 自身连接查询

连接查询可以在两个基本表之间进行，同时也可以在一张基本表内部进行，即基本表与自己连接操作，通常将这种基本表自身的连接操作称为自身连接。

【例 5-17】将物资编码表按物资价格进行自身连接。

使用的语句如下：

```
SELECT First. * ,Second. *
FROM Wzbmb AS First,Wzbmb AS Second
WHERE First. Prce=Second. Pfice;
```

得到的结果如下：

First. Wzbm	First. Wzmc	First. Xhgg	First. Jldw	First. Price	Second. Wzbm	Second. Wzmc	Second. Xhgg	Second. Jldw	Second. Price
010101	铍铜合金	铍铜合金	Kg	800	010101	铍铜合金	铍铜合金	Kg	800
010201	铅钙合金	铅钙合金	Kg	750	010201	铅钙合金	铅钙合金	Kg	750
010301	铅锑合金	铅锑合金	Kg	1000	010301	铅锑合金	铅锑合金	Kg	1000
010401	锆镁合金	锆镁合金	Kg	1200	010401	锆镁合金	锆镁合金	Kg	1200
020101	25 铜管材	25×1 000	根	90	020101	25 铜管材	25×1 000	根	90
020102	20 铜管材	20×1 000	根	80	020102	20 铜管材	20×1 000	根	80
020103	15 铜管材	15×1 000	根	70	020103	15 铜管材	15×1 000	根	70
020201	25 铝管材	25×1 000	根	70	020103	15 铜管材	15×1 000	根	70
020103	15 铜管材	15×1 000	根	70	020201	25 铝管材	25×1 000	根	70
020201	25 铝管材	25×1 000	根	70	020201	25 铝管材	25×1 000	根	70

上述命令 Price 字段进行了 Wzbmb 表的自身连接，故，得到价格为 70 元的 4 条物资记录。

DBMS 在进行自身连接查询操作时，先按照课程基本表的别名形成两个独立的基本表 First 和 Second，然后再进行自身连接操作。

3. 外连接查询

在查询结果集中都是符合连接条件的元组，而没有不满足连接条件的元组，这种连接称为内连接查询。如果希望能在查询结果集中保留那些不满足连接条件的元组，可以进行外部连接查询操作。

SQL的外部连接查询分左外部连接查询和右外部连接查询两种，分别使用连接运算符。左外部连接查询的结果集中将保留连接条件中左边基本表的所有行以及左边基本表中在连接条件中右边基本表中没有匹配值的所有元组。右外部连接查询的执行过程与左外部连接查询相似。

【例5-18】 查询各类物资的入库情况(右外连接)。

使用的查询语句如下：

```
SELECT Rq,Rkh,Wzbmb.Wzbm,Gms,Srs,Price
FROM Wzbmb,Wzrkb
WHERE Wzbmb.Wzbm=Wzrkb.Wzbm({)AND Gms>125;
```

得到的结果如下：

Rq	Rkh	Wzbm	Gms	Srs	Price
2002/12/01	0002	010201	150	150	750
		010401			
2002112/02	0005	020101	250	250	90
		020201			

此命令将Wzbmb表和Wzrkb表按Wzbm字段进行右外连接，Wzbm值在Wzbm表中有，而在Wzrkb表中没有的记录就用空值列出，如以上结果中的第二行和第四行。

4. 复合条件连接查询

以上各个连接查询中，WHERE子句中只有一个条件，即连接谓词。WHERE子句中可以有多个连接条件，称为复合条件连接。

连接操作除了可以是两表连接，一个表和其自身连接外，还可以是两个以上的表进行连接，后者通常称为多表连接。

此外，还有无条件查询，所谓无条件查询是指两个基本表没有联接条件的联接查询，即两个基本表中的元组做交叉乘积，其中一个基本表的每一个元组都要与另一个基本表中的每一个元组进行拼接。无条件查询又称为笛卡儿积，是联接运算中的特殊情况。一般情况下，无条件查询是没有实际意义的。它只是便于人们理解联接查询各种类型和联接查询过程的一种最基本的查询形式。

5.4.4 嵌套查询

在SQL语言中，可以用多个简单查询构成复杂的查询，从而增强SQL的查询能力。以层层嵌套的方式来构造程序正好体现了SQL标准语言“结构化”的特性。我们常把SELECT…FROM…WHERE语句称为一个查询块。那么嵌套查询就是指将一个查询块嵌套在另一个查询块WHERE子句或HAVING短语条件中的一种查询方式。

在一个嵌套语句中，上层的查询块称为外层查询或父查询，下层的查询块称为内层查询或子查询。SQL 语言允许多层嵌套，即一个子查询中还可以嵌套其他子查询，不过嵌套越多查询速率越慢，因而查询时要考虑适当的层次。还要特别注意的是，任何子查询的 SELECT 语句中不能使用 ORDER BY 子句，它只能用于对最终查询结果的排序。

嵌套查询一般的求解方法是由内向外逐层处理，每个子查询在上一层查询处理之前求解，子查询的结果用于建立其父查询的查询条件。如果子查询只返回一行和一列，则称为标量子查询(Scalar Subquery)；如果子查询只返回一行但多于一列，则称为行子查询(Row Subquery)；如果子查询返回多行和多列，则称为表子查询(Table Subquery)。其命令格式为：

SELECT[DISTINCT]{ * |〈字段名表〉}FROM〈表名〉WHERE〈字段名〉IN|〈字段名〉
〈运算符〉{NOT IN|ANY|SOME|ALL|EXISTS|NOT EXISTS}SELECT〈字段名〉
FROM〈表名〉[WHERE〈搜索条件〉]；

1. 带有 IN 谓词的子查询

带有 IN 谓词的子查询是指父查询与子查询之间用 IN 进行连接，判断某个属性列值是否在子查询的结果中。由于在嵌套查询中，子查询的结果往往是一个集合，所以谓词 IN 是嵌套查询中最经常使用的谓词。

【例 5-19】 查询价格在 850 元以上的物资入库信息。

使用的查询语句如下：

SELECT Rq,Rkh,Wzbm,Gms,Srs,Price FROM Wzrkb
WHERE Wzbm IN(SELECT Wzbm FROM Wzbmb WHERE Price＞850)；

得到的结果如下：

Rq	Rkh	Wzbm	Grns	Srs	Price
2002/12/01	0003	010301	80	80	1000

此命令先在 Wzbmb 表中进行子查询得到价格大于 850 元的物资的 Wzbm 集合，再从 Wzrkb 表中查找 Wzbm 字段值在此集合中的所有记录，从而得到以上执行结果。

2. 带有谓词 ANY 或 ALL 的嵌套查询

谓词 ANY 和 ALL 的一般格式为：

〈比较运算符〉ANY 或 ALL〈子查询〉

子查询返回单值时可以用比较运算符，但返回多值时要用 ANY(有的系统用 SOME)或 ALL 谓词修饰符。将〈比较运算符〉与谓词 ANY 或 ALL 一起使用，可以表达值与查询结果中的一些或所有的值之间的比较关系。而使用谓词 ANY 或 ALL 时必须与比较符配合使用。ANY 和 ALL 与比较符结合后的语义如下：

- ＞ANY　大于子查询结果中的某个值，即大于查询结果中的最小值。
- ＞ALL　大于子查询结果中的所有值，即大于查询结果中的最大值。
- ＜ANY　小于子查询结果中的某个值，即小于查询结果中的最大值
- ＜ALL　小于子查询结果中的所有值，即小于查询结果中的最小值。
- ＞＝ANY　大于等于子查询结果中的某个值，即表示大于等于查询结果中的最小值。
- ＞＝ALL　大于等于子查询结果中的所有值，即表示大于等于查询结果中的最大值。

- <=ANY　小于等于子查询结果中的某个值，即表示大于等于查询结果中的最大值。
- <=ALL　小于等于子查询结果中的所有值，即表示大于等于查询结果中的最小值。
- =ANY　等于子查询结果中的某个值。
- =ALL　等于子查询结果中的所有值(通常没有实际意义)。
- ！=(或<>)ANY　不等于子查询结果中的某个值。
- ！=(或<>)ALL　不等于子查询结果中的任何一个值。

有时聚集函数实现子查询通常比直接用 ANY 或 ALL 查询效率要高。具体的聚集函数与 ANY、ALL 的对应关系见表 5-6 所示。

表 5-6　ANY(或 SOME)，ALL 谓词与聚集函数、IN 谓词的等价转换关系

	=	<>或！=	<	<=	>	>=
ANY	IN	—	<MAX	<=MAX	>MIN	>=MIN
ALL	—	NOT IN	<MIN	<=MIN	>MAX	>=MAX

从上表可知，=ANY 等价于 IN 谓词，<ANY 等价于<MAX，<>ALL 等价于 NOT IN 谓词，<ALL 等价于<MIN，等。

【例 5-20】 查询物资价格小于任何一种型号规格为“25×1000”的物资价格的物资信息。

使用的查询语句如下：

```
SELECT *
FROM Wzbmb
WHERE Price<ANY(SELECT Price FROM Wzbmb WHERE Xhgg='25×1000');
```

得到的结果如下：

Wzbm	Wzmc	Xhgg	Jldw	Price
020102	20 铜管材	20×1000	根	80
020103	15 铜管材	15×1000	根	70
020201	25 铝管材	25×1000	根	70

此命令先进行子查询得到型号规格为“25×1000”的物资的价格集(90,70)，再从 Wzbmb 表中查找价格低于 90 元或者低于 70 元的所有物资记录。

3. 带有 EXISTS 谓词的查询

谓词 EXISTS 的格式为：

EXISTS〈子查询〉

带有 EXISTS 谓词的子查询不返回任何数据，主要用于判断子查询结果是否存在，只产生逻辑真值“true”或逻辑假值“false”。当子查询结果集非空，即至少有一个元组时，会返回逻辑真值“true”，结果集为空时返回逻辑假值“false”。

【例 5-21】 查询没有领取任何物资的单位编码及名称。

使用的查询语句如下：

```
SELECT Dwbm,Dwmc
FROM Dwbmb
```

WHERE NOT EXISTS(SELECT。FROM Wzlkb WHERE Dwbmb. Dwbm=Dwbm)；

得到的结果如下：

Dwbm	Dwmc
0121	一分厂生产科
0201	二分厂一车间
0202	二分厂二车间
0221	二分厂生产科

此命令表示从单位编码表中除去那些在物资出库表中有记录的单位，也就是说得到的查询结果中不存在这样的单位，它在物资出库表中有领取物资的记录。

使用存在量词 EXISTS 后，若内层查询结果非空，则外层的 WHERE 子句返回真值，否则返回假值。由 EXISTS 引出的子查询，其目标列表达式通常都用 *，因为带 EXISTS 的子查询只返回真值或假值，给出列名无实际意义。

与 EXISTS 谓词行对应的是谓词 NOT EXISTS，在使用谓词 NOT EXISTS 后，若内层查询结果集为空，则外层的 WHERE 子句返回真值，否则返回假值。

某些带 EXISTS 或 NOT EXISTS 谓词的子查询不能被其他形式的子查询等价替换，但所有带 IN 谓词、比较运算符、ANY 和 ALL 谓词的子查询都能用带 EXISTS 谓词的子查询等价替换。

由于带 EXISTS 量词的相关子查询只关心内层查询是否有返回值，并不需要查具体值，因此其效率并不一定低于不相关子查询。

4. 带有比较运算符的子查询

当能肯定子查询的返回值为单值时，则可以直接使用条件比较运算符来构造查询命令。

【例 5-22】查询物资价格不等于“25 铝管材”价格的物资信息。

使用的查询语句如下：

```
SELECT *
FROM Wzbmb
WHERE Price<>(SELECT Price FROM Wzbmb WHERE Wzmc='25 铝管材')；
```

得到的结果如下：

Wzbm	WzrIlc	Xhgg	Jldw	Price
010101	铍铜合金	铍铜合金	kg	800
010201	铅钙合金	铅钙合金	kg	750
010301	铅锑合金	铅锑合金	kg	1000
010401	锆镁合金	锆镁合金	kg	1200
020101	25 铜管材	25×1 000	根	90
020102	20 铜管材	20×1 000	根	80

此命令先进行子查询得到“25 铝管材”的价格为 70 元，再从 Wzbmb 表中查找价格不等于 70 元的所有物资记录。

5.4.5 集合查询

集合查询属于 SQL 关系代数运算中的一个重要部分，是实现查询操作的一条新途径。由于 SELECT 语句执行结果是记录的集合，因此需要对多个 SELECT 语句的结果可进行集合操作。集合操作主要包括并操作 UNION、交操作 INTERSECT 和差操作 EXCEPT。注意，参加集合操作的各查询结果的列数必须相同；对应项的数据类型也必须相同。

SELECT〈语句 1〉

UNION[INTERSECT|EXCEPT][ALL]

SELECT〈语句 2〉

或 SELECT{

FROM TABLE〈表名 1〉UNION[INTERSECT|EXCEPT][ALL]TABLE〈表名 2〉；

用此命令可实现多个查询结果集合的并、交、差运算。

1. UNION

并操作 UNION 的格式：

〈查询块〉

UNION [ALL]

〈查询块〉

参加 UNION 操作的各结果表的列数必须相同；对应项的数据类型也必须相同；使用 UNION 讲行多个查询结果的合并时系统自动去掉重复的元组；UNION ALL：将多个查询结果合并起来时，保留重复元组。

【例 5-23】 查询一分厂一车间和一分厂二车间的所有物资出库信息。

使用的查询语句如下：

SELECT Rq，Lkh，Wzlkb. Dwbm，Wzbm，Qls，Sfs，Llr，Flr

FROM Wzu(b，Dwbmb

WHERE Dwmc='一分厂一车间'AND Wzlkb. Dwbm=Dwbmb. Dwbm

UNION

SELECT Rq，Lkh，Wz～b. Dwbm，Wzbm，Qls，Sfs，Llr Flr

FROM wzlkb，Dwbmb

WHERE Dwmc='一分厂二车间'AND Wzlkb. Dwbm=Dwbmb. Dwbm；

等价于：

SELECT *

FROM Wzlkb WHERE Dwbm IN(SELECT Dwbm FROM Dwbmb

WHERE Dwmc='一分厂一车间'OR Dwmc='一分厂二车间')；

得到的结果如下：

Ra	Lkh	Dwbm	Wzbm	Qls	Sfs	Ur	Flr
2002/12/01	0001	0101	020101	5	5	刘林	林平
2002/12/02	0003	0102	010101	20	20	李虹	林平

2002/12/02	0004	0102	020102	5	5	李虹	林平
2002/12/02	0005	0102	020101	10	10	李虹	林平

其实查询的就是 Dwbm 为 0101 或 0102 的单位领取物资情况。

2. INTERSECT

标准 SQL 中没有提供集合交操作,但可用其他方法间接实现。商用系统中提供的交操作,形式同并操作:

〈查询块〉
INTERSECT
〈查询块〉

其中,参加交操作的各结果表的列数必须相同;对应项的数据类型也必须相同。

【例 5-24】 查询既领取了编码为 010101 的物资又领取了编码为 020101 的物资的单位的编码。

使用的查询语句如下:

```
SELECT DISTINCT Dwbm
FROM Wzlkb WHERE Wzbm='010101'
INTERSECT
SELECT DISTINCT Dwbm
FROM Wzlkb WHERE Wzbm='020101';
```

得到的结果如下:

Dwbm
0102

第一个 SELECT 命令可得到结果如表 5-7 所示,第二个 SELECT 命令得到结果如表 5-8 所示,两个表通过 INTERSECT 命令进行交运算就得到以上结果。

表 5-7 中间结果 1

Dwbm
0102

表 5-8 中间结果 2

Dwbm
0101
0102
0204

3. EXCEPT/MINUS

标准 SQL 中没有提供集合差操作,但可用其他方法间接实现。商用系统中提供的差操作,形式同并操作：

〈查询块〉　　　　〈查询块〉
MINUS　　或　　EXCEPT
〈查询块〉　　　　〈查询块〉

要求参加差操作的各结果表的列数必须相同;对应项的数据类型也必须相同。

【例 5-25】 查询物资出库表中没有领取价格大于 760 元的物资的单位。

使用的查询语句如下：

```
SELECT Wzbm FROM Wzbmb WHERE Price>760
EXCEPT
SELECT Dwbm,Wzbm FROM Wzlkb
CORRESPONDING BY Wzbm;
```

得到的结果如下：

Dwbm	Wzbm
0101	020101
0102	020102
0102	020101
0204	020101
0204	020201

第一个 SELECT 命令可得到结果如表 5-9 所示,第二个 SELECT 命令得到结果如表 5-10 所示,两个表通过 EXCEPT 命令进行差运算就得到以上结果。

表 5-9　中间结果 1

Dwbm	Wzbm
0101	020101
0203	010401
0102	010101
0102	020102
0102	020101
0204	010301
0204	020101
0204	020201

表 5-10　中间结果 2

Wzbm
010101
010301
010401

可见，集合运算作用于两个表，这两个表必须是相容可并的，即字段数相同，对应字段的数据库类型必须兼容（相同或可以互相转换），但这也不是要求所有字段都对应相同，只要用 CORRESPONDING BY 指明做操作的对象字段（共同字段）的字段名即可运算。

综上可知，集合运算作用于两个表，这两个表必须是相容可并的，即字段数相同，对应字段的数据库类型必须兼容（相同或可以互相转换），但这也不是要求所有字段都对应相同，只要用 CORRESPONDING BY 指明做操作的对象字段（共同字段）的字段名即可运算。

第6章　窗体的创建与应用

6.1　窗体概述

6.1.1　窗体的功能

窗体是 Access 2003 的对象之一，是数据库应用中的一个重要工具，是用户和 Access 2003 应用程序之间的重要接口。窗体的主要功能是显示和处理数据，实现人机交互，如输入、修改和删除数据库中的数据等。

窗体的功能特色表现为以下几个方面。

1. 浏览、编辑数据

在窗体中可显示多个表的数据，窗体中有一组控件，利用这组控件可以添加、删除、修改等信息。与查询和报表相比，窗体中数据显示的视觉效果更加友好。

2. 输入、显示数据

利用控件可以在窗体的信息和窗体的数据来源之间建立链接。窗体可以作为向数据库中输入数据的界面，使用窗体控件可提高数据输入的效率和准确度。

3. 控制应用程序流程

和 Visual Basic 的窗体一样，可以利用 VBA 编写代码，与函数和过程结合完成一定的功能。如，捕捉错误信息等。

4. 显示信息

窗体中的信息一方面来源于设计窗体时，由设计者在窗体上附加的一些信息。在窗体中可显示一些警告和解释信息。例如，在设计窗体时加入一些说明性的文本。

5. 打印数据

虽然数据打印并不是窗体的主要功能，但也可以用来完成数据库中的数据打印功能。

6.1.2 窗体的分类

窗体的分类方法有多种，从不同角度可分成不同的类型。

(1)从逻辑上可分为主窗体和子窗体。子窗体是作为主窗体的一个组成部分存在的，显示时可以把子窗体嵌入到指定位置，子窗体对于显示具有一对多关系的表或查询中的数据非常有效。

(2)从功能上可分为输入/输出窗体、切换面板窗体和自定义对话框。输入/输出窗体主要用于显示、输入和输出数据，切换面板窗体用来控制应用程序的流程，自定义对话框则用于显示选择操作或者错误、警告等信息。

(3)从显示数据方式上又可分为纵栏式、表格式、数据表、数据透视表、数据透视图和图表等多种不同的窗体形式。

(4)根据窗体是否与数据源连接，可以分为绑定窗体和未绑定窗体。绑定窗体与数据源连接，未绑定窗体不与数据源连接。

下面重点介绍纵栏式、表格式、数据表、图表、数据透视表、数据透视图等几种窗体的表现形式。

1. 纵栏式窗体

纵栏式窗体是最基本的窗体形式，通常用于输入数据，一次只显示数据表或查询的一条记录，记录中的每个字段纵向排列在窗体中，字段的标题一般都放在字段的左边。它可以占用一个或多个屏幕页，字段在窗体中的放置位置也比较随意。

在这种窗体界面中，用户可以完整地查看、维护一条记录的全部数据，通过窗体下面的记录导航按钮还可以查看其他记录数据。纵栏式窗体比较适合用于图书卡片、人事卡片等数据的输入和浏览。

2. 表格式窗体

表格式窗体类似一张表格，它的特点是一屏可显示数据表或查询中的多条记录，每一条记录的字段横向排列，而将记录纵向排列。能够在字段中使用阴影、三维效果等特殊修饰以及下拉式字段控制功能。

在表格式窗体中，一次可以看到多条记录，并且一条记录不可以分成多行显示，当记录过长时，可以通过水平滚动条查看和维护整个记录(当字段较多时)，通过垂直滚动条查看和维护所有记录(当记录较多时)。

3. 数据表窗体

数据表窗体就是将表(或查询)的“数据表视图”结果套用到窗体上。数据表窗体以紧凑的方式显示多条记录，从外观上看其界面和数据表、查询显示数据界面相同。

数据表窗体通常用于主—子窗体设计中的子窗体的数据显示设计。此时主窗体用于显示主数据表中的一条记录，子窗体用来显示该记录在相关表中的记录情况。

4. 图表窗体

图表窗体是利用 Microsoft Office 提供的 Microsoft Graph 程序以更直观的图形和图表方式显示数据表和查询结果，这样在比较数据方面显得更直观方便。

Access 2003 提供了多种图表形式，包括柱形图、饼图、折线图等。图表窗体将数据表示成多种商业图表的形式，图表窗体可以是独立的，又可以被嵌入到其他窗体中作为子窗体。

5. 数据透视表窗体

数据透视表是一种用于快速汇总大量数据的交互式表格，可以设置筛选条件，实现字段的求和、计数、汇总等计算统计功能。数据透视表窗体可以进行选定的计算，它是 Access 2003 在指定表或查询基础上产生一个导入 Excel 的分析表格，允许对表格中的数据进行一些扩展和其他的操作。

数据透视表的最大优点就在于它的交互性。通过拖动字段操作，可以重新改变行字段、列字段、筛选条件字段和页字段，即可以动态改变版面的布置，数据透视表会按照新的布置重新计算数据。数据透视表会随原始数据的改变而发生变化。

6. 数据透视图窗体

数据透视图可以用更加直观的图表形式来展示汇总数据。无论是功能还是操作方法，均与数据透视表类似。

6.1.3　窗体的组成

一个窗体由多个部分组成，每个部分称为一个“节”。大部分窗体只有主体节，如果有必要，也可以在窗体中包含窗体页眉、页面页眉、主体、页面页脚和窗体页脚等，它们的位置关系如图 6-1 所示。

其中，窗体页眉和窗体页脚是一对，页面页眉和页面页脚是另一对，它们都是成对同时出现或同时消失的。

窗体的 5 个节分别具有如下作用。

(1)主体：它是 5 个节中最重要的一个节。通常用于显示记录，是窗体中显示数据和操作数据的区域，可以在屏幕或页面上只显示一条记录，也可以显示多条记录。

(2)窗体页眉/窗体页脚：在运行或打印窗体时，窗体页眉和窗体页脚分别出现在第 1 页的顶部和窗体的最下方。在窗体页眉的内容中，通常写窗体的标题、窗体的使用说明等；在窗体页脚的内容中，通常写一些提示信息，如命令按钮或窗体的使用说明等。

(3)页面页眉/页面页脚：打印窗体时，页面页眉和页面页脚分别出现在每一页的顶部和底部，运行窗体时，页面页眉不出现。在页面页眉的内容中，通常写标题、列标头等信息；在页面页脚的内容中，通常写页码、总页数、日期等信息。

打开窗体的设计视图状态下，通过以下两种方法为窗体添加 4 个可选节。

(1)在所设计的窗体上右击，从弹出的快捷菜单中选择“窗体页眉/页脚”或“页面页眉/页脚”命令。

(2)选择 Access 2003 的菜单“视图”中的“窗体页眉/页脚”或“页面页眉/页脚”命令。

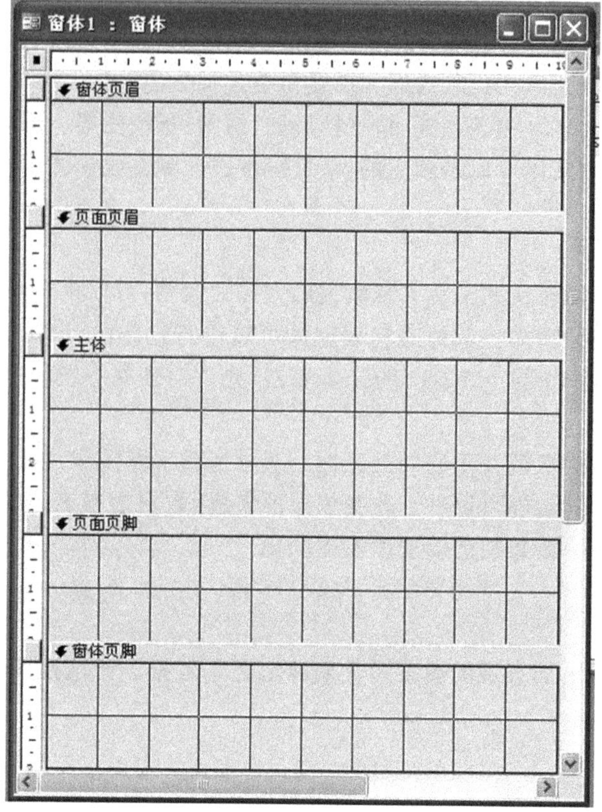

图 6-1 窗体的组成

6.1.4 创建窗体的方式

创建窗体的主要方式有自动创建、窗体向导、设计视图三种。这三种方式经常配合使用,即先通过自动创建或向导生成简单样式的窗体,然后再通过设计视图进行编辑、装饰等,直到创建出符合用户需求的窗体。

6.1.5 窗体视图

在创建和编辑窗体的过程中,窗体视图是有力的辅助工具。在 Access 2003 中,窗体有五种视图:设计视图、窗体视图、数据表视图、数据透视表视图和数据透视图视图。不同视图的窗体以不同的布局形式来显示数据源,并且以上五种视图可以使用工具栏上的“视图”按钮 方便的进行相互切换。

(1)设计视图:可以用来设计、编辑窗体。

(2)窗体视图:可以显示窗体的设计效果,主要用于添加或修改表中数据,通常每次只能查看一条记录。

(3)数据表视图:用原始的数据表的风格显示数据,和表的数据表视图几乎完全相同,可以一次浏览多条记录。

(4)数据透视表视图:用来以表格模式动态地显示数据统计结果,将字段值作为透视表的行或列。

(5)数据透视图视图:用来以图形模式动态地显示数据统计结果,更加直观。

6.2　创建窗体

开发数据库管理系统时,对数据库的所有操作通常都是在窗体界面中实现的。下面我们重点探讨如何设计、创建窗体,包括使用 Access 2003 提供的各种向导工具快速创建窗体,以及使用手工方式在设计视图中创建窗体。

6.2.1　使用"自动创建窗体"创建窗体

在 Access 2003 中,可以使用"自动创建窗体"功能基于单个表或查询创建窗体,用于显示基础表或查询中的所有字段和记录。自动创建窗体是最快捷的创建窗体方式,用户只需进行简单的选择,系统即可根据需要生成不同形式的窗体。Access 2003 提供了三种自动创建窗体的方法:纵栏式、表格式和数据表的窗体。

【例 6-1】 以"公司管理系统"数据库中的"员工工资表"为数据源,通过自动创建窗体,生成纵栏式、表格式和数据表窗体。

(1)在 Access 2003 中打开"公司管理系统"数据库。

(2)在数据库窗口中,选择"窗体"对象。

(3)在"窗体"对象面板中单击 新建(N) 按钮,在弹出的"新建窗体"对话框中选择"自动创建窗体:纵栏式"选项,并在右下角的下拉列表中选择"员工工资表"作为该窗体的数据来源,如图 6-2 所示。

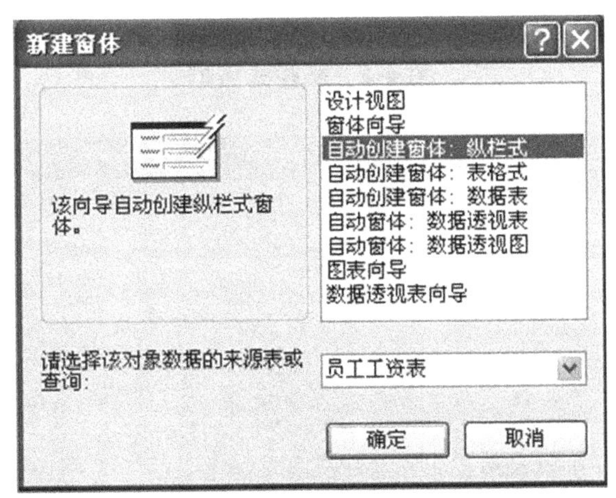

图 6-2　"新建窗体"对话框

(4)单击右下角的“确定”按钮,此时将在“窗体”视图中打开纵栏式窗体,如图 6-3 所示。

图 6-3　纵栏式窗体

(5)关闭预览窗口,保存新建窗体,命名为“自动窗体:员工工资表 1”。此时,新建的窗体将会出现在“数据库”窗口中。

表格式和数据表窗体的创建过程与纵栏式相同,只是需要在如图 6-3 所示的“新建窗体”对话框中分别选择“自动创建窗体:表格式”选项和“自动创建窗体:数据表”选项。这里不再进行重复论述。其窗体样式如图 6-4 和图 6-5 所示。

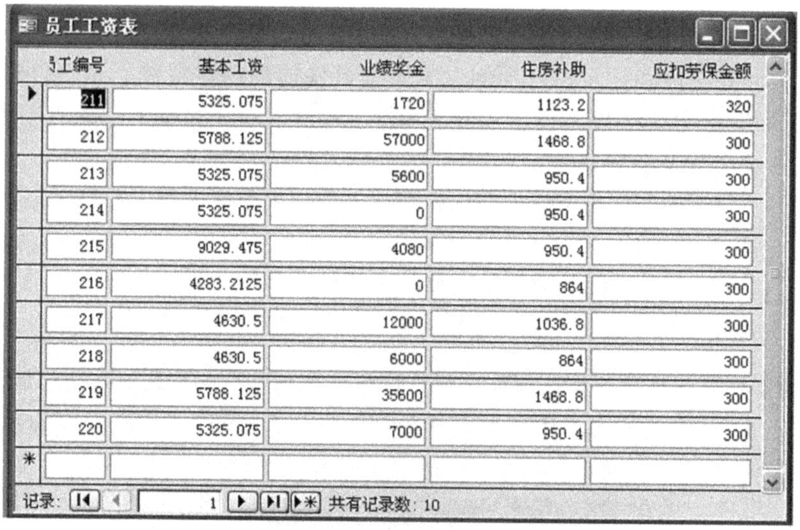

员工工资表

工编号	基本工资	业绩奖金	住房补助	应扣劳保金额
211	5325.075	1720	1123.2	320
212	5788.125	57000	1468.8	300
213	5325.075	5600	950.4	300
214	5325.075	0	950.4	300
215	9029.475	4080	950.4	300
216	4283.2125	0	864	300
217	4630.5	12000	1036.8	300
218	4630.5	6000	864	300
219	5788.125	35600	1468.8	300
220	5325.075	7000	950.4	300

记录: 1 共有记录数: 10

图 6-4　表格式窗体

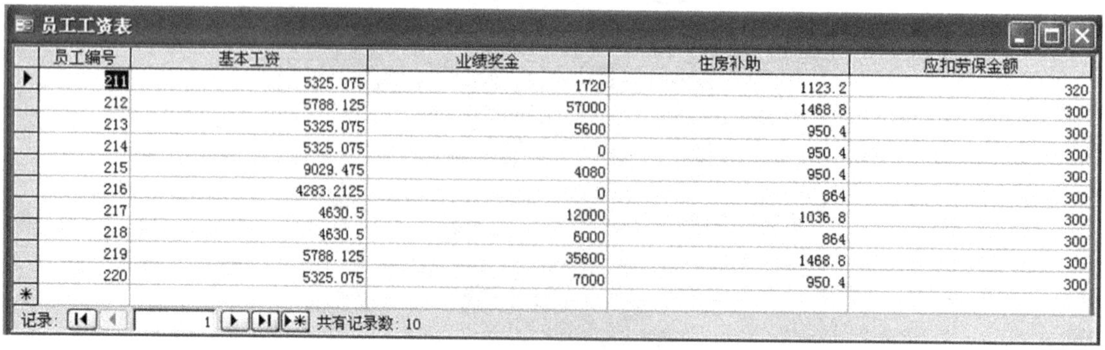

员工工资表

员工编号	基本工资	业绩奖金	住房补助	应扣劳保金额
211	5325.075	1720	1123.2	320
212	5788.125	57000	1468.8	300
213	5325.075	5600	950.4	300
214	5325.075	0	950.4	300
215	9029.475	4080	950.4	300
216	4283.2125	0	864	300
217	4630.5	12000	1036.8	300
218	4630.5	6000	864	300
219	5788.125	35600	1468.8	300
220	5325.075	7000	950.4	300

记录: 1 共有记录数: 10

图 6-5　数据表窗体

从以上三种窗体视图可以看出，数据表窗体的数据容量最大。在“窗体”视图中，可执行以下操作：

(1)在不同记录之间移动。单击导航按钮 [|◀] 可移至第一条记录，单击导航按钮 [◀] 可移至上一条记录，单击导航按钮 [▶] 可移至下一条记录，单击导航按钮 [▶|] 可移至最后一条记录。当然，也可以直接在导航栏的文本框中输入记录编号并按回车键移到指定记录。

(2)添加新记录。选择“插入”→“新记录”命令或单击导航栏上的 [▶*] 按钮，可添加一条新的空白记录，然后在其各个字段中输入数据。

(3)删除记录。当查看某条记录时，单击窗体左侧的记录选择器可以选定该记录，然后选择“编辑”→“删除”命令或按“Delete”键即可删除该记录。

(4)修改记录。当查看某条记录时，可对其字段值进行修改，所做的更改在移动到其他记录时将会自动保存。

(5)排序和筛选。选择“记录”菜单中的相关命令或单击工具栏上的相应按钮，可以对窗体数据来源中的数据进行排序和筛选。

说明：自动窗体只能从一个表或查询中选择数据源，如果要利用自动窗体创建基于多表或查询的窗体，应先建立基于多表或查询的一个查询，作为数据源。

6.2.2 使用向导创建窗体

使用自动窗体功能创建窗体虽然简单，但是它只能选择一个表或者查询作为窗体的数据来源，而且所创建的窗体将显示表或查询中的所有记录和字段。如果希望对所需字段进行选择，则可以使用向导来创建窗体。

窗体向导会提出一系列问题，用户可以根据问题的答案来创建窗体，然后还可以根据实际需要在“设计”视图中对该窗体进行自定义。

1. 窗体向导

使用窗体向导，根据对话框提示信息，可创建纵栏式、表格式、数据表、两端对齐、数据透视表和数据透视图 5 种形式的窗体。和自动创建窗体相比，窗体向导要求用户回答更多的问题，如选择数据源、字段、版面、格式等，窗体会更贴近用户的需求。下面以创建表格式窗体为例，介绍窗体向导的使用过程。

【例 6-2】在“公司管理系统”数据库中，以“员工工资表”、“员工信息表”为数据源，使用窗体向导创建表格式窗体，显示该表中的记录。

(1)在 Access 2003 中打开“公司管理系统”数据库。

(2)在数据库窗口中，选择“窗体”对象。

(3)在“窗体”对象面板中单击 新建(N) 按钮，在弹出的“新建窗体”对话框中选择“窗体向导”选项，并在右下角的下拉列表中选择“员工工资表”作为该窗体的数据来源，如图 6-6 所示。然后单击“确定”按钮。

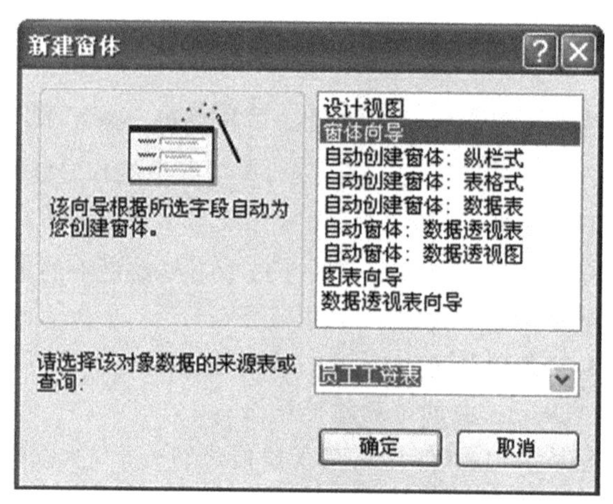

图 6-6 “新建窗体”对话框

(4)在显示的“窗体向导”对话框中，单击“表/查询”下拉列表框，选择“表:员工工资表”，并通过单击箭头或双击字段名等方式选定所需字段。这里选中全部字段，如图 6-7 所示。设置完毕后，这时候不要单击“下一步”或“完成”按钮。

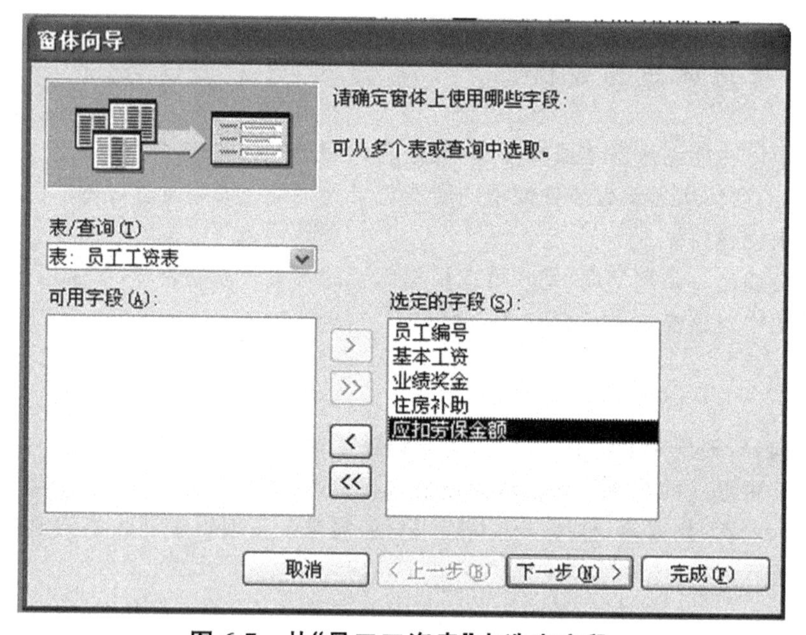

图 6-7 从“员工工资表”中选定字段

(5)在“表/查询”下拉列表框继续选择“表:员工信息表”，然后添加“姓名”、“部门”字段。如图 6-8 所示。然后单击“下一步”按钮。

(6)在弹出的对话框中选择窗体使用的布局，此处选择“表格”单选项，如图 6-9 所示。然后单击“下一步”按钮。

(7)在弹出的对话框中选择窗体显示样式，这里有很多样式可供选择，我们选择“标准”样式。如图 6-10 所示。然后单击“下一步”按钮。

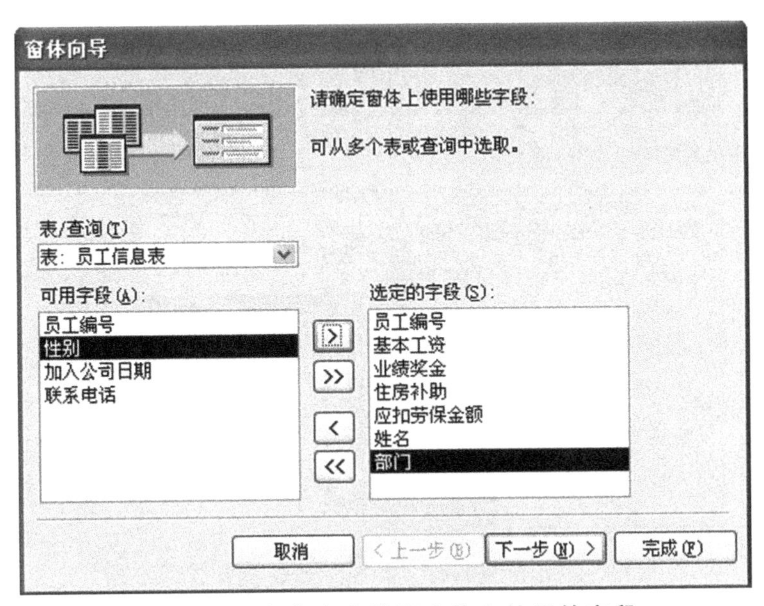

图 6-8　从多个表中选取窗体上使用的字段

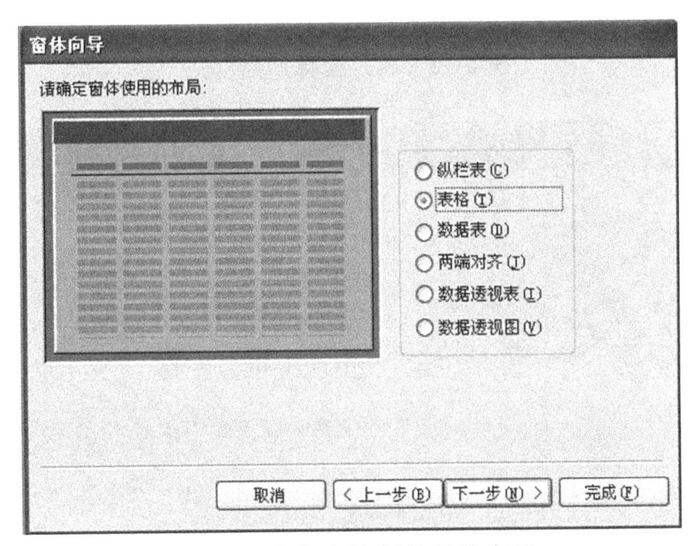

图 6-9　确定窗体所使用的布局

(8)在对话框的“请为窗体指定标题”文本框中输入“员工工资表(两表)”,并选择“打开窗体查看或输入信息”单选按钮,如图 6-11 所示。然后单击“完成”按钮。

(9)查看窗体视图。如图 6-12 所示。

(10)单击窗体视图窗口右上角的关闭按钮 ,关闭窗体视图。

(11)使用向导创建窗体后,“窗体”对象面板中会显示创建的“员工工资表(两表)”窗体。

2. 图表向导

图表是以图形的方式显示数据库中数据间的关系,通过图表可以形象直观地描述数据间的关系。在 Access 2003 中可以使用“图表向导”或“自动窗体:数据透视图”功能来创建带有图表的窗体。

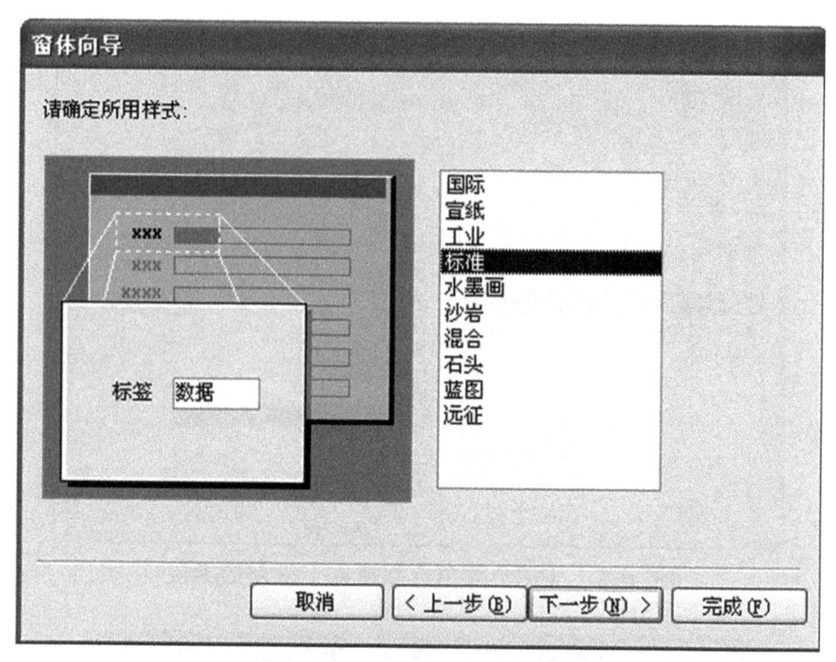

图 6-10　确定窗体所用样式

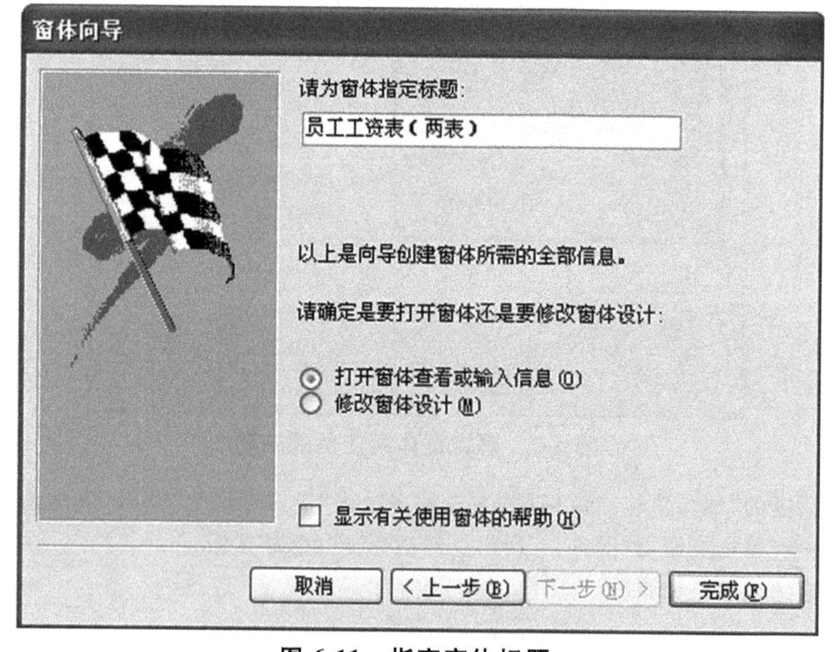

图 6-11　指定窗体标题

【例 6-3】 使用图表向导,以"公司管理系统"数据库中的"员工工资表"为数据源,创建图表式窗体。显示出每个员工的工资情况。

(1)在 Access 2003 中打开"公司管理系统"数据库。

(2)在数据库窗口中,选择"窗体"对象。

员工工资表（两表）

员工编号	基本工资	业绩奖金	住房补助	应扣劳保金额	姓名	部门
211	5325.075	1720	1123.2	320	赵丽	会计部
212	5788.125	57000	1468.8	300	李明	会计部
213	5325.075	5600	950.4	300	赵杰	销售部
214	5325.075	0	950.4	300	李珏	销售部
215	9029.475	4080	950.4	300	王美	销售部
216	4283.2125	0	864	300	张强	策划部
217	4630.5	12000	1036.8	300	林琳	策划部
218	4630.5	6000	864	300	邵觉	生产部
219	5788.125	35600	1468.8	300	陈可	生产部
220	5325.075	7000	950.4	300	高松	生产部

记录: 1 共有记录数: 10

图 6-12　表格式窗体

(3)单击 新建(N) 按钮，在弹出的“新建窗体”对话框中选择“图表向导”选项，并在右下角的下拉列表中选择“员工工资表”作为该窗体的数据来源，如图 6-13 所示。然后单击“确定”按钮。

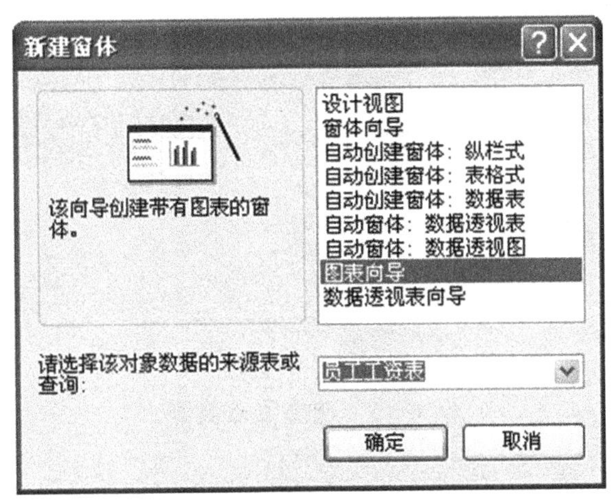

图 6-13　“新建窗体”对话框

(4)在如图 6-14 所示的“图表向导”对话框中通过单击箭头或双击字段名等方式选定所需字段。然后单击“下一步”按钮。

(5)在弹出如图 6-15 所示的“图表向导”对话框中选择图表显示的类型，这里选择柱状图。继续单击“下一步”按钮。

(6)在弹出如图 6-16 所示的“图表向导”对话框中根据提示信息，将字段拖到相应位置，确定图表中各元素的布局方式。然后单击“下一步”按钮。

(7)通过“预览图表”按钮，查看窗体效果，如图 6-17 所示。

(8)关闭图表显示窗口，选择“文件”→“保存”命令，为窗体命名。

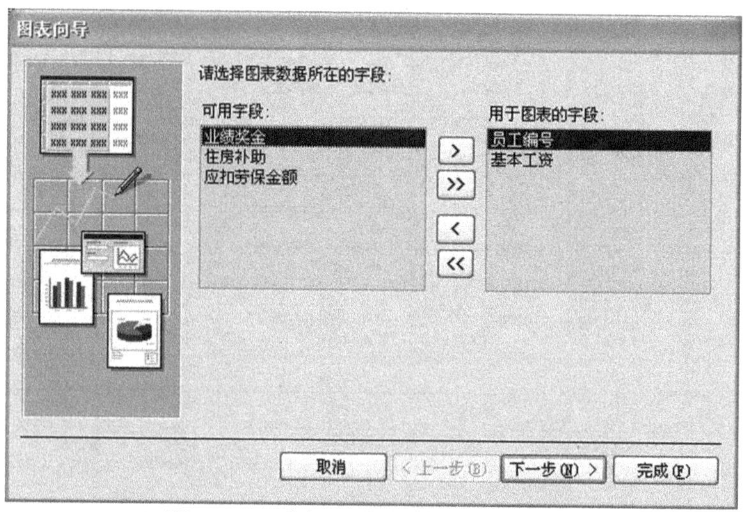

图 6-14 选择图表数据所在的字段

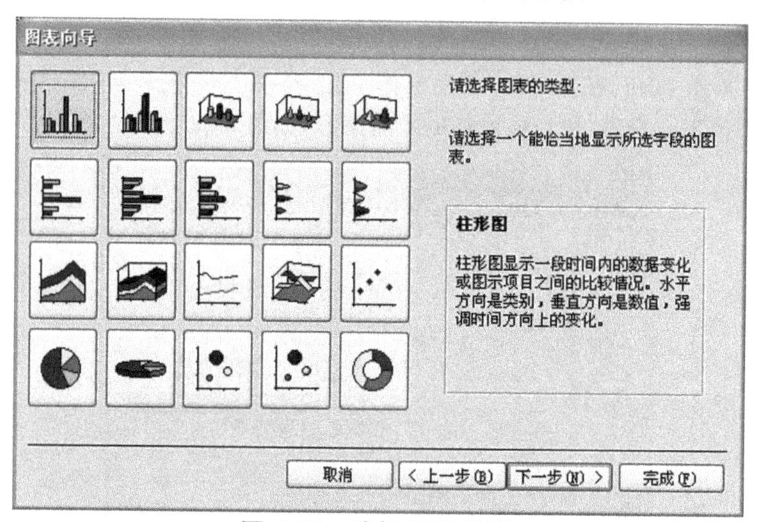

图 6-15 选择图表类型

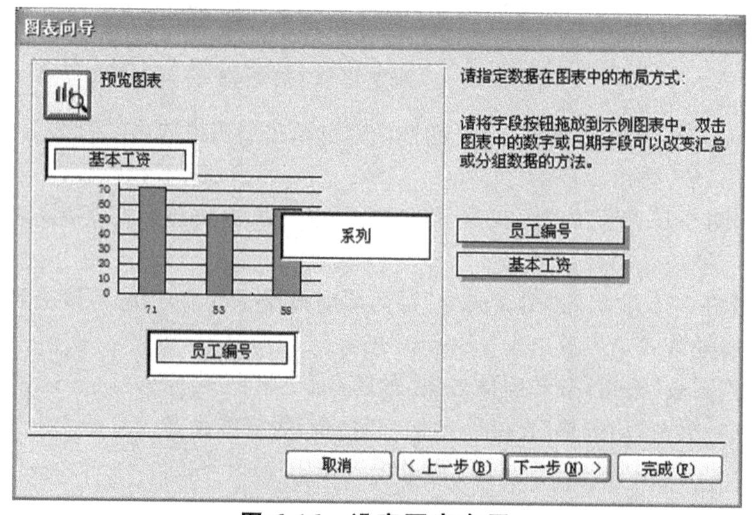

图 6-16 设定图表布局

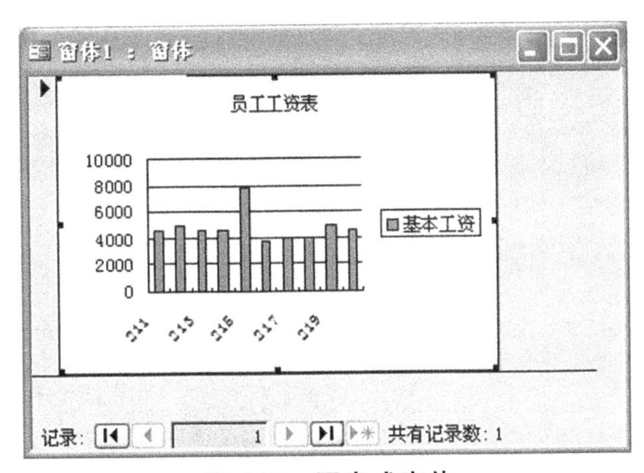

图 6-17　图表式窗体

3. 数据透视表向导

利用数据透视表可以对表中数据进行多角度的动态统计分析。在窗体的“数据透视表视图”中可以通过排列筛选行、列和明细等区域中的字段，从而查看明细数据或汇总数据。在 Access 2003 中，可以使用“自动窗体:数据透视表”功能或者“数据透视表向导”来创建带有数据透视表的窗体。二者的不同是，“自动窗体:数据透视表”功能只能基于单个表或查询在“数据透视表”视图中生成一个窗体；“数据透视表向导”则允许从多个表或查询中选取所需要的字段。

【例 6-4】 使用数据透视表向导，以“公司管理系统”数据库中的“员工工资表”、“员工信息表”为数据源，创建数据透视表窗体。

(1)在 Access 2003 中打开“公司管理系统”数据库。

(2)在数据库窗口中，选择“窗体”对象。

(3)单击 新建(N) 按钮，在弹出的“新建窗体”对话框中选择“数据透视表向导”选项，并单击“表/查询”下拉列表框，选择“员工工资表”，如图 6-18 所示。然后单击“确定”按钮。

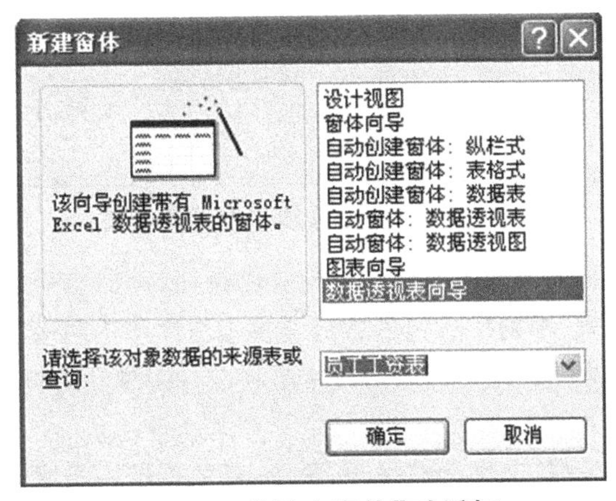

图 6-18　“新建窗体”对话框

(4)弹出“数据透视表向导”提示信息窗口，可阅读并参照操作，如图 6-19。单击“下一步”

按钮。

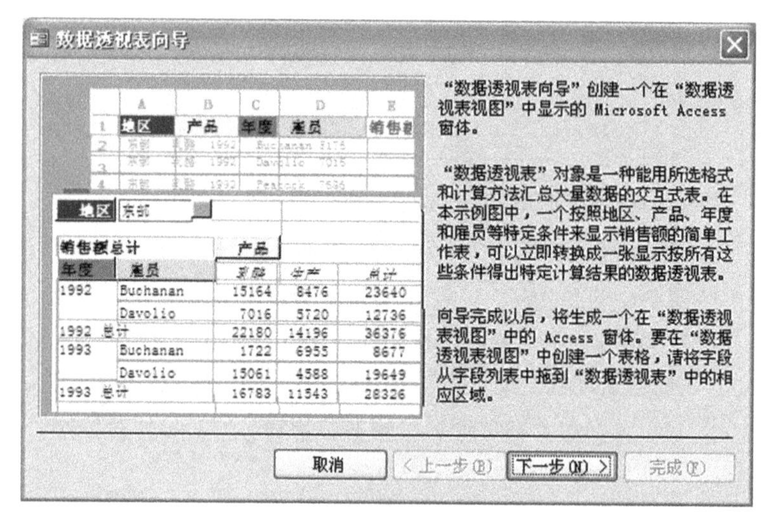

图 6-19　数据透视向导

(5)弹出“数据透视表向导”字段选择对话框。分别选择“员工信息表”中的“姓名”、“部门”、“加入公司日期”字段，以及“员工工资表”中的“员工编号”、“基本工资”、“业绩将金”等字段。如图 6-20 所示。然后单击“完成”按钮。

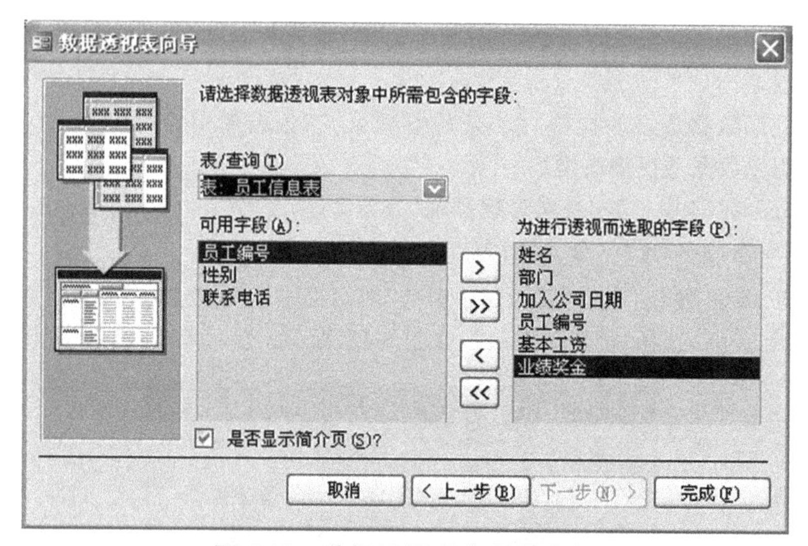

图 6-20　选择透视表中所需字段

(6)此时将在“数据透视表”视图中出现一个空白窗体，同时打开“数据透视表字段列表”窗口，将“数据透视表字段列表”中的字段拖到数据透视表窗体的不同区域中，根据提示信息布局各字段，布局效果如图 6-21 所示。此时可以通过单击加减号来展开或折叠一个项目所包含的详细信息。

(7)全部设置完成后，选择“文件”→“保存”命令，将数据透视表窗体保存为“数据透视表”，单击“确定”按钮。

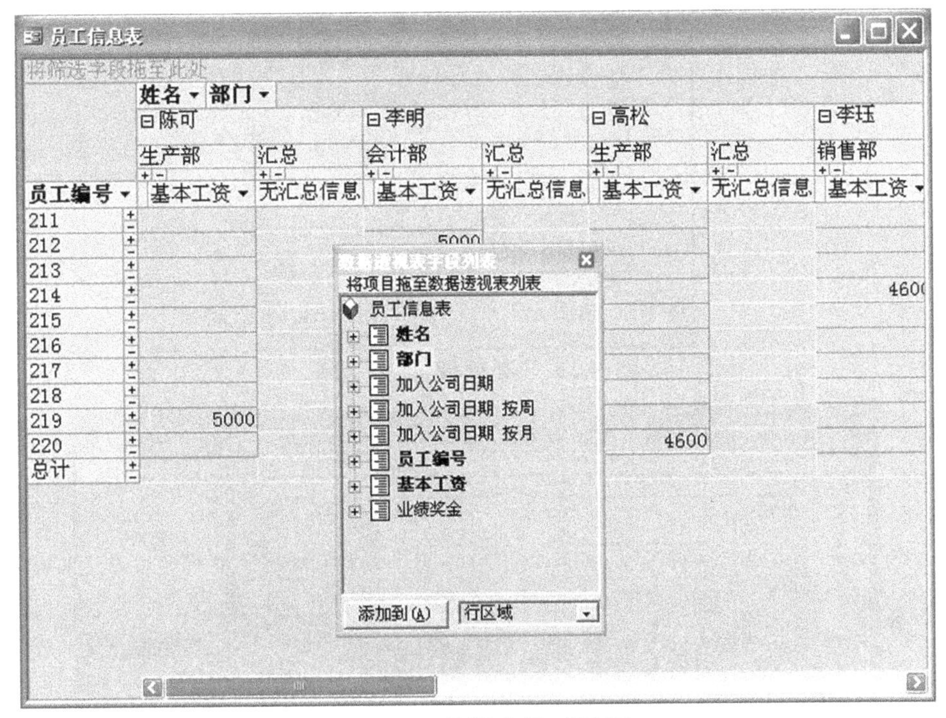

图 6-21　数据布局对话框

6.2.3　使用“设计视图”创建窗体

通过前面的分析讨论，我们已经知道所创建的窗体上都包含记录选择器和记录导航按钮。通过记录导航按钮可以在不同记录之间移动，也可以添加新记录；或者单击记录选择器并按“Delete”键来删除记录。为了使数据操作窗体的用户界面更加友好可以切换到设计视图对窗体结构进行修改。

无论使用哪种方法创建窗体，如果创建的窗体不符合要求都可以在设计视图中进行修改和完善。当然也可以在设计视图中新建一个空白窗体，然后对窗体进行高级设计更改。

【例 6-5】 在“公司管理系统”数据库中创建一个空白窗体。

(1)在 Access 2003 中打开“公司管理系统”数据库。

(2)在数据库窗口中，选择“窗体”对象。

(3)单击 新建(N) 按钮，在弹出的“新建窗体”对话框中选择“设计视图”选项，并在右下角选择数据源为“员工信息表”。如图 6-22 所示。然后单击确定按钮。

(4)这时候会在设计视图中打开一个空白窗体，同时显示“员工信息表”字段列表和窗体控件工具箱，如图 6-23 所示。在窗体的设计视图中，只能在布满网格线的方块区域内编辑窗体，此区域的大小就是要创建的窗体的大小。

(5)选择“视图”→“窗体页眉/页脚”命令，或者在窗口中右击并从弹出的快捷菜单中选择“窗体页眉/页脚”命令，可以在“窗体”上添加窗体页眉和窗体页脚。

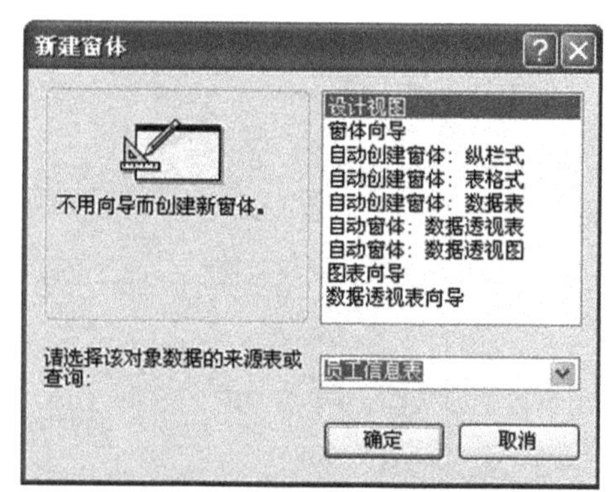

图 6-22 “新建窗体”对话框

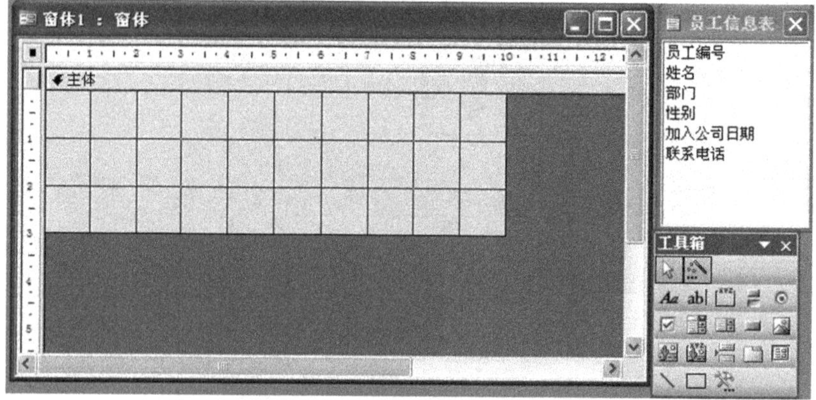

图 6-23 空白窗体，“员工信息”字段列表和窗体控件工具箱

在工具箱中单击“图像”按钮，然后在窗体页眉中拖动鼠标以绘制图像控件，并在弹出的“插入图片”对话框中选择一个图像文件，效果如图 6-24 所示。

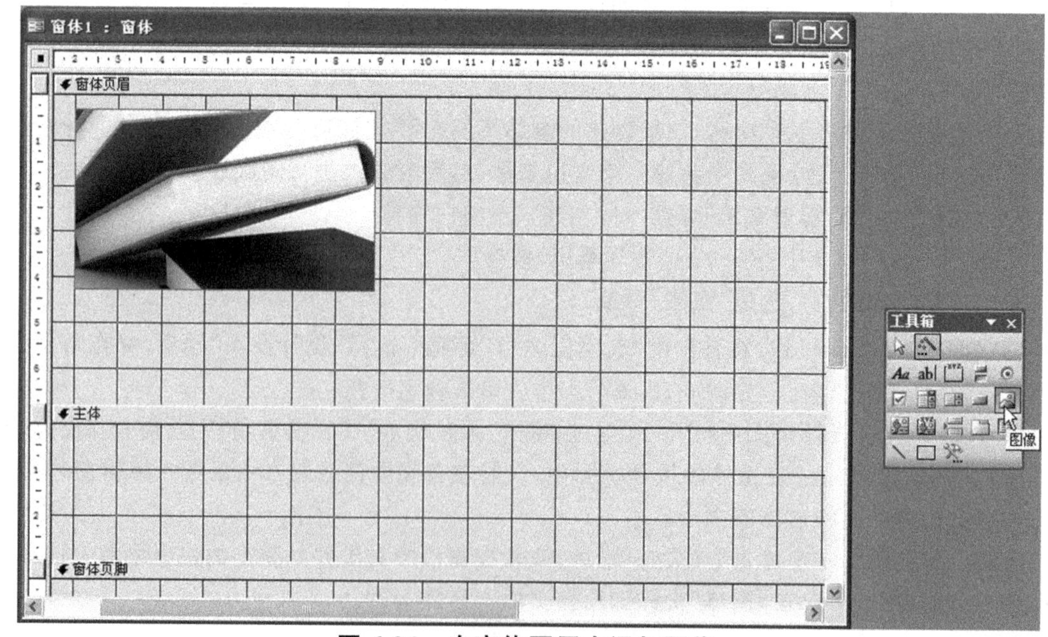

图 6-24 在窗体页眉中添加图像

(6)单击工具栏上的保存按钮,输入所建窗体名称,并保存。

关于视图中窗体的具体修饰、设计,我们在接下来的内容中逐一讨论。

6.3　窗体控件的使用

控件是一个图形对象,例如,文本框、复选框、命令按钮或矩形,可以放在“设计”视图中的窗体、报表或数据访问页上。利用控件工具可以创建更加美观、实用的窗体。

在“设计”视图中,可以利用工具箱(图 6-25)向窗体上添加所需的各种控件。选择“视图”→“工具箱”命令,或者在工具栏上单击“工具箱”按钮,可以显示或隐藏工具箱。

图 6-25　工具箱

了解各控件的功能可以帮助设计出功能齐全、界面美观的窗体。表 6-1 中列出了工具箱中各个控件按钮的名称和功能。

表 6-1　工具箱中的控件按钮

按　钮	名　称	功　能
	选择对象	用于选取控件、节和窗体。单击该工具可以释放事先锁定的工具栏按钮。
	控件向导	用于打开或关闭控件向导。具有向导的控件有:列表框、组合框、选项组、命令按钮、图像、子窗体。要使用向导来创建这些控件,必须按下“控件向导”按钮。
	标签	用来显示说明性文本的控件,如窗体、报表或数据访问页上的标题或指示文字。Access 会自动为创建的控件附加标签。
	文本框	用于显示、输入或编辑窗体、报表或数据访问页的基础记录源数据,显示计算结果,或接收用户输入的数据。
	选项组	与复选框、选项按钮或切换按钮搭配使用,可以显示一组可选值。
	切换按钮	作为独立控件使用时,绑定到 Access 数据库的“是/否”字段;作为绑定控件使用时,用在自定义对话框中或作为选项组的一部分,用于接收用户输入数据。
	选项按钮	作为独立控件使用时,绑定到 Access 数据库的“是/否”字段;作为绑定控件使用时,用在自定义对话框中或作为选项组的一部分,用于接收用户输入数据。
	复选框	作为独立控件使用时,绑定到 Access 数据库的“是/否”字段;作为绑定控件使用时,用在自定义对话框中或作为选项组的一部分,用于接收用户输入数据。
	组合框	该控件组合了文本框和列表框的特性,即可以在文本框中输入文字或在列表框中选择输入项,然后将值添加到基础字段中。

续表

按　钮	名　　称	功　　能
	列表框	显示可滚动的值列表。当在“窗体”视图中打开窗体或在“页”视图或 Internet Explore 中打开数据访问页时，可以从列表中选择值输入到新记录中，或者更改现有记录中的值。
	命令按钮	用于在窗体或报表上创建命令按钮。
	图像	用于在窗体或报表中显示静态图片。由于静态图片并非 OLE 对象，因此一旦将图片添加到窗体或报表中，便不能在 Access 中对图片进行编辑。
	未绑定对象框	用于在窗体或报表中显示未绑定型 OLE 对象，如 Excel 电子表格。当在记录间移动时，该对象将保持不变。
	绑定对象框	用于在窗体或报表上显示绑定型 OLE 对象，如一系列图片。该控件针对的是保存在窗体或报表基础记录源字段中的对象。当在记录间移动时，不同的对象将显示在窗体或报表上。
	分页符	用于在窗体中开始一个新的屏幕，或在打印窗体或报表时开始一个新页。
	选项卡控件	用于创建一个多页的选项卡窗体(如“罗斯文”数据库中的“雇员”窗体)或选项卡对话框(如“工具”菜单上的“选项”对话框)。可以在选项卡控件上复制或添加他控件。在设计网格中的“选项卡”控件上单击鼠杯右键，可更改页数、页次序、选定页的属性和选定选项卡控件的属性。
	子窗体/子报表	用于在窗体或报表中显示来自多个表的数据。
	直线	创建直线，用于窗体、报表或数据访问页，例如，突出相关的或特别重要的信息，或将窗体或页面分割成不同的部分。
	矩形	创建矩形框，显示图形效果。如在窗体中将一组相关的控件组织在起，或在窗体、报表或数据访问页中突出重要数据。
	其他控件	用于显示所有其他可用的控件按钮。

利用工具箱向窗体中添加控件时，首先单击工具箱中的控件按钮，然后在窗体上单击或拖动鼠标。窗体上的控件根据是否与字段连接，可以分为未绑定控件和绑定控件两类。未绑定控件是没有数据来源的控件，用来显示提示信息、直线、矩形或图片等；绑定控件是窗体、报表或数据访问页上的一个文本框或其他控件。

Access 2003 提供了功能多样的控件，正确地使用这些控件一方面可以使窗体的界面更加美观，减少数据输入的错误；另一方面还能更好地实现人机交互的目的，更有效地管理和使用数据库。本节重点论述几种主要控件的具体功能。

6.3.1 标签控件的使用

标签控件主要用于在窗体上显示一些说明性文字，例如标题、字段名称等。标签是非绑定型控件，没有数据源，不能显示字段的数值。它的值在窗体运行时是固定不变的。可以通过标签控件的字体、字号大小、颜色等属性的设置达到美化窗体的效果。

窗体的标题应放置在工作区的“窗体页眉”节中。使用工具箱中的标签控件可设置窗体标题。方法如下。

(1)单击工具箱中的“标签控件”按钮 。

(2)松开鼠标，这时候光标变为“+A”，将光标移入窗体页眉区，再次按下左键，拖出一个文本框，可以在文本框中输入表标题。

(3)输入完成后在文本框外任意位置单击，使光标跳出文本框，为选择整个文本框做准备。

(4)单击文本框的边界，便可以选中整个文本框，从而使用格式工具栏对文本颜色、字型、字号等进行设置。

说明：工具箱中其他控件按钮的使用方法与标签控件基本相同，后面的操作中不再一一详述。

【例 6-6】 继续对上例【例 6-5】中创建的窗体进行设计。

(1)单击工具箱中的“标签”按钮 ，然后在窗体页眉节中适当位置按住并拖动鼠标，画出一个标签控件，在标签中输入“员工信息管理”。

(2)选中该标签控件，选择“视图”→“属性”命令以显示“属性”窗口，然后对“字体”和“字号”属性进行设置，如图 6-26 所示。

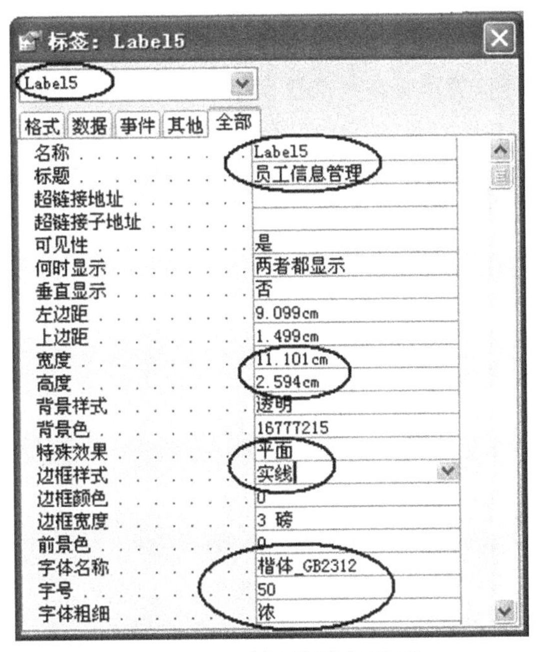

图 6-26 对标签进行设置

(3)设置完成后效果如图 6-27 所示。

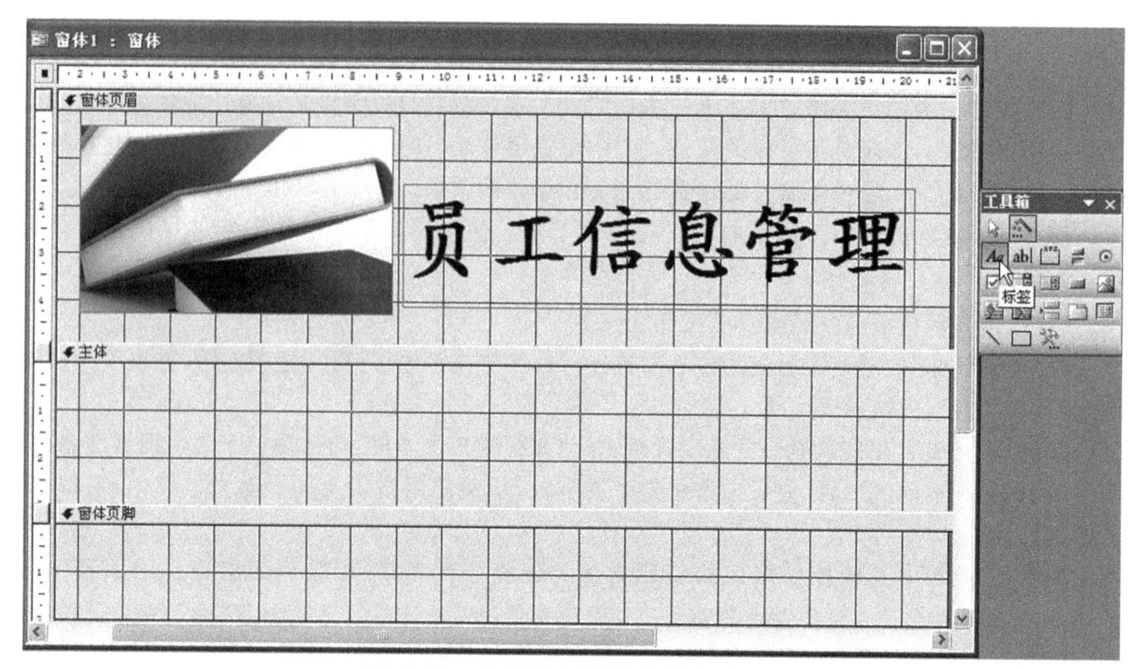

图 6-27 在窗体页眉节中添加标签

6.3.2 文本框控件的使用

文本框控件是一个供用户输入、显示和编辑数据的控件。当创建文本框控件时,将同时创建一个标签控件附加到该控件上,用来说明文本框控件的作用,如果不需要标签控件,可以将其删除。数字、文本、日期、货币等多种类型的数据都可以使用文本框控件来进行输入与显示操作。

【例 6-7】 继续对例【例 6-6】中创建的窗体"员工信息管理"进行设计。

(1)从"员工信息表"字段列表中拖动字段到窗体的主体节中,安放的位置要适当,不要太靠边。对于每个字段都将生成一个绑定控件(如文本框)和一个附加标签。经过拖放操作生成的所有文本框控件均属于绑定型控件,即和数据源中的某个字段相连接。

(2)对所添加的控件的位置进行调整,或者使用"格式"菜单中的相关命令进行对齐。在设置的过程中还可以通过"视图"切换按钮查看设计效果,并反复修改,直到满意为止。窗体布局效果如图 6-28 所示。

6.3.3 命令按钮控件的使用

命令按钮可以创建一个命令。单击该命令按钮时,可以执行某种操作,例如,运行查询、打开窗体、退出应用程序等。也可以通过设置命令按钮控件的属性,编写宏或事件过程,使创建的命令按钮执行相应的操作。使用"命令按钮向导"可以创建 30 多种不同类别的命令按钮,用户只需要在创建的过程中选择按钮的类别和操作,Access 2003 将为用户自动创建按钮及事件过程。

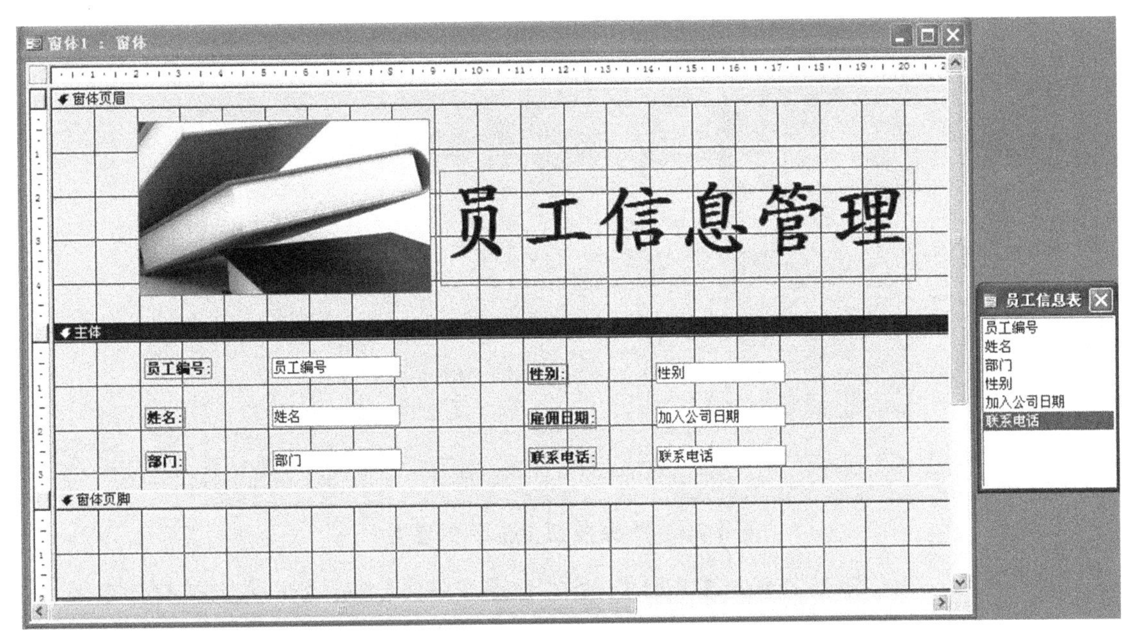

图 6-28　在窗体主体节中添加绑定控件

【例 6-8】 复制窗体"员工信息管理",并粘贴为新窗体,命名为"员工信息管理——添加命令按钮"。要求:在窗体页脚节中添加一组命令按钮控件,用于控制记录浏览及记录操作;添加一个命令按钮,用于关闭本窗体。

(1)打开并进入窗体"员工信息管理——添加命令按钮"的设计视图窗口。

(2)确定工具箱中的"控件向导"按钮 处于选中状态,单击"命令按钮" ,然后在窗体页脚节中适当位置拖动鼠标以启动向导,这时候打开如图 6-29 所示的"命令按钮向导"对话框,从"类别"列表框中选择"记录导航"选项,从"操作"列表框中选择"移至第一项记录"选项。

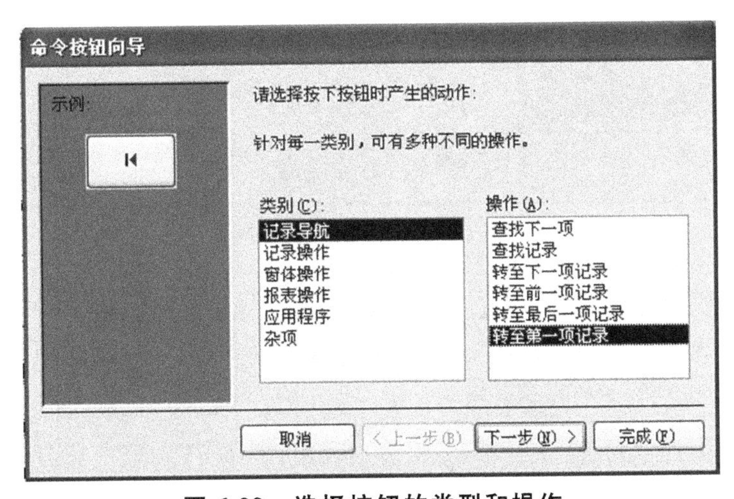

图 6-29　选择按钮的类型和操作

(3)单击"下一步"按钮,进入到确定在按钮上显示文本还是显示图片对话框,如图 6-30 所示,这里选择"图片"单选按钮并选取"移至第一项 2"选项。

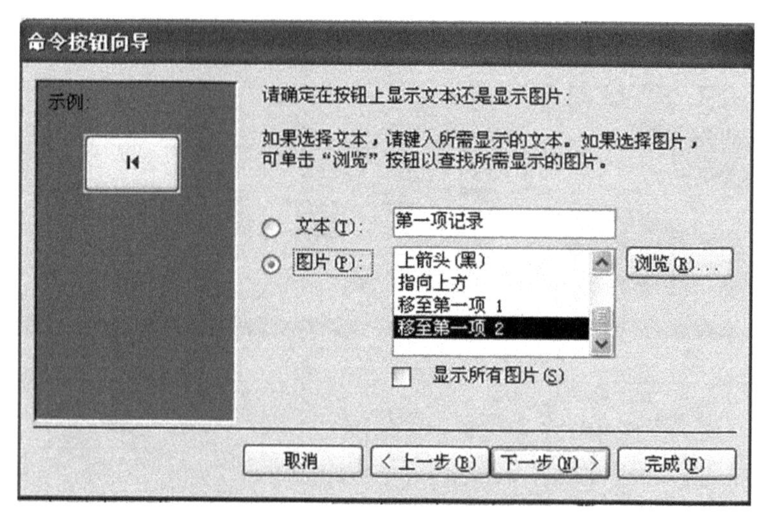

图 6-30　选择按钮上显示的图片

(4)单击“下一步”按钮，打开如图 6-31 所示的“命令按钮向导”对话框，将此按钮命名为 cmdFirst，然后单击“完成”按钮，则一个按钮设计完成。这时在窗体页脚会出现一个命令按钮，如图 6-32 所示。

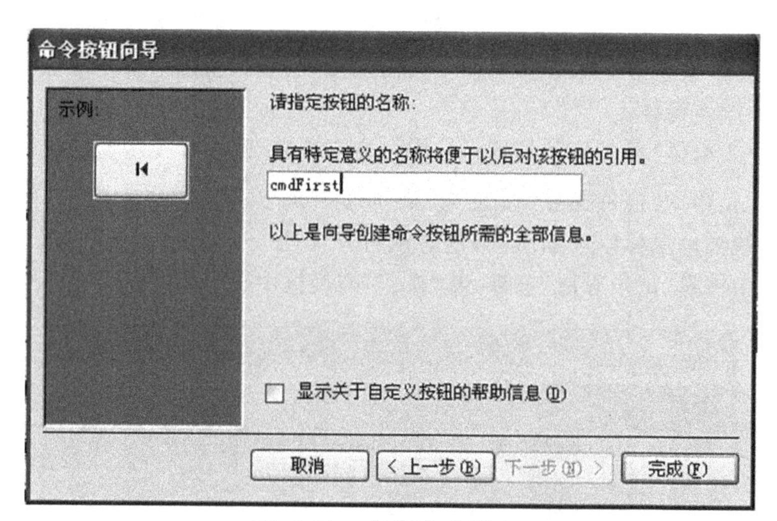

图 6-31　命名命令按钮

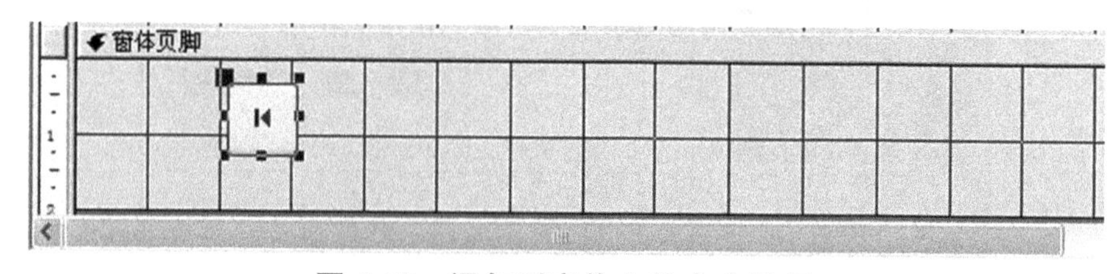

图 6-32　添加到窗体上的命令按钮

使用同样的方法添加另外三个导航按钮，它们执行的操作分别为“移至前一项记录”、“移至下一项记录”、“移至最后一项记录”，分别为这些命令按钮命名为 cmdPrev、cmdNext、cmdLast。

(5)在窗体页脚节中再添加一个命令按钮 ，进入“命令按钮向导”的选择类别和操作对话框后，从从类别和操作列表中分别选择“记录操作”和“添加新记录”选项，如图 6-33 所示。

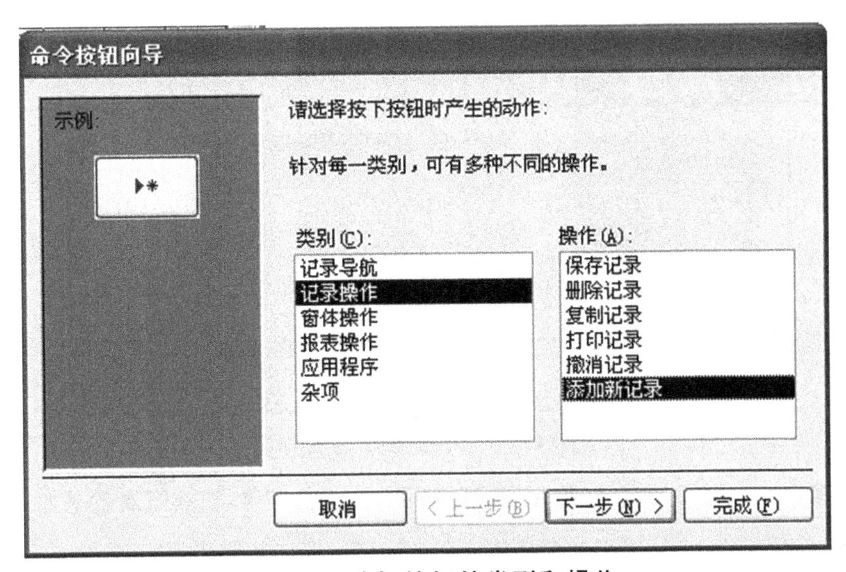

图 6-33　选择按钮的类型和操作

(6)单击“下一步”按钮，保留默认选项，如图 6-34 所示。

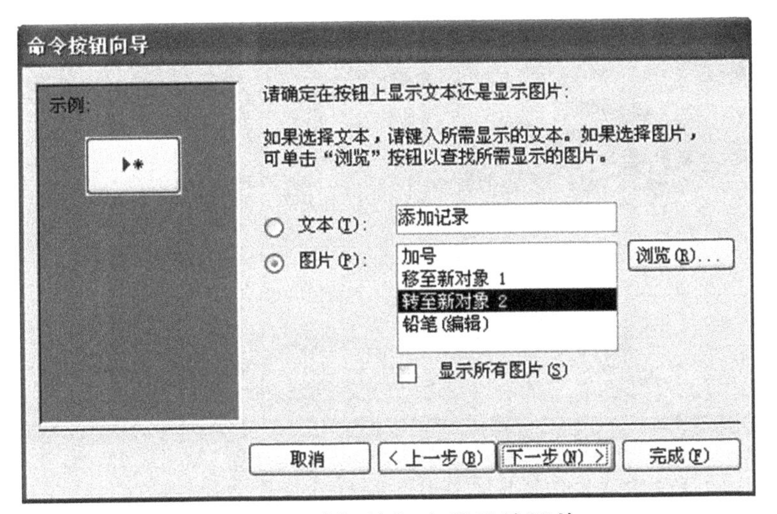

图 6-34　选择按钮上显示的图片

(7)单击“下一步”按钮，将按钮命名为 cmdNew，如图 6-35 所示。最后单击“完成”按钮，则按钮“添加新记录”设计完成。

使用同样的方法添加另外的操作按钮，“保存记录”按钮：从类别和操作列表中分别选择“记录操作”和“保存记录”选项，并将其命名为 cmdSave；“删除记录”按钮：从类别和操作列表中分别选择“记录操作”和“删除记录”选项，并将其命名为 cmdDelete；“关闭窗体”按钮：从类别和操作列表中分别选择“窗体操作”和“关闭窗体”选项，并将其命名为 cmdClose。

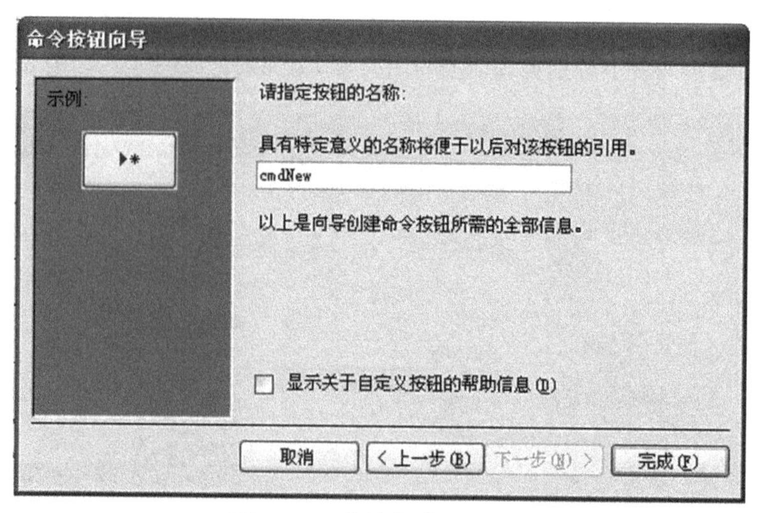

图 6-35　为按钮指定名称

(8)将所有命令按钮添加完毕后,保存设计视图,并运行窗体,窗体布局效果如图 6-36 所示。

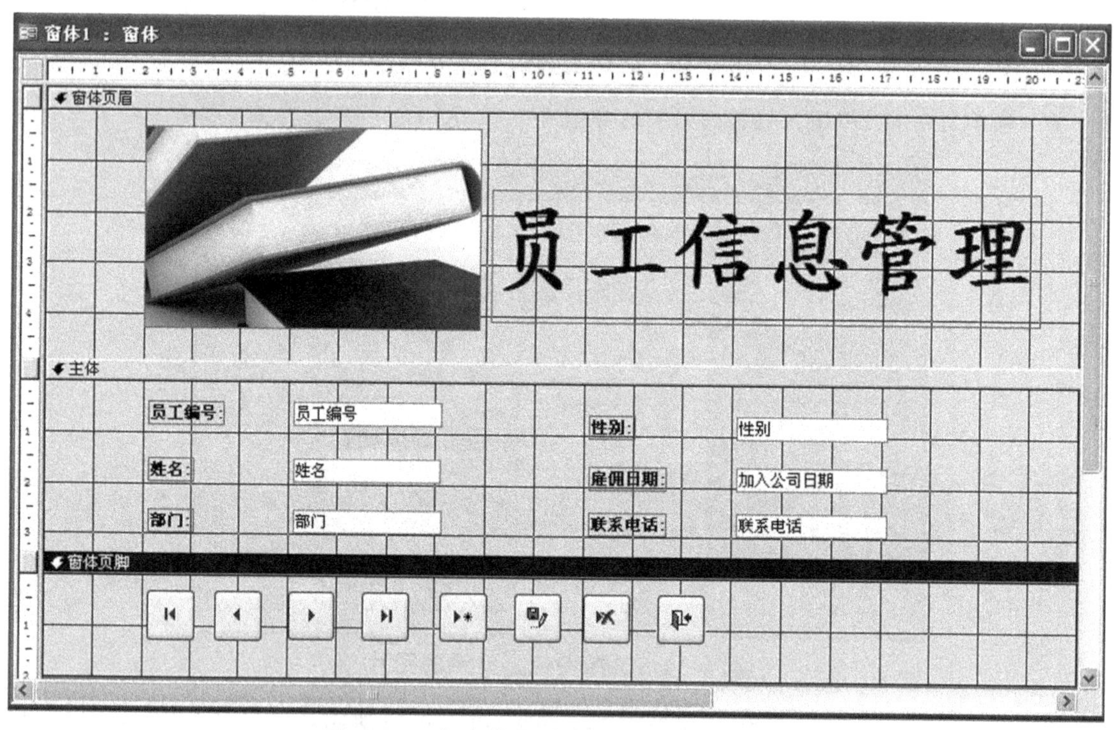

图 6-36　在窗体页脚添加更多命令按钮

6.3.4　组合框和列表框控件的使用

使用组合框和列表框可以在列表的多个选项中选择一个选项,如果在窗体上输入的数据总是取自某一个表或查询记录中的数据,就可以选择使用组合框控件和列表框控件。这样既可以保证输入数据的正确性,又能提高数据的输入效率。但组合框除了在列表中选择选项之外,还可以直接输入数据。组合框的列表隐藏在下拉列表中，而列表框则一直显示在窗体上。

【例 6-9】 复制窗体"员工信息管理"，并粘贴为新窗体，命名为"员工信息管理——添加组合框和列表框"。要求：在窗体页脚节中添加一个组合框控件，用于实现对数据源中字段"员工编号"的快速定位；添加一个列表框控件，用于实现对数据源中字段"姓名"的快速定位。

1. 添加组合框

(1)打开并进入窗体"员工信息管理——添加组合框和列表框"的设计视图窗口。

(2)从工具箱中单击"组合框控件"按钮，在窗体页脚节中适当位置按住鼠标左键并拖动画出一个组合框，此时将启动"组合框向导"，进入到确定组合框获取其数值的方式对话框，如图 6-37 所示。从向导提供的 3 种方式中选中"在基于组合框中选定的值而创建的窗体上查找记录"单选按钮。然后单击"下一步"按钮。

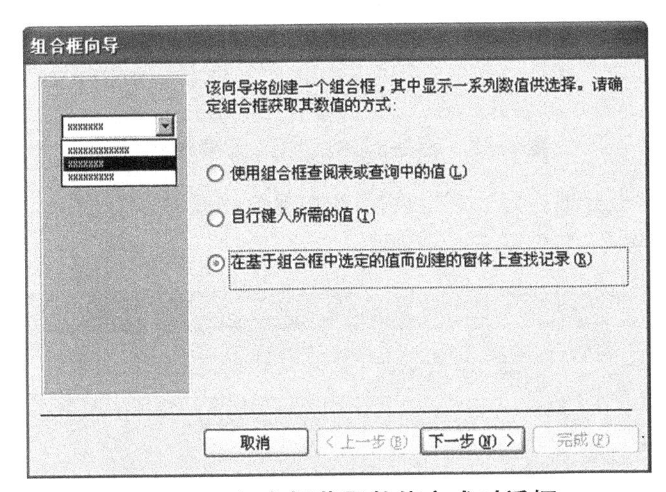

图 6-37　组合框获取数值方式对话框

(3)进入到选择字段值对话框，从"可用字段"中双击"员工编号"，将其选入到"选定字段"区域中，如图 6-38 所示。然后单击"下一步"按钮。

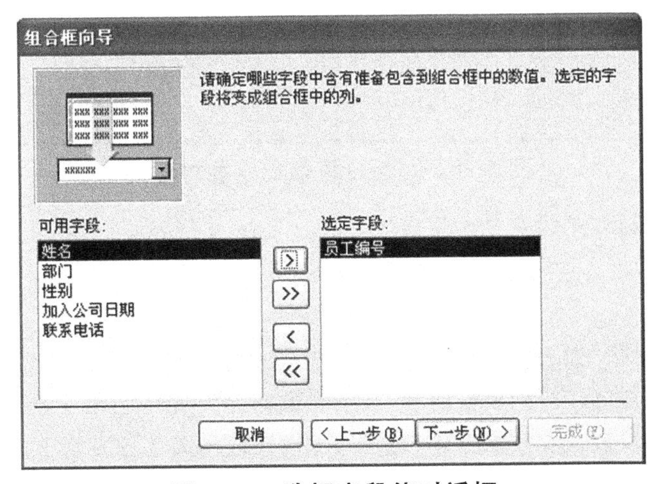

图 6-38　选择字段值对话框

(4)进入到指定组合框中列宽度对话框,可调整列的显示宽度,如图 6-39 所示。调整完成后单击“下一步”按钮。

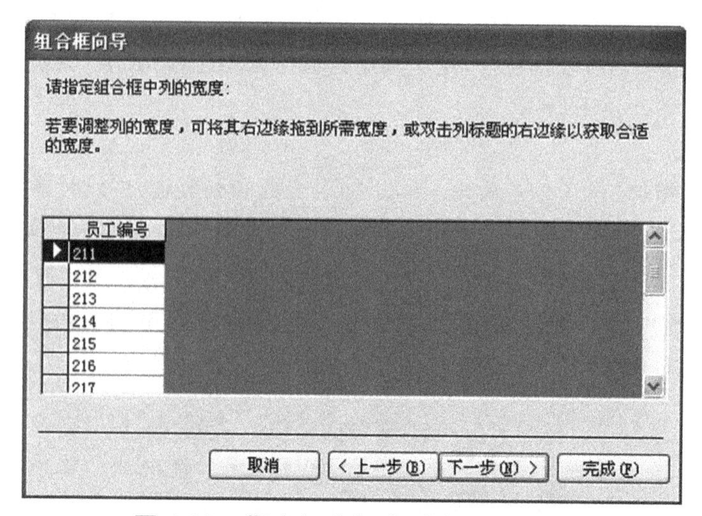

图 6-39　指定组合框中列宽度对话框

(5)这时进入到为组合框指定标签对话框(也就是会出现在组合框前面的提示标签),为标签输入标题:“检索员工编号:”,如图 6-40 所示。

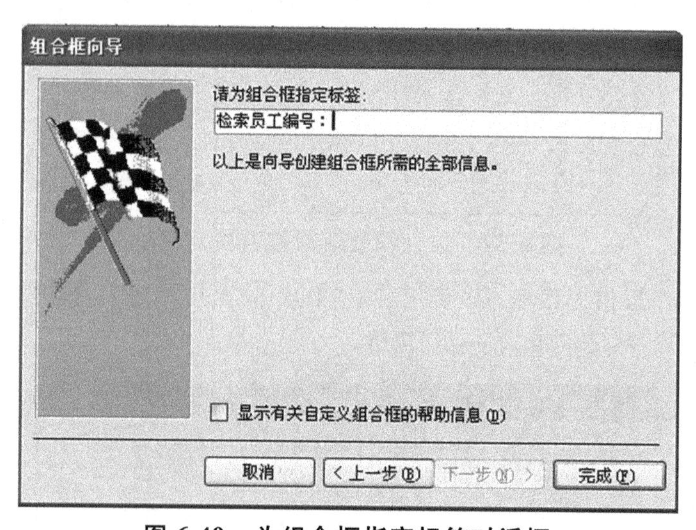

图 6-40　为组合框指定标签对话框

(6)单击“完成”按钮,则组合框按钮设计完成。

2. 添加列表框

(1)从工具箱中单击“列表框控件”按钮 ,在窗体页脚节中适当位置按住鼠标左键并拖动画出一个列表框,此时将启动“列表框向导”。列表框向导的操作与组合框向导操作的方法是一样的。首先进入到列表框获取数值方式对话框,从向导提供的 3 种方式中同样选中“在基于列表框中选定的值而创建的窗体上查找记录”单选按钮。

(2) 单击“下一步”按钮,进入到选择字段值对话框,从“可用字段”中双击“姓名”,将其选入到“选定字段”区域中。

(3)接下来是调整列的显示宽度,输入列表框标签标题:“检索姓名:”。

(4)最后单击“完成”按钮,返回窗体设计窗口,完成设计的列表框控件。

(5)单击工具栏上的“保存”按钮或在关闭设计视图窗口时选择保存窗体修改,完成修改保存工作。

(6)运行该窗体,可以通过选择组合框中的某个“员工编号”值,实现按员工编号快速定位的要求,也可以通过选择列表框中的某个“姓名”值,实现按姓名快速定位的要求。如图 6-41 所示。

图 6-41 添加组合框和列表框控件

说明:本例题中的组合框和列表框是两个独立的控件,虽然它们中的每一个都和主体节中的数据源相互关联,可以通过其中之一实现记录的快速定位。但它们两个控件之间没有任何联系,操作其中一个时,另一个是不起作用的,也不会引起联动。采用组合框或列表框实现记录的快速定位是非常实用的。

6.3.5 选项组控件的使用

主要是提供一组值供选择。在选项组中可以使用单选按钮、复选框和切换按钮。当使用单选按钮时,可以从选项组中选择一个选项;当使用复选框时,可以从选项组中选择一个或多个选项。在窗体中可以使用复选框、切换按钮和单选按钮这三种按钮中的任何一种作为单独的控件,用来显示表或查询中的“是/否”类型值。

单选项都是成组出现的,其特点是当选中其中一个选项时,其余的自动关闭。为了在一个窗体中建立几组相互独立的单选项,一般通过“选项组”控件来添加单选项,这样既能使选项成组创建,提高效率,又能保证各选项组的独立性。

选项组可以使用向导来添加，也可以在设计视图中添加，以使用向导创建选项组为例。操作步骤如下所述。

(1)在“设计视图”中打开窗体，先选中“向导”按钮，然后单击“选项组”按钮，拖到窗体适当的位置。

(2)添加选项组控件的同时，弹出“选项组向导”为每个选项制定标签的对话框，在该对话框的标签名列表中，依次输入每个选项的名称(这里以“是”或“否”为例，也可以是“男”或“女”，等)，如图 6-42 所示。

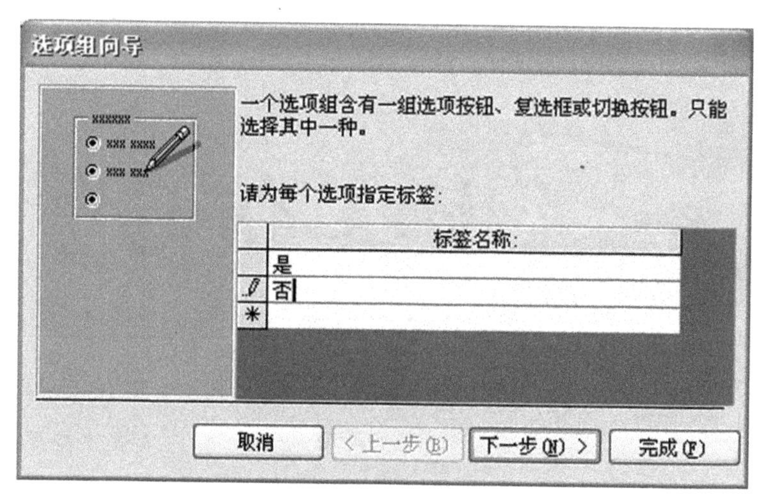

图 6-42 选项组向导

(3)在“选项组向导”指定默认选项对话框中，要求确定是否需要默认选项。通常选择“是，默认选项是”选项，并指定“是”为默认项，如图 6-43 所示。然后单击“下一步”按钮。

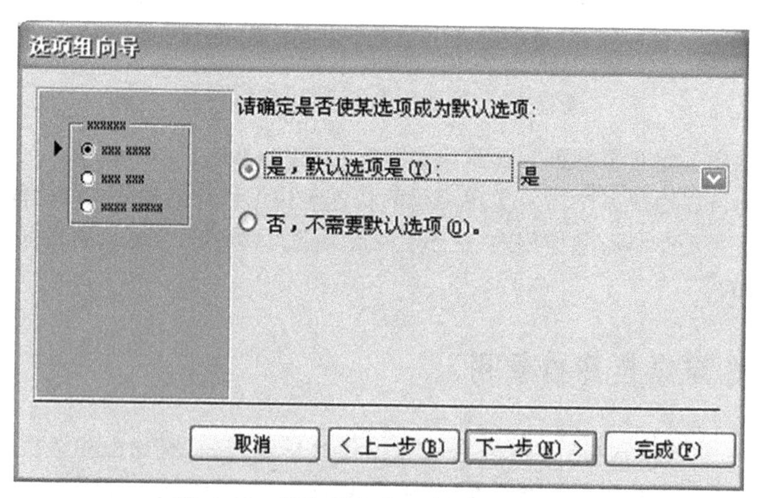

图 6-43 “选项组向导”选择默认项

(4)进入“选项组项导”为每个选项赋值对话框中，默认即可，单击“下一步”按钮。

(5)进入“选项组项导”确定在选项组中使用何种类型的控件对话框中，选择其中的一个控件，包括选项按钮、复选框及切换按钮和它所采用的样式，这里以选择“切换按钮”、“阴影”为例，如图 6-44 所示。

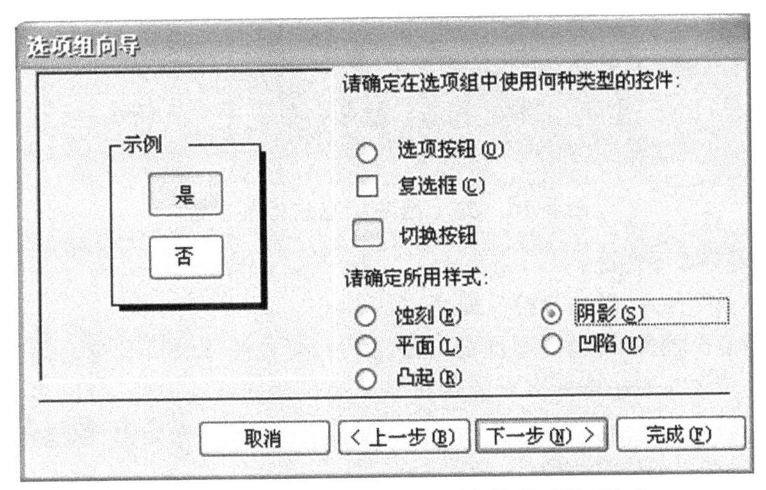

图 6-44　“选项组向导”确定控件类型和样式

(6)进入“选项组向导”对话框中,输入选项标题,比如“婚否”,单击“完成”,如图 6-45 所示。

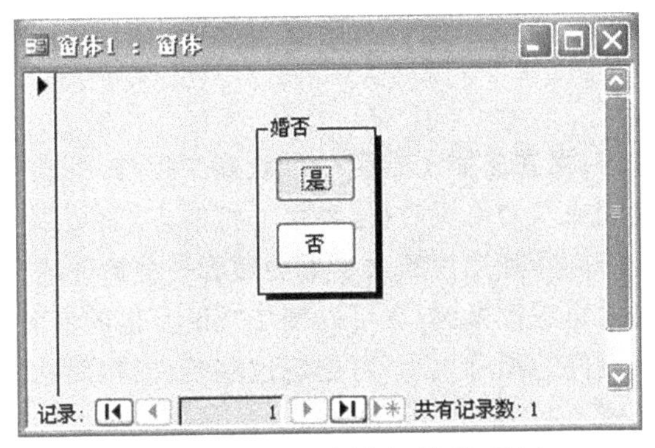

图 6-45　带切换按钮的选项组

6.4　窗体外观的修饰

6.4.1　调整窗体控件布局

控件添加后,一般需要对其进行布局管理。调整控件布局时,首先要选择控件,然后可以根据需要来移动控件、改变控件火小、调整控件间距,以及设置控件的对齐方式。

1. 选择控件

要对窗体中的某个控件设置属性,或对其进行复制、移动、调整以及删除等操作,必需先将其选中。在窗体上选择一个控件时,该控件的显示状态将发生变化,当周边出现 8 个控制柄时即为选中状态,如图 6-46 所示。

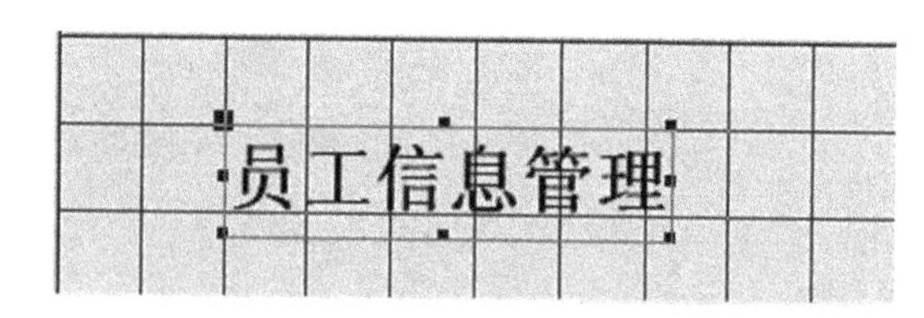

图 6-46 处于选中状态的标签控件

选定控件主要分如下情况：

(1)若要选择单个控件，单击该控件即可。

(2)若要选择多个控件，可以有不同的方法：第一，可在按住“Shift”键的同时依次单击要选择的各个控件，使用该方法选定的多个控件可以不受区域连续性限制，所以多用于选中分散控件；第二，单击工具箱中的“选择对象”按钮，然后在窗体上拖出一个矩形，将这些控件包围起来，该方法适合用于选择多个相邻的控件。

(3)若要选择当前窗体中的全部控件，可选择“编辑”→“全选”命令或按“Ctrl＋A”组合键。在窗体上选择多个控件后，若要取消对这些控件的选择，可单击窗体上不包含控件的区域。若要取消对某个控件的选择，可按住“Shift”键同时单击该控件。

2. 调整控件大小

(1)若要调整控件的大小，可在窗体上选定一个或多个控件，然后用鼠标指针指向控件的一个尺寸控制点，当鼠标指针变成双向箭头时，拖动尺寸控制点，就可以在相应方向上改变控件的大小。如果选择了多个控件，则所有控件的大小都会随着一个控件的大小变化而变化。

(2)若要对所选控件的大小进行微调，也可以按住“Shift”键的同时按箭头键。

(3)若要统一调整多个控件的相对大小，可选定这些控件，然后从“格式”→“大小”级联菜单中选择想要执行的命令，如图 6-47 所示。

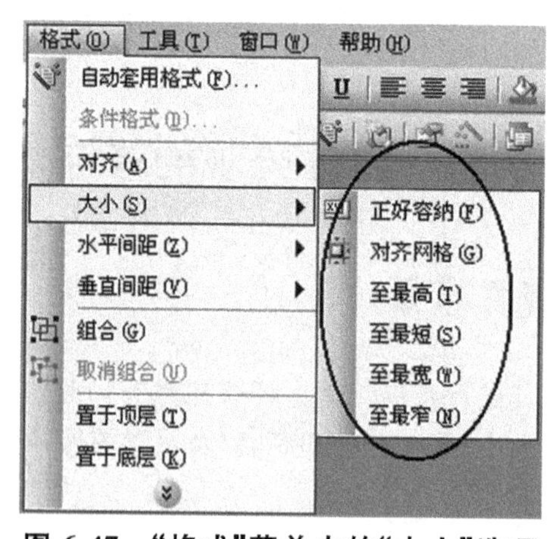

图 6-47 “格式”菜单中的“大小”选项

其中不同命令的含义如下：“正好容纳”——将选定控件调整到正好容纳其内容；“至最高”——将选定控件调整为与最高的选定控件高度相同；“至最短”——将选定控件调整为与最短的选定控件高度相同；“至最宽”——将选定控件调整为与最宽的选定控件宽度相同；“至最窄”——将选定控件调整为与最窄的选定控件宽度相同。

3. 移动控件

如果感觉控件位置不合适可以移动控件，调整其所在位置。移动控件主要分如下情况：

(1)若要同时移动控件及其附加标签，可用鼠标指针指向该控件或其附加标签(不是左上角的移动控制点)，当鼠标指针变成手掌形状时，将该控件及其附加标签拖到新位置上。也可以按“Ctrl”键和相应的箭头键来移动控件及其附加标签。“Ctrl＋方向键”在窗口布局时非常有用，用户应当熟练掌握。

(2)若要单独移动控件或其附加标签，可用鼠标指针指向控件或其附加标签左上角的移动控制点上，当鼠标指针变成向上指的手掌形状时，将控件或标签拖到新的位置上。

(3)在“属性”窗口设置控件的“左边距”和“上边距”属性，可以精确地设置控件的位置。

(4)当窗体上出现几个控件重叠的现象时，若要将一个控件移到其他控件的上面或下面，则应选择该控件，然后选择“格式”→“置于顶层”或“置于底层”命令。如图 6-48 所示。

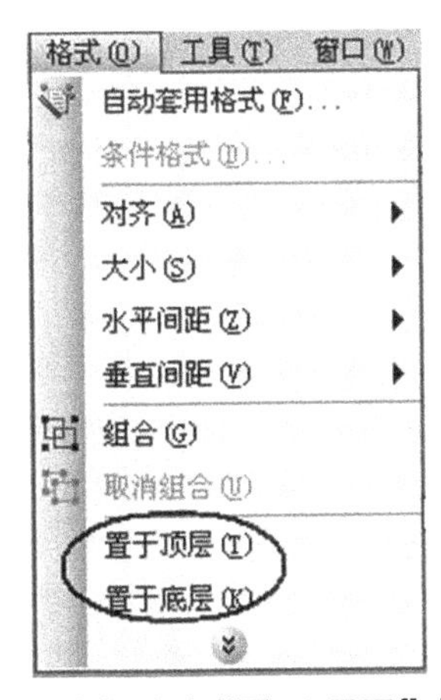

图 6-48　“格式”菜单中“置于顶层”或“置于底层”

4. 调整控件间距

(1)若要使多个控件间保持相同的间距，可在窗体上选定需要调整间距的多个控件(至少要选择 3 个控件。对于带有附加标签的控件，应当选择控件，而不要选择其标签)，然后选择“格式”→“水平间距”或“垂直间距”命令，再在子菜单中单击“相同”命令。如图 6-49、图 6-50 所示。

(2)若要增加或减少控件间的间距，可在窗体上选定需要调整间距的多个控件(至少要选择两个控件，也可以选择一个控件和相应的附加标签)，然后选择“格式”→“水平间距”或“垂直间距”命令，再在子菜单中选择“增加”或“减少”命令。

5. 对齐控件

在窗体上选择要对齐的多个控件，选择“格式”→“对齐”命令，然后从子菜单中选择想要执行的命令，如图 6-51 所示。

其中不同命令的含义如下：“靠左”——将选定控件的左边缘与选取范围中最左边的控件的左边缘对齐；“靠右”——将选定控件的右边缘与选取范围中最右边的控件的右边缘对齐；“靠上”——将选定控件的顶部与选取范围中最上方控件的顶部对齐；“靠下”——将选定控件的底端

与选取范围中最下方的控件底端对齐;"对齐网格"—— 使用网格对齐控件。如果网格没有显示出来,可选择"视图"→"网格"命令,以显示网格。

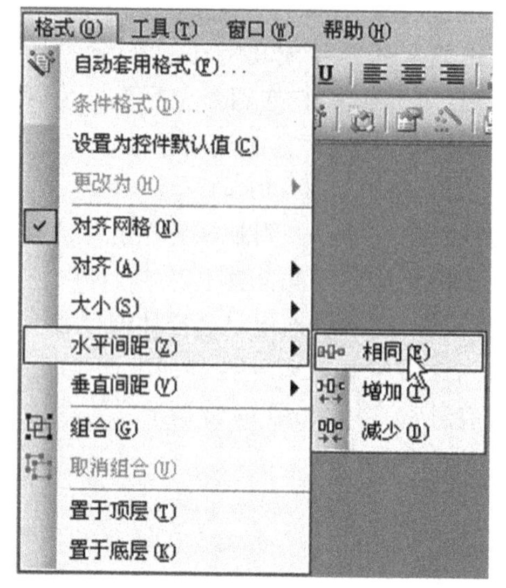

图 6-49 "格式"菜单中的"水平间距"

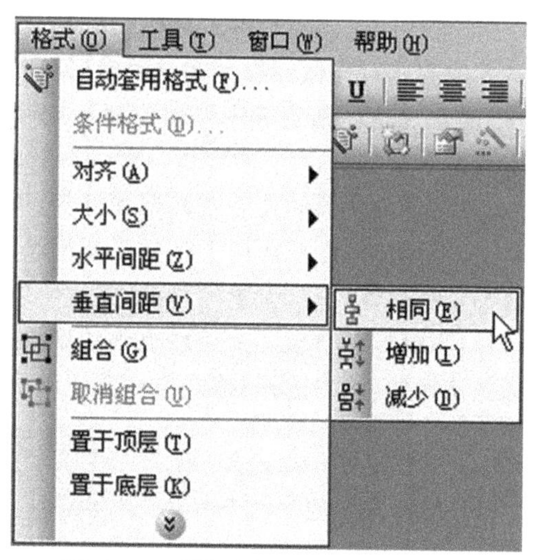

图 6-50 "格式"中的"垂直间距"

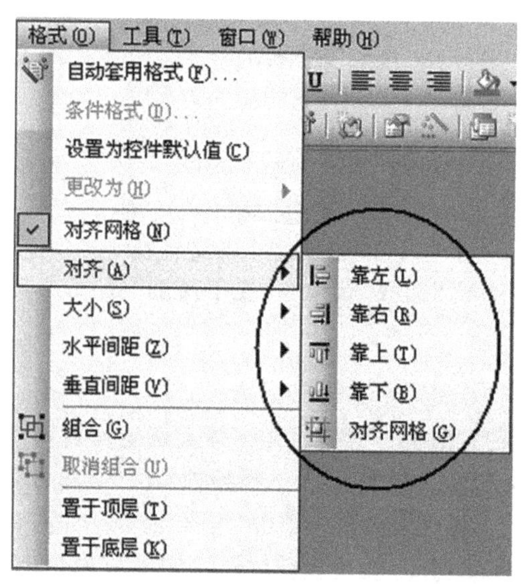

图 6-51 "格式"菜单中的"对齐"选项

6.4.2 设置窗体属性

窗体及窗体上的控件都具有一系列的属性。将控件添加到窗体上以后,单击该控件,并选择"视图"→"属性"命令以显示"属性"窗口,也可以按"F4"键以显示"属性"窗口,然后可以在"属性"窗口中对控件的属性进行设置。

在该窗口左上方的下拉列表框中选择"窗体"、窗体节或某个控件,然后可对所选对象的属性进行设置。"属性"窗口有 5 个选项卡,分别为"格式"、"数据"、"事件"、"其他"和"全部"选项卡。

其中“全部”选项卡包括了其他4个选项卡的全部内容。下面对“格式”和“数据”选项卡进行重点讨论。

1.“格式”选项卡

设置窗体属性时的“格式”选项卡如图6-52所示。

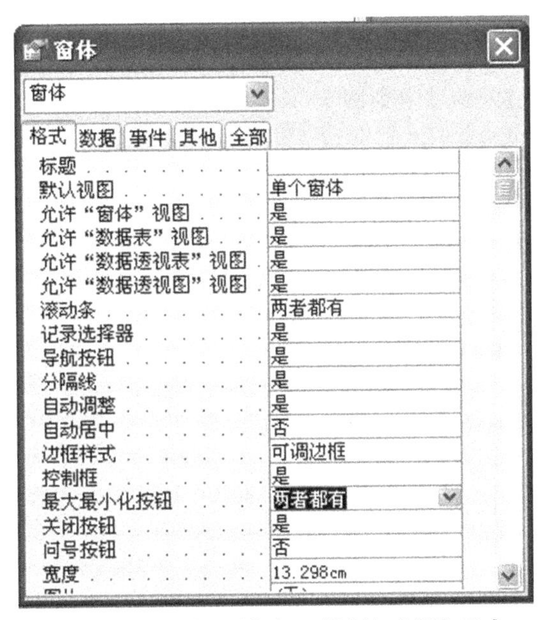

图6-52　窗体属性窗口的“格式”选项卡

“格式”选项卡中窗体的常用格式属性如下：

(1)标题：用来设置窗体标题栏上的字符串。如果未设置标题，则在窗体标题栏中显示窗体的名称。

(2)默认视图：设置打开窗体时所使用的视图。属性值可以是“单个窗体”、“连续窗体”、“数据表”、“数据透视表”或“数据透视图”。

(3)允许“窗体”视图/允许“数据表”视图/允许“数据透视表”视图/允许“数据透视图”视图：设置是否允许将窗体切换到指定视图。

(4)滚动条：设置窗体显示是否有滚动条以及滚动条的类型。属性值可以是“两者均无”、“只水平”、“只垂直”或“两者都有”。

(5)记录选择器：设置窗体是否显示记录选择器。属性值可以为“是” 或“否”。

(6)导航按钮：设置窗体是否显示导航按钮。属性值可以为“是” 或“否”。

(7)分隔线：决定窗体显示时是否显示窗体各节间的分隔线。属性值可以为“是” 或“否”。

(8)自动居中：设置打开窗体时该窗体是否自动居中。属性值可以为“是” 或“否”。

(9)自动调整：确定是否自动调整窗体大小以显示一条完整的记录。属性值可以为“是” 或“否”。

(10)边框样式：设置窗体的边框样式。属性值可以是“无”、“细边框”、“可调边框”及“对话框边框”，默认值是“可调边框”。

(11)控制框：决定窗体显示时是否显示窗体控制框，即窗口右上角的按钮组。属性值可以为

"是"或"否"。

(12)最大最小化按钮:设置窗体上是否显示最大化按钮和最小化按钮。属性值可以是"无"、"最小化按钮"、"最大化按钮"或"两者都有"。

(13)关闭按钮:设置窗体上的关闭按钮是否可用。属性值可以为"是"或"否"。

(14)问号按钮:设置窗体上是否显示问号按钮。属性值可以为"是"或"否"。

2."数据"选项卡

设置窗体属性时的"数据"选项卡如图 6-53 所示。

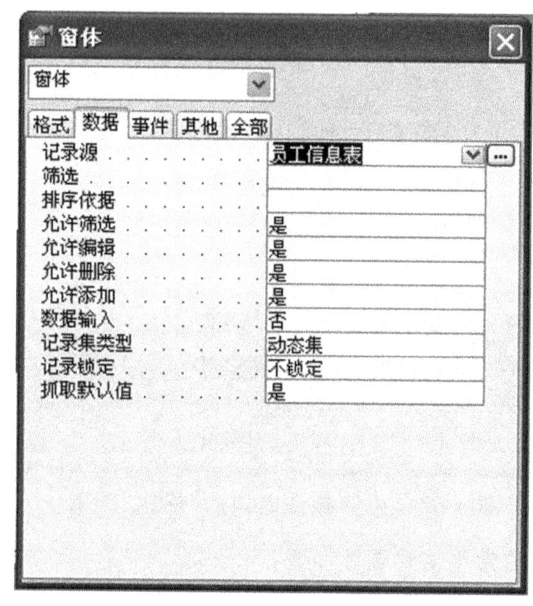

图 6-53　窗体属性窗 H 的"数据"选项卡

"数据"选项卡中的常用数据属性如下。

(1)记录源:设置窗体所基于的数据库对象的 SQL 语句。可以是表或查询的名称。

(2)筛选:设置从数据源筛选数据的条件。例如,"性别="男""。

(3)排列依据:其属性值应是一个字符串表达式,由字段名或字段名表达式组成,指定排序规则。

(4)允许筛选/允许删除/允许编辑/允许添加:设置在"窗体"视图中是否允许对数据记录执行添加、删除、编辑或筛选操作。属性值均可以为"是" 或"否"。

(5)数据输入:设置仅允许添加新记录。属性值可以为"是"或"否",若设置为"是",则不在窗体上显示现有记录。

(6)记录集类型:确定允许编辑表以及绑定到它们字段的。属性值可以是"动态集"、"动态集(不一致的更新)"或"快照"。

(7)记录锁定:设置是否及如何锁定基础表或查询中的记录。属性值可以是"不锁定"、"所有记录"或"已编辑的记录"。"不锁定"为默认设置,表示在窗体中允许两个或更多用户同时编辑同一个记录,这也称为"开放式"锁定;选择"所有记录",意味着在窗体视图中打开窗体时,所有基表或基础查询中的记录都被锁定,用户可以读取记录,但在关闭窗体之前不能编辑、添加或删除任何记录；取值为已编辑的记录，则当用户开始编辑某个记录中的任一字段时，即锁定该页记录，直到用户移动到其他记录，这样一个记录一次只能由一个用户进行编辑，这也称为“保守式”锁定。

6.5　窗体中数据的操作

窗体创建完成之后，便可以对窗体中的数据进行进一步操作，如数据的查看、添加以及修改、删除等。除此之外，还可以对数据进行查找、排序和筛选等。

下面首先论述与数据操作有关的“窗体视图”工具栏。用户可以在数据库窗口中单击“对象”栏下的“窗体”按钮，然后选择任一窗体打开，则窗体以窗体视图的形式显示，且同时弹出“窗体视图”工具栏。也可以选择“视图”→“工具栏”→“自定义”命令，在打开的“自定义”对话框中选择“窗体视图”复选框来打开“窗体视图”工具栏，如图 6-54 所示。

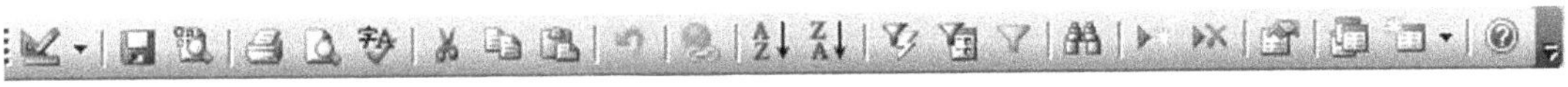

图 6-54　“窗体视图”工具栏

现着重介绍该工具栏中几个特有按钮的作用。

(1)“按选定内容筛选” ：在窗体中选定某个数据的部分或全部，单击此按钮，屏幕可显示符合选定内容的所有记录。

(2)“按窗体筛选” ：单击此按钮会弹出一个对话框。单击对话框中任一字段名，会出现一个下三角按钮，在其下拉列表中会显示窗体中该字段对应的所有值，用户可根据需要做出选择。

(3)“应用筛选” ：在建立筛选后，单击此按钮，可以进行筛选；再次单击该按钮，可以结束窗体筛选，返回到原来的窗体。

(4)“新记录” ：单击此按钮，系统将窗体中所有字段对应值置为空，当前记录序号加 1。这时可以添加一条新记录。

(5)“删除记录” ：选择要删除的记录后。单击此按钮，将删除所选的记录，且窗体自动显示下一条记录。

6.5.1　窗体中数据的一般操作

在窗体的操作中，有些操作不会更改窗体中的记录，当然也就不会更改创建窗体所依据的表或查询中的数据；但是有些操作则会更改窗体中的数据，从而使创建窗体所依据的表或查询中的数据发生变化。

1. 数据的查看

可以利用窗体下部的记录显示器即  查看窗体中的记录。在记录显示器的中间部分显示当前记录的序号。只需单击两侧的左、右箭头按钮，即可向前或向后查看记录。也可以直接输入要查看的记录号。

对于那些没有记录显示器的子窗体而言，如果想查看其中的记录，可以用鼠标拖动子窗体右侧滚动条的滑块，或按 PageDown 和 PageUp 键进行记录的查看。Access 2003 会随鼠标显示一个提示框，帮助用户了解当前记录的序号。

数据的查看不会更改窗体所依据的表或查询中的数据。

2. 数据的排序和查找

窗体的排序功能能够帮助用户了解某个字段中相应值的排序情况用。首先单击需要排序的域，然后单击工具栏上的“升序”或“降序”按钮，则窗体中的记录会按这种顺序排列。

窗体工具栏中的“查找”按钮可以帮助查找含有某些特定值的记录。单击按钮，弹出“查找和替换”对话框，如图 6-55 所示。打开“查找”或“替换”选项卡，然后在选项卡中设定查找内容、查找范围等，设置完成后，单击“查找下一个”按钮即可进行查找。

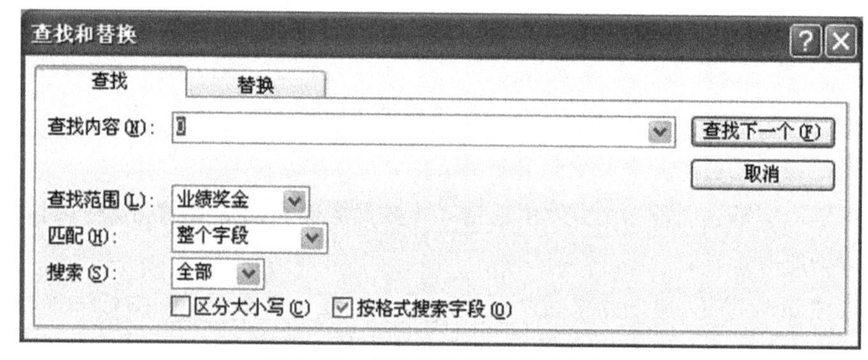

图 6-55 “查找和替换”对话框

数据的排序和查找不会更改窗体所依据的表或查询中的数据。

3. 记录的添加、删除和修改

窗体记录的添加、删除、修改和替换均会更改窗体所依据的表或查询中的数据，所以用户在进行操作时要小心。

(1)利用工具栏上的“新记录”按钮可以在当前窗体中添加新记录

这时所有字段均为空白(设置有默认值的字段存在数据)，记录显示器显示记录号为已有最大序号加 1 后的结果，即该记录成为最后一个记录。如图 6-56 即为单击后出现的添加新记录的窗体。

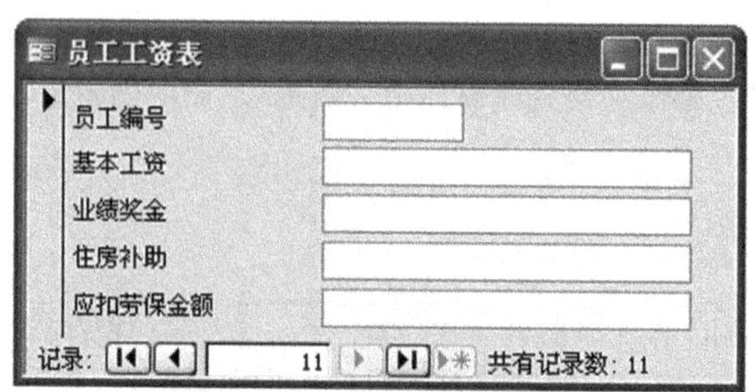

图 6-56 添加新记录

在各域中空白处输入相应的值，即完成了新记录的添加。如果窗体设计时被设置为不可添加新记录，这时用户就不能够添加新记录。对于子窗体来说，它的来源决定着它能否添加新记录。如果可以添加新记录，用户只需选中子窗体，然后单击“新记录”按钮即可添加新记录。

(2)利用工具栏上的“删除记录”按钮可以删除某个记录

从记录选定器中选中要删除的记录，然后单击工具栏上的“删除记录”按钮，即可从窗体中删除该记录。由于有些记录可能与其他表或查询中的数据有关，所以不能随意删除。

(3)可以对数据进行修改

窗体设计完成后，如果用户需要对窗体中的某些数据进行修改可以用鼠标单击需要修改的域，直接输入所需的值即可。在修改时，用户不能修改那些在设计时属性已被设置成不可获得焦点的域，这样可以防止修改某些不希望修改的记录。例如，窗体中的计算型控件是无法修改的。

6.5.2　筛选数据

对窗体中的记录进行筛选可以有多种方法，下面重点对以下几类方法进行阐述。

1. 按选定内容筛选

按选定内容进行筛选，即为通过选定窗体上的数据或部分数据来筛选窗体中的记录。如果能够方便地在窗体中找到希望筛选的数值，可使用按选定内容筛选方式。

打开需要筛选的窗体后，激活这种筛选方法可以有如下三种方式。

(1)选择“记录”→“筛选”→“按选定内容筛选”命令。如图 6-57 所示。

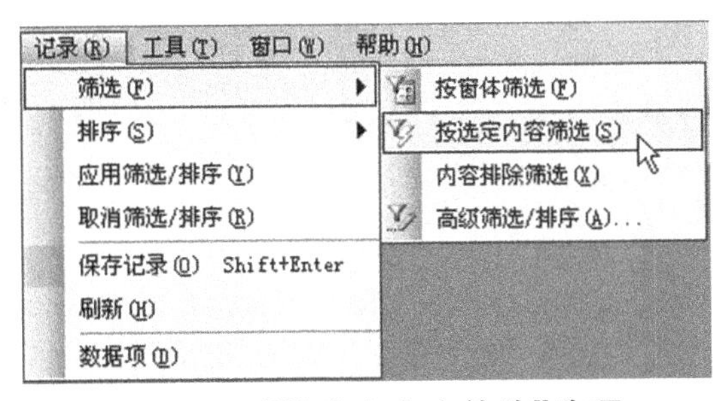

图 6-57　“按选定内容筛选”选项

(2)单击“窗体视图”工具栏中的“按选定内容筛选”按钮 。

(3) 在筛选的窗体中右击，弹出一个快捷菜单，从中选择“按选定内容筛选”命令。如图 6-58 所示。

除了刚刚提到的按选定内容进行筛选方式，在前面的观察中我们还可以发现，Access 2003 还提供了一种内容排除筛选方法。利用这种筛选方式，可以筛选出不包含某些特定值的记录。用户筛选后，会在保存窗体的同时将筛选结果保存起来，在下次打开窗体时，可以使用“窗体视图”工具栏中的“应用筛选”按钮 ，再次应用这个筛选。

2. 按窗体筛选

按窗体筛选，即为通过在空白字段中输入数据或从下拉列表框中选择需要搜索的所有值进行筛选。如果不希望浏览窗体中的记录，而要直接在下拉列表中选择所需的值，可以使用按窗体筛选方式，当用户希望同时指定多个准则时，这种方式尤为适用。

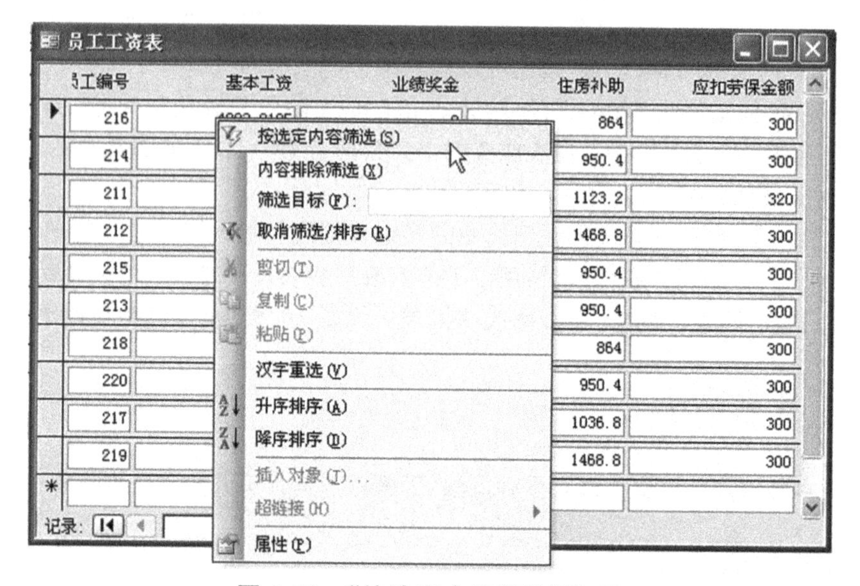

图 6-58 “按选定内容筛选”选项

激活这种筛选方式的方法与上述激活按选定内容筛选类似，这里不再赘述。启动这种筛选方式后，弹出“按窗体筛选”窗口，如图 6-59 所示。

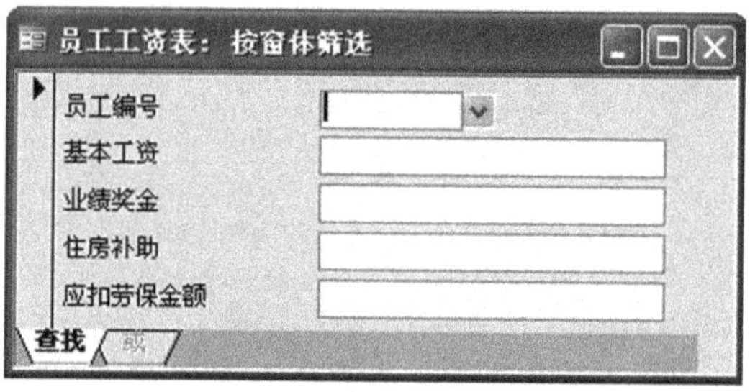

图 6-59 “按窗体筛选”对话框

从图中不难看出，窗体中所有字段都是空的。单击字段对应的空白处就会出现一个下三角按钮，该按钮的下拉列表中会显示窗体中该字段对应的所有值，用户可在其中进行选择，也可以直接在空白处输入要搜索的数值，然后单击工具栏中的“应用筛选”按钮 即可执行筛选。

3. 使用“筛选目标”筛选

除上面提到的按选定内容筛选和按窗体筛选两种方式外，还可以直接在“筛选目标”文本框中输入数值进行筛选。在“筛选目标”文本框中直接输入数据进行筛选，适用于那些在指定字段中输入筛选条件值的情况。

具体方法是：首先选中窗体中的某个字段，然后右击鼠标弹出一个快捷菜单；选择“筛选目标”命令，在弹出的对话框中输入要筛选的数值（这里输入“生产部”），如图 6-60 所示；然后按回车键即可进行数据筛选，如图 6-61 所示为筛选结果。

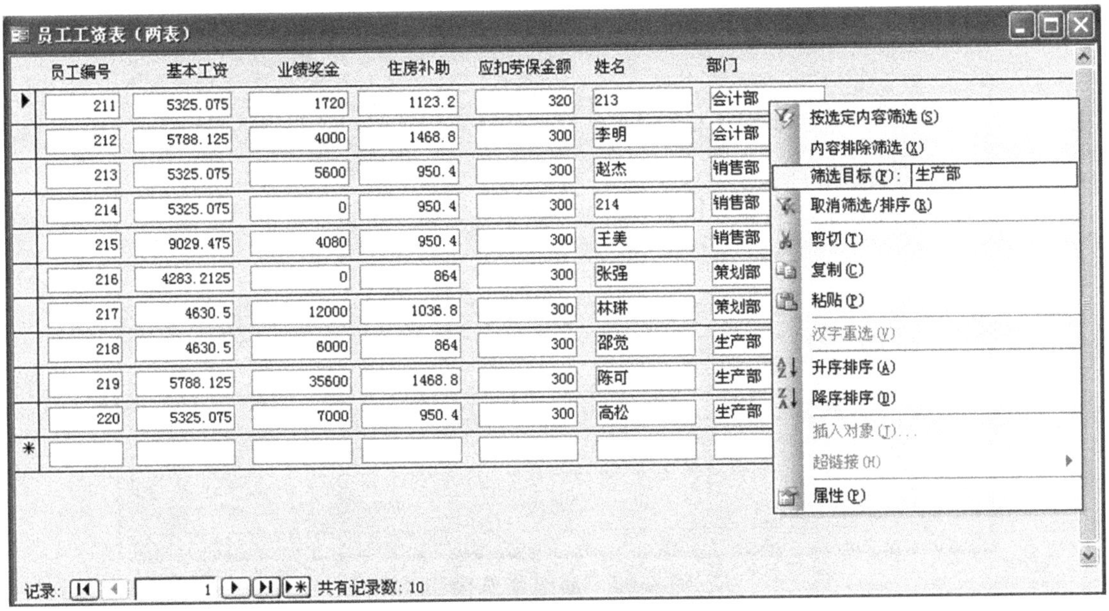

员工工资表（两表）

员工编号	基本工资	业绩奖金	住房补助	应扣劳保金额	姓名	部门
211	5325.075	1720	1123.2	320	213	会计部
212	5788.125	4000	1468.8	300	李明	会计部
213	5325.075	5600	950.4	300	赵杰	销售部
214	5325.075	0	950.4	300	214	销售部
215	9029.475	4080	950.4	300	王美	销售部
216	4283.2125	0	864	300	张强	策划部
217	4630.5	12000	1036.8	300	林琳	策划部
218	4630.5	6000	864	300	邵觉	生产部
219	5788.125	35600	1468.8	300	陈可	生产部
220	5325.075	7000	950.4	300	高松	生产部

按选定内容筛选(S)
内容排除筛选(X)
筛选目标(F)：生产部
取消筛选/排序(R)
剪切(T)
复制(C)
粘贴(P)
汉字重选(V)
升序排序(A)
降序排序(D)
插入对象(J)...
超链接(H)
属性(P)

记录：1 共有记录数：10

图 6-60　输入要筛选的数值

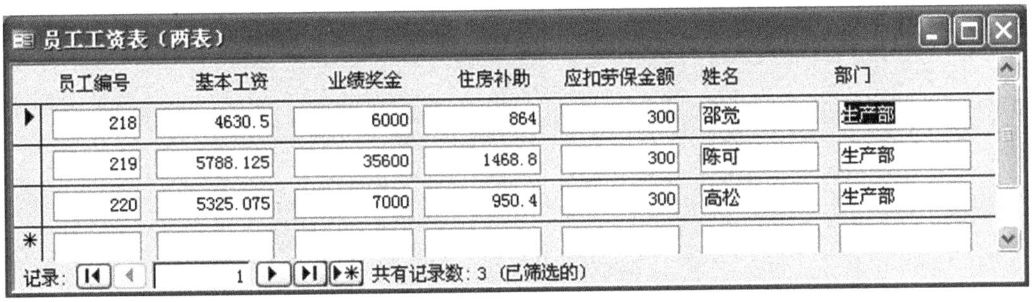

员工工资表（两表）

员工编号	基本工资	业绩奖金	住房补助	应扣劳保金额	姓名	部门
218	4630.5	6000	864	300	邵觉	生产部
219	5788.125	35600	1468.8	300	陈可	生产部
220	5325.075	7000	950.4	300	高松	生产部

记录：1 共有记录数：3（已筛选的）

图 6-61　筛选结果

4. 高级筛选

前面论述的 3 种简单的筛选方式虽然各有优点，但它们只适于进行简单的筛选，如果希望进行更复杂的筛选，则需要使用高级筛选方式。

要使用高级筛选方式，可以选择“记录”→“筛选”→“高级筛选/排序”命令打开“筛选”窗口，如图 6-62 所示。

窗口的上部显示了窗体中相应的字段。在窗口下部，可以添加筛选的字段、条件等。“字段”的文本框，表示需要筛选的字段；“排序”文本框，可以确定字段的排序次序，最左边的字段排序优先级最高；“条件”文本框，可以输入对应字段要查找的值或表达式，如果需要指定多个准则，可在“或”文本框中继续输入相应内容。如果希望保存筛选，则可单击工具栏中的“保存”按钮。窗体在保存的同时，也会保存筛选。

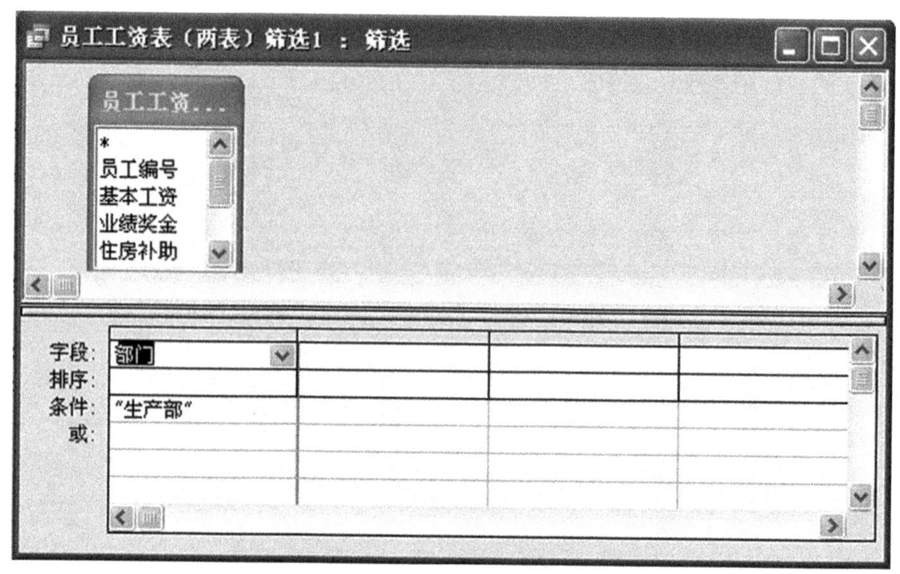

图 6-62　高级筛选窗口

第7章 报表的创建与应用

7.1 报表概述

7.1.1 报表的功能

报表是 Access 2003 数据库的对象之一，其主要作用是比较和汇总数据。报表可以对记录排序和分组，但不能添加、删除或修改数据库中的数据。也就是说，有了报表，用户就可以控制数据摘要，获取数据汇总，并以所需的任意顺序排序信息，并将它们打印出来。

一方面，报表是查阅和打印数据的一种很好的方法，与其他的打印数据方法相比，具有以下两个优点：

(1)报表不仅可以执行简单的数据浏览和打印功能，而且还可以对大量原始数据进行比较、汇总和小计。

(2)报表可生成清单、订单及其他所需的输出内容，从而为商务处理提供方便。

另一方面，作为 Access 2003 数据库的一个重要组成部分，报表不仅可用于数据分组，单独提供各项数据和执行计算，而且它还提供了以下功能：

(1)可以制成各种丰富的格式，使数据记录更便于阅读和理解。

(2)可以使用剪贴画、图片或者扫描图像来进行美化，使报表的外观更具有美感。

(3)可以在每页的顶部和底部打印标识信息的页眉和页脚。

(4)可以使用图表和图形，使数据的含义更加明了。

举个例子来说，有关员工信息的内容在数据库中是以表的形式存在的，但是由于这种方式下数据排列紧密，没有任何修饰，所以很难阅读。采用报表的形式来显示这些数据，可以使打印出来的页面很专业，便于阅读，如图 7-1 所示。

7.1.2 报表的分类

Access 2003 的报表按照数据的显示方式可以分为 4 种类型，分别为纵栏式报表、表格式报表、图表式报表和标签式报表等，它们可以从不同的侧面反映数据的特点。现对它们一一进行阐述。

1. 纵栏式报表

纵栏式报表与纵栏式窗体相似，也称为窗体报表。纵栏式报表是数据表中的字段名与字段内容在报表的“主体节”区纵向排列的一种数据显示方式。

纵栏式报表每页显示的记录较少，适合记录较少、字段较多的情况。

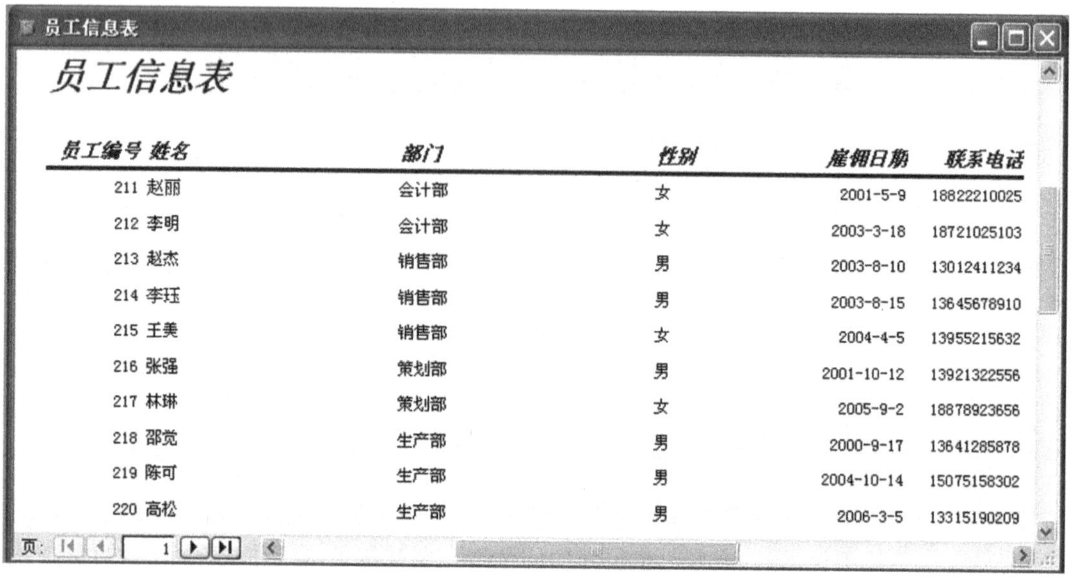

员工信息表

员工编号	姓名	部门	性别	雇佣日期	联系电话
211	赵丽	会计部	女	2001-5-9	18822210025
212	李明	会计部	女	2003-3-18	18721025103
213	赵杰	销售部	男	2003-8-10	13012411234
214	李珏	销售部	男	2003-8-15	13645678910
215	王美	销售部	女	2004-4-5	13955215632
216	张强	策划部	男	2001-10-12	13921322556
217	林琳	策划部	女	2005-9-2	18878923656
218	邵觉	生产部	男	2000-9-17	13641285878
219	陈可	生产部	男	2004-10-14	15075158302
220	高松	生产部	男	2006-3-5	13315190209

图 7-1　员工信息表报表

2. 表格式报表

表格式报表与表格式窗体相似，是一种最常见的报表格式。表格式报表是数据表中的字段名以横向排列的一种数据显示方式。

表格式报表可以在一页上输出多条记录内容，适合记录较多、字段较少的情况。

3. 图表式报表

图表式报表于图表式窗体相似，它是指以图表格式显示报表中的数据或统计结果，类似电子表格软件 Excel 中的图表，图表可直观地展示数据之间的关系。

图表式报表适合综合、归纳、比较及进一步分析数据。

4. 标签式报表

标签式报表是一种特殊的报表格式，它是将每条记录中的数据按照标签的形式输出。

标签式报表的输出格式类似制作的各个标签，所以可以利用标签报表从某个数据表中采集数据，统一制作一个单位或部门人员的名片等。

7.1.3　报表的组成

报表的结构与窗体类似，也是由多个节构成，它们的位置关系如图 7-2 所示。不同要求的报表所包含的节的数量可以不同。每个节在页面上和报表中具有特定的目的，并可以按照预定的次序打印。在报表的设计视图中，节表现为带区形式，并且报表包含的每个节只出现一次。但在打印报表时，某些节可以重复打印多次。

用户通过放置标签、文本框等控件来确定每个节中信息的显示位置，报表中的信息可以分布在多个节中。

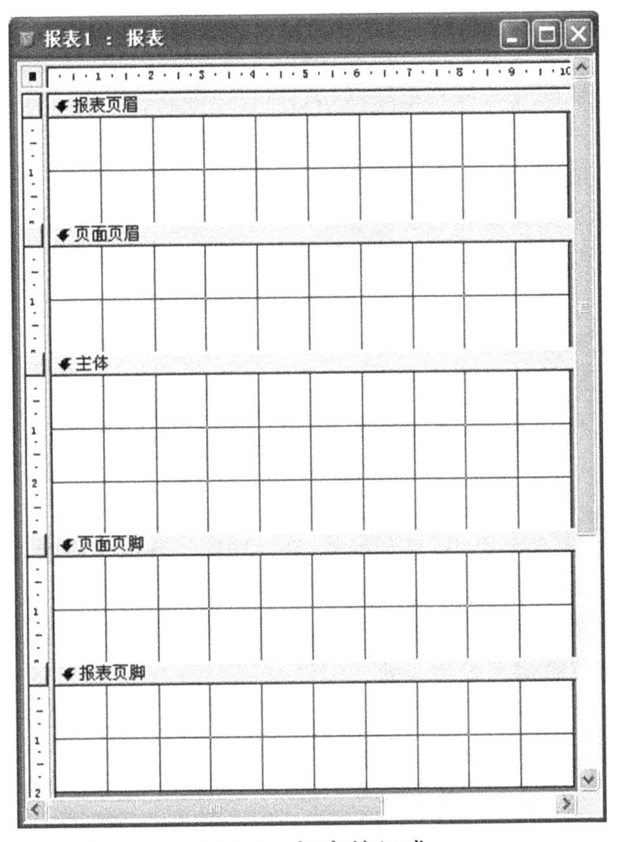

图 7-2　报表的组成

报表的节分别具有如下作用。

1. 主体

主体节是报表打印数据的主体部分，它包含着报表的关键内容，是不可缺少的项目。对报表记录源中的每条记录来说，该节可重复打印。设计主体节时，通常可以将记录源中的字段直接"拖"到主体节中，或者将报表控件放到主体节中用于显示数据内容。

主体节不能删除。如果特殊报表不需要显示主体，可以在其属性窗口中将其主体"高度"属性设置为"0"。

2. 页面页眉/页面页脚

页面页眉出现在报表每一页的顶部(当有报表页眉时，仅在第一页上出现于报表页眉之下)，一般在用于报表的上方放置信息，如显示列标题。

页面页脚的内容在报表每页的底部打印输出，一般用于在报表的下方放置信息，如显示报表页码、制表人和审核人等内容。

3. 报表页眉/报表页脚

报表页眉/和报表页脚一般作为整份报表的封面和封底。生成的一份报表通常包含多页,但整个一份报表只有一个报表页眉和一个报表页脚。

报表页眉用于在报表的开头放置信息,如徽标、报表标题、打印日期以及报表单位等。报表页眉打印输出在报表第一页的开始位置。

报表页脚用于在报表的底部放置信息,如显示报表的统计结果信息等。报表页脚的内容出现在打印报表最后一页的页面页脚之前。

4. 组页眉/组页脚

组页眉的内容在报表每组头部打印输出,同一组的记录都会在主体节中显示,它主要用于定义报表输出每一组的标题。

组页脚的内容在报表每组的底部打印输出。组页脚对应于组页眉,主要用于输出每一组的汇总、统计计算信息。

在设计一个报表时,可以同时包含组页眉节和组页脚节,也可以同时没有组页眉节和组页脚节,但是不是所有表都会出现组页眉/组页脚节,只有选择了分组功能的报表才会包含组页眉/组页脚节。组页眉和组页脚的有无和个数随着有没有分组和分组层数而定。Access 2003 最多允许有十个嵌套的组页眉和组页脚。经过设置后还可以仅保留组页眉节而不保留组页脚节,但有组页脚节而没有组页眉节的情况是错误的。

7.1.4 创建报表的方式

创建报表的主要方式有三种:自动创建报表、使用向导创建报表、使用设计视图创建报表。这三种方式经常配合使用,即先通过自动创建报表或报表向导生成简单样式的报表,然后通过设计视图进行编辑、装饰等,直到创建出符合用户需求的报表。

7.1.5 报表视图

在创建和编辑报表的过程中,报表视图是有力的辅助工具。报表视图包括设计视图、打印预览和版面预览三种形式。根据不同的需要,还可以使用工具栏上的图标按钮进行视图转换。

(1)设计视图可以用来设计、编辑报表。

(2)版面预览可以查看报表的版面设置。

(3)打印预览可以查看报表的打印效果。

7.2 创建报表

7.2.1 使用"自动创建报表"创建报表

在 Access 2003 中,可以使用"自动创建报表"功能基于一个表或查询创建报表,用于显示基础表或查询中的所有字段和记录。使用“自动创建报表”功能创建报表时，可以根据需要选择一种布局格式，然后选择一个表或查询作为该报表的数据来源，此时，将生成一个具有指定布局格式的报表，其中包含来自数据来源的所有信息。

使用“自动创建报表”功能可以快速创建一个具有基本功能的报表，它分为纵栏式报表和表格式报表两种格式。下面我们来论述如何使用“自动创建报表”功能创建两个具有不同布局格式的报表。

1. 创建纵栏式报表

纵栏式报表的特点是，每个字段都显示在独立的行上，并且左边带有一个标签。下面使用“自动创建报表”功能创建一个纵栏式报表。

【例7-1】 以“公司管理系统”数据库中的“员工信息表”为数据源，通过自动创建报表，生成纵栏式报表，用于显示数据表中的信息。

(1)在Access 2003中，打开“公司管理系统”数据库。

(2)在“数据库”窗口中，单击“对象”栏下的“报表”按钮。

(3)单击“数据库”窗口工具栏上的“新建”按钮。

(4)在弹出的“新建报表”对话框中，选择“自动创建报表：纵栏式”选项。在对话框右下角的下拉列表框中选择“员工信息表”作为新报表的数据来源。如图7-3所示。

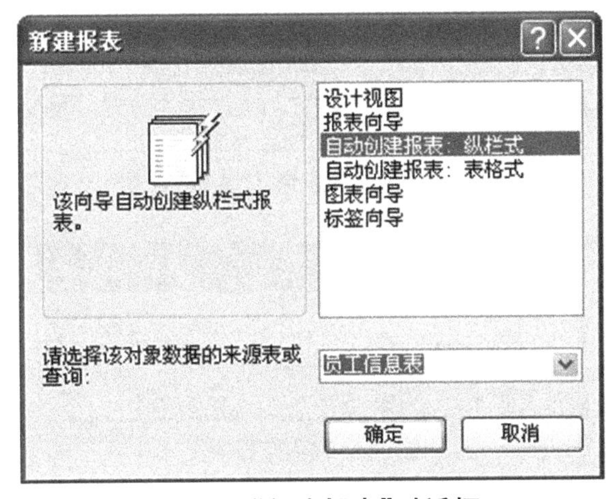

图7-3　“新建报表”对话框

(5)单击“确定”按钮，系统将自动创建纵栏式报表，并存“打印预览”视图中打开此报表，如图7-4所示。

使用“自动创建报表”功能创建报表时，将从单个表或查询中选择所有字段并自动添加到报表上。若要从多个表中选择字段，可先基于这些表创建一个查询，然后选择该查询作为新报表的数据来源。

(6)选择“文件”→“保存”命令，或单击工具栏上的“保存”按钮，将弹出“另存为”对话框，将报表保存为“员工信息表(纵栏式)”。如图7-5所示。

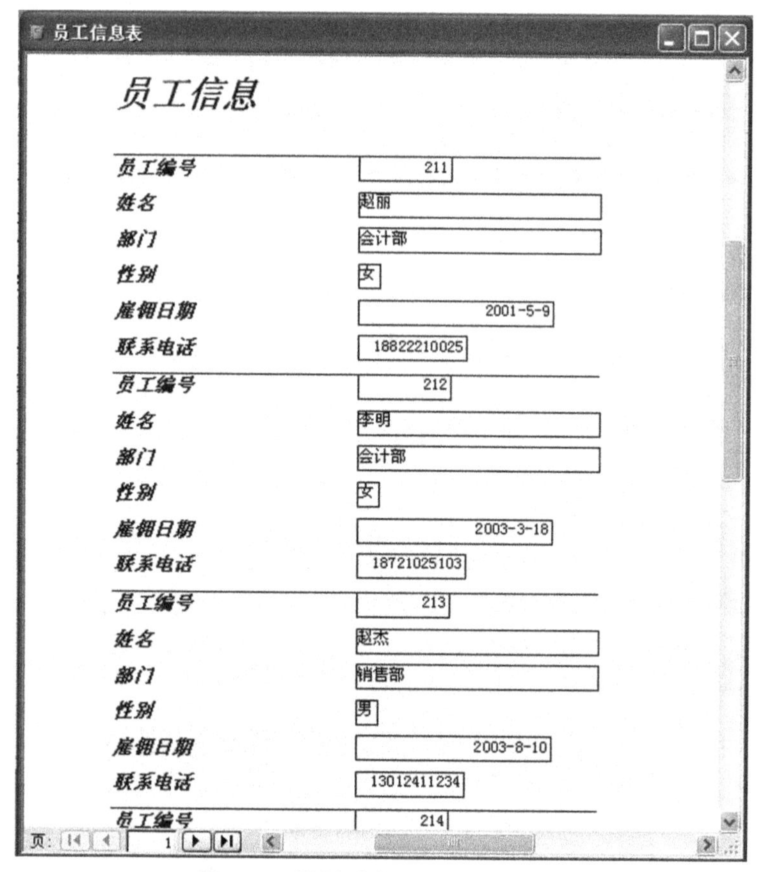

图 7-4　纵栏式"员工信息"报表

图 7-5　保存报表

2. 创建表格式报表

表格式报表的特点是,每条记录的所有字段都显示在同一行中,标签只显示在报表的顶端。下面使用"自动创建报表"功能创建一个表格式报表。

【例 7-2】以"公司管理系统"数据库中的"客户信息表"为数据源,通过自动创建报表,生成表格式报表,用于显示数据表中的信息。

(1)在 Access 2003 中,打开"公司管理系统"数据库。

(2)在"数据库"窗口中单击"对象"栏下的"报表"按钮。

(3)单击"数据库"窗口工具栏上的"新建"按钮 新建(N) 。

(4)在弹出的"新建报表"对话框中,选择"自动创建报表:表格式"选项。在对话框右下角的下拉列表框中选择"客户信息表"作为新报表的数据来源,然后单击"确定"按钮。如图 7-6 所示。

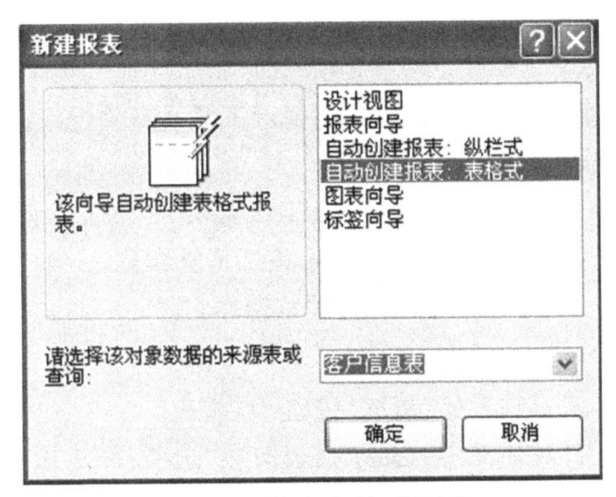

图 7-6　创建表格式报表

(5)此时，将自动创建纵栏式报表，并在“打印预览”视图中打开这个报表，如图 7-7 所示。

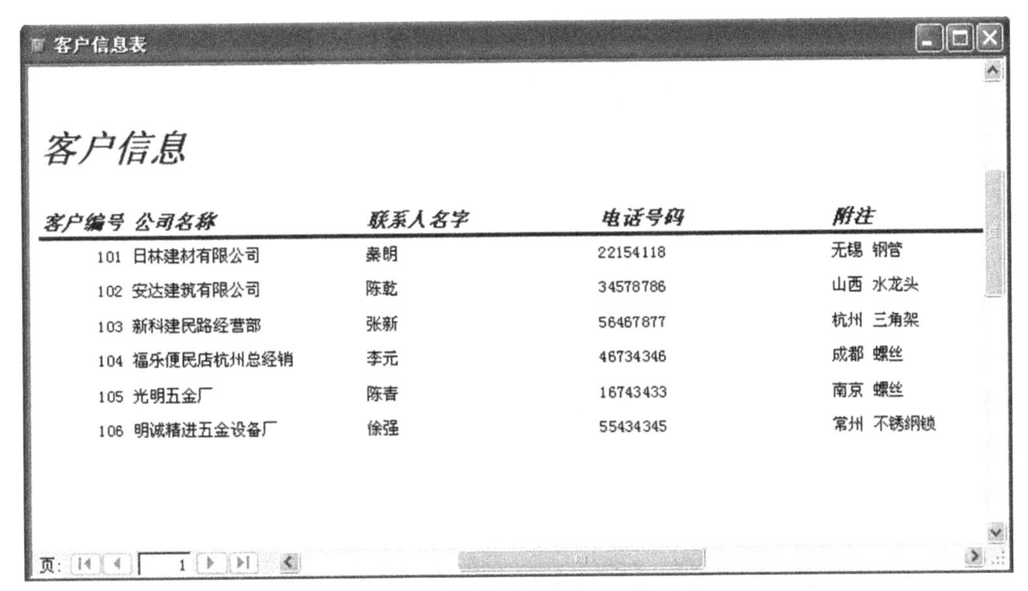

客户编号	公司名称	联系人名字	电话号码	附注
101	日林建材有限公司	秦朗	22154118	无锡 钢管
102	安达建筑有限公司	陈乾	34578786	山西 水龙头
103	新科建民路经营部	张新	56467877	杭州 三角架
104	福乐便民店杭州总经销	李元	46734346	成都 螺丝
105	光明五金厂	陈吉	16743433	南京 螺丝
106	明诚精进五金设备厂	徐强	55434345	常州 不锈钢锁

图 7-7　表格式报表的预览效果

(6)选择“文件”→“保存”命令，或单击工具栏上的“保存”按钮，将报表保存为“客户信息表(表格式)”。

7.2.2　使用向导创建报表

1. 报表向导

使用“自动创建报表”功能创建报表时，只需要选择布局方式并指定报表的数据来源，便可以自动生成报表。但是，这种方法也有其不足之处，即只能选择单个表或查询作为报表的数据来源，而且所创建的报表总是显示数据源中的所有字段，而不能选择在报表中包含哪些字段。

使用“报表向导”来创建报表就能很好地解决上述问题。通过这种方式，创建的报表，不仅可以从一个或多个表或查询中选择在报表上所使用的字段，也可以对数据进行分组和排序，还可以选择报表使用的布局和样式。

使用“报表向导”创建报表时，可以在向导的提示下输入有关记录源、字段、版面，以及所需格式，并由向导根据用户的回答来创建报表。

【例 7-3】 以“公司管理系统”数据库中的“员工信息表”、“员工工资表”为数据源，使用“报表向导”创建一个自定义报表，通过该报表可以显示员工工资信息。

(1)在 Access 2003 中，打开“公司管理系统”数据库。

(2)在“数据库”窗口中，单击“对象”栏下的“报表”按钮。

(3)单击“数据库”窗口工具栏上的“新建”按钮 新建(N)。

(4)在弹出的“新建报表”对话框中，选择“报表向导”选项，并从该对话框右下角的下拉列表框中选择“员工信息表”作为报表的数据来源，然后单击“确定”按钮。如图 7-8 所示。

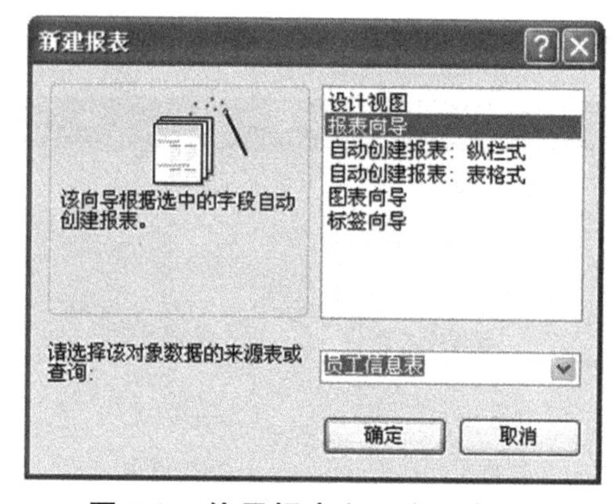

图 7-8 使用报表向导创建报表

(5)在如图 7-9 所示的“报表向导”对话框中，将“员工信息表”中的“员工编号”、“姓名”、“部门”字段添加到“选定的字段”列表框中。为了添加其他表中的字段，此时不要单击“下一步”或“完成”按钮。

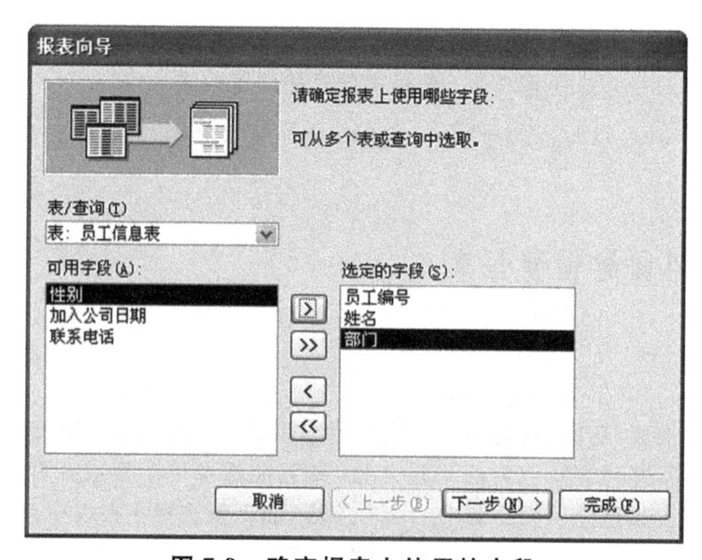

图 7-9 确定报表上使用的字段

(6)从“表/查询”下拉列表框中选择“表:员工工资表”,并将“员工工资表”中的“基本工资”、“业绩奖金”字段添加到“选定的字段”列表框中,然后单击“下一步”按钮,如图 7-10 所示。

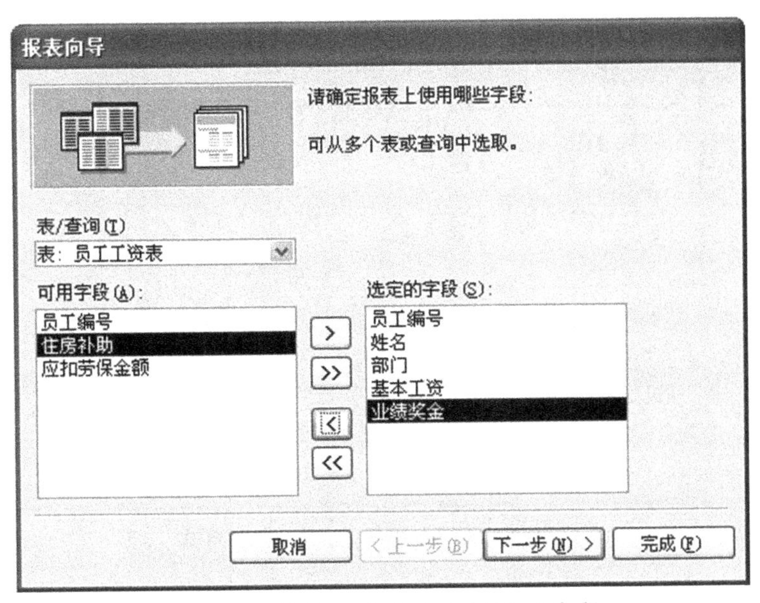

图 7-10　从另一个表中选择所需字段

(7)在如图 7-11 所示的“报表向导”对话框中,可根据需要添加分组级别,在这里不添加分组级别,直接单击“下一步”按钮。

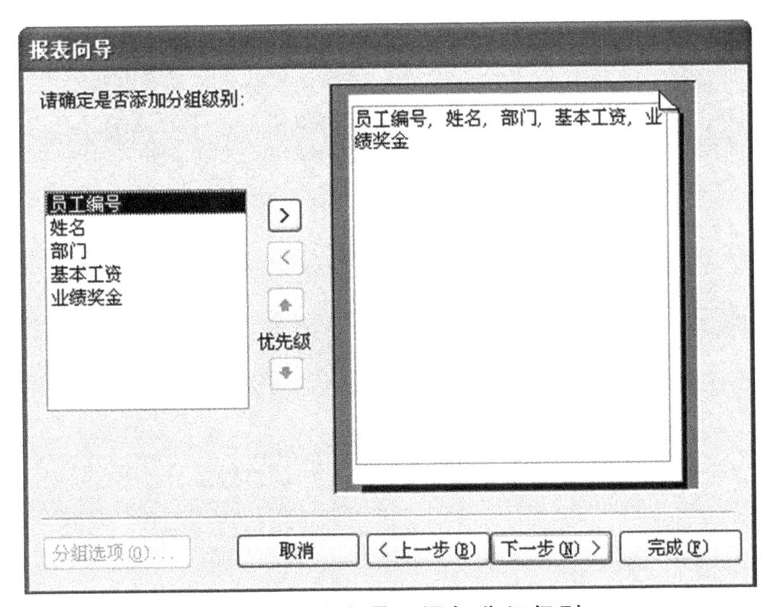

图 7-11　确定是否添加分组级别

(8)在如图 7-12 所示的对话框中,确定报表中的记录按照“员工编号”;字段进行升序排序,然后单击“下一步”按钮。

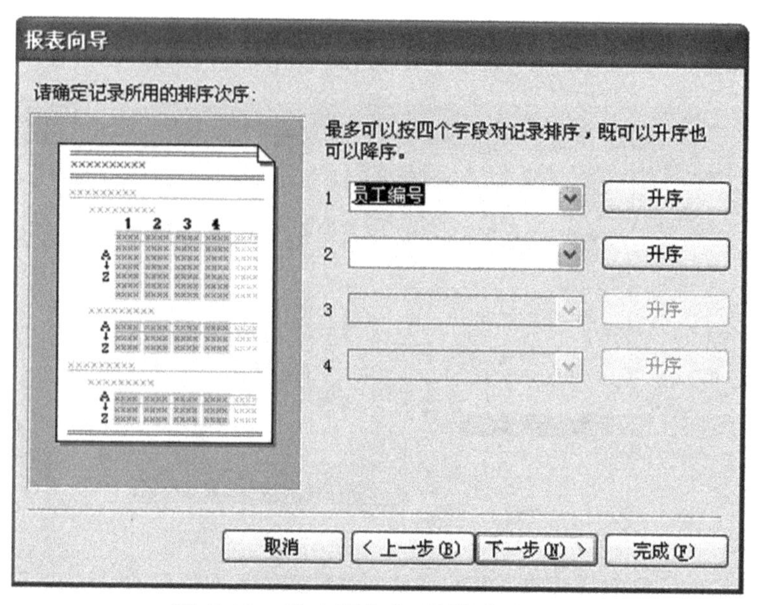

图 7-12　确定明细记录的排序方式

(9)在如图 7-13 所示的“报表向导”对话框中，选择布局方式为“表格”，选择排列方向为“纵向”，并选择“调整字段宽度使所有字段都能显示在一页中”复选框，然后单击“下一步”按钮。

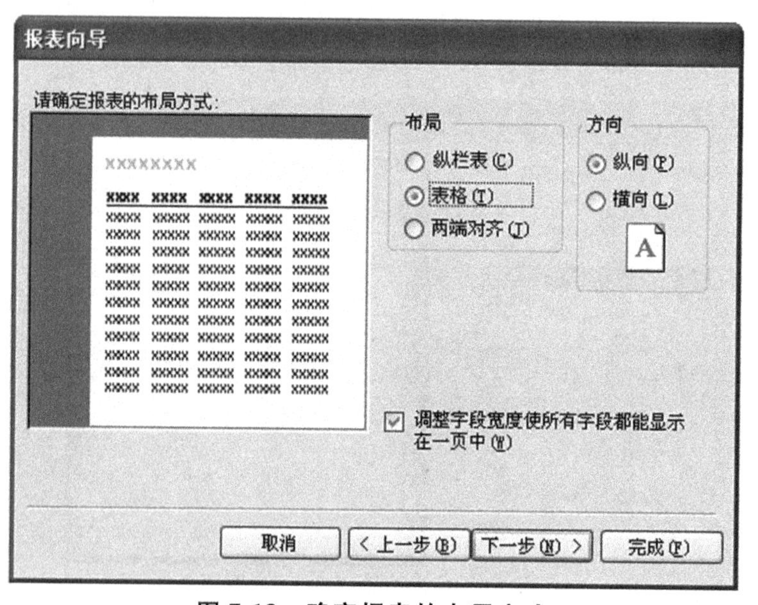

图 7-13　确定报表的布局方式

(10)在如图 7-14 所示的“报表向导”对话框中出现多种样式，有“大胆”、“正式”、“淡灰”、“紧凑”、“组织”、“随意”六种类型。每选中其中的一种样式，都会在窗口左边显示它的样式预览。这里确定报表所使用的样式为“随意”，然后单击“下一步”按钮。

(11)在如图 7-15 所示的“报表向导”对话框中，将报表的标题指定为“员工工资信息表(报表向导)”，并选择“预览报表”单选按钮，然后单击“完成”按钮。

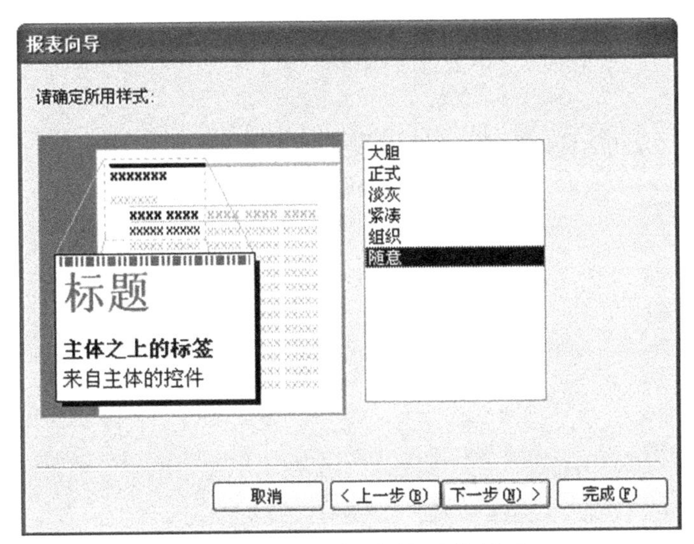

图 7-14　确定报表使用的样式

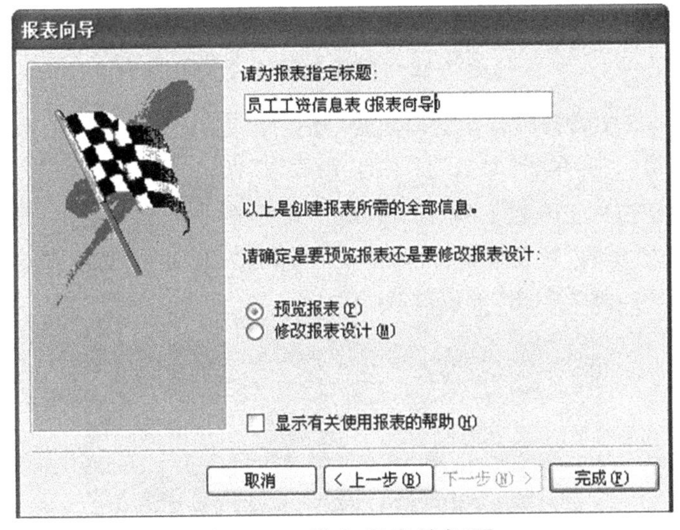

图 7-15　指定报表的标题

(12)此时,向导根据所收集的信息来生成报表并在“打印预览”视图中打开这个报表,如图 7-16 所示。

2. 图表向导

图表是报表、窗体等对象的数据图形表示形式,通过图表可以形象地描述数据之间的关系。如果在报表中使用图表,会更直观地显示数据之间的关系。

使用“图表向导”创建报表时,首先要选择一个表或查询作为数据来源,并确定图表数据所在的字段,然后选择图表的类型,并确定数据在图表中的布局方式,接着还要指定报表的名称。

【例 7-4】 以“公司管理系统”数据库中的“员工工资表”为数据源,使用“图表向导”创建一个带有图表的报表。

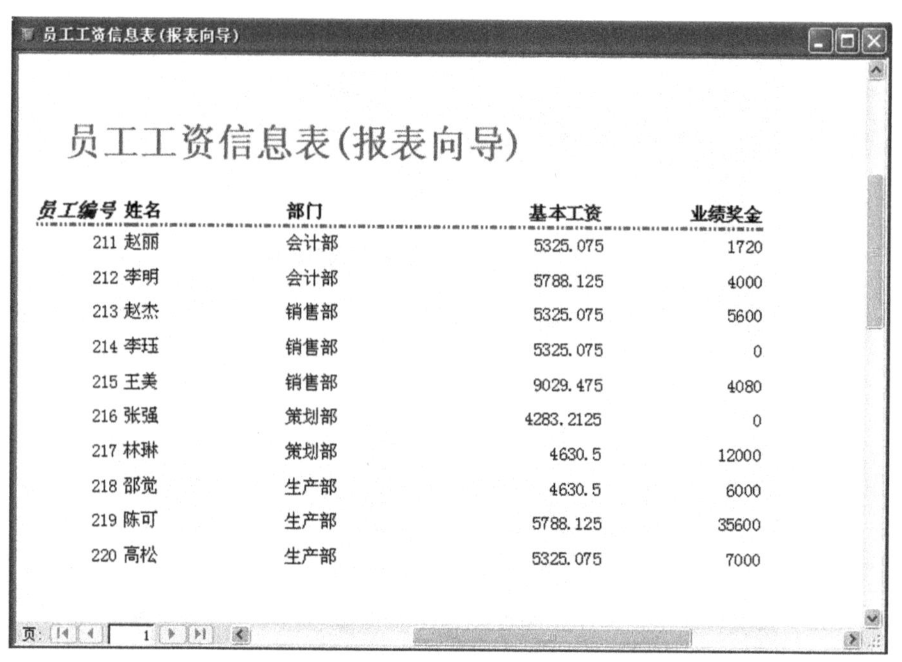
员工工资信息表(报表向导)

员工编号	姓名	部门	基本工资	业绩奖金
211	赵丽	会计部	5325.075	1720
212	李明	会计部	5788.125	4000
213	赵杰	销售部	5325.075	5600
214	李珏	销售部	5325.075	0
215	王美	销售部	9029.475	4080
216	张强	策划部	4283.2125	0
217	林琳	策划部	4630.5	12000
218	邵觉	生产部	4630.5	6000
219	陈可	生产部	5788.125	35600
220	高松	生产部	5325.075	7000

图 7-16　报表的预览效果

(1)在 Access 2003 中,打开“公司管理系统”数据库。

(2)在“数据库”窗口中,单击“对象”栏下的“报表”按钮。

(3)单击“数据库”窗口工具栏上的“新建”按钮 新建(N) 。

(4)在如图 7-17 所示的“新建报表”对话框中,选择“图表向导”选项并选取“员工工资表”作为报表对象的数据来源,然后单击“确定”按钮。

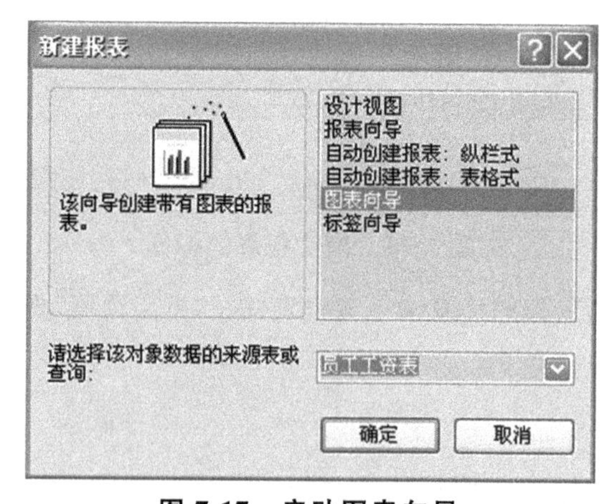

图 7-17　启动图表向导

(5)在如图 7-18 所示的“图表向导”对话框中,将“员工编号”、“基本工资”、“业绩奖金”、“住房补助”字段添加到“用于图表的字段”列表框中,然后单击“下一步”按钮。

(6)在如图 7-19 所示的“图表向导”对话框中,选择“柱形图”作为图表的类型,然后单击“下一步”按钮。

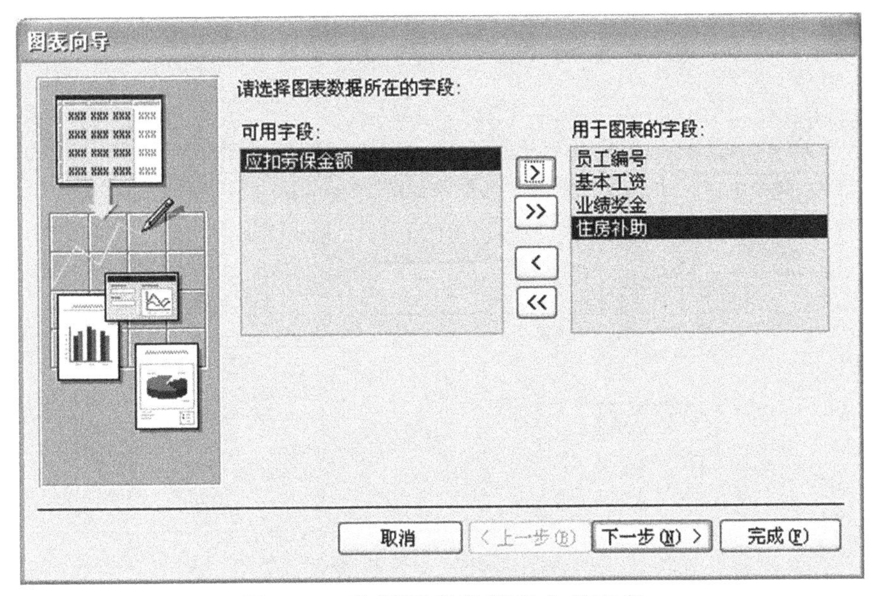

图 7-18　选择图表数据所在的字段

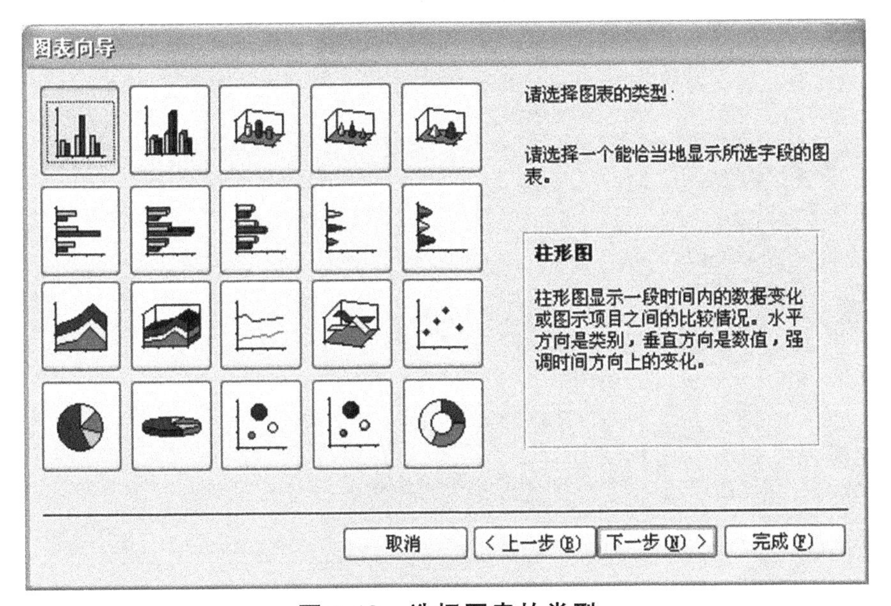

图 7-19　选择图表的类型

(7)在如图 7-20 所示的“图表向导”对话框中，确定数据在图表中的布局方式。图表一般分为三个区域：轴、数据和系列。“轴”(横轴)一般设置为日期型或文本型字段，并且只能设置一个字段；“数据”(纵轴)一般是一个数字型字段或某些字段的统计数据，可以设置多个字段；“系列”只能设置一个字段或者不设字段。这里设置效果如图所示，设置完成后单击“下一步”按钮。

(8)在如图 7-21 所示的“图表向导”对话框中，将图表的标题指定为“员工工资”，并选中“是，显示图例”和“修改报表或图表的设计”选项，然后单击“完成”按钮。

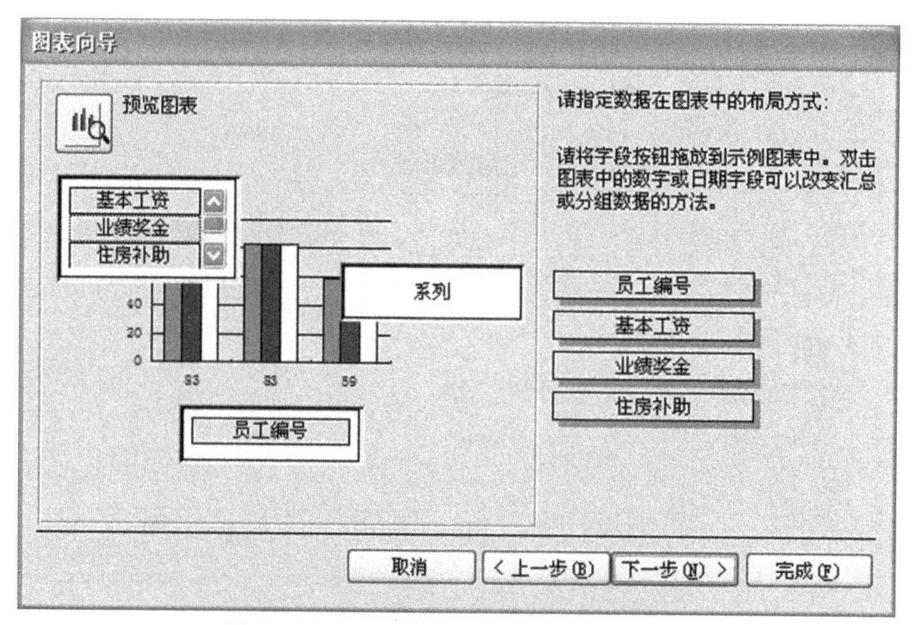

图 7-20　确定数据在图表中的布局方式

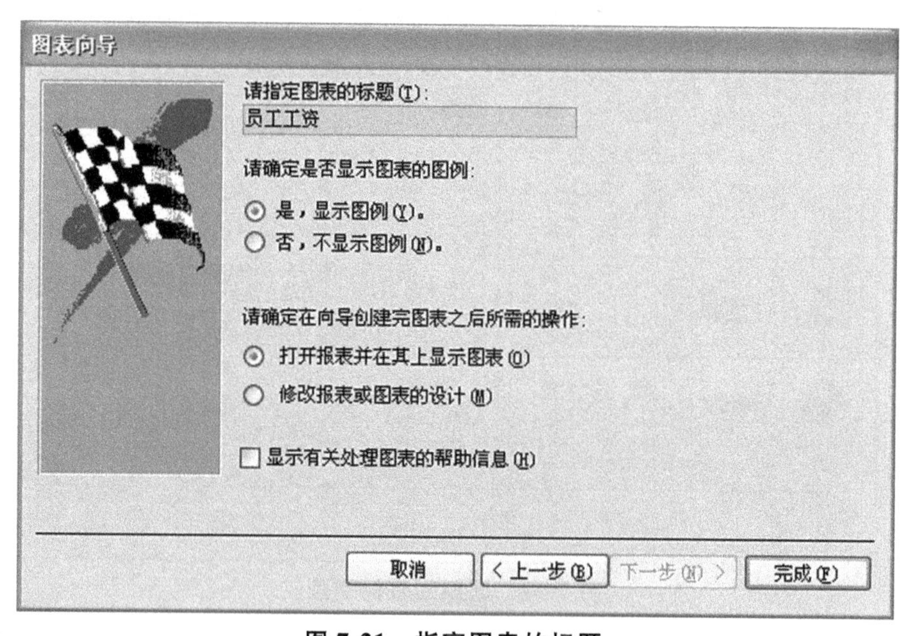

图 7-21　指定图表的标题

(9)单击“完成”按钮，生成如图 7-22 所示图表报表。

3. 标签向导

Access 2003 提供了一个“标签向导”，使用该向导可以轻松地创建各种标准大小的标签。使用“标签向导”创建标签报表时，需要选择一个表或查询作为该报表的数据来源，然后指定标签的尺寸、文本的字体、字号和颜色，并指定标签文本的内容和标签的排序次序。

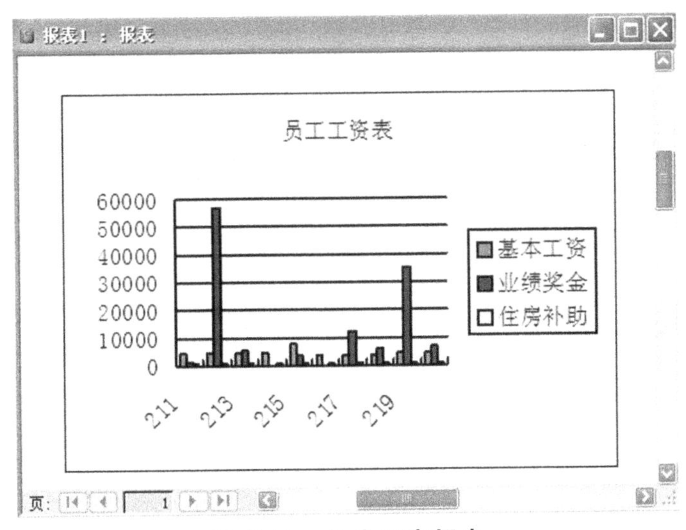

图 7-22　生成图表报表

【例 7-5】以“公司管理系统”数据库中的“客户信息表”为数据源，使用“标签向导”创建报表。

(1)在 Access 2003 中，打开“公司管理系统”数据库。

(2)在“数据库”窗口中，单击“对象”栏下的“报表”按钮。

(3)单击“数据库”窗口工具栏上的“新建”按钮 新建(N)。

(4)在如图 7-23 所示的“新建报表”对话框中，选择“标签向导”选项并选取“客户信息表”作为报表对象的数据来源，然后单击“确定”按钮。

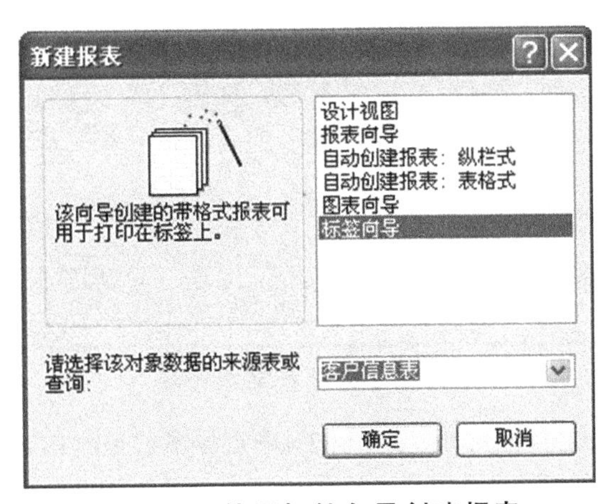

图 7-23　使用标签向导创建报表

(5)在如图 7-24 所示的“标签向导”对话框中，选择要使用的标签型号，然后单击“下一步”按钮。创建标准型标签时，可从“按厂商筛选”下拉列表框中选择不同的厂商，以选择更多的标签型号。若要创建自定义标签，可单击“自定义”按钮并设置标签尺寸。

(6)在如图 7-25 所示的“标签向导”对话框中，设置文本的字体、字号、粗细及颜色，然后单击“下一步”按钮。

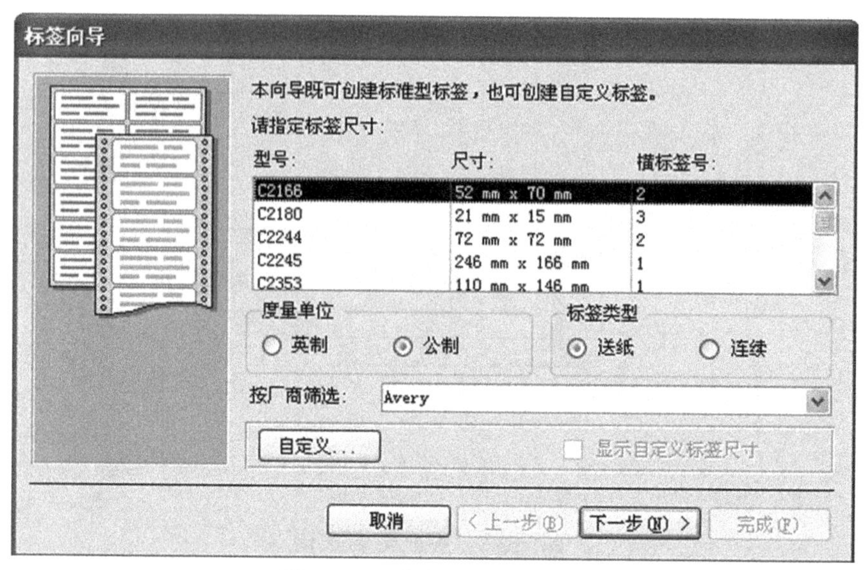

图 7-24　确定标签的尺寸

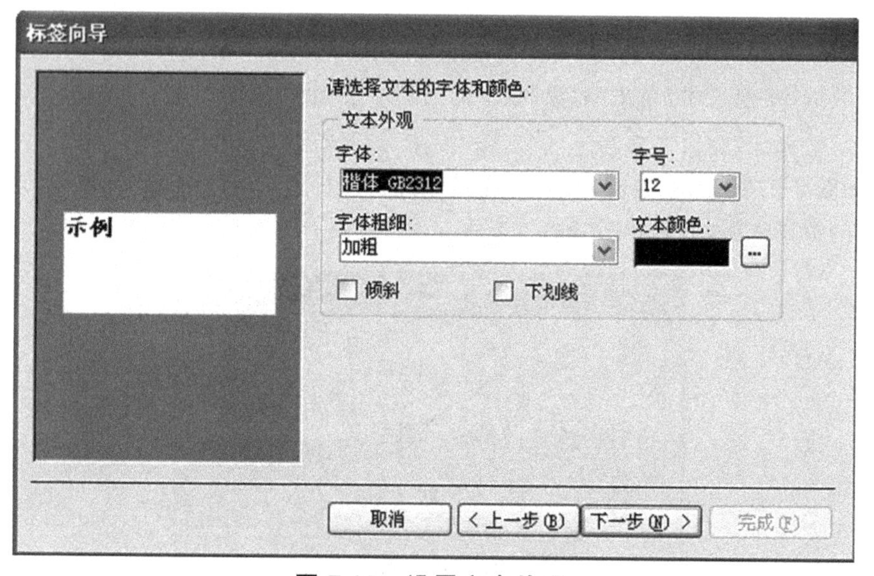

图 7-25　设置文本外观

(7)在如图 7-26 所示的“标签向导”对话框中，确定标签的显示内容，既可以在原型标签中输入文本，也可以从“可用字段”列表框中选择所需的字段(选定的字段名被放置在花括号内)，然后单击“下一步”按钮。

(8)在如图 7-27 所示的“标签向导”对话框中，将“可用字段”列表框中的“客户编号”字段添加到“排序依据”列表框中，然后单击“下一步”按钮。

(9)在如图 7-28 所示的“标签向导”对话框中，将默认报表的名称为“标签 客户信息表 1”并选择“查看标签的打印预览”单选按钮，然后单击“完成”按钮。

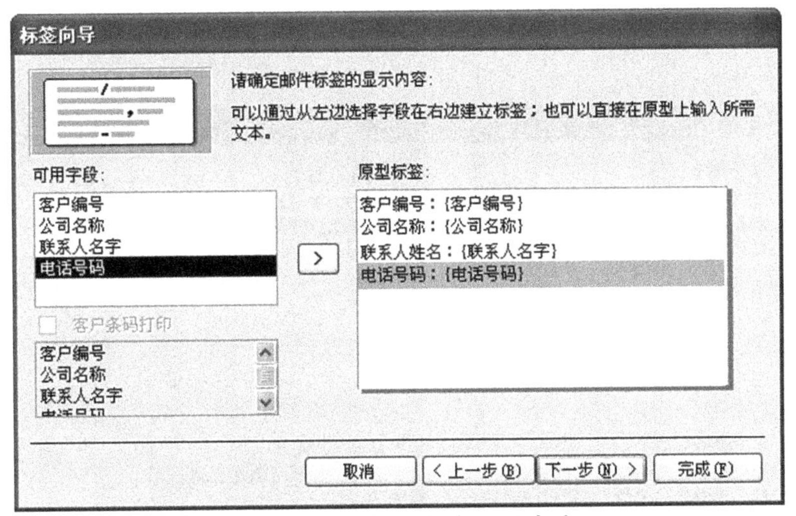

图 7-26　确定标签的显示内容

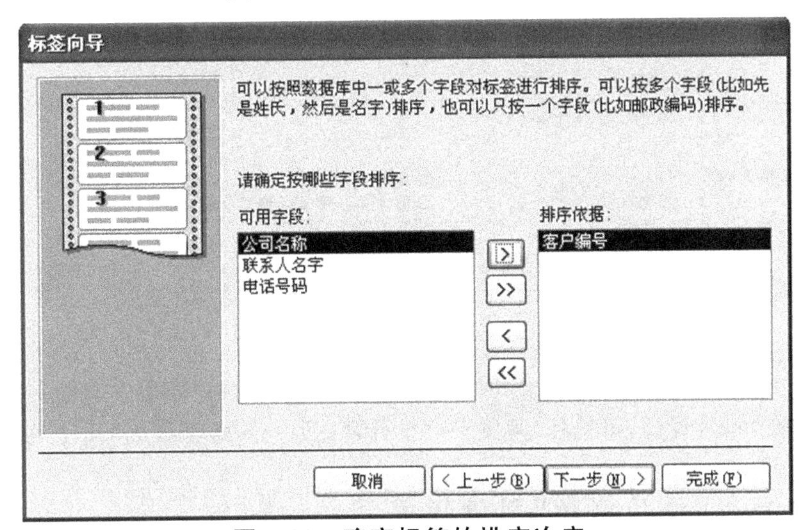

图 7-27　确定标签的排序次序

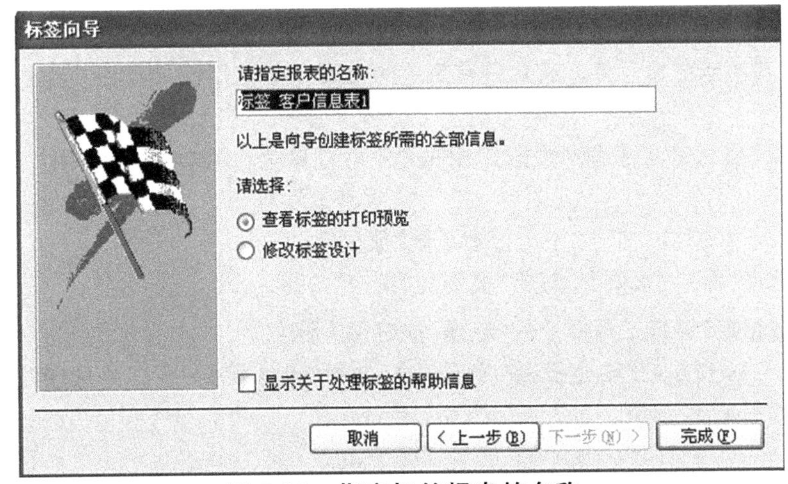

图 7-28　指定标签报表的名称

(10)此时,将按照所收集到的信息生成标签报表,并在“打印预览”视图中打开这个报表,效果如图 7-29 所示。

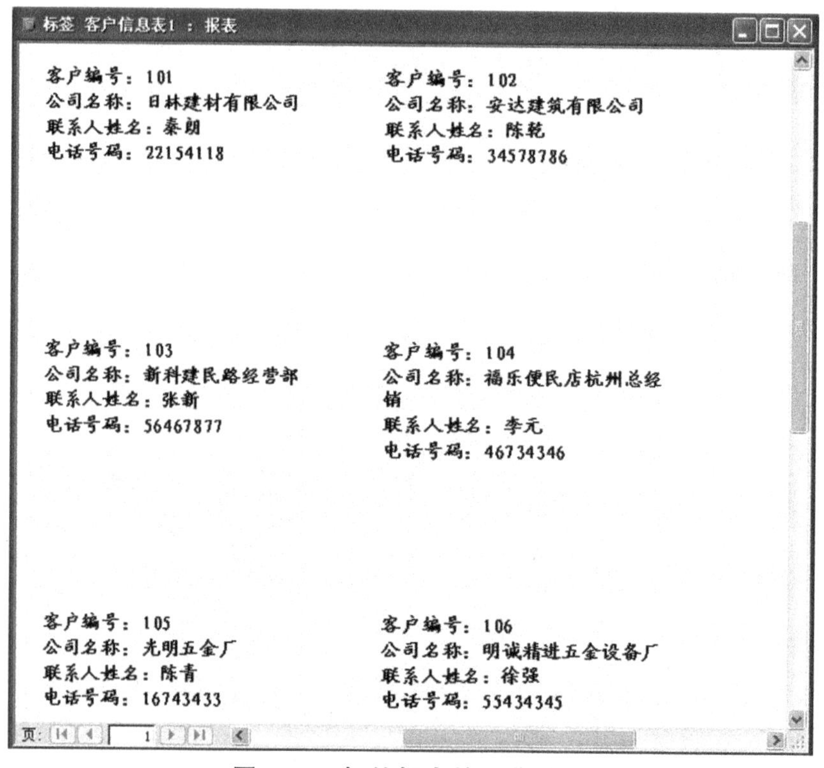

图 7-29 标签报表的预览效果

在该视图中,可以从“打印预览”工具栏上的“显示比例”下拉列表框中选择不同的显示比例。

(11)若要修改标签设计,可选择“视图”→“设计视图”命令,以切换到“设计”视图。

7.2.3 使用“设计视图”创建报表

一般情况下都是先使用向导创建报表的基本框架,再切换到设计视图对创建的报表进一步美化和修饰,使其功能更加完善。通常只有简单的报表才会使用设计视图从空白开始来创建一个新的报表。

【例 7-6】 以“公司管理系统”数据库中的“公司订单表”为数据源,使用“设计视图”创建报表。

(1)在 Access 2003 中,打开“公司管理系统”数据库。

(2)在“数据库”窗口中,单击“对象”栏下的“报表”按钮。

(3)单击“数据库”窗口工具栏上的“新建”按钮 新建(N) 。

(4)在如图 7-30 所示的“新建报表”对话框中,选择“设计视图”选项并选取“公司订单表”作为报表对象的数据来源。

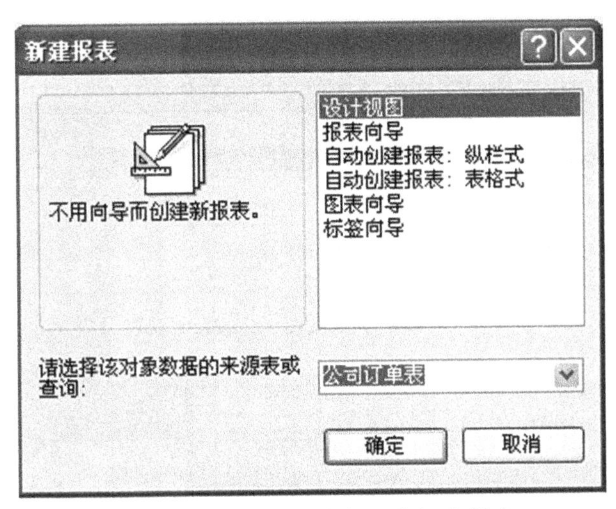

图 7-30 使用“设计视图”创建报表

(5)单击“确定”按钮，打开一个空白报表设计视图，如图 7-31 所示。

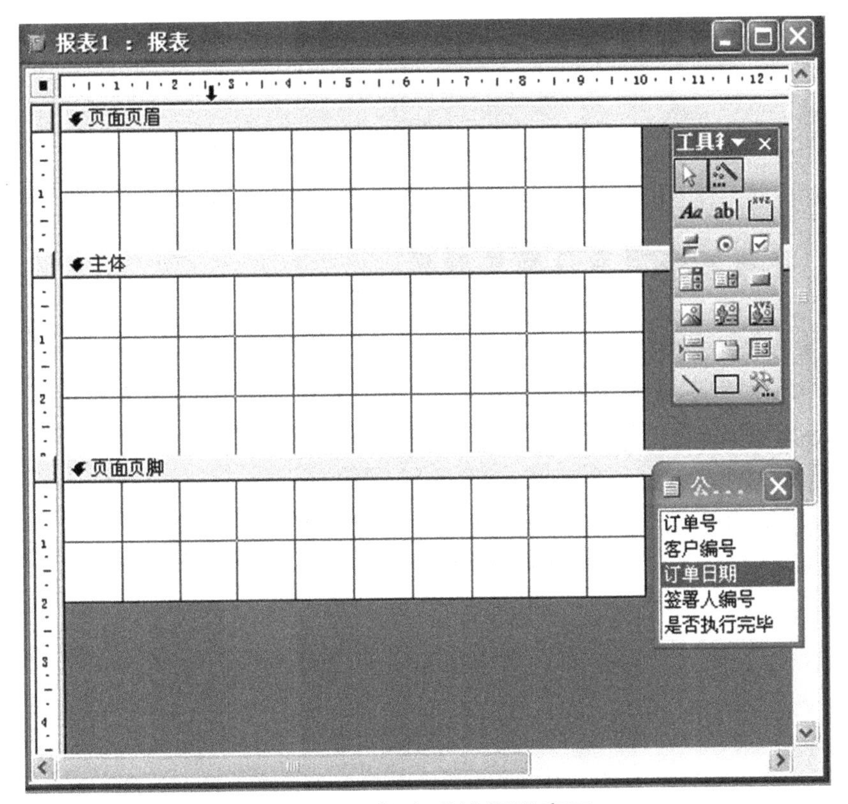

图 7-31 报表设计视图窗口

(6)从“字段”列表中将报表所需的字段拖放到“主体”节中，如图 7-32 所示。

(7)调整各控件的位置，利用“格式”菜单中的对齐、垂直间距等命令，设置报表的整体布局。然后保存所创建的报表。

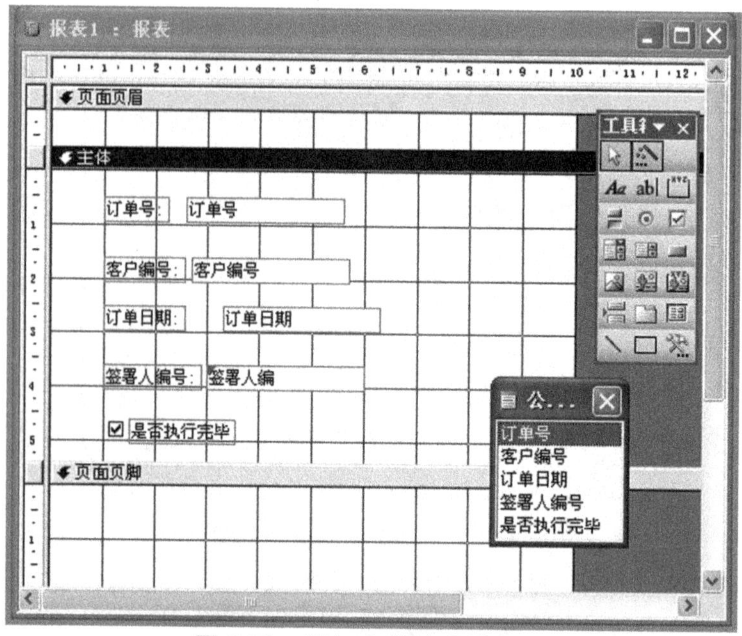

图 7-32　添加字段的设计视图

7.3　编辑报表

7.3.1　在报表中添加日期和时间

有时需要在报表的页眉或页脚显示日期和时间。

【例 7-7】为使用标签向导创建的报表“标签 客户信息表 1”添加日期和时间。

(1)进入报表“标签 客户信息表 1”的设计视图中,单击“插入”→“日期与时间”命令,弹出“日期与时间”对话框,选择日期和时间格式,如图 7-33 所示。

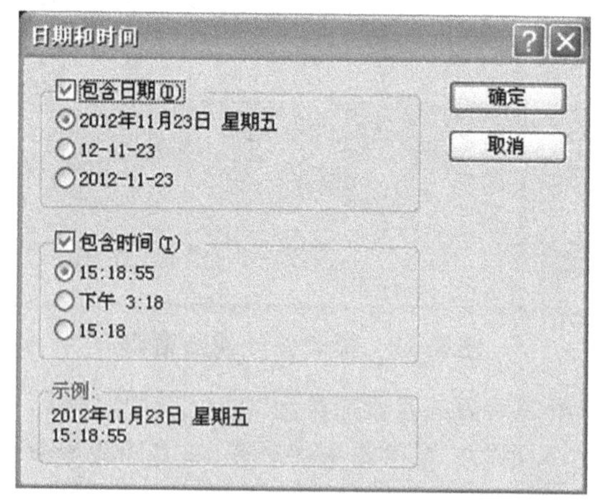

图 7-33　“日期与时间”对话框设置日期格式

(2)单击“确定”按钮之后会在“页面页眉”节中添加两个文本框,输入内容分别是“=Date()”和“=Time()”,如图 7-34 所示。

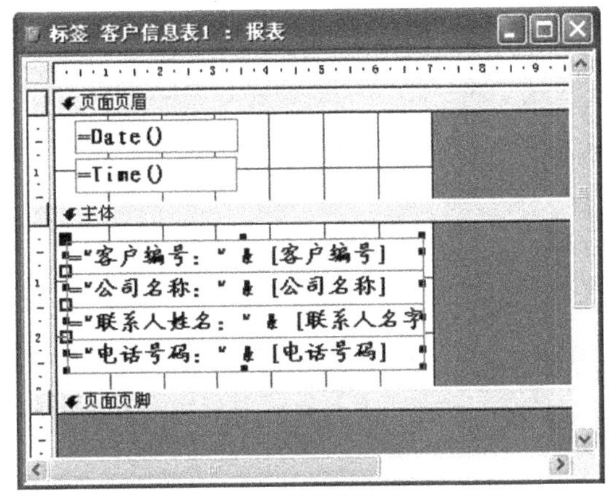

图 7-34　插入日期和时间

(3)在“打印预览”中查看效果,如图 7-35 所示,如有需要可以返回“设计视图”进行修改。

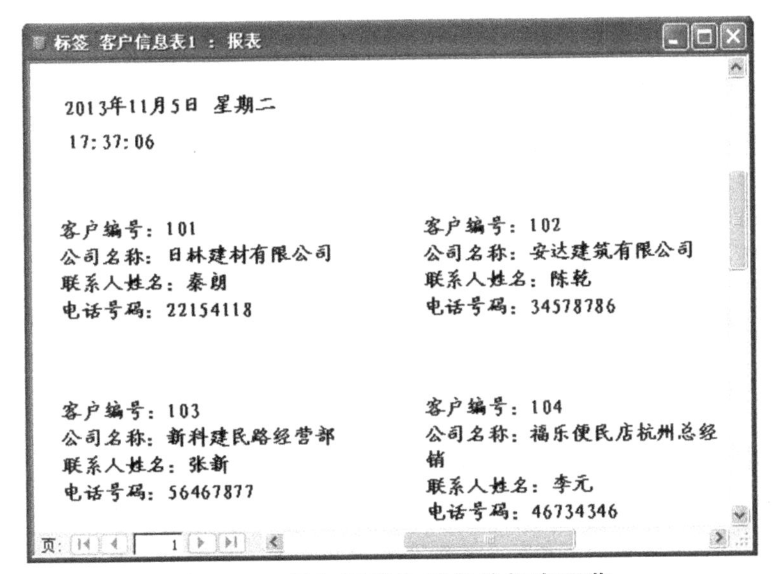

图 7-35　插入日期和时间的报表预览

也可以使用手工输入的方法添加日期和时间。具体操作:在报表的设计视图中合适的位置添加一个文本框,去掉附加标签,在文本框或文本框属性表中的控件来源属性项中输入代码。想要显示当前日期和时间,输入“=Now()”;想要显示当前日期,输入“=Date()”;想要显示当前时间,输入“=Time()”。

7.3.2　在报表中添加页码

一般报表都会有很多页,所以需要在报表中加入页码,以确定报表中每一页的先后顺序。

【例 7-8】 为使用标签向导创建的报表“标签 客户信息表 1”添加页码。

(1)进入报表"标签 客户信息表 1"的设计视图中,单击"插入"→"页码"命令,弹出如图 7-36 所示"页码"对话框。在"页码"对话框中,选择页码的格式、位置和对齐方式。

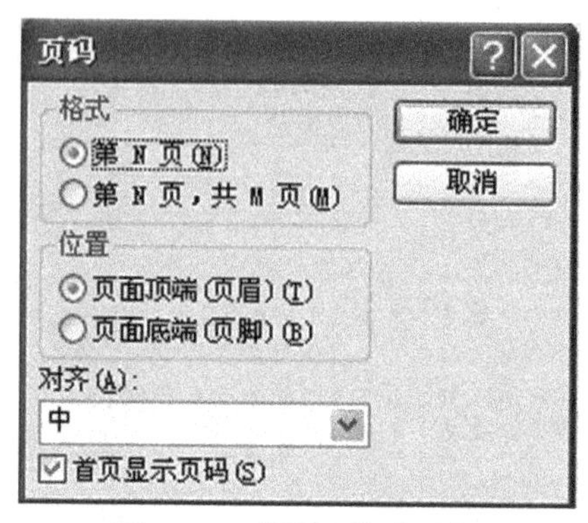

图 7-36 "页码"对话框

(2)单击"确定"按钮,添加的页码会出现在"页面页眉",如图 7-37 所示。如有需要,可以直接拖动页码控件到想要的位置。

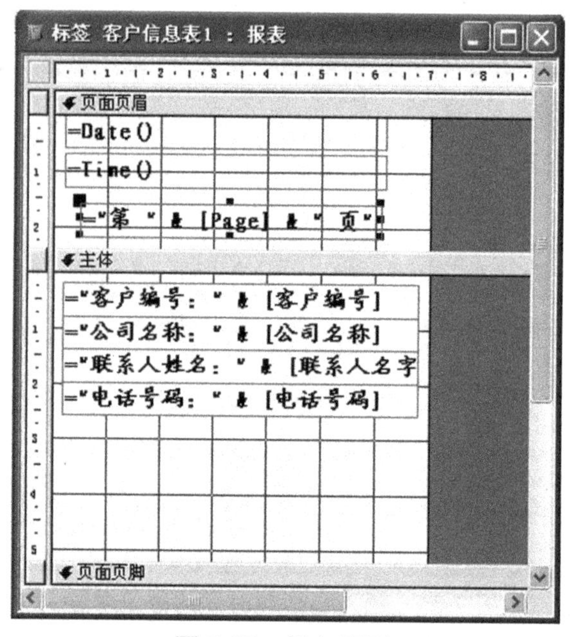

图 7-37 插入页码

(3)预览效果如图 7-38 所示。

同添加日期和时间一样,我们也可以手动输入添加页码。具体操作:在页面页眉或页面页脚中添加页码文本框,去掉附加标签,在文本框或文本框属性表中的控件来源属性项中输入代码。常用的页码格式下:如果想显示当前页,可以输入"="第 " & [Page] & " 页"";如果想要显示当前页/总页数,可以输入"=[Page]/[Pages]";如果想要显示当前页及总页数,可以输入"="第"&[Page]&"页,共"&[Page]&"页""。

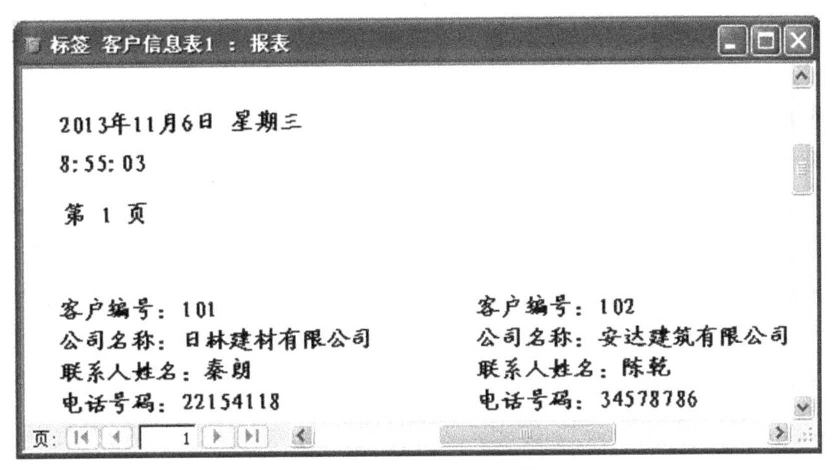

图 7-38　插入页码后预览效果

7.3.3　在报表中添加背景图片

为了美化报表,可以在报表中添加背景图片,它可以应用于整个报表。

【例 7-9】 为使用标签向导创建的报表“标签 客户信息表 1”添加背景图片。

(1)进入报表“标签 客户信息表 1”的设计视图中,打开“报表”属性表,如图 7-39 所示。

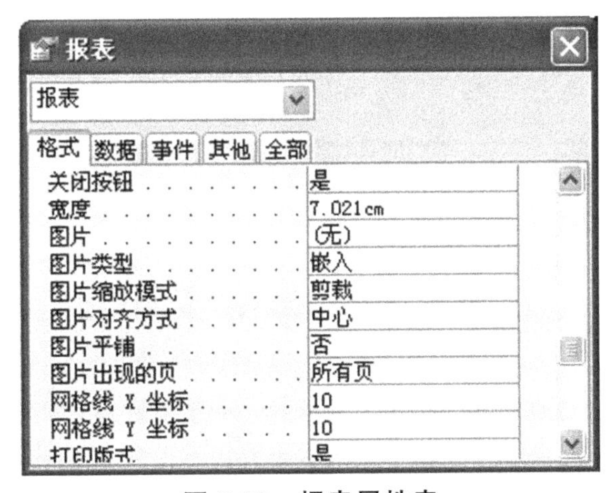

图 7-39　报表属性表

其中,“图片”属性框用于输入图片文件的路径和文件名,或者单击右端的“生成器”按钮 ⋯ ;“图片类型”属性框用于指定图片的添加方式:嵌入或链接;“图片缩放模式”属性框用于控制图片的比例,该属性有剪裁、拉伸和缩放三种;“图片对齐方式”属性框用于指定图片的位置;“图片平铺”属性框用于确定是否使图片在报表页面重复。

(2)自行设置完成后,在“视图”窗体中预览,如图 7-40 所示。

图 7-40　插入背景的“报表”窗体

7.4　报表数据的排序、分组与汇总

排序和分组对于一个良好的报表是非常重要的。为了更好地组织报表中的数据，可以将数据按种类分组。数据分组允许用户根据一个或多个常用字段安排记录，使记录更容易阅读。排序的使用，使数据的规律性和变化趋势更加清晰；分组的使用，将数据很好地分类，从而便于产生一些组内数据的统计汇总。

以设计视图方式打开想要进行排序或分组的报表，单击工具栏上的“排序与分组”按钮，弹出“排序与分组”对话框，在对话框上部的“字段/表达式”和“排序次序”中选定相应内容，则在下部出现“组属性”区域，如图 7-41 所示。

在“字段/表达式”下的文本框中可以选择字段名称，也可以直接输入某一表达式。在报表中可以设置多个排序字段，Access 2003 会先按第一排序字段排序，第一排序字段值相同的记录可按第二排序字段排序，依次类推。在选定好字段或输入表达式后可在“排序次序”文本框的相应各行选择“升序”或“降序”。升序即把数据内容按照 A 到 Z 或 0 到 9 的次序排序；降序则是按照

Z 到 A 或 9 到 0 的次序排列。如果不规定排序顺序，Access 2003 自动选择按照升序排列。

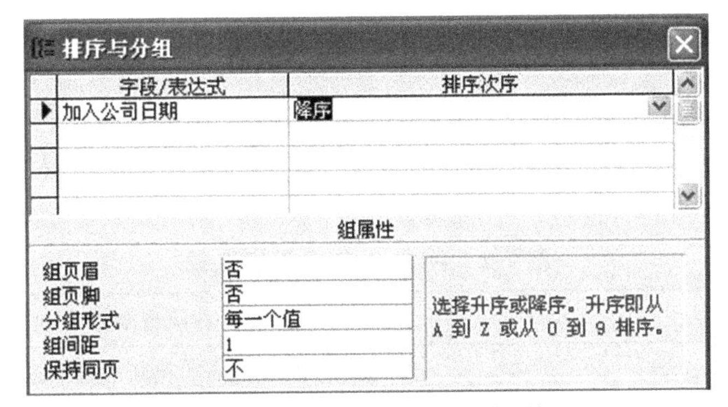

图 7-41　“排序与分组”对话框

单击要设置分组属性的字段或表达式，然后设置其组属性，从而对数据进行分组，最多可对 10 个字段和表达式进行分组。

以下为“组属性”中各选项的含义及设置。

(1)“组页眉”：用于设定是否显示该组的页眉。

(2)“组页脚”：用于设定是否显示该组的页脚。

(3)“分组形式”：选择值或值的范围，以便创建新组。可用选项取决于分组字段的数据类型。

(4)“组间距”：指定分组字段或表达式值之间的间距值。

(5)“保持同页”：用于指定是否将组放在同一页上。

下面分别对不同的数据分组情况分别进行阐述。

7.4.1　按日期/时间字段分组记录

当要按照日期/时间字段分组记录时，可按表 7-1 所列范围设置“分组形式”的属性。对于除了“每一个值”以外的所有选项，都可以把“组间距”属性设置为对分组字段或表达式值有效的任何值。如果将“分组形式”属性设置为“每一个值”，则“组间距”的属性值为 1。

表 7-1　按日期/时间字段分组记录

属性设置	分组记录方式
每一个值	按照字段或表达式相同的值对记录分组
年	按照相同历法年中的日期对记录分组
季度	按照相同历法季度中的日期对记录分组
月份	按照同一月份中的日期对记录分组
周	按照同一周中的日期对记录分组
日	按照同一天的日期对记录分组
时	按照相同小时的时间对记录分组
分	按照同一分钟的时间对记录分组

7.4.2 按文本字段分组记录

在按文本字段分组记录时，可按表表 7-2 设置“分组形式”的属性。如果“分组形式”属性设置为“每一个值”，则“组间距”属性值设为 1；如果将“分组形式”属性设为“前缀字符”，则“组间距”属性可设置为对分组字段有效的任何值。

表 7-2 按文本字段分组记录

属性设置	分组记录方式
(默认值)每一个值	按照字段或表达式相同的值对记录进行分组
前缀字符	按照字段或表达式中前几个字符相同的值对记录进行分组

7.4.3 按自动编号字段、货币字段或数字字段分组记录

按照自动编号字段、货币字段或数字字段对记录进行分组时，可以按照表 7-3 设置“分组形式”的属性。如果“分组形式”属性设置为“每一个值”，则“组间距”属性值为 1；如果“分组形式”属性设置为“间隔”，则“组间距”属性设置为对分组字段或表达式值有效的任何数值。

表 7-3 按自动编号字段、货币字段或数字字段分组记录

属性设置	分组记录方式
(默认值)每一个值	按照字段或表达式中相同数值对记录进行分组
间隔	按照位于指定间隔中的值对记录进行分组

Access 2003 从 0 开始对自动编号、货币和数字字段进行分组。例如，“分组形式”属性设置为“间隔”，并将“组间隔”设为 3 时，则 Access 2003 以以下方式记录：自动编号、货币等将每隔 3 个显示一个分组形式。

7.4.4 设置排序与分组的步骤

1. 报表排序

报表中的数据排序一般用于整理数据记录，便于查找或打印。

【例 7-10】 为“公司管理系统”数据库中的“员工工资信息表(报表向导)”报表设置排序。

(1)在报表设计视图中打开“员工工资信息表(报表向导)”报表。

(2)单击工具栏上的“排序与分组”按钮 或选择“视图”→“排序与分组”命令，打开“排序与分组”对话框。在“字段/表达式”列中选择“基本工资”，“排序次序”列选择“降序”。如图 7-42 所示。

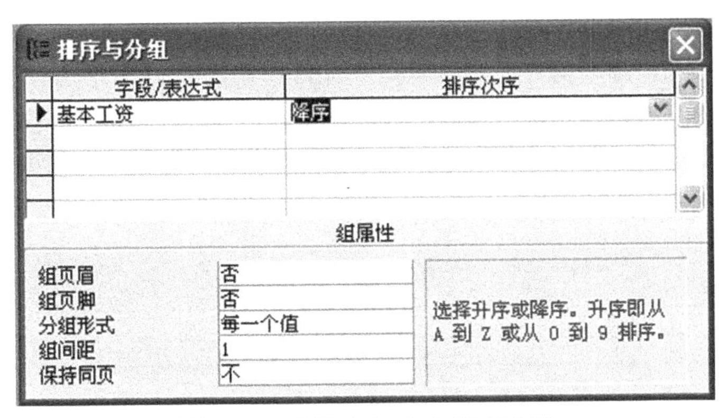

图 7-42　“排序与分组”对话框

特别注意：由于排序与分组使用的是同一个对话框，对于排序的字段的组属性中的“组页眉”和“组页脚”一定设置为“否”，否则该字段为分组字段。

(3)设置完成后点击预览，会发现报表数据按照“基本工资”进行降序排列。如图 7-43 所示。

员工工资信息表(报表向导)

员工工资信息表(报表向导)

员工编号	姓名	部门	基本工资	业绩奖金
215	王美	销售部	9029.475	4080
219	陈可	生产部	5788.125	35600
212	李明	会计部	5788.125	4000
220	高松	生产部	5325.075	7000
214	李珏	销售部	5325.075	0
213	赵杰	销售部	5325.075	5600
211	赵丽	会计部	5325.075	1720
218	邵觉	生产部	4630.5	6000
217	林琳	策划部	4630.5	12000
216	张强	策划部	4283.2125	0

页： 1

图 7-43　按“基本工资”降序排列效果图

2. 报表分组

在对报表中的数据分组时，可以添加“组页眉”或“组页脚”。分组就是将报表中具有共同特征的相关记录排列在一起，并且可以为同组记录设置要显示的汇总信息。可以根据数据库中不同类型的字段对记录进行分组。

【例 7-11】 为“公司管理系统”数据库中的“员工工资信息表(报表向导)”报表设置分组。

(1)在报表设计视图中打开“员工工资信息表(报表向导)”报表。

(2)单击工具栏上的“排序与分组”按钮 或选择“视图”→“排序与分组”命令,打开“排序与分组”对话框。选择分组字段“员工编号”,将“组属性”中的“组页眉”和“组页脚”设置为“是”,这样在报表中将添加组页眉“员工编号页眉”和组页脚“员工编号页脚”,如图 7-44 所示。然后关闭“排序与分组”对话框。

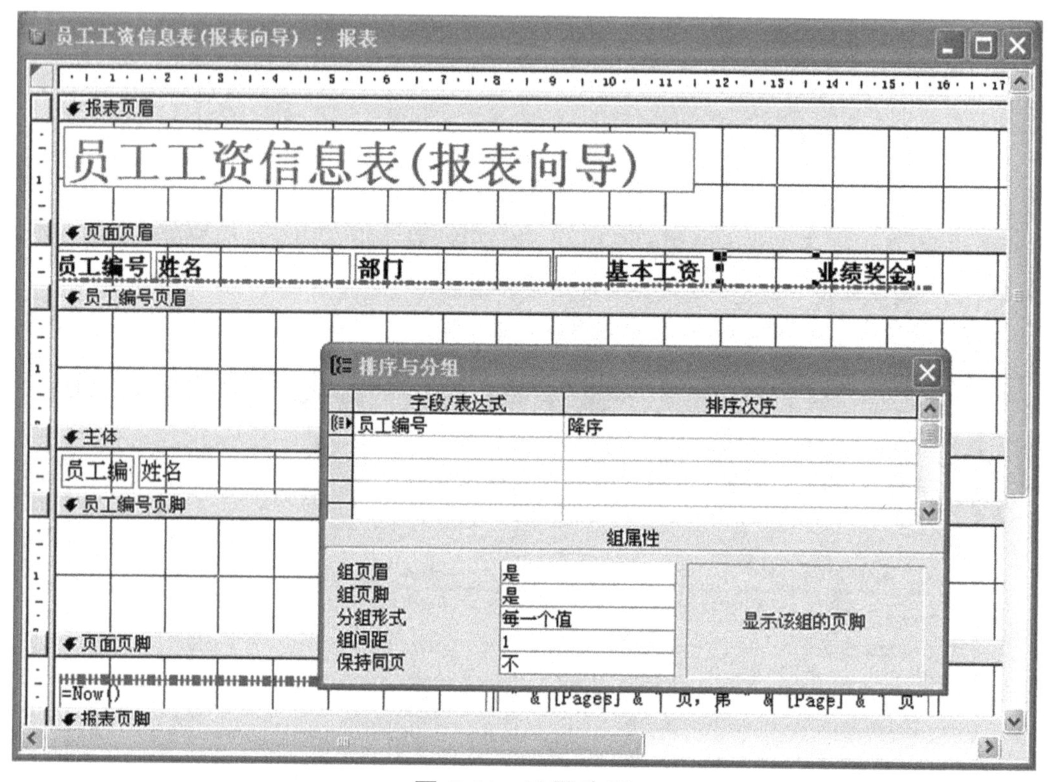

图 7-44 设置分组

3. 报表汇总

在报表中有时候需要对报表分组中的数据或整个报表数据进行汇总。数据汇总分为两种类型,一种为按组汇总,一种为对整个报表进行汇总。

【例 7-12】 对“公司管理系统”数据库中的“员工工资信息表(报表向导)”报表进行汇总。操作步骤如下。

(1)在报表设计视图中打开“员工工资信息表(报表向导)”报表。

(2)在“报表”窗口的报表页眉处,根据需要添加一个个文本框控件,输入显示标题和统计总计算函数或者表达式,“=Count([员工编号])&"人""。如图 7-45 所示。计算控件文本框中的表达式可以直接输入,也可以使用“表达式生成器”完成。

(3)切换到报表的“打印预览”视图,生成的报表如图 7-46 所示。

如果要汇总每个组的数据,则在组页眉或组页脚中添加一个文本框,在该文本框中输入计算表达式。如果要汇总整个报表的数据,则可以在报表页眉或报表页脚中添加计算文本框,以输出显示所需要的数据。本例中所介绍的只是汇总中简单的一种。以下为在报表中经常会用到的统计汇总函数及功能。

Sum(),计算所有记录或记录组中指定字段值的总和。

Avg(),计算所有记录或记录组中指定字段值的平均值。

Min(),计算所有记录或记录组中指定字段值的最小值。

Max(),计算所有记录或记录组中指定字段值的最大值。

Count(),计算所有记录或记录组中指定字段值的个数。

图 7-45　报表设计视图

员工工资信息表(报表向导)

总人数:　10人

工编号	姓名	部门	基本工资	业绩奖金
211	赵丽	会计部	5325.075	1720
212	李明	会计部	5788.125	4000
213	赵杰	销售部	5325.075	5600
214	李珏	销售部	5325.075	0

图 7-46　汇总预览

7.5　打印报表

尽管数据表和查询都可用于打印,但是,报表才是打印和复制数据库管理信息的最佳方式,可以帮助用户以更好的方式表示数据。报表既可以输出在屏幕上,也可以传送到打印设备。

打印报表是设计和创建报表的主要目的,通过将报表打印到纸质介质上,便于信息的传递和共享。为了保证打印出来的报表外观精美、合乎要求,通常需要使用 Access 2003 打印和预览功能显示报表，以便对其做出修改。

7.5.1 报表预览

【例 7-13】 结合“公司管理系统”数据库中的“标签 客户信息表 1”报表来学习和掌握报表的打印预览、页面设置。

(1)打开“公司管理系统”数据库，在数据库窗口中选择“报表”对象，双击“标签 客户信息表 1”报表，此时将在“打印预览”视图中打开这个报表，同时也显示出“打印预览”工具栏，如图 7-47 所示。通过预览效果，用户可以观察到所建报表的真实情况，这与打印出来的效果完全一致。

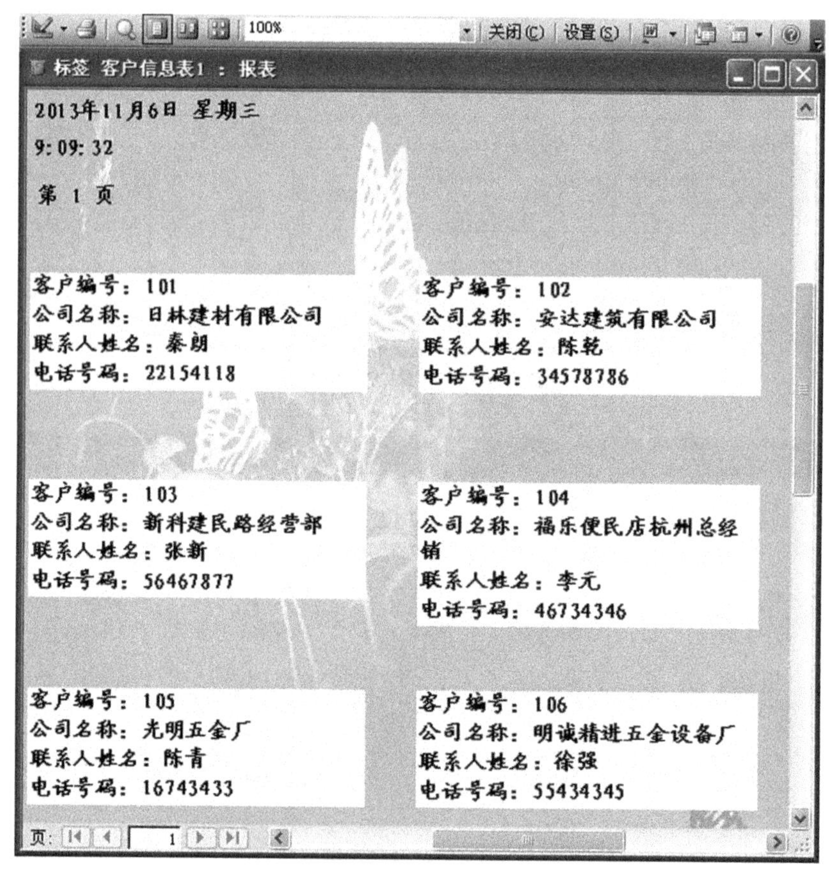

图 7-47 员工信息一览表预览效果

(2)“打印预览”工具栏中各按钮功能如下。

①视图 ：显示当前窗口的可用视图。单击按钮旁边的箭头，选择所需的视图。

②打印 ：不经页面设置，立即打印选定的视图。

③显示比例(按钮) ：可以在“100%”与“适当”之间切换报表的显示比例。

④单页 ：预览一页报表。

⑤双页 ：预览两页报表。

⑥多页 ：预览多页报表。

⑦显示比例(下拉框) 适当 :使用指定的显示比例来显示报表内容。

⑧关闭 关闭(C) :关闭预览窗口。

⑨设置 设置(S) :弹出“页面设置”对话框进行页面设置。

⑩Office 链接 :可以将报表合并到 Word 中,或通过 Word 进行发布,或用 Excel 进行分析。

⑪数据库 :单击此按钮右侧的下三角按钮,弹出的下拉列表中显示数据库的所有对象。可以利用拖放等方法将对象从“数据库”窗口移到当前窗口。

⑫新对象 :利用向导创建数据库对象。

⑬Office 助手 :让“Office 助手”提供帮助主题和提示信息。

(3)滚动条的使用。用户创建的报表常常十分庞大,浏览十分不方便。因此可以使用窗口下方的水平滚动条来调整窗口中报表的位置,从而更好地浏览报表。如图 7-48 所示。

图 7-48　水平滚动条和页数指示框

在水平滚动条左侧有个页数指示框,用于指定浏览报表的页号。中间的文本框显示当前浏览的报表页号码。用户可以单击两侧的箭头更改页码数,也可以直接在中间文本框中输入页码,然后按 Enter 键。

7.5.2　报表打印

1. 页面设置

打印报表最简单的方法是直接单击工具栏上的“打印”按钮,直接将报表发送到打印机上。但是在打印之前,通常需要对页面进行设置,第 1 次打印尤其如此。

在打印预览和设计视图状态下打开报表,然后在“打印预览”工具栏上单击“设置”按钮可以对报表进行页面设置,弹出的“页面设置”对话框由“边距”、“页”和“列”选项卡组成,利用这些选项卡可以对报表的页面参数进行设置。

(1)“边距”选项卡

在“边距”选项卡中,可以设置上、下、左、右 4 个方向的页边距,还可以选择是否只打印数据,如图 7-49 所示。

(2)“页”选项卡

在“页”选项卡中,可以对打印方向、纸张大小和纸张来源进行设置,也可以选择要使用的打印机。如图 7-50 所示。

(3)“列”选项卡

在“列”选项卡中,可以对报表的列数、行间距和列尺寸进行设置。如图 7-51 所示。利用此选项卡用户可以更改报表的外观,将报表设置成多栏式报表。

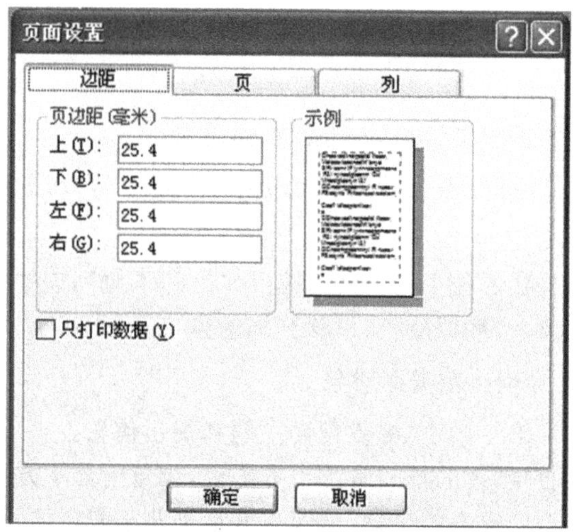

图 7-49 “页面设置”边距选项卡

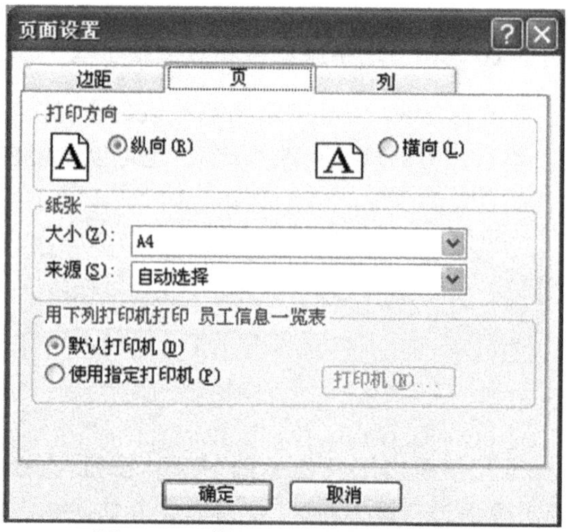

图 7-50 “页面设置”页选项卡

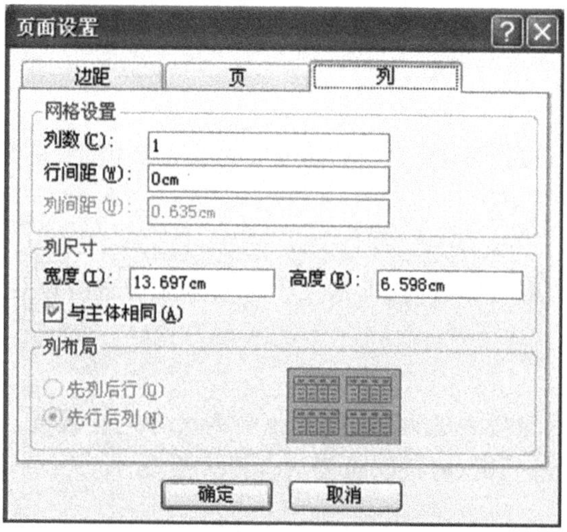

图 7-51 “页面设置”列选项卡

2. 报表打印

设置完页面后，如果对打印预览效果感到满意，就可以进行实际打印了。若要直接对报表进行打印，可单击“打印预览”工具栏上的“打印”按钮 ；若要对打印参数进行设置后再进行打印，可选择“文件”→“打印”命令或按组合键“Ctrl+P”，以弹出如图 7-52 所示的“打印”对话框。

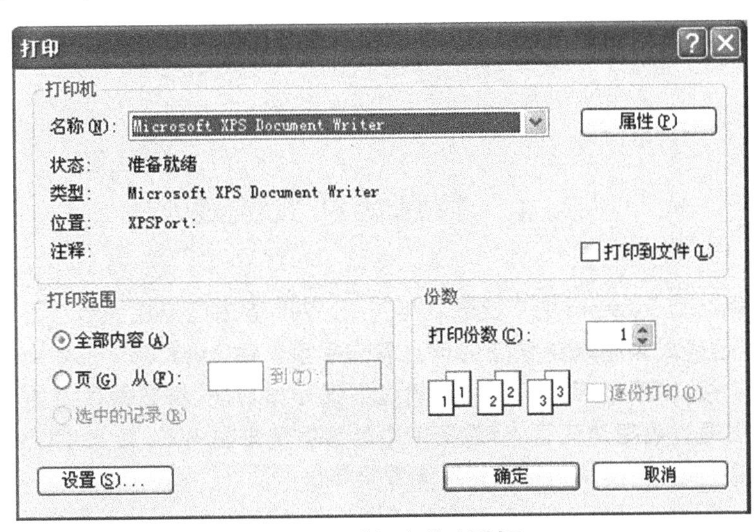

图 7-52　“打印”对话框

此对话框中，“打印机”选项可以用于设定打印机型号，对话框显示打印机的状态和属性；“打印范围”选项用于设置打印范围，可以为全部内容或从哪页到哪页；“份数”选项用于设置打印份数。完成设置后，单击“确定”按钮，即可正式开始打印。

第 8 章　Access 的网络应用——数据访问页

8.1　数据访问页概述

随着计算机网络和 Internet 的广泛普及与应用，Web 应用已经成为当今各种应用程序的一种重要功能，网页已经成为越来越重要的信息发布手段。在 Microsoft Access 2003 中，可以在数据库中添加超链接，以显示 Web 页；可以通过数据导出功能，将数据库中的数据导出成一个 HTML 文件；可以通过数据访问页，将数据库中的数据发布在 Web 页上，用户可以通过网络对数据库中的数据进行输入、编辑、查看、更新和删除等操作。

8.1.1　数据访问页对象

数据访问页是从 Access 2000 版本开始新增的数据库对象，数据访问页实际上就是一种 Web 页，它增强了 Access 与 Internet 的集成，创建数据访问页的目的是使数据库的访问者可以通过网络利用浏览器直接对数据库中的数据进行查看、输入、编辑、更新和删除等操作，为数据库用户提供了更强大的网络功能，方便用户通过 Internet 或 Intranet 访问保存在 Microsoft Access 数据库中的数据。数据访问页也可能包含来自其他源的数据，例如 Microsoft Excel。

数据访问页是一种在浏览器中使用的特殊类型网页，数据访问页并不是保存在数据库内部，它是一个独立于数据库之外的文件（扩展名为 .htm 的文件），在 Access 数据库窗口中建立了数据访问页的快捷方式。数据访问页与窗体、报表很相似，如它们都要使用字段列表、工具箱、控件、排序与分组对话等。它能够完成窗体、报表所完成的大多数工作，但又具有窗体、报表所不具备的功能，是使用数据访问页还是使用窗体和报表取决于要完成的任务。区别是数据访问页基于的数据源是存储在 Internet 或 Intranet 上 Access 数据库或 Microsoft SQL Server 数据库中的数据。

一般情况下，在 Access 2003 数据库中输入、编辑和交互处理数据时，可以使用窗体，也可以使用数据访问页，但不能使用报表。通过 Internet 的输入、编辑和交互处理活动数据时，只能使用数据访问页实现，而不能使用窗体和报表。当要打印发布数据时，最好使用报表，也可以使用窗体和数据访问页，但效果不如报表。如果要通过电子邮件发布数据，则只能使用数据访问页。

打开 Access 数据库，选择对象列表中的“页”对象，将显示数据库的数据页管理器，具体如图 8-1 所示，图中页对象列表是数据访问页的维护工具。

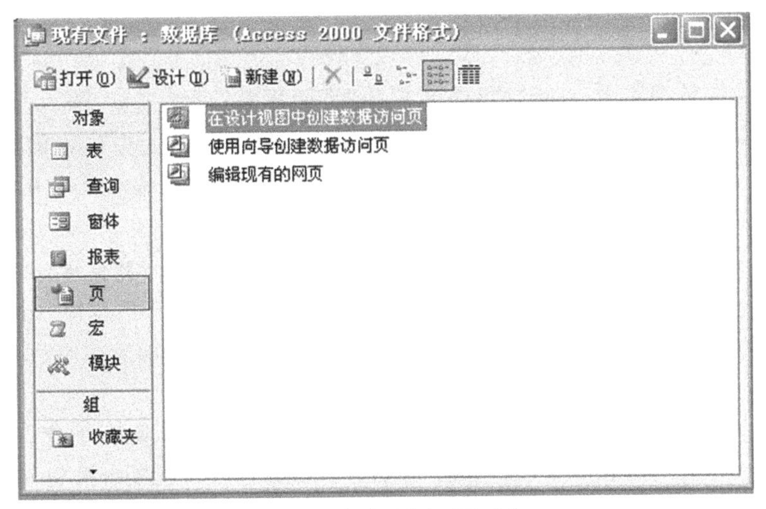

图 8-1　数据访问页对象

1. 数据访问页的类型

数据访问页是一种能够动态显示、添加、删除及修改记录内容的特殊网页。用户既可以在 Internet 上使用数据访问页，在网络上发布数据库信息，又可以通过电子邮件发送数据访问页。

根据应用功能的不同，在 Access 2003 中，一般把数据访问页划分为 3 种类型。

(1)交互式报表

用于对存储在数据库中的数据进行合并计算和分组，并发布数据摘要信息的数据访问页。其作用类似于报表，但具有一些报表所不具有的特点：数据访问页连接到数据库上，所以可以查看当前数据库中的数据，可以通过邮件发送，接受者每次打开时，可看到数据库的当前数据。数据访问页与数据库之间可实现交互操作。虽然这种数据访问页也提供用于排序和筛选数据的工具栏按钮，但是在这种页上不能编辑数据。

(2)数据输入

数据输入类型的数据访问页可用于浏览、添加和编辑数据库中的记录。了解用于数据输入的数据访问页。其作用与窗体类似，但用户可以在 Access 数据库外部使用数据访问页，以在 Internet/Intranet 上更新数据库数据。与窗体不同的是数据访问页在 Access 中只保存一个快捷方式，访问页本身保存在 Access 之外。

(3)数据分析

这种数据访问页会包含一个数据透视表列表，与 Access 数据透视表窗体或 Excel 数据透视表报表相似，可重新组织数据并以不同方法分析数据，比如用 Office 数据透视表控件来完成分析数据的任务，也可以与其他控件组合来分析数据。也可以包含一个图表，可以用于分析趋势、发现模式，以及比较数据库中的数据。或者，这种页会包含一个电子表格，可以在其中输入和编辑数据，并且像在 Excel 中一样使用公式进行计算。

数据访问页对象与 Access 数据库中的其他对象不完全相同。其不同点在于数据访问页对象的存储方式与调用方式方面。

2. 数据访问页的数据源

在 Access 2003 数据库中，利用数据访问页的“页面视图”可以浏览、输入、编辑及交互使用数据，此时，其功能与窗体和报表类似。但数据访问页具有访问网上数据库的能力，即经由 Internet 或 Intranet，可在 Access 2003 数据库或项目外部浏览、输入、编辑及交互使用数据。由此决定了数据访问页数据源的处理方式与窗体和报表有不同的地方。

数据访问页不同于其他 Access 对象，它并不是被保存在 Access 数据库（*.MDB）文件中，数据访问页作为一个分离文件单独存储在数据库外部，是一个独立于数据库之外的文件，因此数据访问页上的数据是数据访问页导出时数据库中的数据，它们不会随着数据库数据的改变而实时更新，仅在 Access 数据库页对象集中保留一个快捷方式。

创建数据访问页应为其绑定一个 Access 数据库或 SQL 服务器数据库。在 Access 2003 窗口中创建数据访问页时，其绑定的数据库自动设置为 Access 2003 当前数据库；如果创建数据访问页时没有打开数据库，或者打开其他程序所建的 Web 页，Access 2003 将提示用户设置连接信息，也可在再次打开时设置，否则，数据访问页将找不到数据源，无法显示数据库中的信息。此外，如果数据访问页创建后改变了数据库的位置，也需为数据访问页重新设置数据源连接。

3. 数据访问页的调用方式

对于已经设计完成的数据访问页对象，可以用两种方式调用它。无论采用哪一种方式，都会启动 Microsoft Internet Explorer（IE 5.0 以上版本）来打开这个数据访问页对象。数据访问页并不支持任何其他类型的 Internet 浏览器。

（1）在 Access 数据库中打开数据访问页

在 Access 数据库中打开数据访问页显然不是为了应用，而是为了测试。只需在 Access 数据库“设计”视图的“页”对象选项卡上，选中需要打开的数据访问页对象名，然后单击“打开”按钮即可打开这个选中的数据访问页。

（2）在浏览器中打开数据访问页

数据访问页的功能是为 Internet 用户提供访问 Access 数据库的界面，因此在正常使用情况下，可通过 Internet 浏览器直接打开数据访问页。为了真正提供 Internet 应用，要求网络上至少存在一台 Web 服务器，并且将 Access 数据访问页以 URL 路径指明定位。

4. 窗体、报表和数据访问页之间的比较

每个 Microsoft Access 数据库对象（如表、查询、窗体、报表、页、宏和模块等）都是针对特定目的而设计的。在 Access 中，创建数据访问页的方法与创建窗体或报表的方法大体相同，如都要使用字段列表、工具箱、控件、排序与分组对话框等。

数据访问页的作用与窗体类似，都可以用来作为浏览和操作数据库数据的用户操作界面。窗体具有很强的交互能力，主要用于访问当前数据库中的数据；数据访问页除了可以访问本机上的 Access 数据库外，还可以用于访问网上数据库中的数据。

数据访问页能完成报表所显示的大部分工作，但与报表相比，还具有以下优点。

(1)由于与数据绑定的数据访问页连接到数据库,因此这些数据访问页显示的是数据库的当前数据。

(2)数据访问页是交互式浏览,用户可以根据需要对数据进行筛选、排序和查看。

(3)数据访问页还可以通过电子邮件方式进行分发,当收件人打开邮件可以看到当前数据。

一般情况下,在 Access 2003 数据库中输入、编辑和交互处理数据时,可以使用窗体,也可以使用数据访问页,但不能使用报表。通过 Internet 输入、编辑和交互处理数据时,只能使用数据访问页实现,而不能使用窗体和报表。要打印发布数据时,最好使用报表,也可以使用窗体或数据访问页,但效果不如报表。若要通过电子邮件发布数据,就只能使用数据访问页进行。

8.1.2　数据访问页视图

无论数据访问页对象多么不同于 Access 数据库中的其他对象,Access 依然采用与其他对象相同的创建与设计方式:提供一个页对象创建向导用于初步创建一个数据访问页对象,提供页"设计"视图用于完善数据访问页对象的全面设计。

数据访问页是以 HTML 编码的窗体。有 3 种视图方式:页面视图、设计视图及网页预览视图。

1. 页面视图

页面视图是查看所生成的数据访问页样式的一种视图,即数据访问页的运行状态方式,用来浏览所创建的数据访问页。用户在此视图方式下,可以查看设计效果。

利用数据库对象中的"新建/自动创建数据访问页:纵栏式",如图 8-2 所示,向导新建的数据访问页就是以这种视图方式打开的"员工详细信息表",可图 8-3 所示。

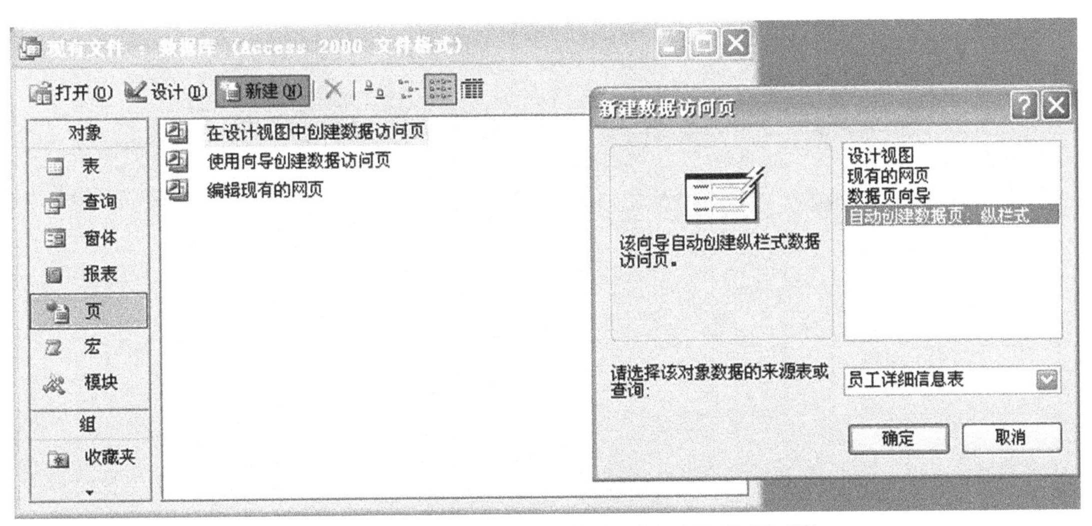

图 8-2　"新建/自动创建数据访问页:纵栏式"

员工详细信息表

员工编号: 211
姓名: 赵丽
部门: 会计部
性别: 女
雇佣日期: 2001-5-9
联系电话: 18822210025

员工详细信息表 10 之 1

图 8-3 “员工详细信息表”的页面视图

2. 设计视图

设计视图是创建与设计数据访问页的一个可视化的集成界面。通过设计视图，可以进行数据访问页功能的设计、格式的修改等操作。

在设计视图中的页设计工具箱，与其他视图的工具箱比，增加了一些与网页设计相关的控件，如图 8-4 所示，对应的页的设计视图可见图 8-5 所示。

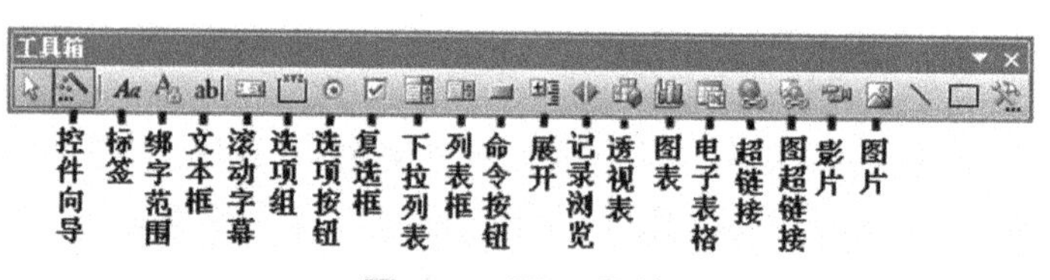

图 8-4 页工具箱

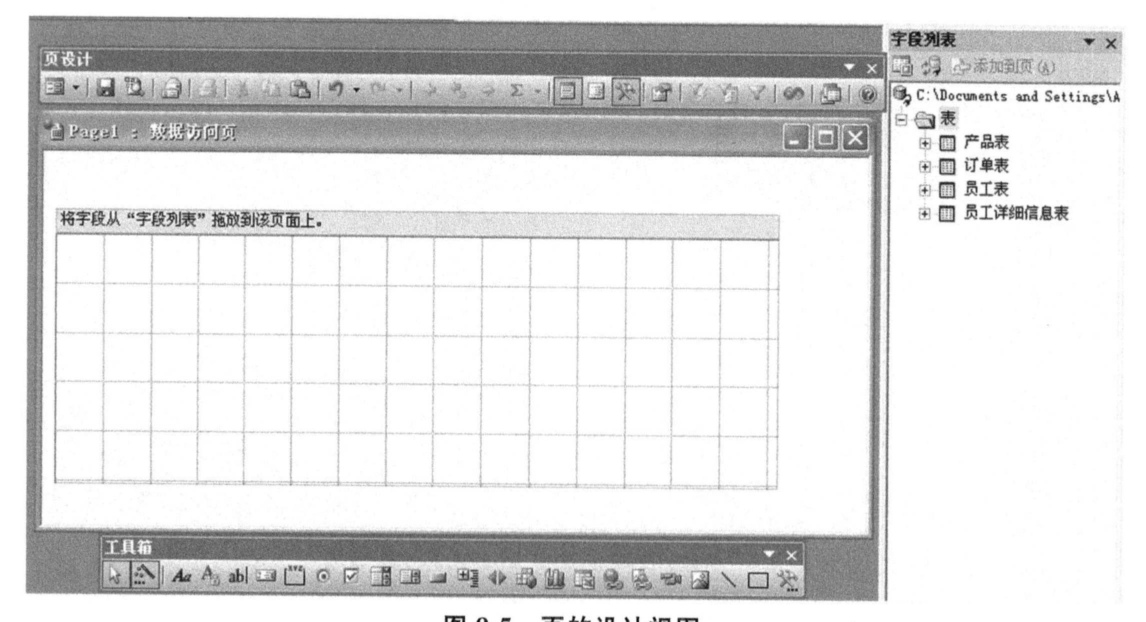

图 8-5 页的设计视图

3. 网页预览视图

可以用多种方法在网页浏览器中打开数据访问页。

(1)选中数据页对象,执行"文件"→"网页预览"命令。

(2)右击数据页对象,执行快捷菜单中的"网页预览"命令。

(3)双击存储在磁盘上的数据访问页文件。

8.1.3　数据访问页的组成

数据访问页的基本设计平面,其中可以显示信息的文本和各个节。与窗体和报表相似,数据访问页也是由主体、页眉、页脚、标签等包含了若干控件或元件的节组成。不同的是,在窗体或报表中各个节都有节选定器,而在数据访问页中主体节没有明显的标志。

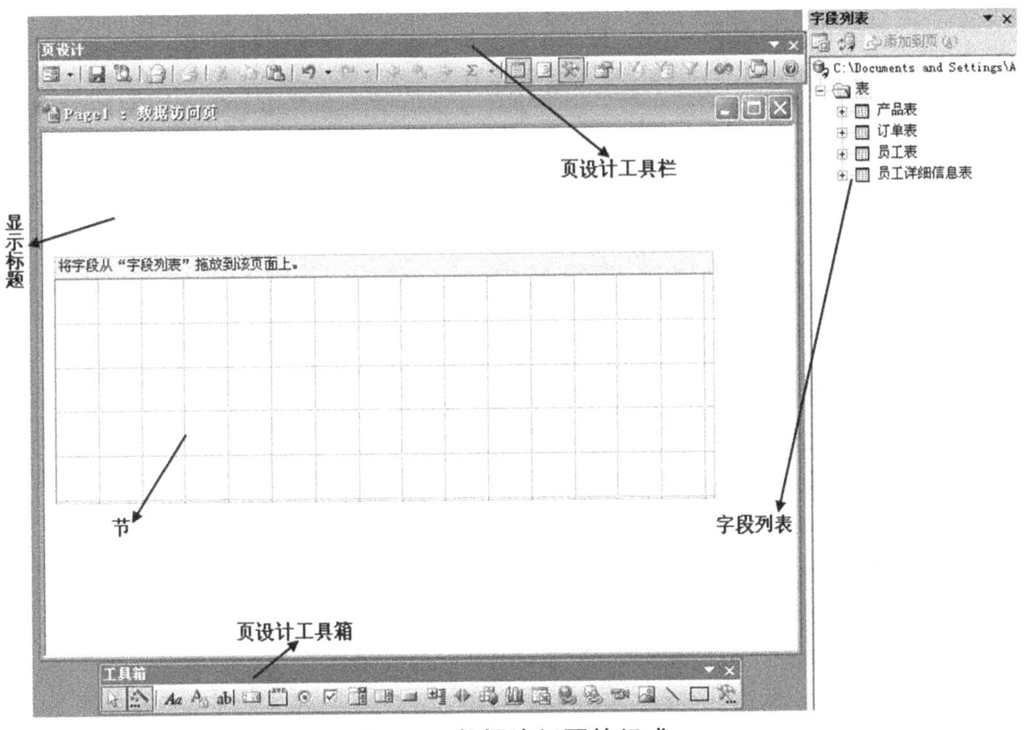

图 8-6　数据访问页的组成

数据访问页由以下几个部分组成。

(1)正文　数据访问页的基本设计页面。在支持数据输入的页上,可以用来显示信息性文本,与数据绑定的控件以及节。

(2)节　使用节可以显示文字、数据库中的数据以及工具栏。通常有两种类型的节用在支持数据输入的页上:组页眉和记录导航节。页还可以有页脚和标题节。

(3)组页眉和页脚　用于显示数据和计算结果值。

(4)记录导航　用于显示分组级别的记录导航控件。在分组的页中,可以向每个分组级别添加一个导航工具栏。还可以通过更改导航工具栏的属性对其进行自定义。组的记录导航节出现在组页眉节之后。但在记录导航节中不能放置绑定控件。

(5)标题　用于显示文本框和其他控件的标题。标题紧邻组页眉的前面出现。在标题节中不能放置绑定控件。

(6)节栏　节栏是位于数据访问页设计视图中节上方的水平条。节栏能够显示节的类型和名称，通过节栏可以访问节的属性表。

8.2　创建数据访问页

数据访问页的创建有两种情况。一种是在打开的当前数据库中创建数据访问页，此时，Access 会创建一个数据访问页并以 HTML 文档格式保存在数据库的外部，同时在该"数据库窗口"中的"页"对象窗格中创建一个用于打开该数据访问页的快捷方式。另一种是在不打开数据库的情况下创建数据访问页，此时，Access 将会在数据库的外部创建独立的数据访问页。

与窗体对象类似，数据访问页对象必须以表对象或查询对象作为自己的数据源。如果一个数据访问页对象将其数据源数据以字符形式予以显示，且采用单个控件的形式安排数据显示格式，即称其为基于单个控件的数据访问页对象。

8.2.1　使用向导创建数据访问页

使用向导创建一个数据访问页的初始模型是一个可取的方法，可以在向导的提示下非常快捷地完成一个数据访问页对象的创建操作。

【例 8-1】 使用向导创建"员工详细信息表"数据访问页。

(1)新建数据访问页。结合图 8-2 所示，在"新建数据访问页"对话框中选择"数据页向导"，单击"确定"按钮，打开"数据页向导"对话框。另一种启动数据页向导的操作方法是在数据库设计视图的"页"对象选项卡上双击"使用向导创建数据访问页"选项，也可以启动"数据页向导"。

在打开的"数据页向导"对话框中选择"表：员工详细信息表"，选定要在数据访问页中显示的字段并添加到"选定的字段"列表框中，具体可见图 8-7 所示。

数据页向导分 4 个步骤引导完成数据访问页对象的创建操作：

第一步要求从数据源中为数据访问页选择使用字段。在如图 8-7 所示的"数据页向导"对话框 1 中，对话框左端有一个"可用字段"列表框，其中列出的是所选数据源中的全部可用字段，对话框右端有一个"选定的字段"列表框，其中显示了所有准备放置在数据访问页上字段。根据需要选择那些需要出现在数据访问页上的数据字段或计算字段，并将其逐一移动至对话框右端的"选定的字段"列表框中。通过单击"＞＞"按钮选择"员工详细信息表"表中的所有字段。

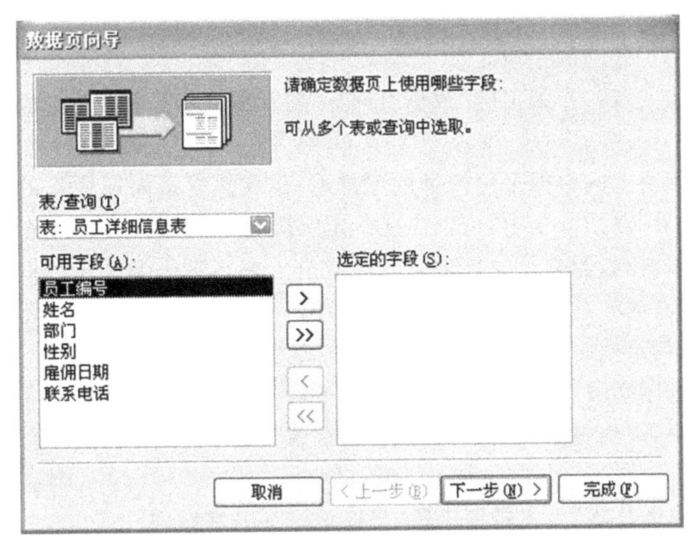

图 8-7　“选定的字段”列表框

(2)单击“下一步”按钮,在弹出的“数据页向导”对话框中添加分组级别。这里按照“部门”字段分组,具体可见图 8-8。

图 8-8 中所示的“数据页向导”对话框 2 中,可以设置数据分组。对话框分为左右两个组合框,分别列出数据源的可用字段和本数据访问页的选定字段。如果需要设定数据分组,可以在其左端的组合框中逐一选定分组字段,然后单击“＞”按钮,即可逐一地将选定字段添加到对话框右端的组合框中,使其成为分组字段。

若选定了分组字段,会产生以下两个结果:

- 当数据访问页运行时,所有数据将按照指定的分组字段分组排列显示。
- 数据访问页中的所有数据将成为只读属性,无法更改其中的数据。

所以是否设置分组以及如何设定分组字段,应该根据实际应用的需要确定。

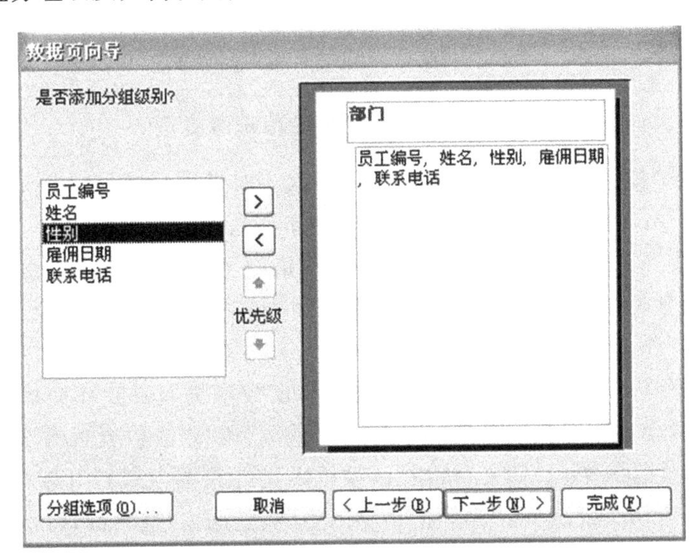

图 8-8　设置分组级别

当选择了多个分组字段后，可以通过单击“↑”“↓”按钮来设置分组字段的优先级。单击“<”按钮可以撤销用于分组的字段。

(3)单击“下一步”按钮，在弹出的“数据页向导”对话框3中选择排序字段和排序类型。具体如图8-9所示。

显示在数据访问页上的数据采用何种顺序排列，是在数据页向导操作的第三步所要确定的问题。在“数据页向导”对话框3中，可以完成确定字段数据的排列顺序的操作。

从对话框中可以看到，数据页向导最多允许指定4个字段作为排序依据。这4个排序字段的选择，可以通过对话框中的4个下拉式列表框实现。每一个列表框的右侧均有一个排序方向按钮，单击即可选择指定排序的方向。排序默认方式为升序。

也可以不选定排序字段，如果这样，则数据页上的数据将按照数据源中的关键字段排序。如果选定多个排序字段，则其主次顺序为由上至下，在保证第1个字段有序的前提下，第2个字段有序，以此类推。

在这里，选定“雇佣日期”为主排序字段，且应设定为升序排列。

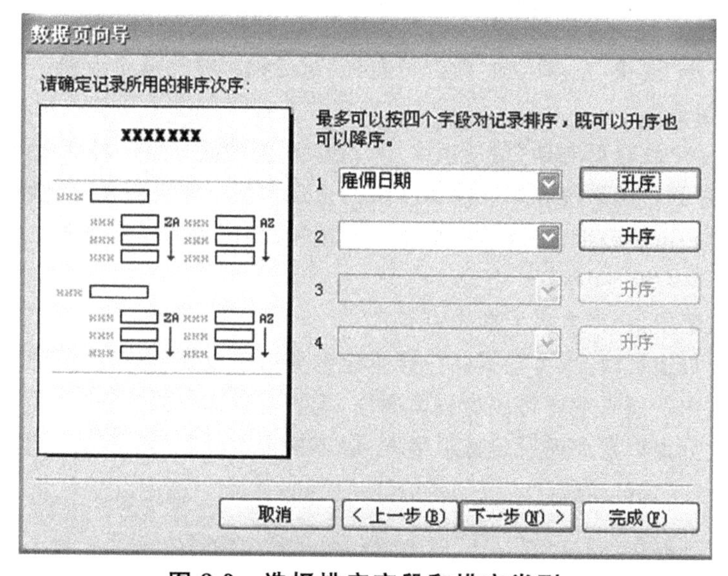

图8-9　选择排序字段和排序类型

(4)单击“下一步”按钮，进入“数据页向导”的第四步对话框，如图8-10所示。

(5)几乎所有的Access对象向导的最后一步操作都是为创建对象命名，数据页向导同样如此。在这一步操作中，首先应在“指定数据页标题”对话框上端的文本框中输入数据访问页对象名称，该名称将称为数据访问页对象在Access数据库中链接对应HTML文件的名字。在这里，输入“员工详细信息”作为数据访问页对象的名称。

由于这个对话框是最后一步操作，因此还需要指定数据页向导操作完成后，要求Access应该进行的操作。有两个单选按钮可供选择：“打开数据页”和“修改数据页的设计”，向导默认选择的是“修改数据页的设计”，单击“完成”按钮后，系统以设计视图方式打开新创建的数据访问页。另外，在对话框中还有两个复选框：“为数据页应用主题”复选框，选中后，可以驱动数据页主题设定对话框，以便为数据访问页设定主题；“显示有关使用数据页的帮助”复选框，选中后，可以显示相关帮助文本。此例这里选择“打开数据页”，即在创建了数据访问页后打开页面视图。系统根据用户提供的信息自动创建一个新的数据访问页，显示数据的浏览页面。

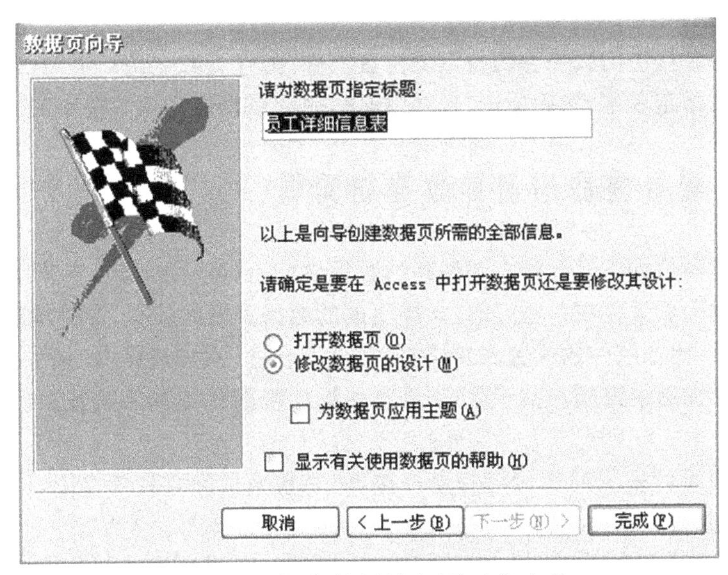

图 8-10　指定数据访问页对象名称

单击"完成"按钮关闭向导程序，弹出图 8-11 所示的显示结果。

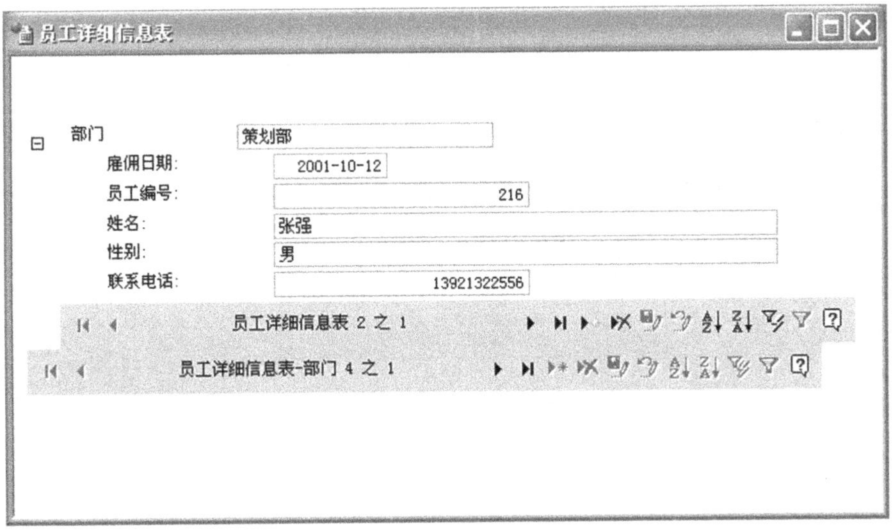

图 8-11　数据访问页显示结果

如果选择"修改数据页的设计"，则会激活对话框上的"为数据页应用主体"复选框，选中该复选框，然后单击"完成"按钮。则 Access 2003 会在设计视图中打开该页，同时会打开选择主题对话框。

主题是类似于 Word 模板文件的 HTML 格式文件，它包含了各种预定义的格式，如 HTML 文件中的标题字体、背景颜色、超级链接的颜色等。Access 2003 为用户提供了多达 67 种主题，这些主题可用于 Access 2003 组件创建的 HTML 文件中，在列表中选中一种主题，对话框会显示该种主题的示范。

(6)单击工具栏的"保存"按钮，设置文件名为"员工详细信息表 1"。

单击工具栏上的"保存"按钮,系统打开"另存为数据访问页"对话框,并给出一个默认的保存位置。

也可以选择将数据访问页保存到特定的位置。在"另存为数据访问页"对话框"文件名"文本框中为数据访问页指定名称,然后单击"保存"按钮,完成数据访问页的保存工作。

8.2.2 在设计视图中创建数据访问页

使用向导创建的数据访问页或自动创建的数据访问页,在一般情况下可以满足要求。但是自动创建的数据访问页页存在一些问题,向导生成的数据页形式较少,有时难以达到用户对数据访问页的最终要求,比如控件的位置需要调制、大小不合适、添加超链接、增加滚动文字等,这些工作都需要在设计视图中完成。鉴于此,于是利用设计视图创建和修改数据访问页将是其他方法的重要补充。

同窗体和报表设计视图的功能与特点一样,使用数据访问页设计视图,可以创建功能更丰富、格式更灵活的数据访问页。

利用数据访问页设计视图,可以从无到有设计数据访问页及组成部分的属性。通过使用数据访问页工具箱、格式工具栏等,可以使数据访问页的设计体现个性特征,实现特定的功能;还可以对利用向导或自动创建的数据访问页,在设计视图中做进一步的设计,以使功能更完善,界面更适合。

这里以"现有文件"数据库中的"产品表"为基础,使用设计视图来创建数据访问页。可以按如下步骤进行:

(1)在数据库窗口中,选择"页"对象,单击工具栏中的"新建"按钮,在弹出的"新建数据访问页"对话框中,选择创建数据访问页所需的数据源,这里选择"产品表"作为数据源。(参见图 8-2 所示)。

(2)单击"确定"按钮,打开数据访问页的"设计视图",如图 8-12 所示。

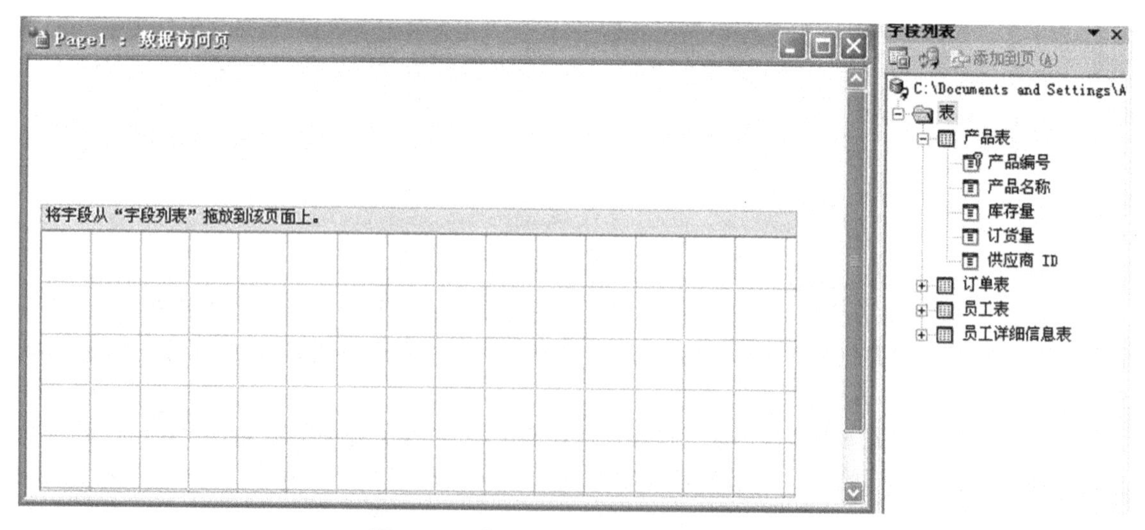

图 8-12　数据访问页的"设计视图"

在设计视图中的“将字段从字段列表拖放到该页面上”格式区，用于设计与数据库中对象(表或查询)关联的控件。“字段列表”窗口中显示数据库中的所有表和查询。

(3)选择“数据访问页“所需的字段。

在“字段列表”中列出了当前数据库中所有的表、查询以及页。列表以树型结构的方式组织数据库对象，单击节点前面的“＋”，可以展开节点。树中最小的分支是表或查询中的字段。单击选中某个表、查询或某个字段，然后单击“字段列表”工具栏上的“添加到页”按钮，将选中的对象添加到页中，也可通过双击鼠标或拖放的方式将其拖到“设计视图”中，拖放是最常用的方式，因为这样便于控制添加的对象在页中的位置。

如果要添加整个表，可展开“字段列表”中的“表”节点，选中表名进行拖放，可自动将表中所有字段添加到页中。

此处选择将“产品表”拖动到“设计视图”中，先会弹出“版式向导”对话框，如图 8-13 所示，选择所需版式后，单击“确定”按钮，添加字段后的“设计视图”如图 8-14 所示。

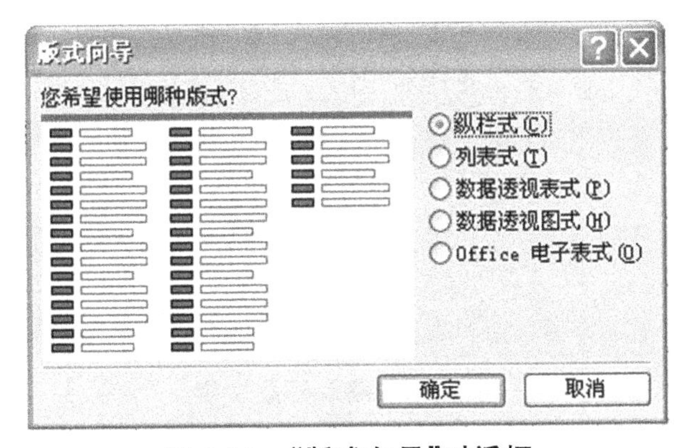

图 8-13　“版式向导”对话框

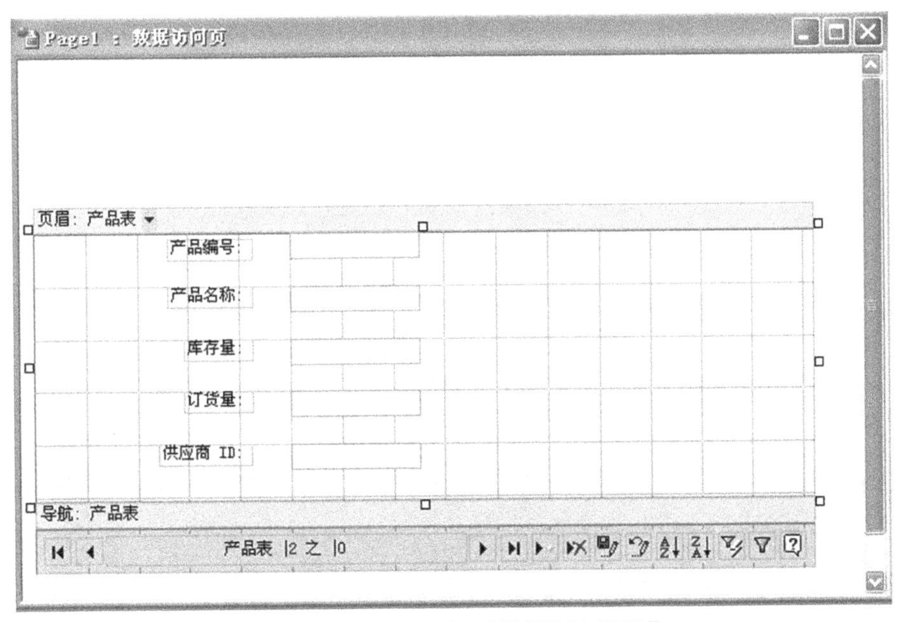

图 8-14　添加字段后的“设计视图”

(4)添加标题。单击设计视图中“单击此处并键入标题文字”,在此输入文本“产品信息”作为数据访问页的标题,如图 8-15 所示。

(5)设置分组。单击要作为分组字段的文本框,将其选中,此处选中“产品编号”字段。然后在选中的文本框上单击右键打开快捷菜单,如图 8-16 所示。

在快捷菜单中选择“升级”命令,则 Access 将自动把该字段升级到高一级的分组中,可见图 8-17 所示。

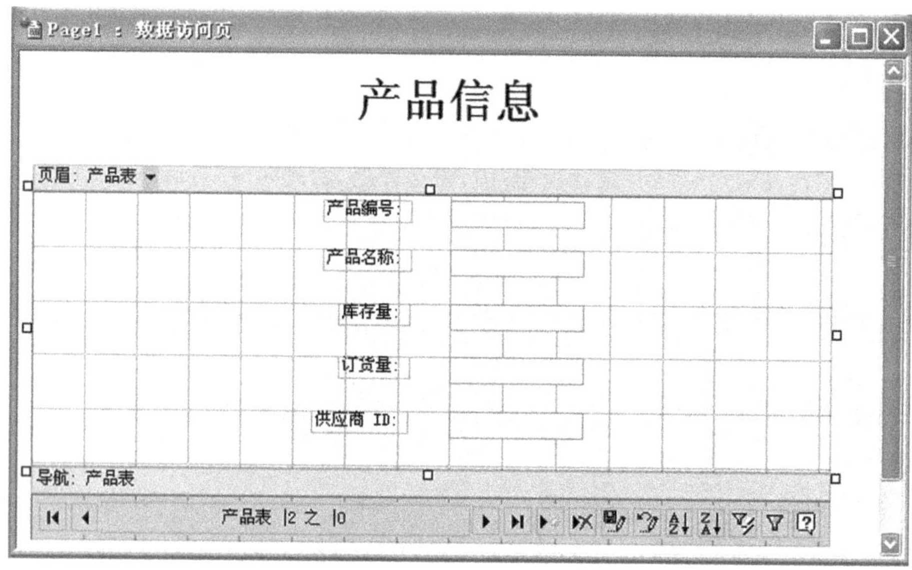

图 8-15　键入标题文字

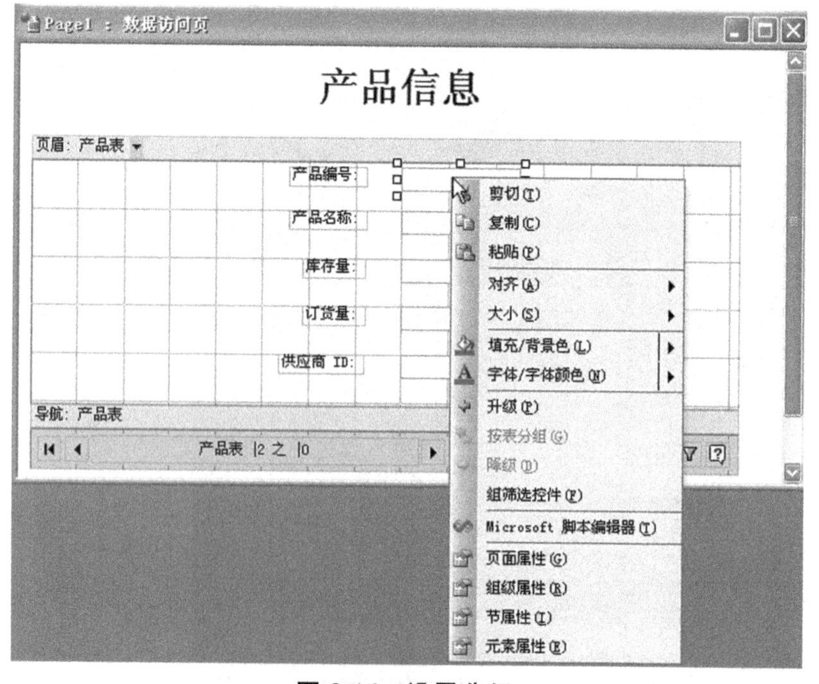

图 8-16　设置分组

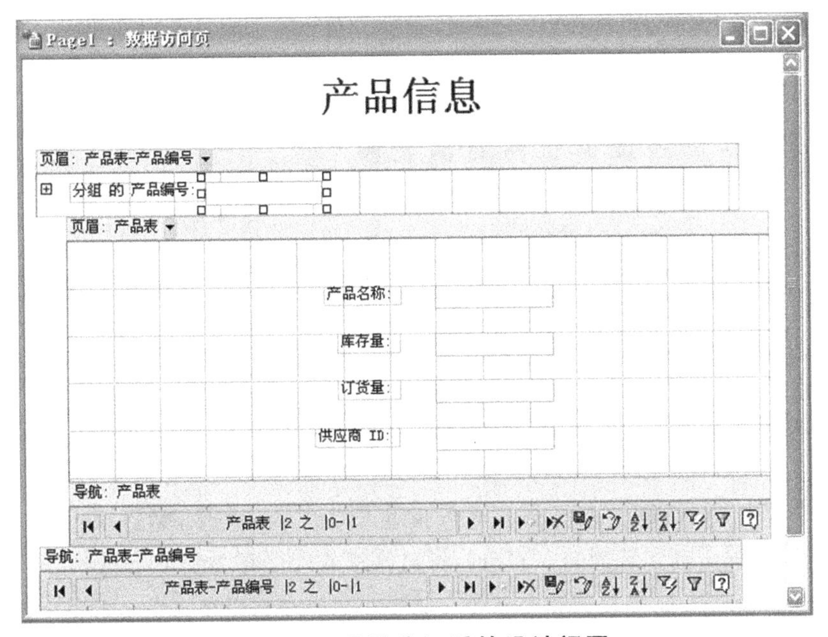

图 8-17　设置分组后的设计视图

(6)单击工具栏上的“视图”按钮，切换到数据页的页面视图，在此图中单击“分组的产品编号”前面的“田”型图标，来展开分组字段下的内容，如图 8-18 所示。

选择在页中显示表中数据使用的板式，可以选择使用单个控件分别显示表中各个字段，或选择使用数据透视表来显示所有记录。

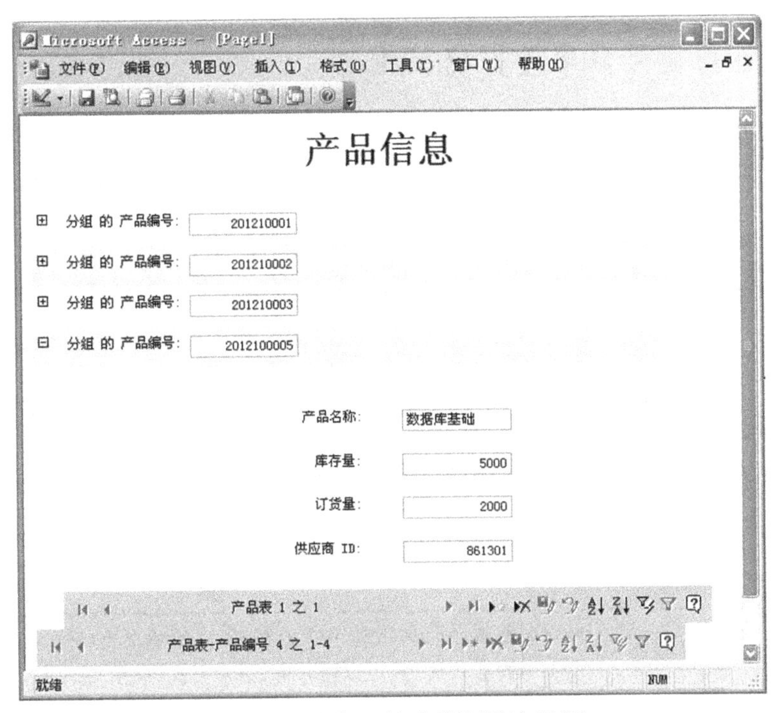

图 8-18　“产品信息”数据访问页

(7)保存该数据访问页,命名为以 .htm 结尾的文件,完成在设计视图中创建数据访问页的过程。

8.2.3 Web 页到数据访问页的转换

Web 页是 HTML 格式文件,数据访问页也是 HTML 格式文件,Access 2003 可以识别其他程序建立的 Web 页。在 Access 2003 中,只要打开其他程序建立的 Web 页就可以将其转换为数据访问页。

操作步骤可按如下进行:

(1)在数据库窗口中选择"页"对象后,单击"新建"按钮,打开"新建数据访问页"对话框。

(2)在"新建数据访问页"对话框中选择"现有的网页",然后单击"确定"按钮,系统打开"定位网页"对话框。

(3)在"定位网页"对话框中选择要打开的网页或 HTML 文件,然后单击"打开"按钮,Access 2003 将以设计视图打开选择的 Web 页,可对其修改并保存为数据访问页。

8.3 编辑数据访问页

在创建了数据访问页之后,用户可以对数据访问页中的节、控件或其他元素进行修改和编辑,这些操作都需要在数据访问页的设计视图中进行。也可以对数据访问页应用主题、设置背景来美观数据访问页。

8.3.1 数据访问页中控件的使用

在设计视图创建数据访问页时,会在打开的空白页中同时弹出"工具箱"对话框,或者在数据访问页设计视图中单击页设计工具栏上的"工具箱"按钮也可以打开"工具箱"对话框。如图 8-19 所示。

图 8-19 数据访问页控件"工具箱"

在数据访问页中的工具箱与窗体和报表的工具箱相比,增加了 10 个控件,其功能如表 8-1 所示。这些控件的使用方法与在窗体和报表的设计视图中的各控件的使用方法类似。

表 8-1 数据访问页控件工具箱新增的工具按钮

按钮	控件名称	功能
	Office 电子表格	可以向数据访问页添加电子表格控件,提供某些 Microsoft Excel 工作表所有的同样的能力,可以输入值、添加公式、应用筛选等
	Office 数据透视表	用于在数据访问页上插入 Microsoft Office 数据透视表,该列表按行和列格式显示只读数据,可以重新组织此格式以使用不同方法分析数据

续表

按钮	控件名称	功能
	Office 图表	用于启动“Microsoft Office 图表向导”，这样可以在数据访问页上插入二维图表。可以在图表中显示数据库数据以表现数据的趋势、图案和比较
	绑定范围	将页中的 HTML 代码与数据库中的“文本”或“备注”字段绑定，用户不能编辑绑定范围控件的内容(值)
	记录浏览	在数据访问页上创建导航工具栏，以便于移动、添加、删除和查找记录，并能获取“帮助”信息
	图像超链接	在数据访问页中添加一个包含 Internet 地址的控件，控件可用图像提示，单击超链接控件，可以跳转到不同的 Web 页。
	滚动文字	在数据访问页上创建显示滚动的文字信息的控件
	影片	在数据访问页上创建影片控件。可以选择在打开页面时(默认动作)放映影片，还是当鼠标指针移动到影片控件上时放映影片
	图像	可以将一个图像添加到数据访问页中，单击它，会显示硬盘上的 Web 页或其他位置上的 Web 页
	展开/折叠	将展开/折叠按钮添加到数据访问页上，以便显示或隐藏已进行分组的记录

在工具箱中单击需要添加的控件，然后在设计视图中单击鼠标左键并拖拽出所需的大小，释放鼠标按键即可在数据访问页上添加相应控件。

(1)标签(Label)控件

在数据访问页上使用标签控件的目的是用其来显示说明性文本。例如：数据访问页的标题或简短的提示等。标签并不显示字段或表达式的数值，它是一种未绑定型控件，而且当一个记录移到另一个记录时，它们的值都不会改变。

在数据访问页中，标签控件的使用及格式属性设置，同窗体中一致。

(2)文本框(Text)控件

文本框既可以作为绑定类型，也可以作为非绑定类型。在数据访问页上可以使用文本框控件来显示记录源中的数据。这种文本框类型称为绑定文本框，因为它与某个字段中的数据相绑定。

文本框作为未绑定类型，例如，可以创建一个未绑定文本框来显示计算的结果或接受用户所输入的数据。未绑定文本框中的数据并没有保存在任何位置。

文本框还可以是计算型的。在数据访问页中，绑定型文本框可以显示表或查询中的数据，非绑定型文本框显示和接受用户输入的数据，计算型文本框可以显示和接受表达式计算结果。

8.3.2 添加标签或命令按钮

1. 添加标签

在数据访问页中，标签主要用于显示文本信息，如标题、字段内容说明等文本。向数据访问页中添加标签的操作步骤如下：

(1)在“设计”视图中打开数据访问页。

(2)执行下列操作之一：

· 若要添加标题，单击标记为“单击此处并键入标题文字”的占位文本。

· 若要添加标题或其他信息性文本，可单击工具栏的中的“标签”按钮，直接在标签中输入所需的文本信息，使用“格式”工具栏的按钮，设置文本的字体、字体大小及其他特性。用鼠标右键单击“标签”，执行弹出的快捷菜单中“元素属性”命令，打开标签的属性对话框，在对话框中可以修改标签的其他属性，具体可见图 8-20 所示。

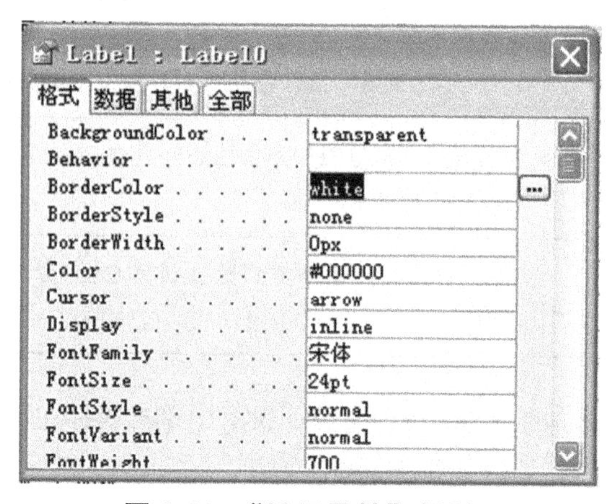

图 8-20 “元组属性”对话框

当对标签中的文字选择居中对齐后，向右拖动标签，使标签长度增加，可以实现标签文字在数据访问页中居中。

2. 添加命令按钮

向数据访问页中添加命令按钮，可以实现记录导航和操作记录两种操作。

可按如下操作步骤进行：

(1)在“设计”视图中单击工具箱中的“命令”按钮。

(2)将鼠标移到页中要添加命令按钮的位置，按下鼠标左键。系统自动弹出“命令按钮向导”对话框，如图 8-21 所示。例如，为图 8-18 所示的数据访问页添加“上一条记录”命令按钮。在该对话框“类别”列表框中选择“记录导航”选项，在“操作”列表框中选择“转至下一项记录”选项。

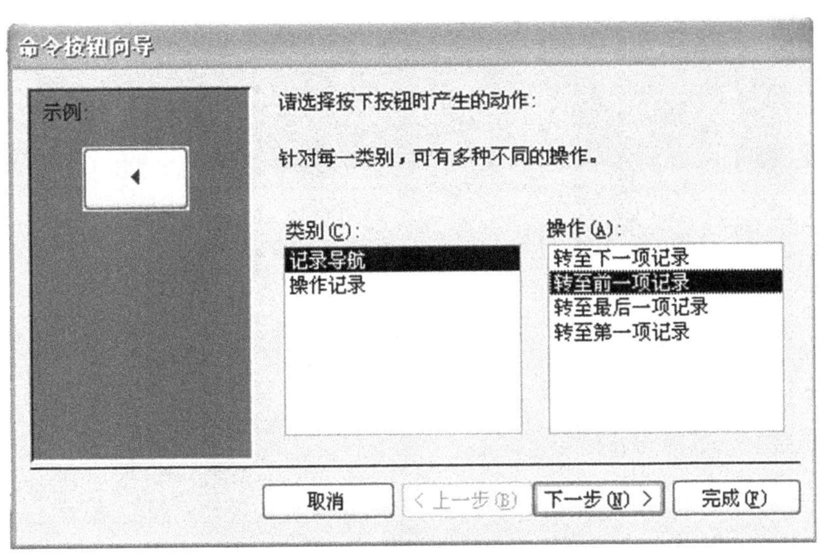

图 8-21　“命令按钮向导”对话框

(3)单击“下一步”,在出现的对话框中要求用户选择按钮上面的显示文字还是图片,选择“文本”单选按钮后面的文本框中输入“上一条记录”,如图 8-22 所示。

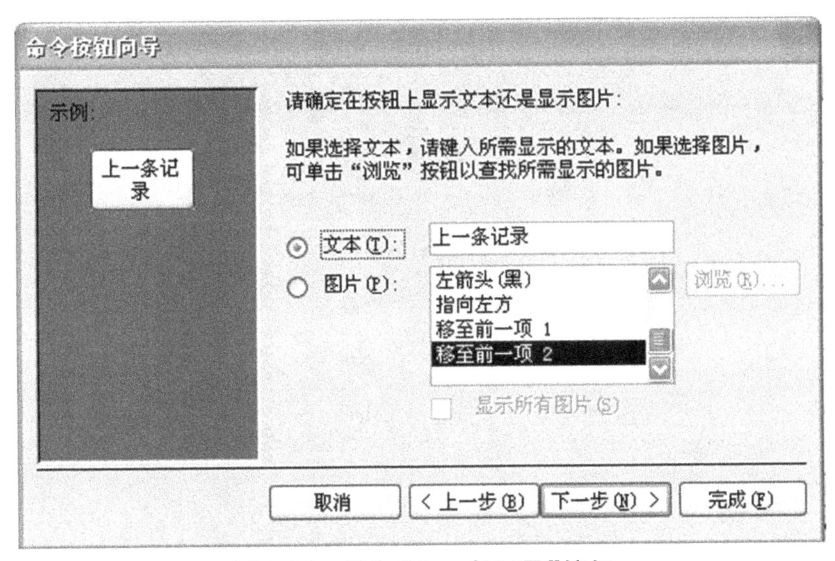

图 8-22　添加“上一条记录”按钮

(4)单击“下一步”按钮,在出现的“命令按钮向导”的第三个对话框中输入按钮的引用名称“前一个记录”,如图 8-23 所示。

(5)单击“完成”按钮,在数据访问页中就成功添加了一个“命令按钮”控件。还可以用鼠标调整该“命令按钮”控件的大小和位置,也可以用鼠标右键单击该“命令按钮”控件,弹出快捷菜单中的“属性”命令,打开“命令按钮”控件的属性窗口,可以根据需要设置“命令按钮”控件的属性。

(6)如果希望在数据访问页中创建“下一条记录”命令按钮控件,其主要步骤可如同“上一条记录”的创建。

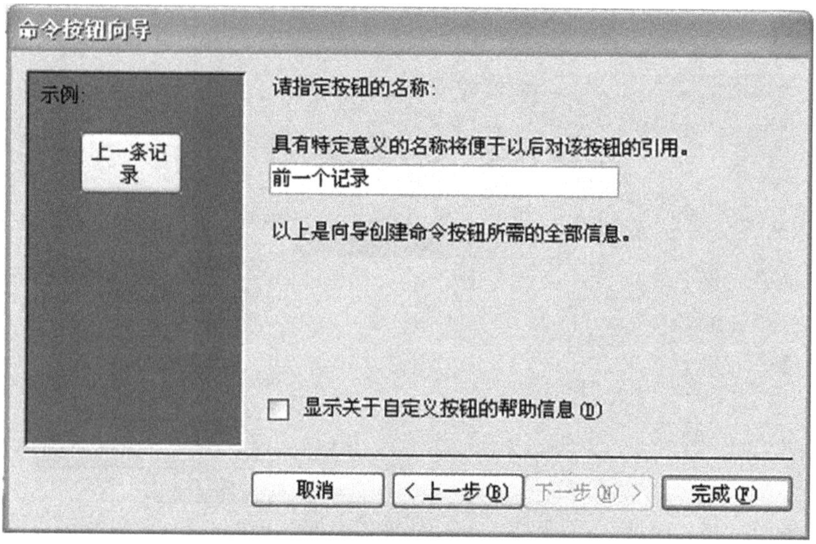

图 8-23　完成“命令按钮向导”

(7)完成命令按钮的创建操作后，把数据访问页从设计视图切换到页视图，效果如图 8-24 所示。调整命令按钮的大小和位置。右击并弹出快捷菜单，从中选择“属性”命令，打开命令按钮的属性窗口，根据需要调整命令按钮的属性。

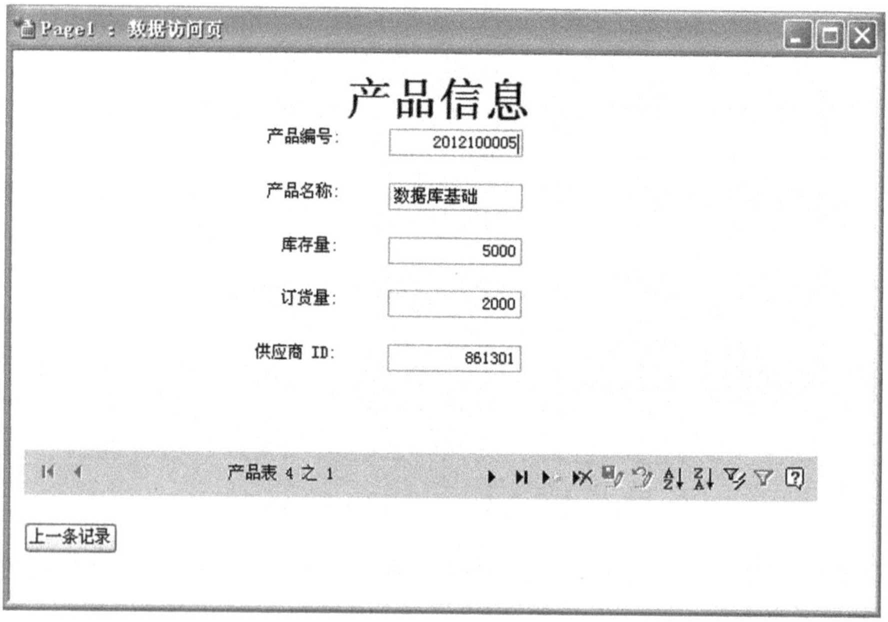

图 8-24　页视图

8.3.3　主题、背景和总体外观

数据访问页的外观是数据访问页的整体布局及视觉效果。外观的效果可以通过主题来实现，主题是一套统一的项目符号、字体、水平线、背景图像和其他数据访问页(Web)元素的设计元

素和配色方案。若使用了主题,可以使 Web 页具有统一的风格。主题有助于方便地创建专业化设计的数据访问页。将主题应用于数据访问页时,将会自定义数据访问页中的以下元素:正文和标题样式、背景色彩或图形、表边框颜色、水平线、项目符号、超级链接颜色和控件。

在数据访问页中设置主题的操作步骤如下:

(1)在设计视图中,选择"格式"→"主题"命令,打开"主题"对话框,如图 8-25 所示。首次应用主题、应用不同的主题或删除主题。

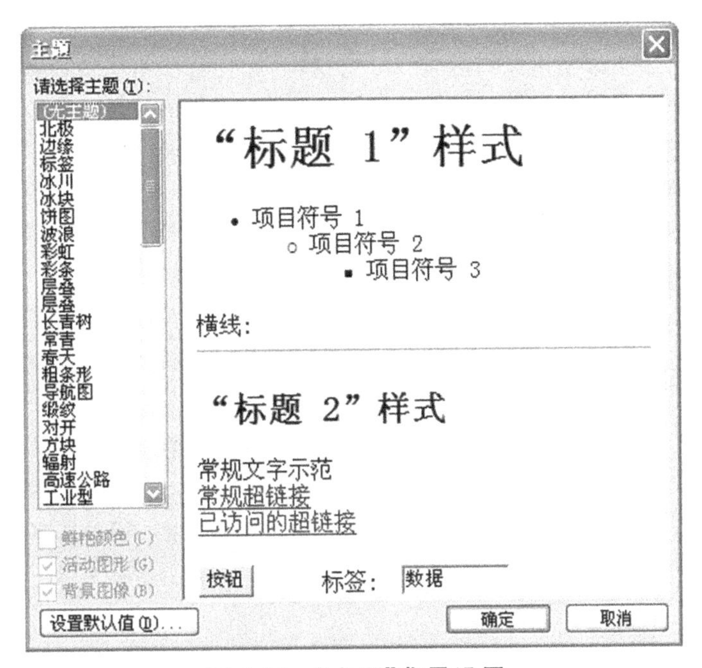

图 8-25　"主题"背景设置

(2)在"请选择主题"列表中选择所需的主题,用户可以从右侧的预览框中查看当前主题的效果,在应用主题之前进行预览。在主题列表的下方选择所需的复选框,以便为主题应用鲜艳颜色、活动图形以及背景图像。

(3)选择或清除对话框左下角的复选框,单击"确定"按钮,关闭"主题"对话框,查看设置好主题的数据访问页效果。

为了使数据访问页赏心悦目,可以为数据访问页添加背景颜色、图片,还可以设置背景音乐,在 Access 数据访问页中,用户可以设置自定义的背景颜色、背景图片及背景声音等,以增强数据访问页的视觉效果和音乐效果。其操作步骤如下:

在"设计"视图中打开要设置的数据访问页,然后选择"格式"菜单中的"背景"命令,系统显示出背景子菜单。

(1)设置背景颜色:在"背景"子菜单中选择"颜色"命令,从系统打开的颜色选择界面中,单击所需颜色,该色将成为数据访问页的背景颜色。

(2)设置背景图片:在"背景"子菜单中选择"图片"命令,在系统打开的"插入图片"对话框中,查找并选择作为背景的图片文件,选择的图片将成为数据访问页的背景图片。

(3)设置背景声音:在"背景"子菜单中选择"声音"命令,在系统打开的"插入声音文件"对话框中,确保在"文件类型"下拉列表框中选定"所有声音文件(*. wag; *. au)",然后定位要用作背景声音的文件。在“页”视图或 Internet Explorer 中打开该页时，将播放声音。

需要说明的是：

• 在使用自定义背景颜色、图片或声音之前，必须删除已经应用的主题。

• 在数据访问页中自定义“背景颜色”或“图片”后，有些已设计的控件，例如“标签”控件，没有得到显示，可以使用“格式”菜单中的“置于顶层”命令，把“标签”控件置于顶层。

在数据访问页中，超级链接也是以控件的形式出现的。要插入一个超级链接，可以单击控件工具箱中的“超级链接”按钮，然后像插入其他控件那样在数据访问页中拖拽鼠标画出一个矩形，松开鼠标左键，系统将弹出“插入超链接”对话框，在该对话框中可以选择链接到一个原有的 Web 页文件，或者链接到本数据库中的某个数据访问页，还可以链接到一个新建的页或链接到一个电子邮件地址。选择需要链接的目标后，在对话框上部的“要显示的文字”文本框中输入超级链接的显示内容，然后单击“确定”按钮即可。

8.3.4 设置滚动文字

1. 设置未绑定型滚动文字控件

选择工具箱中的“滚动文字”按钮，在数据访问页中准备放置滚动文字的位置单击。Access 将创建默认尺寸的滚动文字控件。若需要创建特定大小的滚动文字控件，需要在数据访问页上拖放控件，直到获取所需的尺寸大小为止。在滚动文字控件中输入相关文本及格式，就形成了该滚动文字控件显示的信息。

2. 设置滚动文字的运动

滚动文字的默认运动方式为从左到右的运动。若需要设定与之不同的运动方式，可通过设置滚动文字控件的 Behavior 属性来实现。操作如下：

(1)将滚动文字控件的 Behavior 属性值设定为 Scroll，文字在控件中连续滚动。

(2)将滚动文字控件的 Behavior 属性值设定为 Slide，文字从开始滑动到控件的另一边，然后保持在屏幕上。

(3)将滚动文字控件的 Behavior 属性值设定为 Alternate，文字从开始到控件的另一边来回滚动，并且总是保持在屏幕上。

3. 更改滚动文字移动的方向

滚动文字控件的 Direction 属性值用来控制滚动文字控件中文字的运动方向。

• Direction 属性值设置 Up，滚动文字在控件中从上到下运动。

• Direction 属性值设置为 Down，滚动文字在控件中从下到上运动。

• Direction 属性值设置为 Left，滚动文字在控件中从左到右运动。

• Direction 属性值设置为 Right，滚动文字在控件中从右到左运动。

4. 更改文字滚动的速度

滚动文字控件的 True Speed 属性设置为 True 时，允许通过设置 Scroll Delay 属性值和

Scroll Amount 属性值来控制控件中文字的运动速度。

(1)Scroll Delay 属性值用来控制滚动文字每个重复动作之间延迟的毫秒数。

(2)Scroll Amount 属性值用来控制滚动的文本在一定时间内(该时间在“滚动延迟”)属性框中指定)移动的像素数。

5. 更改滚动文字重复次数

更改滚动文字重复次数,通过设置滚动文字控件的 Loop 属性来实现。

(1)将滚动文字控件的 Loop 属性值设定为－1,文字连续滚动显示。

(2)将滚动文字控件的 Loop 属性值设定为一个大于零的整数,文字滚动指定的次数。例如,如果将 Loop 属性值设置为 10,文字将滚动 10 次,然后停止不动,如图 8-26 所示。

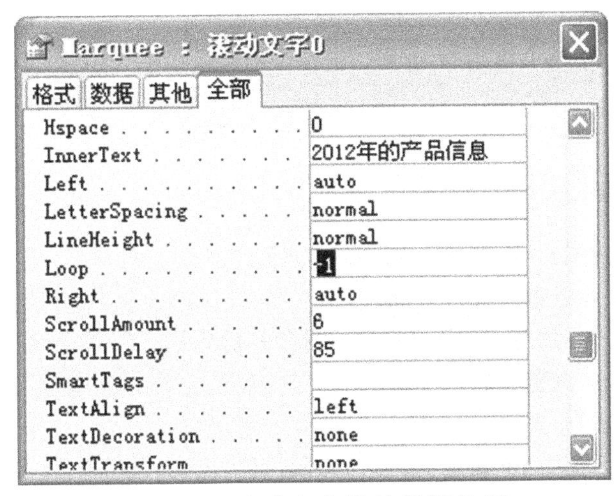

图 8-26 滚动文字控件的属性框

8.4 发布数据访问页

数据访问页是独立的 HTML 语言文件,使用数据访问页,不仅可以在 Access 窗口中浏览,也可以利用浏览器浏览数据访问页。还可以在浏览器中浏览数据库中的数据,在浏览过程中还可以对数据进行添加、编辑和删除等多种操作。

在安装 Internet Explorer 5.0 或更高版本的 IE 浏览器后,可以用浏览器打开所创建的数据访问页。对于分组数据访问页,在默认情况下,在 IE 窗口中打开时,下层组级别都成折叠状态。

1. 在 Access 窗口中浏览数据访问页

【例 8-2】 利用 Access 的“页面视图”浏览“产品信息”数据访问页。

(1)在“页”窗口选择要浏览的数据访问页,如选择“产品信息”数据访问页。

(2)单击“打开”按钮,即可在“页面视图”中打开数据访问页;双击要浏览的数据访问页,也可打开数据访问页,如图 8-27 所示。

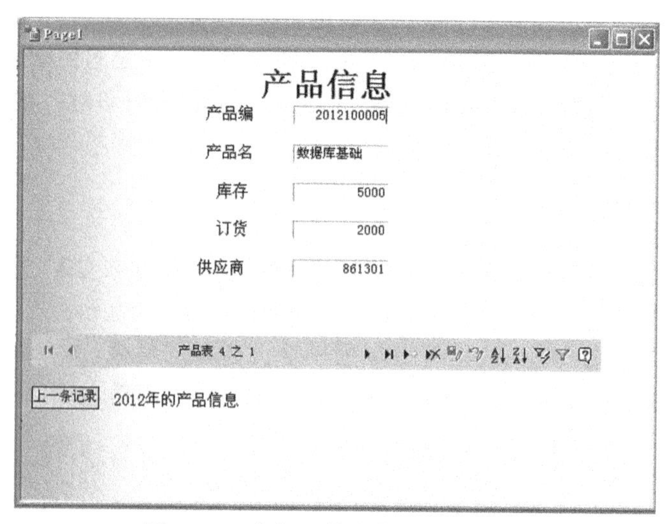

图 8-27 “产品信息”数据访问页

2. 在浏览器中浏览数据访问页

利用浏览器打开数据访问页浏览数据，操作如下：

(1)打开浏览器，这里以遨游浏览器为例。

(2)选择“文件”菜单中的“打开”命令，打开“打开”对话框。

(3)单击对话框中的“浏览”按钮，弹出“打开”对话框，选择数据访问页所在的路径和文件名后，如选择“Page1”，单击“打开”按钮。

(4)单击“打开”对话框中的“确定”按钮，打开数据访问页，如图 8-28 所示。

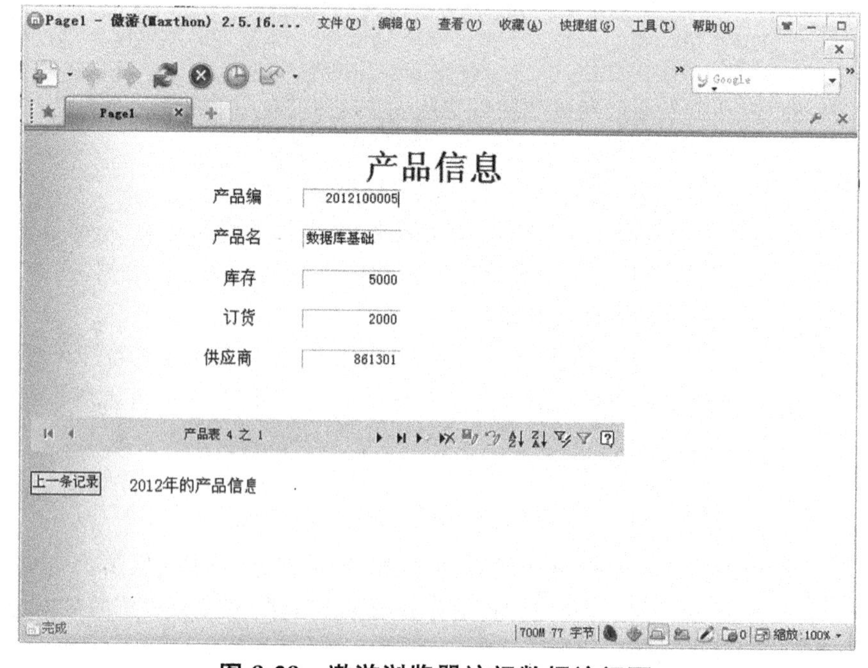

图 8-28 遨游浏览器访问数据访问页

利用 IE 浏览器访问数据访问页，操作步骤如下：

(1)打开 Internet Explorer 浏览器，选择“文件”菜单中的“打开”命令。

(2)在“打开”对话框中，单击“浏览”按钮，选择要打开的数据访问页。

(3)在 IE 浏览器中使用打开的数据访问页。

第9章　宏的创建与使用

9.1　宏概述

9.1.1　宏的定义与应用

Access 中的宏是指一些操作命令的集合，其中每个操作完成如打开和关闭窗体、显示和隐藏工具栏等一些简单重复的功能。在数据库打开后，宏可以自动完成一系列操作。使用宏非常方便，不需要记住各种语法，也不需要编程，只需利用几个简单宏操作就可以对数据库完成一系列的操作，宏实现的中间过程完全是自动的，从而极大地提高工作效率。

宏是 Access 数据库的一个对象，是实现 Access 应用开发方面的功能之一，在 Office 软件的其他组件中也有宏。宏的作用是将一些经常重复、繁琐的操作自动化。利用它可以增加对数据库中数据的操作能力，无需编程即可完成对数据库对象的一些操作。在使用宏时，只需给出操作的名称、条件和参数等就可以自动完成特定的操作。因为宏操作的参数都显示在宏的设计窗口上。

1. 宏的定义

把那些能自动执行某种操作或操作的集合称为宏(Macro)，其中每个操作执行特定的功能。宏是由一个或多个宏操作组成的，宏操作又称为宏命令，在 Access 中有 50 多种基本宏命令，以实现规定的操作或功能。

宏的优点在于无须编程即可完成对数据库对象的各种操作。在宏中使用的操作与操作系统中的批处理命令非常相似。用户在使用宏时，只需给出操作的名称、条件和参数，就可以自动完成特定的操作。

用户可以单独使用或将一些指令组织起来按照一定的顺序使用，以实现自己所需要的功能。宏与菜单命令类似，但二者对数据库操作的时间不同，作用时的条件也不同。菜单命令一般用在数据库的设计过程中，而宏命令则被用在数据库的执行过程中；菜单命令必须由使用者实施，在前台显性操作，而宏操作隐藏在后台自动完成。

宏的操作也可以通过使用 VBA 编程来实现。选择使用宏还是用 VBA 编程，取决于需要完成的任务的复杂程度。一般而言，对于较简单的事件处理方法，可以采用设计相应的宏来实现，反之则使用 VBA。

2. 宏的应用

宏是一种命令，它如同菜单操作命令一样，但是宏对数据库操作的时间不同，作用时的条件也有所不同。菜单命令一般用在数据库的设计过程中，宏命令却被用在数据库的执行过程中；宏的操作过程隐藏在后台自动执行，而菜单命令必须由使用者来实施，在前台显性操作。

例如，OpenForm 宏用于打开数据库的窗体，OpenQuery 用于打开查询对象，使用这些宏命令，Access 系统的操作会在后台自动完成。

9.1.2 宏的功能与分类

1. 宏的功能

宏的主要功能如下。

(1)在数据库的任何视图中，打开、关闭 Access 数据库对象(表、查询、窗体和报表)。

(2)实现数据的导入和导出。

(3)浏览、查找、筛选记录。

(4)控制窗口的大小和位置。

(5)控制显示和焦点。

(6)设置控件的属性或值。

(7)建立菜单和执行菜单命令。

(8)模拟键盘动作。

(9)提示用户，发出警告信息。

(10)执行任意的应用程序模块，甚至包括 MS-DOS 程序。

(11)更名、复制、删除和保存数据库对象。

2. 宏的分类

Access 的宏可以分为以下三类。

(1)单个宏：单个宏由单个宏操作组成。大多数操作都需要一个或多个参数。

(2)宏组：由多个宏组成。每个宏可以独立运行。通常情况下，把数据库中一些功能相关的宏组成一个宏组，有助于数据库的操作和管理。

(3)条件宏：通常情况下，宏的执行顺序是从第一个宏执行到最后一个宏，可以使用条件表达式来决定是否进行某个操作，这样的宏称为条件宏。

3. 宏组概念

通常情况下，为了完成一项功能而需要使用多个宏，宏组将相关的宏放在一起，形成宏组，完成更复杂的操作。宏组可以减少宏对象的数量，有利于对宏进行管理。宏组如图 9-1 所示。

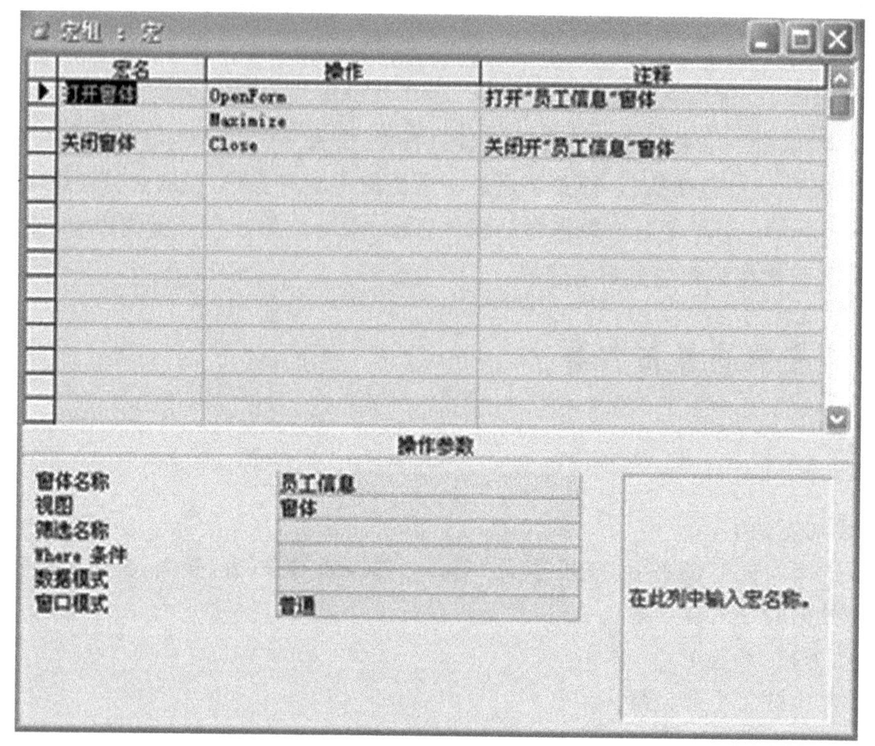

图 9-1　宏组

9.1.3　触发宏的条件以及宏的常用操作

1. 触发宏的条件

在实际应用中，常常将基本命令排成一组，按照顺序执行。可以通过触发一个事件运行宏，如单击一个命令按钮、更新文本框的内容等都可以触发宏；此操作也可以在数据库的运行过程中自动实现。

Access 的宏是通过窗体或控件的相关事件调用的，使用起来非常方便。运行宏的前提是有触发宏的事件发生。

(1)焦点处理

①Activate(激活)。事件发生在当窗体或报表等成为当前窗口时。

②Deactivate(停用)。发生在其他 Access 窗口变成当前窗口时。例外是当焦点移动到另一个应用程序窗口、对话框或弹出窗体时。

③Enter(进入)。事件发生在控件接收焦点之前，即 GetFocus 之前发生。

④Exit(退出)。事件发生在焦点从一个控件移动到另一个控件之前，即 LostFocus 之前发生。

⑤GetFocus(获得焦点)。当窗体或控件接收焦点时，事件发生。

⑥LostFocus(失去焦点)。在窗体或控件失去焦点时，事件发生。

(2)键盘输入

①KeyDown(按下键)。事件发生在控件或窗体具有焦点并在键盘按任何键时。但是对窗体来说，一定是窗体没有控件或所有控件都失去焦点时，才能接收该事件。

②KeyPress(击键)。事件发生在控件或窗体有焦点、当按下并释放一个产生标准 ANSI 字符的键或组合时。但是对窗体来说，一定是窗体没有控件或所有控件都失去焦点时，才能接收该事件。

③KeyUp(释放键)。事件发生在控件或窗体有焦点、释放一个按下的键时。但是对窗体来说，一定是窗体没有控件或所有控件都失去焦点时，才能获得焦点。

(3)鼠标操作

①Click(单击)。事件发生在对控件单击鼠标时。对窗体来说，一定是单击记录选定器、节或控件之外区域，才能发生该事件。

②DblClick(双击)。事件发生在对控件双击时。对窗体来说，一定是双击空白区域或窗体上的记录选定器才能发生该事件。

③MouseDown(按下鼠标)。事件发生在当鼠标指针在窗体或控件上按下鼠标时。

④MouseMove(移动鼠标)。发生在当鼠标指针在窗体、窗体选择内容或控件上移动时的事件。

⑤MouseUp(释放鼠标)。当鼠标指针在窗体或控件上，释放按下的鼠标时发生事件。

(4)数据处理事件

①BeforeInsert(插入前)。事件发生在开始向新记录中写第一个字符，但记录还没有添加到数据库时。

②AfterInsert(插入后)。事件发生在数据库中插入一条新记录之后。

③BeforeUpdate(更新前)。事件发生在控件和记录的数据被更新之前。

④AfterUpdate(更新后)。事件发生在控件和记录的数据被更新之后。

⑤BeforeDelConfirm(确认删除前)。事件发生在删除一条或多条记录后，但是在确认删除之前。

⑥AfterDelConfirm(确认删除后)。事件在用户确认删除操作，并且在记录已实际被删除或者删除操作被取消之后发生。

⑦Delete(删除)。事件发生在删除一条记录，但在确认之前时。

⑧Change(更改)。事件发生在文本框或组合框的文本部分内容更改时。

⑨Current(成为当前)。当把焦点移动到一个记录，使之成为当前记录时，发生事件。

⑩OnDirty(有脏数据时)。事件一般发生在窗体内容或组合框部分的内容改变时。

2. 宏的常用操作

宏的操作非常丰富，如果只做一个小型的数据库，用宏就可以实现程序的流程。Access 中提供了 50 多种宏操作，但一般只可能用到一部分常用的宏操作来创建自己的宏。选择某一个宏操作后，按 F1 键打开帮助窗口，可获得该操作的功能及操作参数的设置方法。表 9-1 列出了一些常用的宏操作及其功能。

表 9-1 常用的宏操作及其功能

宏操作	功能	宏操作	功能
AddMenu	创建窗体或报表的自定义菜单	OpenForm	打开一个窗体，并通过选择窗体的数据输入与窗口方式，来限制窗体所显示的记录
ApplyFilter	筛选表、窗体或报表中的记录	OpenQuery	打开指定的查询
Beep	通过计算机的扬声器发出嘟嘟声	OpenReport	在设计视图或打印预览中打开报表或立即打印报表。也可以限制需要在报表中打印的记录
CancelEvent	取消一个事件	OpenTable	打开指定的表
Close	关闭指定的窗口。如果没有指定窗口，则关闭当前活动窗口	OpenView	打开指定的视图
Echo	指定是否打开回响	PrintOut	打印处于活动的对象
FindNext	查找符合条件的下一条记录	Quit	退出 Access。本操作还可以指定在退出 Access 之前是否保存数据库对象
FindRecord	查找符合条件的记录	Rename	重命名指定的对象
GoToControl	将鼠标指针移到指定对象上	RunApp	运行指定的应用程序
GoToRecord	将鼠标指针移到指定记录上，成为当前记录	RunCommand	执行指定的命令
Maximize	将当前活动窗口最大化，使其充满 Access 窗口。该操作可以使用户尽可能多地看到活动窗口中的对象	RunMacro	执行指定的宏。该宏可以在宏组中
Minimize	将活动窗口缩小为 Access 窗口底部的小标题栏中	RunSQL	执行指定的 SQL 查询
MoveSize	调整当前窗口的位置和大小	Save	保存指定的对象
MsgBox	显示警告或提示信息	StopAllMacros	停止所有的宏
—	—	StopMacro	停止当前正在运行的宏

9.2 创建与编辑宏

9.2.1 创建宏

在使用宏之前，需要先建立宏，建立宏的过程很容易，不用去设计编码，但是要理解所使用宏的作用。

1. 使用宏窗口创建

(1)宏窗口

图 9-2 是一个典型的宏窗口，只有进入这个设计环境才能编辑宏。默认的宏设计窗口只有“操作”和“注释”列。选择“视图”→“条件”命令，在宏设计窗口中加入“条件”列。选择“视图”。“宏名”命令，在宏设计窗口中加入“宏名”列。另外，还可以通过单击工具栏上的“宏名”按钮 或“条件”按钮 ，在宏设计窗口中增减“宏名”列和“条件”列，如图 9-2 所示。

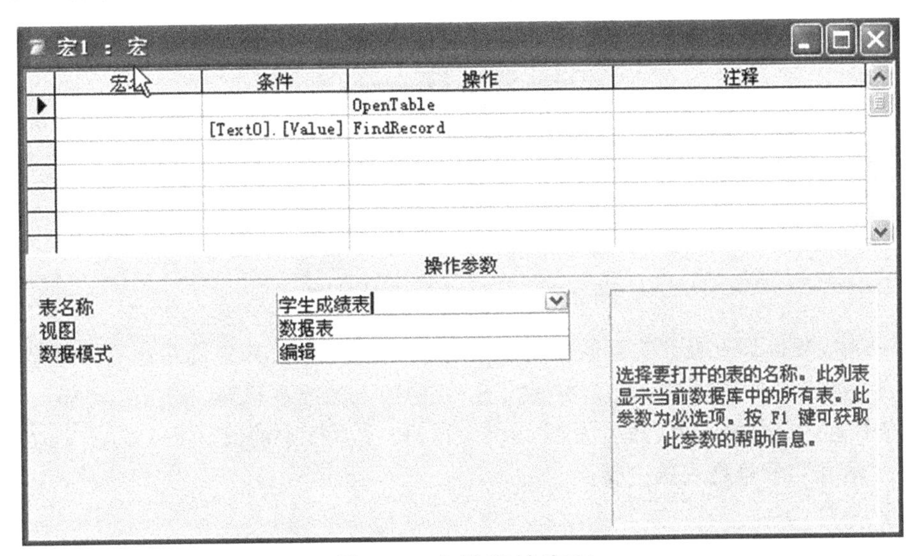

图 9-2　宏的设计窗口

宏设计窗口中各列的作用如下。

①条件列。可以在其中列出运行宏的条件，例如“[form1].[txt1]="2007－9－7"”，表示当窗体 form1 中的文本框 txtl 的内容等于字符串“2007－9－7”时，执行操作中的宏。

在执行宏时，Access 先计算条件表达式，如果结果为真，就执行该行所设置的操作，然后该操作且在“条件”栏中有“…”的所有操作；不论条件为真或假，都会执行“条件”栏中为空的操作，为了避免这种情况，可采用 StopMacro、RunMacro 中止或重定向宏的运行流程。

②操作列。在其中选择宏操作的名字。设计时可以从下拉列表中(如图 9-3)选择适当的宏操作。

③注释列。可以在其中书写对宏的文字解释。

④宏名列。宏名列的作用是在宏组中定义一个或一组宏操作的名字。

⑤操作参数。宏操作参数随着宏命令的设置而产生，选择不同的操作时，会有不同的参数。

(2)使用宏窗口建立宏

在宏设计窗口中创建一个宏的过程包括加入命令、设置参数和保存宏。

①在数据库窗口中，单击“宏”对象。

②新建宏。在数据库窗口中，选择“插入”→“宏”命令。或者在数据库窗口中，单击对象下的“宏”，再单击“数据库”工具栏上的“新建”按钮，就可以看到弹出的宏的设计窗口(如图 9-2)。

③打开已存在的宏。在数据库窗口中，单击“宏”对象，再单击工具栏上的“打开”按钮。

(3)设计宏

在宏的设计窗口中,“操作”列是宏所能执行的各种操作,可以通过单击此列中向下的箭头 ,从弹出的基本操作下拉列表中选择某个操作,如图 9-3 所示。

前面提到,如果想为宏的某个操作设置一些条件,需要在“条件”列中输入相应的条件表达式。在执行宏之前先判断是否满足条件,如果满足条件则执行这个宏操作,否则不执行宏操作。

如果需要在一个宏中加入多条命令,移动到另一个操作行,可重复加入命令、设置参数的过程;如果要在两个操作行之间插入一个操作,单击工具栏上的“插入行”按钮,即可在当前行的前面插入一个空白行;单击工具栏上的“删除行”按钮,可删除指定的操作行。

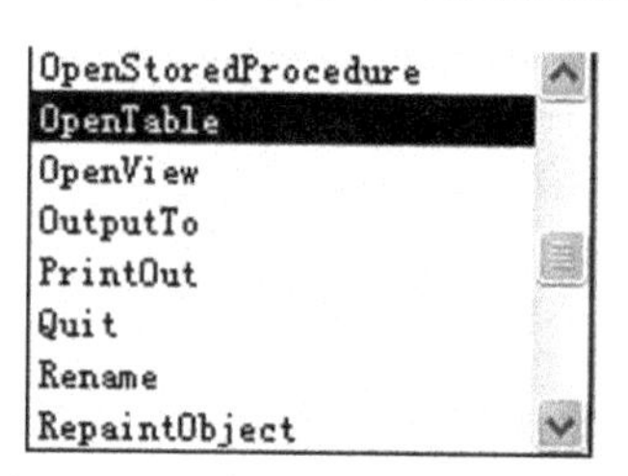

图 9-3 “操作”列下拉列表

在图 9-2 中,“FindRecord”前面的条件是[Text0].[Value],其含义是执行一个查找记录的操作,条件为:查找记录的关键字与文本框“Text0”中输入的内容相同。

在窗体中建立一个文本框,命名为“Text0”,Text0 文本框中的值([Text0].[Value])是查找记录的条件“学号”,学号是表的主键。

(4)设置参数

参数随着宏命令的设置产生,选择不同的操作时,会有不同的参数。在图 9-3 中,使用打开表命令“OpenTable”时,需要设计的参数有表名称、视图、数据模式,在其中选择了打开“学生”表,数据模式为“编辑”。

打开窗体命令“OpenForm”的参数多达 6 个,有窗体名称、视图、筛选名称、Where 条件、数据模式和窗口模式。

(5)保存宏

设计完成操作及参数后,需要保存所创建的宏,通过单击工具栏上的“保存”按钮,或直接关闭宏设计窗口,在出现的“另存为”对话框中输入宏的名称“检查学号”。

然后单击工具栏上的“运行”按钮,就可验证所作设置的正确性。

注意:在 Access 中有一个特殊的宏名“Autoexec”,每当 Access 打开一个数据库时,会事先扫描该数据库是否包含“Autoexec”宏,如果有,会自动执行,所以,可以创建一个名称为 Autoexec 的宏,指定系统启动后自动打开“主切换面板”窗体或其他窗口界面。

2. 创建单个宏

创建单个宏的方法很简单,例如,在“公司管理系统”数据库中创建一个宏,要求以只读的方式打开“员工信息表”。

具体操作可按如下步骤进行:

(1)启动 Access 2003,打开“公司管理系统数据库”。

(2)在左边的“对象”列表框中单击“宏”对象按钮 ,打开“宏”对象面板,如图 9-4 所示。

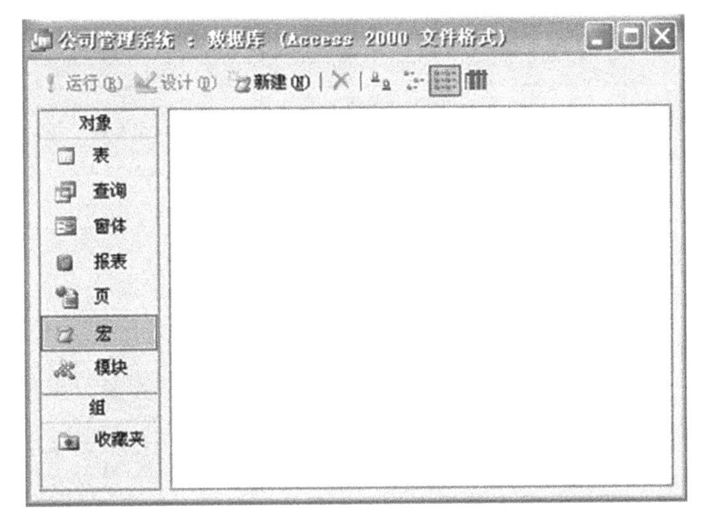

图 9-4 “宏”对象面板

(3)在“宏”对象面板中，单击“新建”按钮，打开宏的设计视图，如图 9-5 所示。

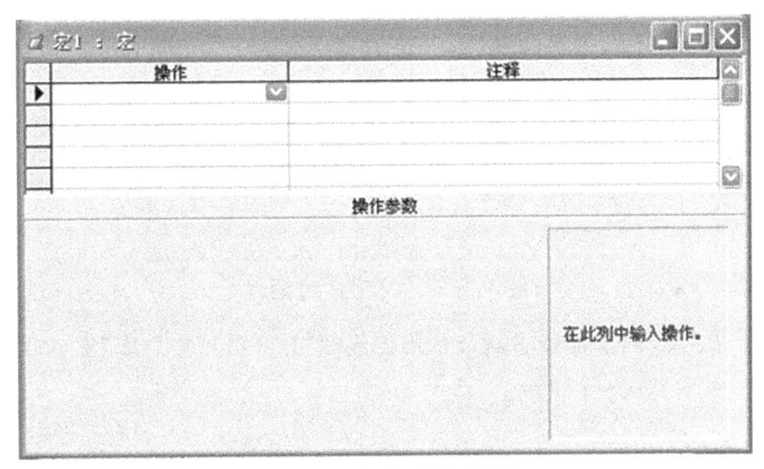

图 9-5 宏的设计视图

(4)在宏的设计视图中，单击“操作”列下第一个单元格后面的下三角按钮，会弹出一个下拉列表，选择“OpenTable”选项。在“注释”列中输入“打开员工信息表”。宏设计视图的下半部分是参数，对于选择不同的操作，设置操作参数的内容也各不相同。

在“表名称”下拉列表中选择“员工信息表”。在“视图”下拉列表中有 5 种视图，分别为数据表、设计、打印预览、数据透视表和数据透视图，这里选择“数据表”选项。“数据模式”下拉列表中包含 3 种打开方式：增加、编辑和只读，这里选择“只读”选项，如图 9-6 所示。

(5)选择“文件”→“保存”命令或单击“保存”按钮，弹出“另存为”对话框。

(6)在“另存为”对话框的“宏名称”文本框中输入“打开员工信息表”，然后单击“确定”按钮即可保存宏。

宏也是数据库的一部分，在完成设计之后要保存宏，操作如同窗体、查询的保存一样。如图 9-7 所示。

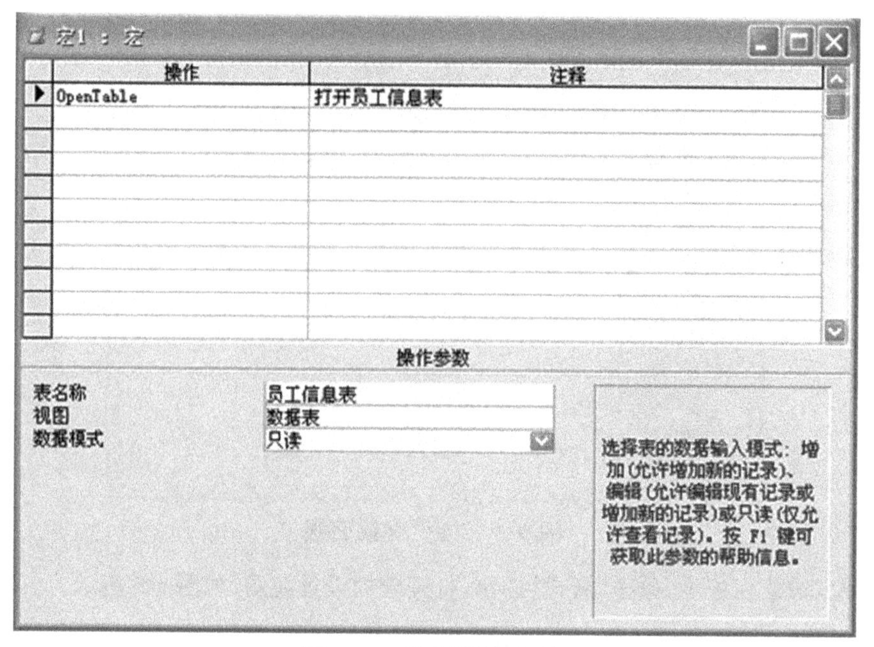

图 9-6　设置操作参数

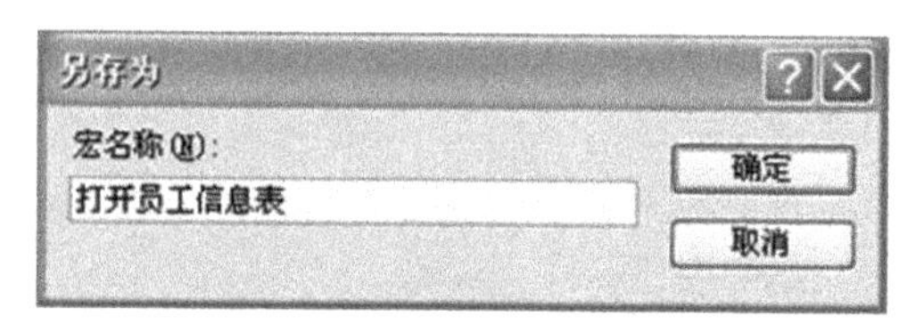

图 9-7　“另存为”对话框

(7)创建宏后，在“宏”对象面板中就显示出创建的“打开员工信息表”宏，如图 9-8 所示。

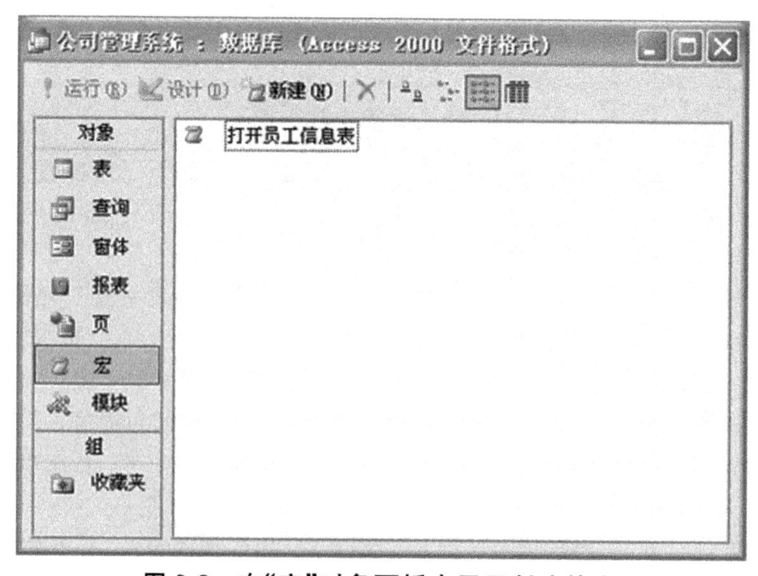

图 9-8　在“宏”对象面板中显示创建的宏

9.2.2　宏组的创建与运用

当数据库内使用了大量宏时,可以使用宏组功能将相关的宏集中在一起。将几个相关的宏组成一个宏对象,就可以创建一个宏组。

宏组是宏的集合,其中包含若干个宏。为了在宏组中区分各个不同的宏,需要为每一个宏指定一个宏名。

通常情况下,如果存在着许多宏,最好将相关的宏分到不同的宏组,这样将有助于数据库的管理。宏组类似于程序设计中的“主程序”,而宏组中“宏名”列中的宏类似于“子程序”。使用宏组既可以增加控制,又可以减少编制宏的工作量。

例如,在“公司管理系统”据库中,创建一个宏组,要求在运行该宏组时打开数据库中的“员工信息”窗体,然后通过单击“员工信息”窗体中的“关闭窗体”按钮,关闭宏。

1. 创建宏组

有如下操作步骤:

(1)启动 Access 2003,打开“公司管理系统”数据库。

(2)在“对象”列表框中单击“宏”对象按钮 宏 ,打开“宏”对象面板。

(3)单击“新建”按钮,打开宏的设计视图。

(4)在宏的设计视图中,选择“视图”→“宏名”命令或单击工具栏上的“宏名”按钮,都可以在宏的设计视图中添加“宏名”列,如图 9-9 所示。

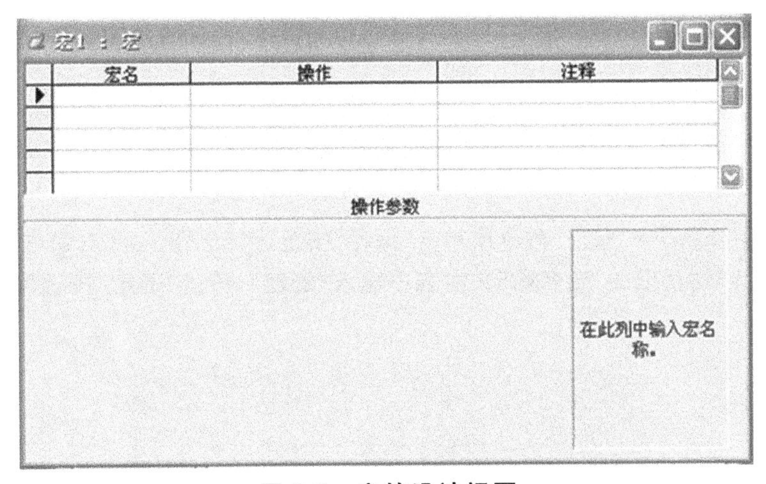

图 9-9　宏的设计视图

(5)在“宏名”列下第一个单元格中输入“打开窗体”;在“操作”列选择“OpenForm”和“Maximize”两个选项;在“注释”列中输入“打开【员工信息】窗体”;在“操作参数”选项区域的“窗体名称”下拉列表中选择“员工信息”选项,如图 9-10 所示。

(6)在第 3 行的“宏名”列中输入宏名名称“关闭窗体”,“操作”中选择“Close”选项;在相应“注释”列中输入“关闭【员工信息】窗体”,如图 9-11 所示。

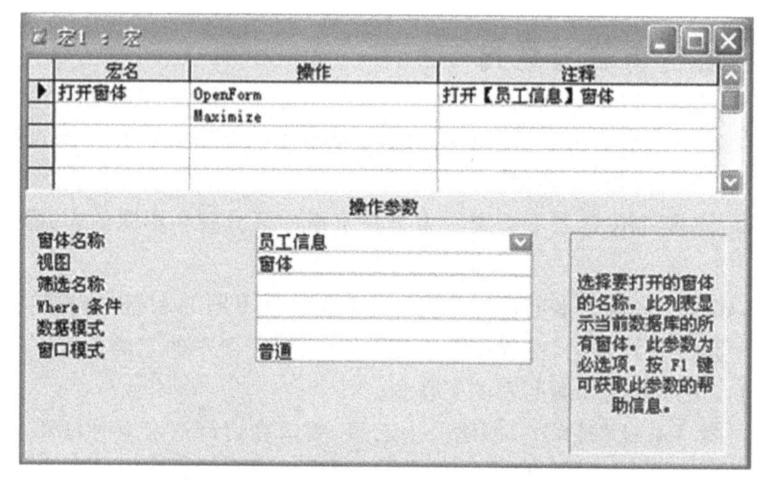

图 9-10　设置“OpenForm”操作属性

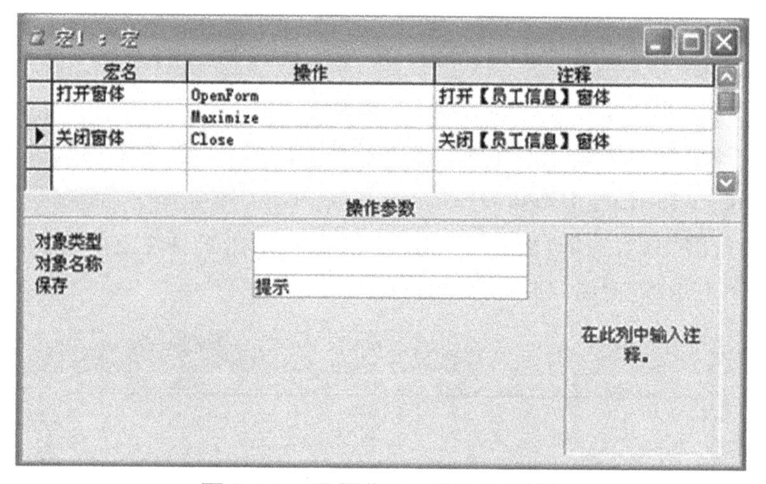

图 9-11　设置“Close”操作属性

(7)然后选择“文件”→“保存”命令或单击“保存”按钮，弹出“另存为”对话框。

(8)在“另存为”对话框的“宏名称”文本框中输入“宏组”，单击“确定”按钮保存宏，如图 9-12 所示。

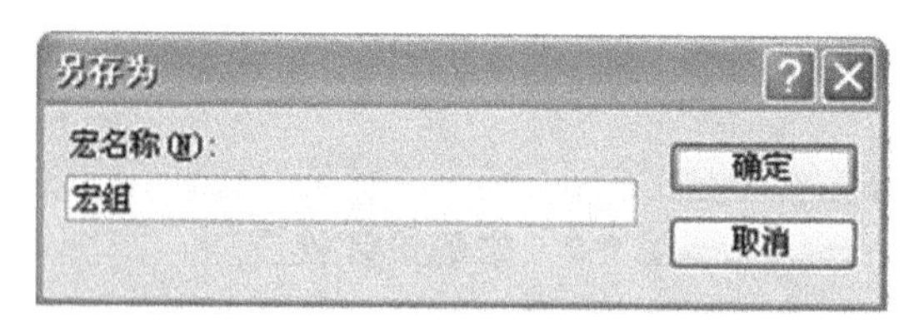

图 9-12　在“另存为”对话框中输入宏名称

(9)创建宏组后，在“宏”对象面板中显示创建的“宏组”，如图 9-13 所示。

2. 宏组的运用

(1)打开 Access 数据库后，在“对象”列表框中单击“窗体”对象按钮 窗体 ，打开“窗体”

对象面板。

(2)在“窗体”对象面板中，选择“员工信息”窗体，双击打开“员工信息：窗体”设计视图。在工具箱的“控件向导”按钮未被选中的状态下，使用“命令按钮”工具添加一个命令按钮，如图 9-14 所示。

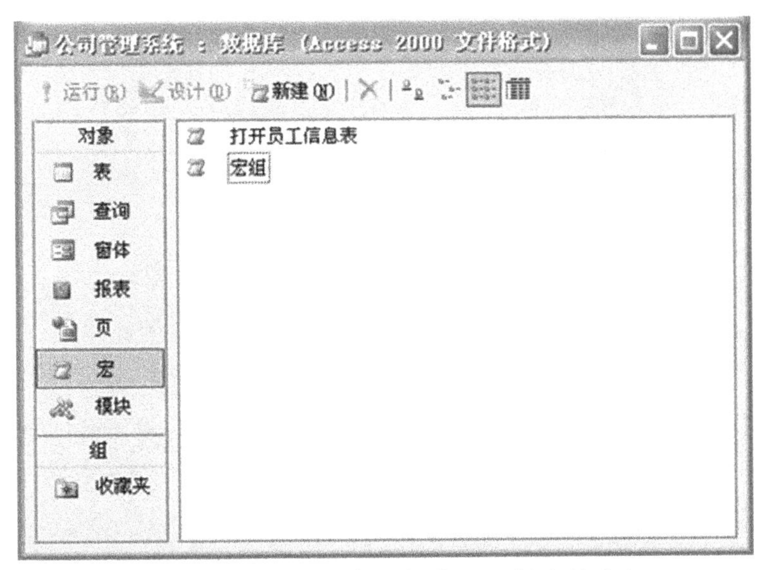

图 9-13　在“宏”对象面板中显示创建的宏组

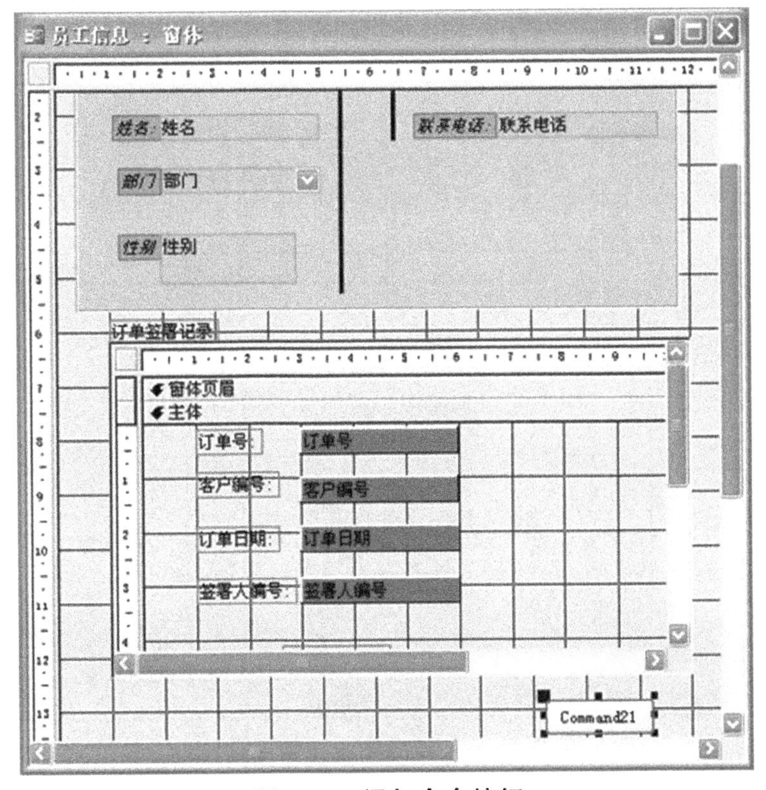

图 9-14　添加命令按钮

(3)右击该命令按钮,打开"属性"对话框。在"标题"文本框中输入命令按钮的名称"关闭窗体";在"单击"下拉列表中选择"宏组．关闭窗体"选项,如图 9-15 所示。

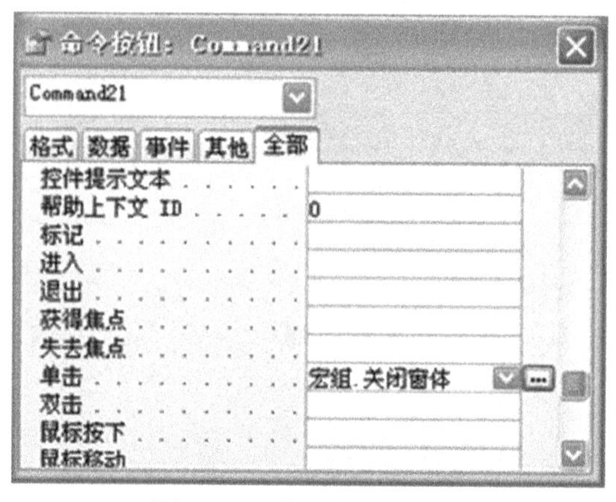

图 9-15 "属性"对话框

(4)单击"关闭"按钮,关闭"属性"对话框,此时"员工信息"设计视图窗口中显示出命令按钮名称"关闭窗体",如图 9-16 所示。

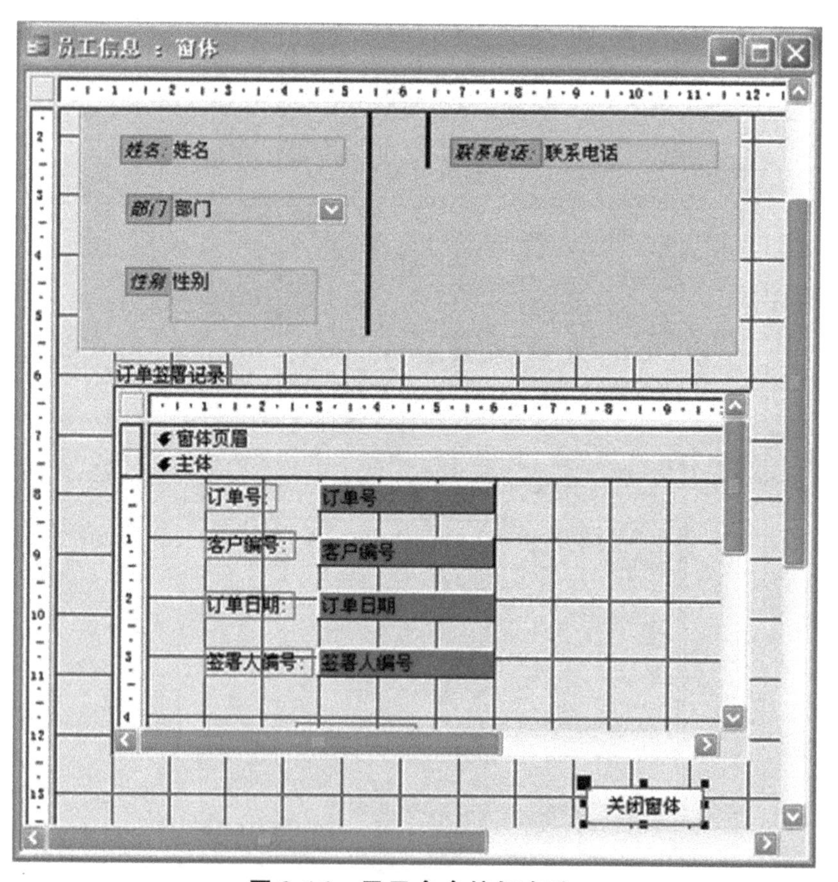

图 9-16 显示命令按钮名称

(5)最后选择"文件"→"保存"命令,保存对窗体的修改。

9.2.3　创建条件宏

在默认状态下，宏的执行过程是从第一个操作依次往下执行到最后一个操作。在某些情况下，可能希望仅当特定条件为真时才在宏中执行相应的操作。条件宏是指在宏中的某些操作带有条件。在执行宏时，这些操作只有在条件成立时才得以执行，使用条件来控制宏的流程。

例如，在“公司管理系统”数据库中，创建一个条件宏，要求运行宏时自动打开数据库中的“员工工资”窗体，当用户在“基本工资”文本框中添加或修改数据时，输入的数据若小于3700，系统将自动给出提示。

可按如下步骤操作：

(1)启动Access 2003，打开“公司管理系统”数据库。

(2)在“对象”列表框中单击“窗体”对象按钮，打开“窗体”对象面板。

(3)在“窗体”对象面板中，打开“员工工资”窗体的设计视图，如图9-17所示。

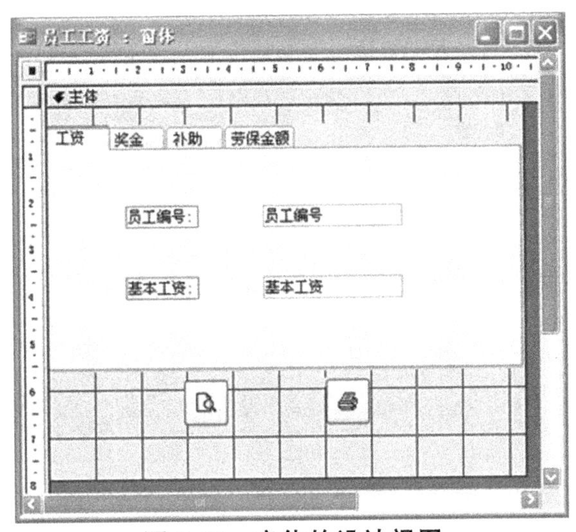

图9-17　窗体的设计视图

(4)在“员工工资:窗体”设计视图中，右键单击“基本工资”文本框控件，在弹出的快捷菜单中选择“属性”命令，打开“基本工资”文本框控件的属性对话框，如图9-18所示。

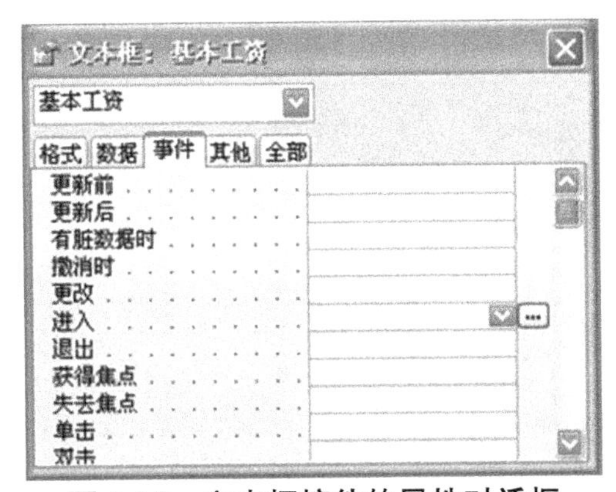

图9-18　文本框控件的属性对话框

(5)在文本框控件的属性对话框中,切换到"事件"选项卡,单击"进入"文本框后面的[...]按钮,弹出"选择生成器"对话框,如图 9-19 所示。

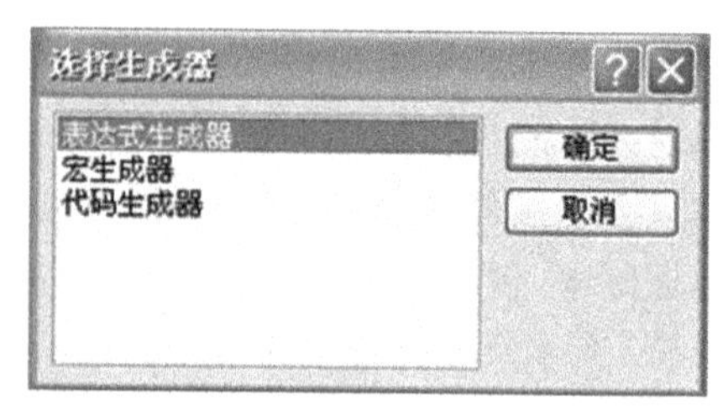

图 9-19 "选择生成器"对话框

(6)在"选择生成器"对话框中,选择"宏生成器"选项,单击"确定"按钮,打开宏的设计视图并弹出"另存为"对话框。

(7)在"另存为"对话框的"宏名称"文本框中输入"条件宏",单击"确定"按钮保存宏后,回到宏的设计视图,如图 9-20 所示。

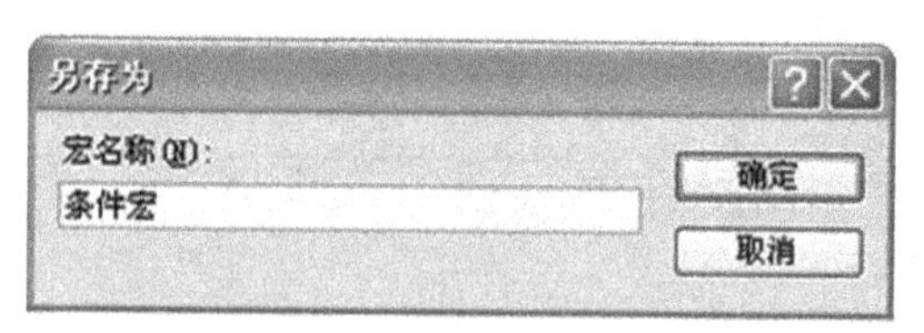

图 9-20 "另存为"对话框

(8)在宏的设计视图中,选择"视图"→"条件"命令或单击"条件"按钮,可在宏的设计视图中添加"条件"列,如图 9-21 所示。

图 9-21 条件宏的设计视图

(9)在第一行“操作”列中选择“OpenForm”选项,在“操作参数”选项区域的“窗体名称”中选择“员工工资”选项,如图 9-22 所示。

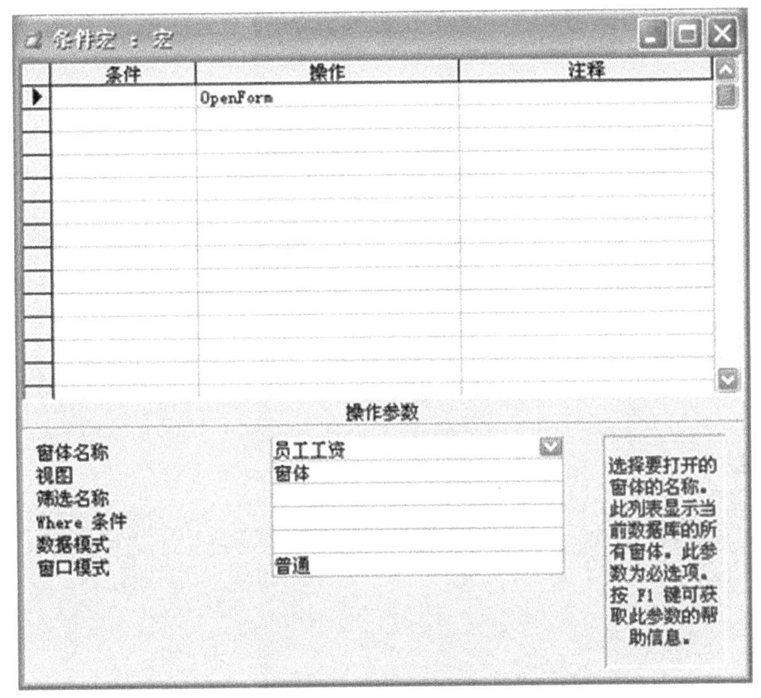

图 9-22　设置“OpenForm”的操作属性

宏操作的执行条件用于控制宏的操作流程,在不指定操作条件运行一个宏时,Access 将顺序执行宏中包含的所有操作。若一个宏操作的执行有条件控制,只有当条件成立时才得到执行,而条件不成立时就不执行,则应在该操作的“条件”列内给定一个逻辑表达式。当宏执行到这一操作时,Access 将首先判断该操作的执行条件是否成立。若条件成立,则执行该操作;若条件不成立,则不执行该操作,接着转去执行下一个操作。

在“条件”列中,设置执行条件的操作过程为:在对应宏操作的“条件”列中键入相应的逻辑表达式;或者右击鼠标,在弹出的快捷菜单中选择“生成器”命令,再在“表达式生成器”中建立逻辑表达式。

(10)在第二行“条件”列的第一个单元格中输入“[Forms]! [员工工资)]! [基本工资]<3700”,在“操作”列的第二个单元格中选择“MsgBox”选项,并设置该操作的参数,在“消息”文本框中输入“员工基本工资必须大于或等于 3700 元”,如图 9-23 所示。

注意:在“条件”列中不可输入非逻辑表达式,如算术表达式、SQL 语句等。

(11)选择“文件”→“保存”命令或单击“保存”按钮将宏保存后。关闭宏的设计视图,回到“基本工资”文本框控件的属性对话框,如图 9-24 所示。

(12)在属性对话框的“打开”文本框显示“条件宏”,单击窗口右上角的“关闭”按钮,关闭属性对话框,回到窗体的设计视图。

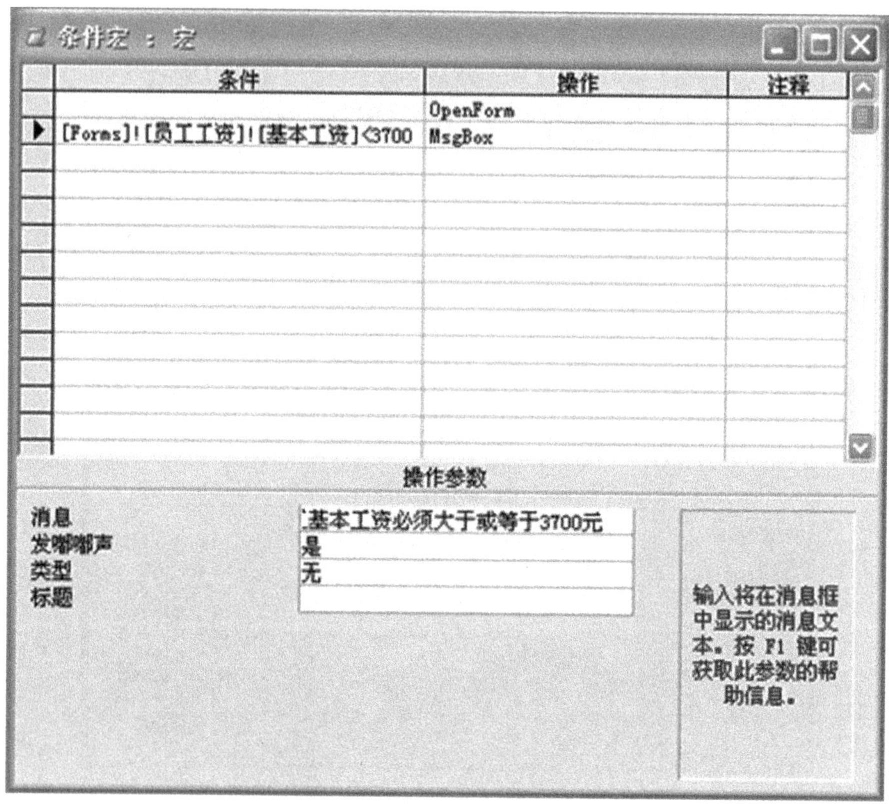

图 9-23 设置“条件”参数

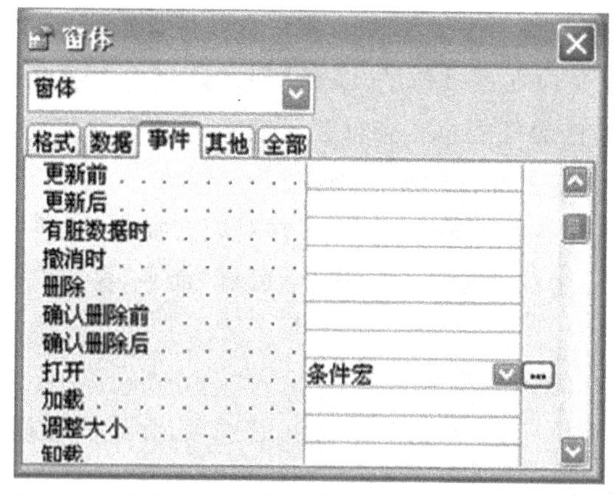

图 9-24 “基本工资”文本框控件的属性对话框

(13)保存并关闭窗体的设计视图，此时在“宏”对象面板中显示创建的“条件宏”，如图 9-25 所示。

(14)当运行“条件宏”，在窗体中更改“基本工资”文本框中的值小于 3700 时，系统将自动打开如图 9-26 所示的提示框。

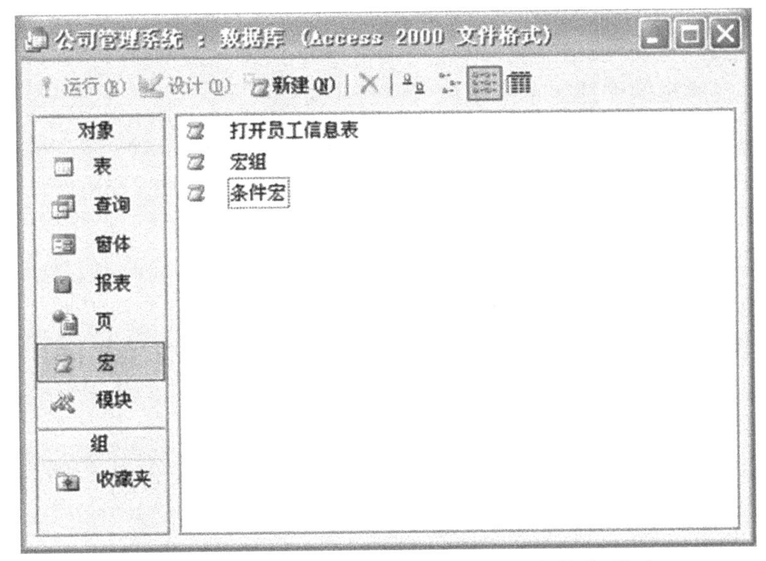

图 9-25　在“宏”对象面板中显示创建的条件宏

图 9-26　Access 提示框

9.2.4　宏的编辑和修改

如果发现已有的宏的运行结果达不到设计要求，则需要对它进行编辑。

在宏列表中选中宏对象，单击工具栏中的“设计”按钮，该宏将在宏设计器中打开。在设计窗口中用户可以更换操作、变更操作参数以及修改其他信息等。

宏编辑完毕保存即可。编辑后的宏只有在被保存后才能交付运行。

1. 向宏中添加操作

当完成了一个宏的创建后，通常还会根据实际需要再向宏中添加一些操作。按照添加新的操作与其他操作的关系，将操作添加到“操作”列的不同行中。如果新添加的操作与其他操作没有直接关系，可以在宏设计窗口的“操作”列中单击下面的空白行；如果宏中有多个操作，且新添加的操作位于两个操作行之间，其操作是单击插入行下面的操作行的行选定按钮，然后在工具栏上单击“插入行”按钮 ，系统将在当前操作行之前插入一个空白行，可以在其中添加宏操作。

2. 删除宏操作

如果觉得宏中的某个操作是多余的，可以删除它。

在宏的设计视图中选定要删除的操作，使用如下三种方式删除：

· 单击工具栏的“剪切”按钮

· 右击鼠标，在弹出的快捷菜单中选择“删除行”命令

· 在设计视图工的具栏上单击“删除行”按钮 。

在宏中删除一个操作时，Access 将同时删除与该操作相对应的所有操作参数。

3. 其他操作

(1)更换已经选定的操作

在宏的设计窗口中选取需要更改操作的行，单击该行“操作”列右端的向下箭头，打开宏操作选择列表，重新选取新的操作即可。

(2)修改操作参数

选定需要修改其操作参数的操作行，就可以在该操作对应的“操作参数”区中修改其操作参数。

(3)修改操作执行条件

在需要修改执行条件的操作行上的“条件”列中，可直接修改条件逻辑表达式；或右击鼠标，在弹出的快捷菜单中选择“生成器”命令，在打开的“表达式生成器”对话框中修改操作执行条件。

(4)重排操作顺序

可采用剪切、复制与拖曳的方法重新排列宏操作的顺序。

在宏的设计视图中单击需要重排位置的行选定按钮，然后在该行选定按钮上按住鼠标左键不放，将其拖曳到应该放置的位置处，松开鼠标左键，即可将一个操作从原来的顺序位置处调整到新位置上。

9.3 运行与调试宏

9.3.1 运行宏

创建完一个宏后，就可以运行宏执行各个操作。当运行宏时，Access 2003 会运行宏中的所有操作，直到宏结束。

宏的运行有直接运行，或者从其他宏或事件过程中运行宏，也可以作为窗体、报表或控件中出现的事件响应运行宏。例如，可以将宏附加到窗体的命令按钮上，这样，当单击该按钮时即可运行宏。也可以创建自定义菜单命令或工具栏按钮来运行宏，将某个宏设定为组合键，或者在打开数据库时自动运行宏。一些宏如果引用了窗体或报表内的控件值，在执行该宏时，应先打开相应窗体视图或报表的打印预览视图。

1. 直接运行宏

通常情况下，直接执行宏只是进行测试。在确保宏的设计无误后，可将宏附加到窗体、报表或控件中，以对事件做出响应；也可创建一个执行宏的自定义菜单命令，以执行在另一个宏或 VBA 程序中的宏。

直接运行宏有如下几种方式。

(1)在数据库窗口的“宏”对象页，直接双击“宏”对象面板中的宏名，可在数据库窗口中执行宏。或在“宏”对象面板中选择要运行的宏，单击工具栏上的“运行”按钮 ! 运行(R) 。

(2)在宏的设计视图中，选择“运行”→“运行”命令或单击工具栏上的“运行”按钮 ! ，可在宏窗口中执行宏。

(3)在数据库窗口中选择“工具”→“宏”→“运行宏”命令，弹出“执行宏”对话框，如图 9-27 所示，在“宏名”下拉列表框中输入要运行的宏名，或从下拉列表框中做出选择，单击“确定”按钮。可在 Access 窗口中执行宏。

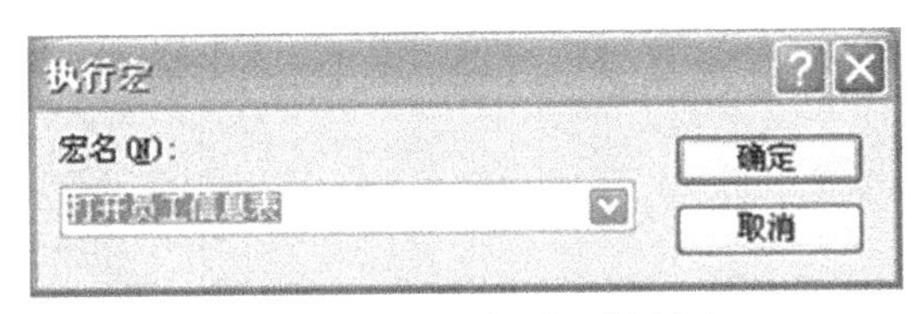

图 9-27　“执行宏对话框

使用任意一种方法运行“公司管理系统”中的“打开员工信息表”宏，运行结果效果如图 9-28 所示。

员工信息表 : 表

员工编号	姓名	部门	性别	雇佣日期	联系电话
211	赵丽	会计部	女	2001-5-9	18822210025
212	李明	会计部	女	2003-3-18	18721025103
213	赵杰	销售部	男	2003-8-10	13012411234
214	李珏	销售部	男	2003-8-15	13645678910
215	王美	销售部	女	2004-4-5	13955215632
216	张强	策划部	男	2001-10-12	13921322556
217	林琳	策划部	女	2005-9-2	18878923656
218	邵觉	生产部	男	2000-9-17	13641285878
219	陈可	生产部	男	2004-10-14	15075158302
220	高松	生产部	男	2006-3-5	13315190209

记录: 1 共有记录数: 10

图 9-28　运行宏打开的表

2. 在宏组中运行宏

要把宏作为窗体或报表中的事件属性设置，或作为 RunMacro(运行宏)操作中的 Macro Name(宏名)说明，可使用下列结构指定宏：

[宏组名．宏名]

如果用户希望运行宏组中的某一个宏，可以使用下列操作之一：

• 选择“工具”→“宏”→“执行宏”命令，然后在“执行宏”对话框中的“宏名”下拉列表框中作出选择。当宏名在列表框中出现时，Access 2003 将运行指定的宏。

• 使用 Docked 对象的 RunMacro 方法，从 Visual Basic 程序中运行宏组中的某个宏。

• 利用上面所说的[宏组名．宏名]结构指定宏组中的宏。

例如，在“公司管理系统”数据库中，创建一个窗体，在该窗体上添加 2 个命令按钮，分别用来运行“宏组”宏中的 2 个宏。

操作步骤可如下进行：

(1)启动 Access 2003，打开“公司管理系统”数据库。

(2)在“对象”列表框中单击“窗体”对象按钮 窗体 ，打开“窗体”对象面板。

(3)在“窗体”对象面板中，双击选择“在设计视图中创建窗体”选项，打开窗体的设计视图，如图 9-29 所示。

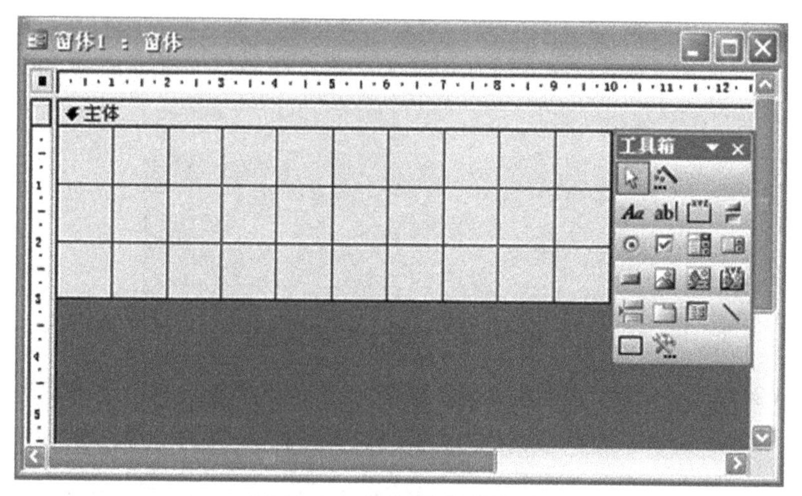

图 9-29　窗体的设计视图

(4)在窗体设计视图中，打开“工具箱”面板，选择“控制向导”控件 ，然后选择“命令按钮”控件 ，用鼠标在窗体的设计视图的主体节中(即有方格的位置)，按住鼠标左键拖曳出一个矩形框，启动控件向导，弹出“命令按钮向导”对话框，选择动作，如图 9-30 所示。

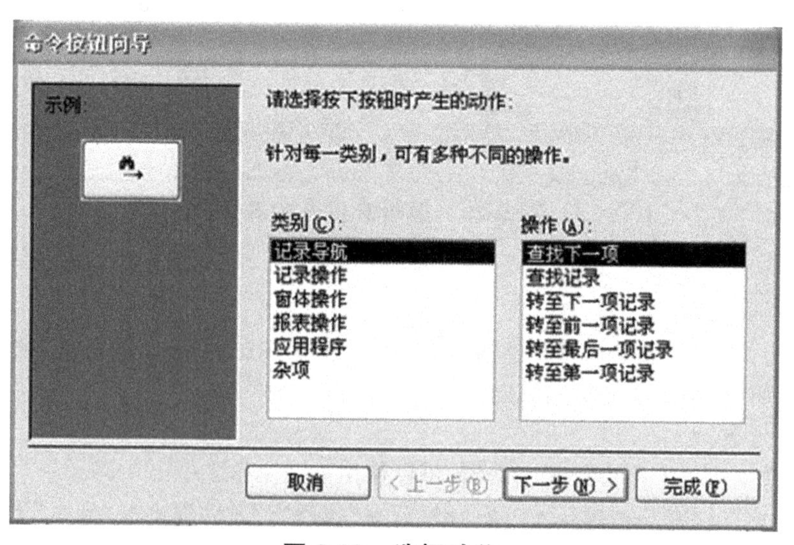

图 9-30　选择动作

(5)在对话框的“类别”列表框中选择“杂项”选项，在“操作”框中选择“运行宏”选项，单击“下一步”按钮，确定运行的宏，如图 9-31 所示。

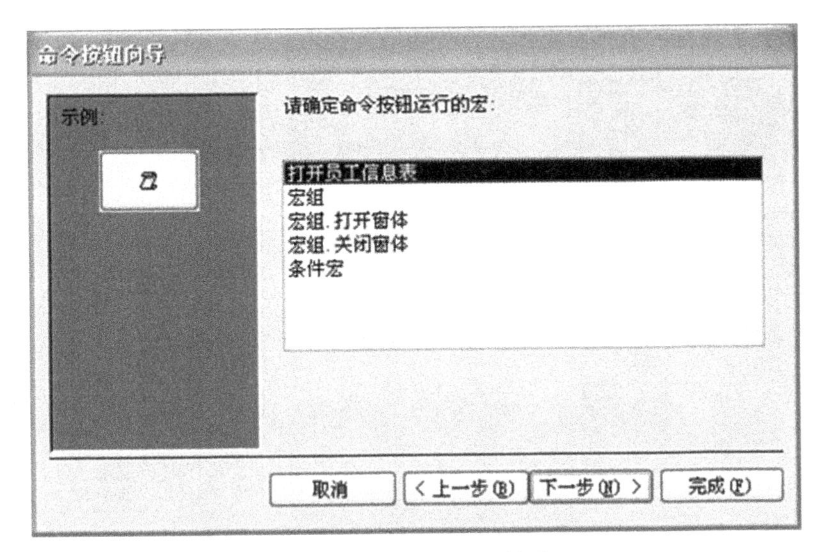

图 9-31　确定运行的宏

(6)在对话框的“请确定命令按钮运行的宏”列表框中选择“宏组．打开窗体”宏，单击“下一步”，确定显示文本还是显示图片，如图 9-32 所示。

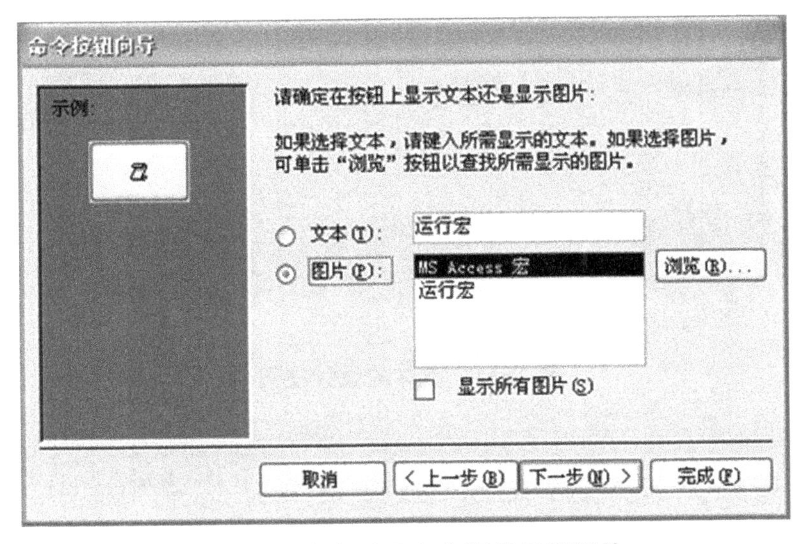

图 9-32　确定显示文本还是显示图片

(7)在“命令按钮向导”对话框中，选择“文本”单选按钮，在文本框中输入“打开窗体”，单击“下一步”按钮，指定按钮的名称，如图 9-33 所示。

(8)在对话框中显示的是默认值，可采用默认值，单击“完成”按钮，就将命令按钮控件添加到窗体的设计视图中，如图 9-34 所示。

(9)用同样的方法创建一个“关闭窗体”控件，参考步骤(4)～(8)，完成后创效果所示如图 9-35。

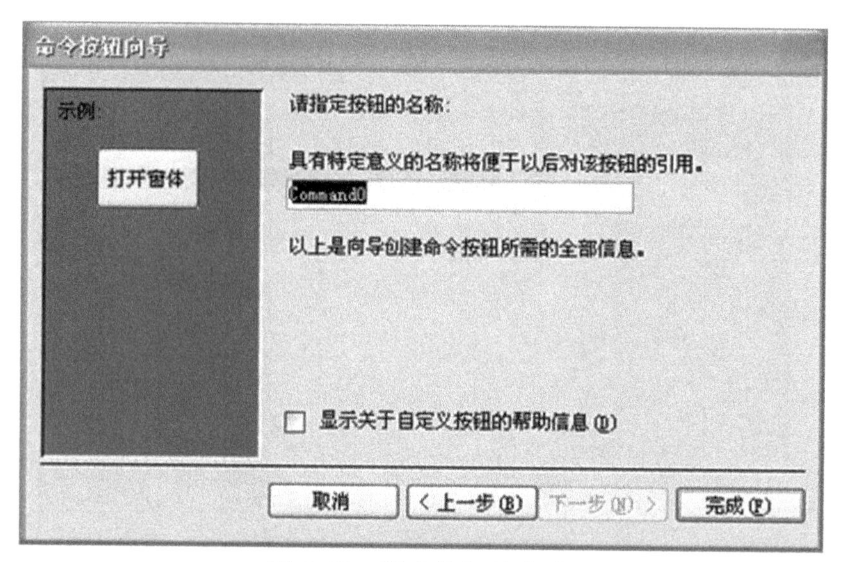

图 9-33　指定按钮的名称

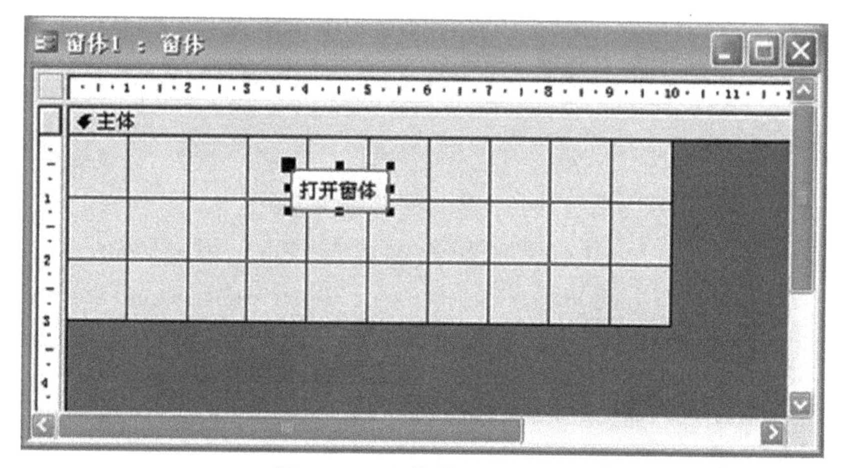

图 9-34　窗体的设计视图

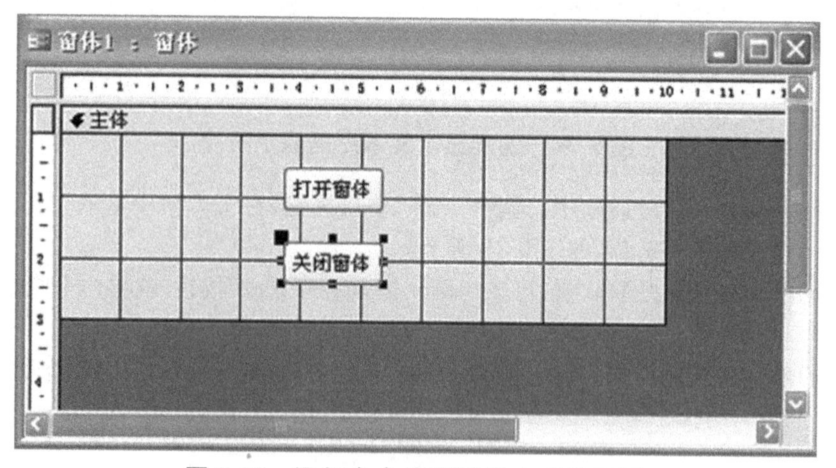

图 9-35　添加命令按钮控件完成效果图

(10)单击工具栏上的“窗体视图”按钮，打开窗体视图，如图 9-36 所示，单击命令按钮，即可运行宏组中的宏。

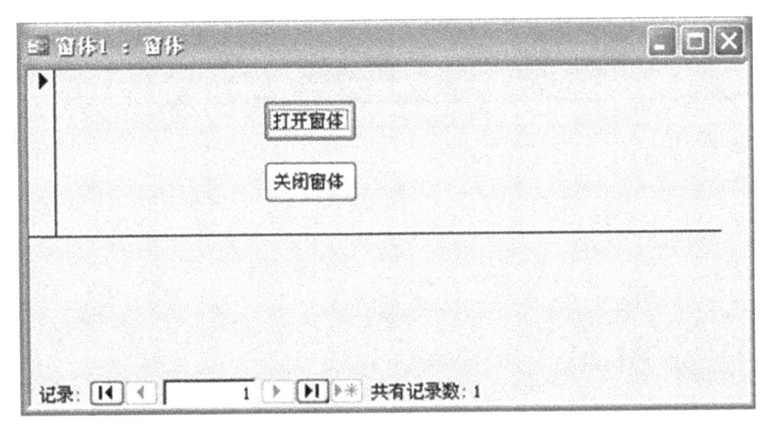

图 9-36　窗体视图

(11)选择“文件”→“保存”命令或单击“保存”按钮，弹出“另存为”对话框，在“另存为”对话框的“窗体名称”文本框中输入“运行宏组中的宏”，单击“确定”按钮保存窗体。

3. 从其他宏或 VB 过程中运行宏

如果要从其他的宏或 VB(Visual Basic)过程中运行宏，需要将 RunMacro 操作添加到相应的宏或过程中去。

将 RunMacro 操作添加到宏中，可以在宏窗口“操作”列的单元格中选择“RunMacro”选项，并将要运行的宏名添加到操作参数中的“宏名”组合框中。

例如，在“公司管理系统”数据库中，创建一个宏，调用“打开员工信息表”宏。

操作步骤如下：

(1)启动 Access 2003，打开“公司管理系统”数据库。

(2)在“对象”列表框中单击“宏”对象按钮，打开“宏”对象面板。

(3)在“宏”对象面板中，单击“新建”按钮，打开宏的设计视图。

(4)在宏的设计视图中，单击“操作”列下第一个单元格后面的下三角按钮，在弹出的下拉列表中选择“RunMacro”选项。在“操作参数”选项区域的“宏名”下拉列表中选择“打开员工信息表”宏，如图 9-37 所示。

(5)选择“文件”→“保存”命令或单击“保存”按钮，弹出“另存为”对话框。

(6)在“另存为”对话框的“宏名称”文本框中输入“宏之间的调用”，然后单击“确定”按钮保存宏。

(7)选择“运行”→“运行”命令或单击工具栏上的“运行”按钮，运行“宏之间的调用”宏，将运行“打开员工信息表”宏，打开“员工信息表”。

如果将宏指定为窗体或报表的事件属性设置，或指定为 RunMacro(运行宏)操作的 MacroName(宏名)参数。使用 macrogroupname. macroname 来引用宏。

如果要将 RunMacro 操作添加到 VB 过程中，可以在过程中添加 DoCmd 对象的 RunMacro 方法，然后指定要运行的宏名。例如，下列 RunMacro 方法将运行宏 My Macro：

DoCmd. RunMacro "My Macro"

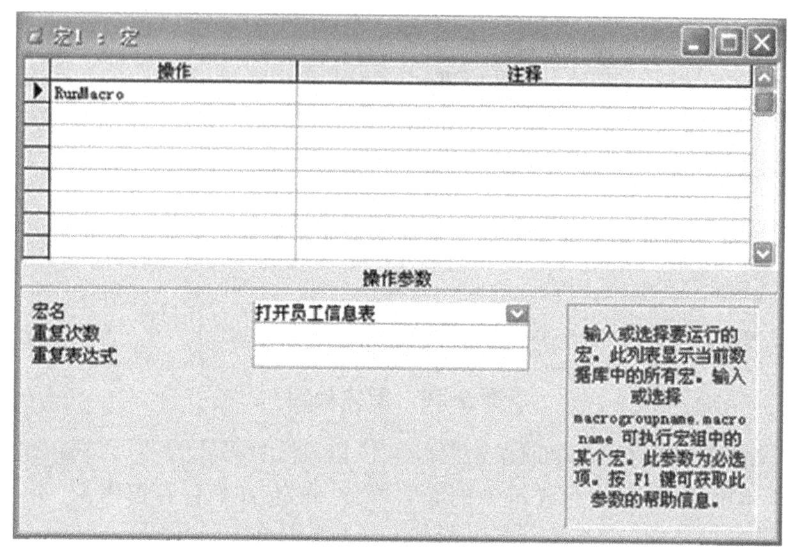

图 9-37 设置操作参数

4. 从窗体、报表或控件中运行宏

在报表与窗体中，用户可以将宏作为某个控制的事件来运行，要从窗体、报表或控件中运行宏，只需在设计视图中单击相应的控件或窗体"属性"对话框中的"事件"选项卡，在相应的事件属性上单击，然后在下拉列表框中选择当前数据库中的相应宏。在事件发生时，即可自动执行所设定的宏。

可以将宏链接到命令按钮，这样单击此按钮就可以运行宏。使用"命令按钮向导"来创建这样的宏，或设计好一个宏后，打开该按钮的属性对话框，然后在"事件"选项卡中的"单击"事件的下拉列表框中选择设计好的这个宏。

例如，在"公司管理系统"中，在"员工信息"窗体上添加一个命令按钮，单击该按钮时执行"打开员工信息表"宏。

操作步骤如下：

(1)启动 Access 2003，打开"公司管理系统"数据库。

(2)在"对象"列表框中单击"宏"对象按钮 宏 ，打开"窗体"对象面板。

(3)在"窗体"对象面板中，打开"员工信息"窗体的设计视图，如图 9-38 所示。

(4)在窗体的设计视图中，打开"工具箱"面板，选择"控制向导"控件 ，然后选择"命令按钮"控件 ，将鼠标指针移动至窗体的主体节中按住鼠标左键拖曳出一个矩形框，启动控件向导，弹出"命令按钮向导"对话框，选择动作，如图 9-39 所示。

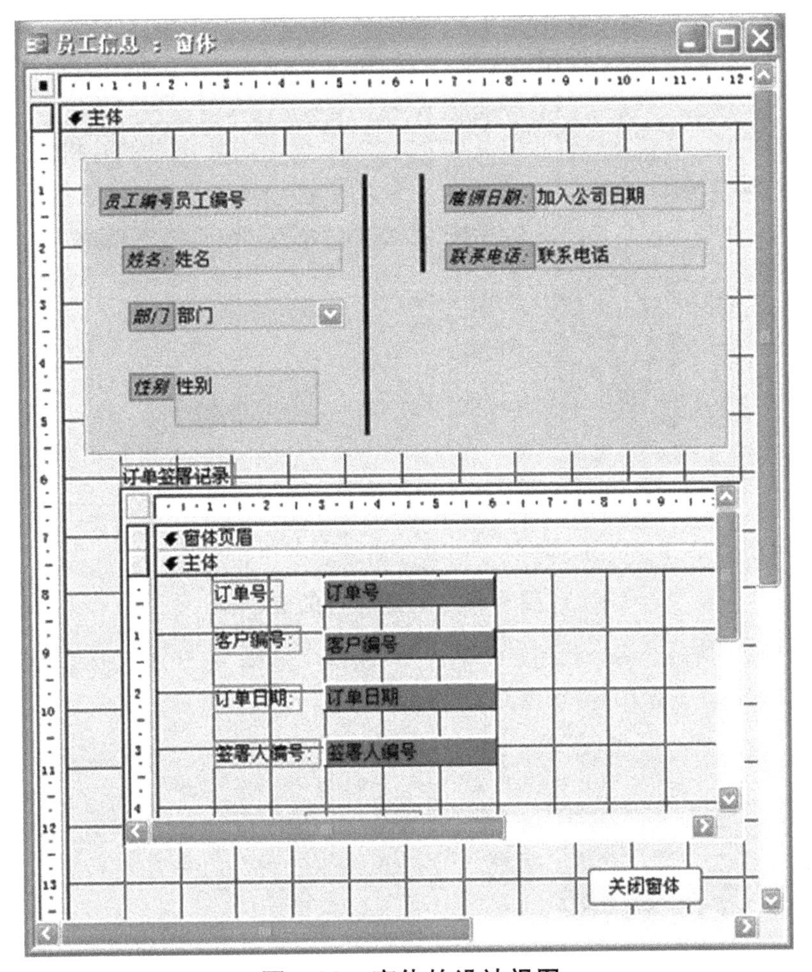

图 9-38　窗体的设计视图

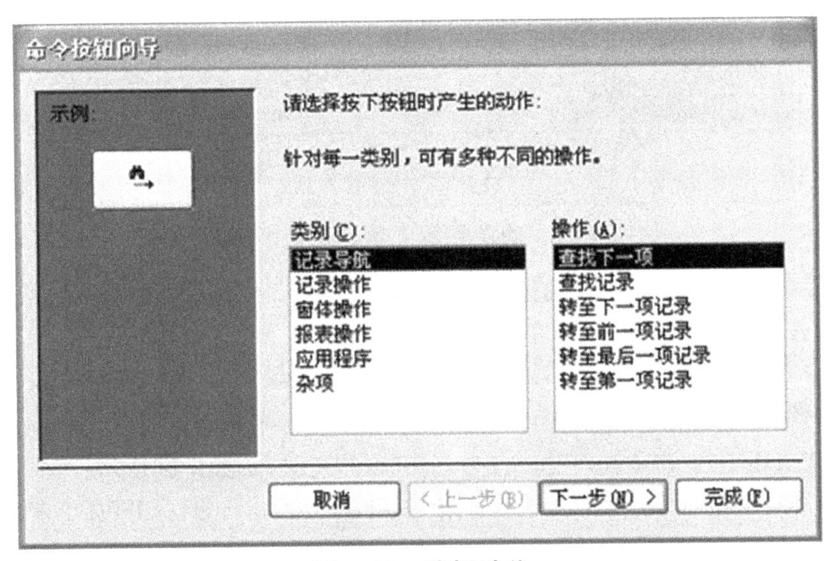

图 9-39　选择动作

(5)在对话框的“类别”列表框中选择“杂项”分类，在对应的“操作”列表框中选择“运行宏”选项，单击“下一步”按钮，确定运行的宏，如图 9-40 所示。

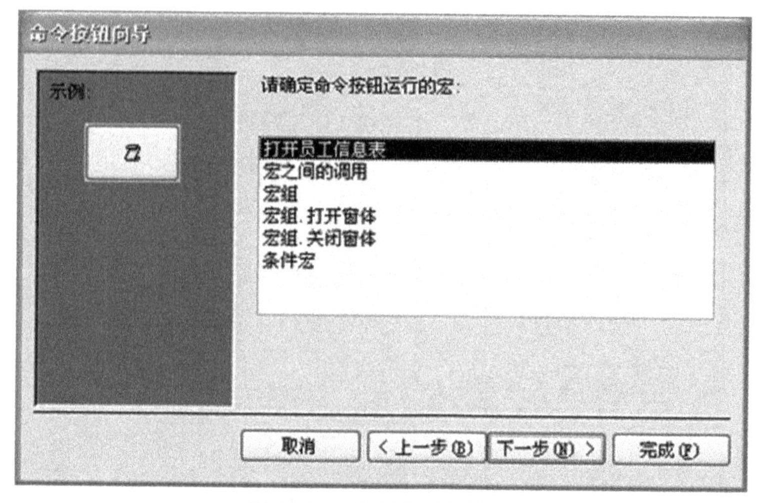

图 9-40　确定运行的宏

(6)在对话框的“请确定命令按钮运行的宏”列表框中选择“打开员工信息表”宏，单击“下一步”，确定显示文本还是显示图片，如图 9-41 所示。

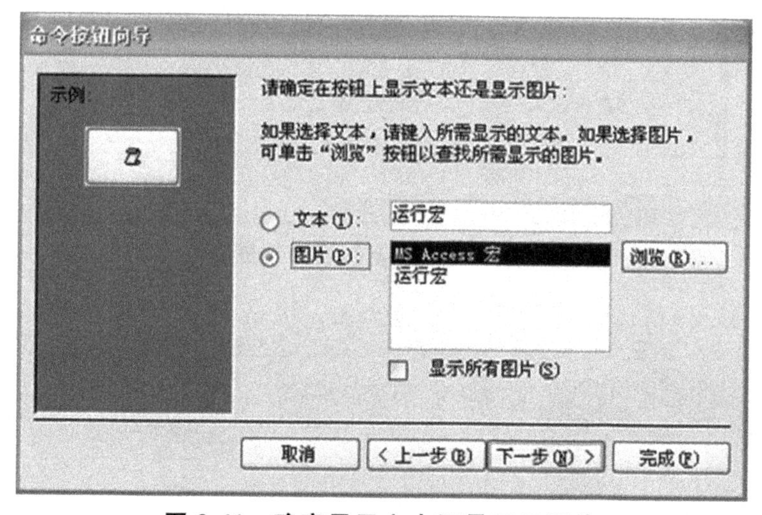

图 9-41　确定显示文本还是显示图片

(7)在对话框中，选择“文本”单选按钮，在文本框中输入“打开员工信息表”，然后单击“下一步”按钮，指定按钮的名称，如图 9-42 所示。

(8)在对话框中显示的是默认值，采用默认值，单击“完成”按钮，即可将命令按钮控件添加到窗体的设计视图，如图 9-43 所示。

(9)单击工具栏上的“窗体视图”按钮 ，打开窗体视图，如图 9-44 所示。

(10)在窗体视图中，单击“打开员工信息表”按钮，即开始运行宏，打开“员工信息表”。

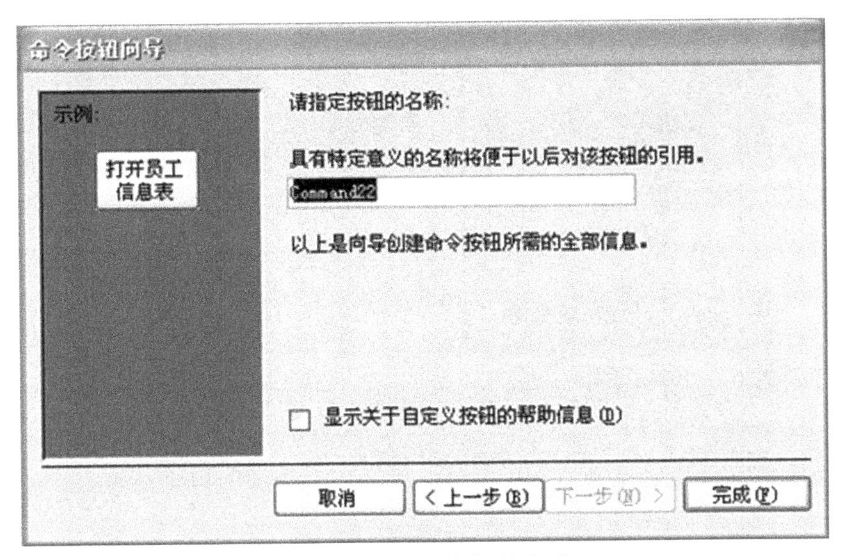

图 9-42　指定按钮的名称

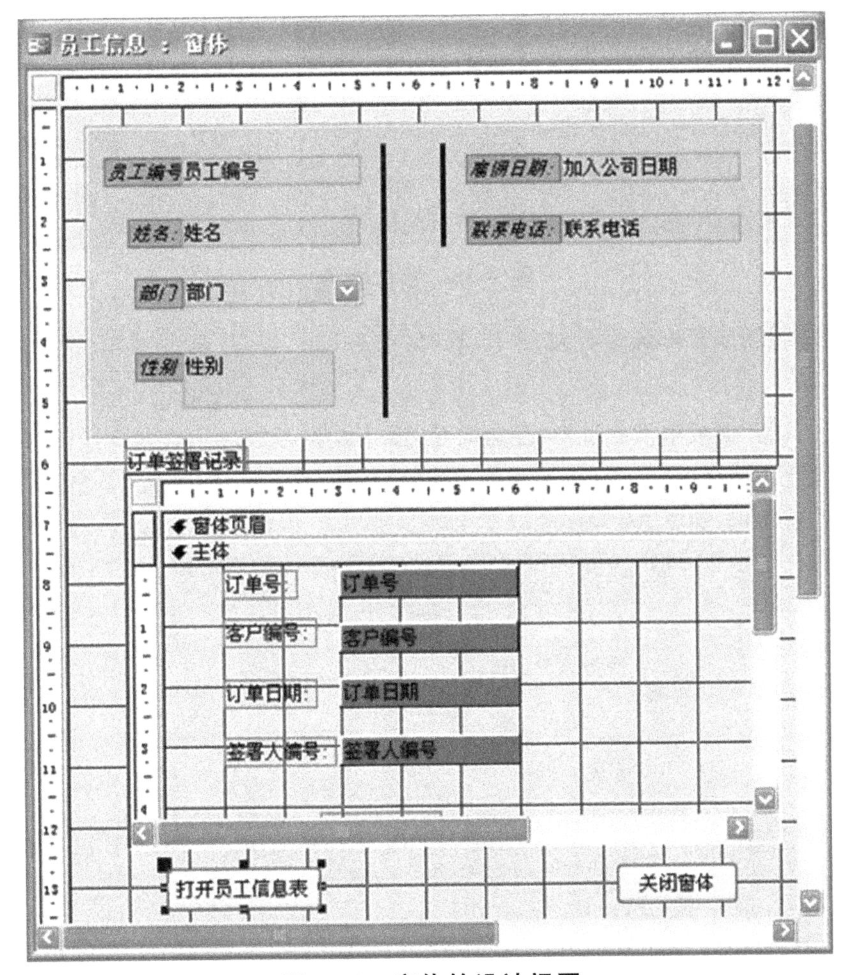

图 9-43　窗体的设计视图

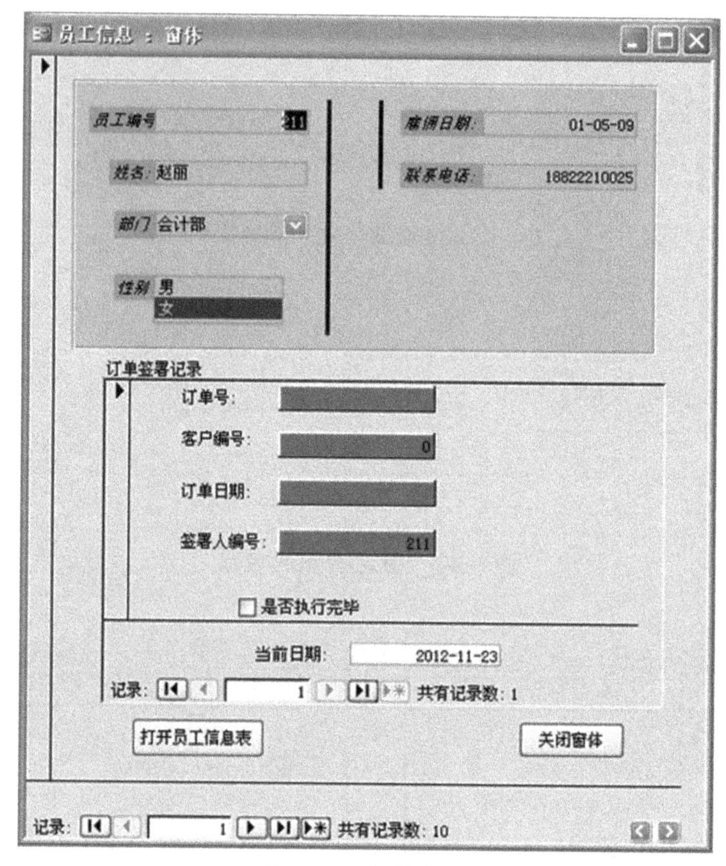

图 9-44　窗体视图

(11)在窗体视图或窗体的设计视图中,选择"文件"→"保存"命令或单击"保存"按钮保存窗体。

如果在"工具箱"面板中没有选中"控制向导"控件,当添加一个命令按钮控件后,将不启动控件向导,但可以在命令按钮控件属性对话框的"事件"选项卡中,设置"单击"下拉列表为"打开员工信息表"宏即可,如图 9-45 所示。

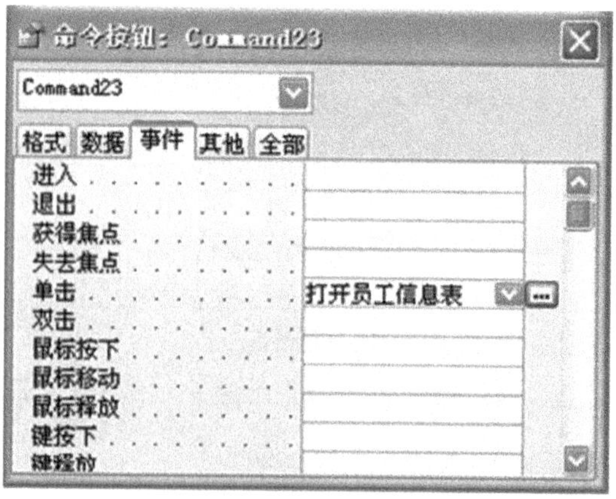

命令按钮: Command23
Command23
格式 数据 事件 其他 全部
进入
退出
获得焦点
失去焦点
单击 打开员工信息表
双击
鼠标按下
鼠标移动
鼠标释放
键按下
键释放

图 9-45　命令按钮控件的属性对话框

5. 自动运行宏

在 Access 2003 中,可以创建一个在第1次打开数据库时自动运行的特殊的宏——AutoExec 宏。例如,在打开"公司管理系统"数据库时,自动运行一个宏,自动打开"切换面板"窗体。

操作步骤如下:

(1)启动 Access 2003,打开"公司管理系统"数据库。

(2)在"对象"列表框中单击"宏"对象按钮 宏 ,打开"宏"对象面板。

(3)在"宏"对象面板中,单击"新建"按钮,打开宏的设计视图,如图 9-46 所示。

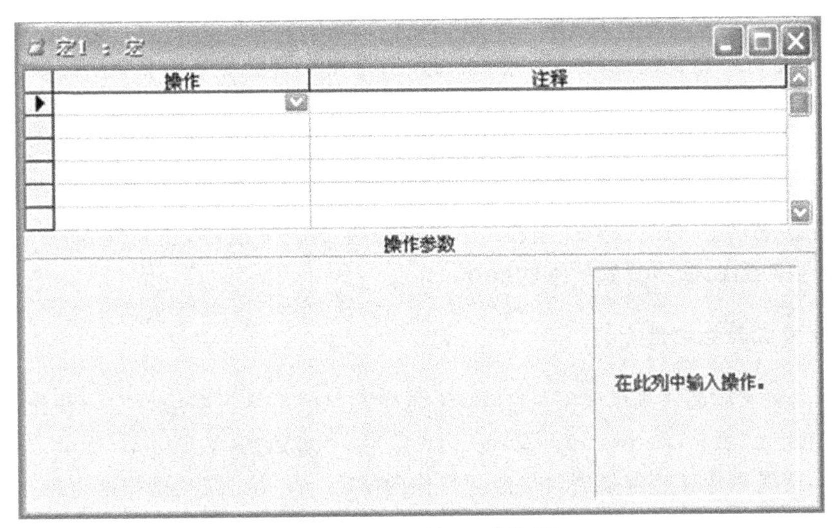

图 9-46　宏的设计视图

(4)在宏的设计视图中,单击"操作"列下第一个单元格后面的下三角按钮,在打开的下拉列表中选择"OpenForm"选项。在"操作参数"区域的"窗体名称"下拉列表中选择"切换面板"选项,在"数据模式"下拉列表中选择"只读"选项,在"窗口模式"下拉列表中选择"普通"选项,如图 9-47 所示。

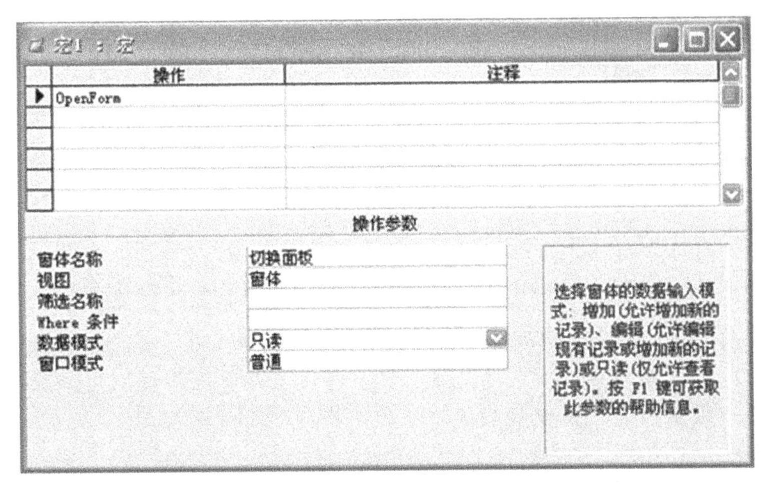

图 9-47　设置操作参数

(5)通过“文件”→“保存”命令或单击“保存”按钮,弹出“另存为”对话框,如图 9-48 所示。

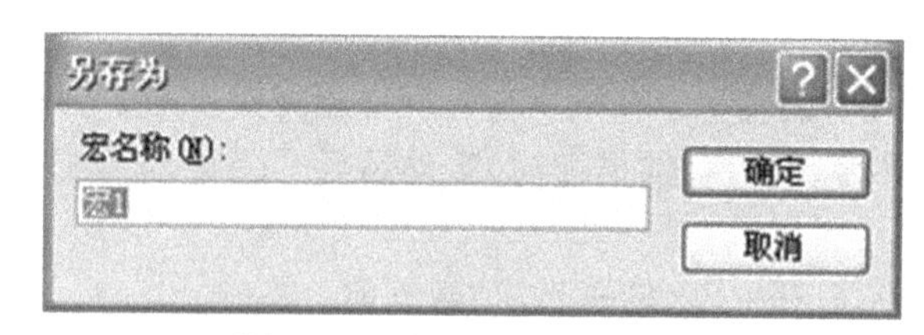

图 9-48 “另存为”对话框

(6)在“另存为”对话框的“宏名称”文本框中输入“AutoExec”,单击“确定”按钮保存宏即完成。以后每次打开“公司管理系统”数据库时,系统将自动运行该宏,打开“切换面板”窗体。

注意:如果用户不想自动运行 AutoExec 宏,只需在打开数据库时按住 Shift 键即可。可以以后再运行该宏。

在 Access 窗口中,选择“工具”→“启动”命令,弹出“启动”对话框,设置该对话框中的参数,可以在系统启动时,自动执行一些操作。还可以使用“启动”对话框来代替“AutoExec”宏或作为“AutoExec”宏的附加。“AutoExec”宏在“启动”选项生效之后运行,因此,应避免在“AutoExec”宏中有任何会更改启动选项设置效果的操作。

6. 在菜单或工具栏中运行宏

用户还可以将宏添加到菜单或工具栏中,从而在菜单或工具栏中运行宏。首先选择“视图”→“工具栏”→“自定义”命令,Access 2003 弹出一个“自定义”对话框,如图 9-49 所示。单击“命令”选项卡中的宏名,将其图标直接拖动到菜单或工具栏中即可。单击该宏的图标即可运行此宏。

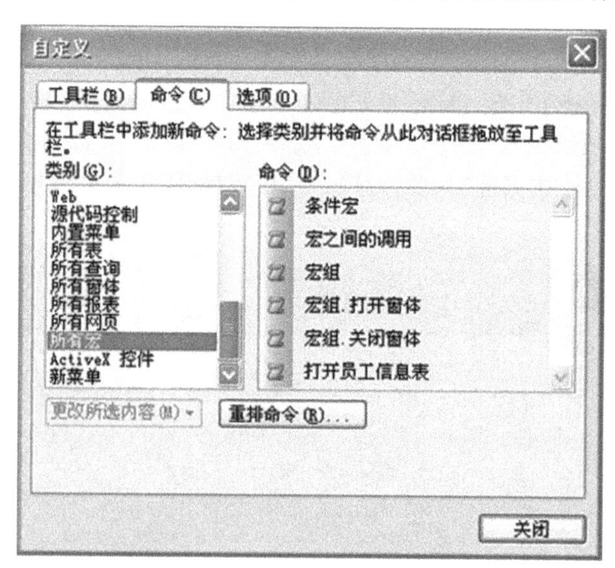

图 9-49 “自定义”对话框

7. 将一个或一组操作设定成快捷键

还可以将一个操作或一组操作设置成特定的键或组合键。这样,当用户按该键或组合键时,Access 2003 就会执行这个操作。

(1)在数据库窗口中的“对象”列表框中单击“宏”对象按钮。

(2)单击选择工具栏中的“新建”按钮。

(3)单击工具栏上的“宏名”按钮。

(4)在“宏名”列中为一个操作或一组操作设定快捷键。

(5)添加希望快捷键执行的操作或操作组。

(6)保存宏。

保存完成后,以后每次打开数据库时,设定的快捷键一直有效。用户设定的操作快捷键如果与 Access 2003 中系统设定的快捷键有冲突,那么用户所设定的操作将取代 Access 2003 中的快捷键。

9.3.2　调试宏

在宏的设计过程中,难免会有设计不周的地方。如果在运行宏的过程中发生错误,或者无法打开相关的宏对象,就应该检查设置的宏命令、参数是否有错误,然后再一步一步反推,找出可能的问题点,这个过程就是调试。例如,要打开表的宏操作而没有设置表名称参数,要调用宏的宏操作而指定了不存在的宏等。宏调试的目的就是要找出错误原因和出错位置,以便使设计的宏操作能达到预期的效果。

对宏进行调试,可以采用 Access 的单步调试方式,即每次只执行一个操作,以便观察宏的流程和每一步操作的结果。通过这种方法,可以比较容易地分析出错的原因并加以改正。

可如下操作步骤:

(1)在设计视图中打开“打开员工信息表”宏,在“操作”属性列中单击“OpenTable”宏操作,然后在“操作参数”选项区域中删除“表名称”下拉列表中的内容。

(2)单击“保存”按钮,保存宏。下面开始执行单步调试操作。

(3)单击工具栏中的“单步”按钮 ,然后单击“运行”按钮 ,打开如图 9-50 所示的“单步执行宏”对话框。

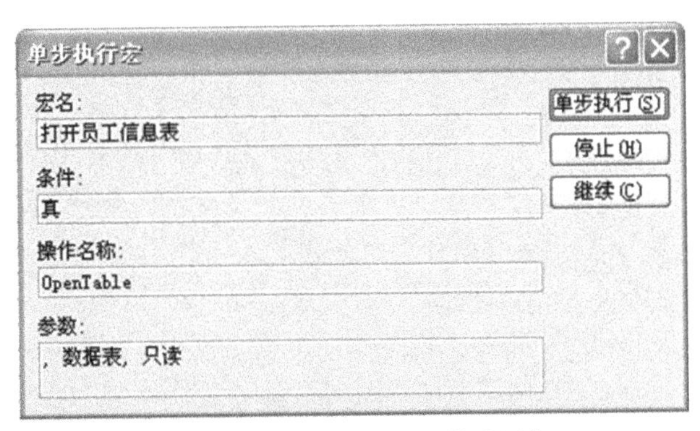

图 9-50　“单步执行宏”对话框

(4) 在“单步执行宏”对话框中,选择适当的选项。“单步执行”用于继续执行下一道命令;“停止”用于停止执行宏;“继续”用于执行中断后的其余宏命令,不再单步执行。

在该对话框中的操作名称是“OpenTable”,单击“单步执行”按钮,出现如图 9-51 所示的错误提示框。

图 9-51 Microsoft Office Access 提示框

(5) 在运行的宏发生错误时，系统会弹出警告信息框，单击“确定”按钮，会进入“操作失败”对话框，其操作方式与“单步执行宏”对话框相同。

该提示框提示“该操作方法需要一个 Table Name 参数”。单击“确定”按钮，关闭对话框，返回到“单步执行宏”对话框，单击“停止”按钮，停止宏的运行。

(6)返回宏窗口，修改该步操作。

第 10 章　模块与 VBA 编程

10.1　模块概述

10.1.1　模块定义

上一章介绍宏的相关使用，宏虽然很好用，但其运行的速度比较慢，也不能直接运行很多 Windows 的程序。尤其是不能自定义一些函数，这样当我们要对某些数据进行一些特殊的分析时，它就无能为力了。由于宏的这些局限性，所以在给数据库设计一些特殊的功能时需要用“模块”对象来实现，这些“模块”都是由一种叫做 VBA 的语言来实现的。使用它编写程序，然后将这些程序编译成拥有特定功能的“模块”，以便在 Access 2003 中调用。

模块是 Access 数据库中最后一个重要的对象，它是用 VBA 语言编写的，模块起着存放用户编写的 VBA 代码的作用。

VBA(Visual Basic for Application)是 Microsoft 公司 Office 系列软件中内置的用来开发应用系统的编程语言。它与 Visual Studio 系列中的 Visual Basic 开发工具很相似，同样是用 Basic 语言作为语法基础的可视化的高级语言。它们都使用了对象、属性、方法和事件等概念，只不过中间有些概念所定义的群体内容稍稍有些差别，这是由于 VBA 是应用在 Office 产品内部的编程语言，具有明显的专用性。VBA 在 Access 中的使用必须在模块窗口中进行。也就是说，一定要使用模块对象来进行 VBA 编程。本章介绍模块的概念和 VBA 语言的基础知识。

模块是将 VBA 声明和过程作为一个单元进行保存的集合。使用模块对象就是按照特定的要求，在模块窗口中进行 VBA 编程。

通常而言，模块是由过程定义、说明、引用三部分组成。过程定义是指说明和语句的集合。说明是指可用于定义数据类型、常量、变量和对动态链接库中外部函数的引用。引用是指代码的单元，用于执行操作、进行说明或定义。

模块由过程组成，过程是包含 VBA 代码的单位。在 Access 2003 中，过程有两种类型即 Sub 过程和 Function 过程，其结构如图 10-1 所示。

声明区域：

OptionCompareDatabase(此行由系统自动生成)

Sub 子过程{Public　Sub 过程名 1()
语句行　　　　　——用户自行设计
End　Sub}

Function 函数过程{Public　Sub 过程名 2()
语句行　　　　　——用户自行设计
End　Function}

图 10-1　模块结构示意图

Sub 过程也称子程序，是执行一个操作或一系列的运算的过程，没有返回值。声明子程序是以“Sub”关键字开头，并以“End Sub”语句作为结束。用户可以自己创建 Sub 过程或使用 Access 2003 所创建的事件过程模板。数据库的每个窗体和报表都有内置的窗体模块和报表模块，这些模块包含事件过程模板。可以向其中添加代码，使得当窗体、报表或其上的控件中发生相应的事件时，运行这些代码。当 Access 2003 识别到事件在窗体、报表或控件中已经发生时，将自动地运行为对象和事件命名的事件过程。

Function 过程通常称为函数，将返回一个值，如计算结果。函数声明使用“Function”语句，并以“End Function”语句作为结束。Microsoft Visual Basic 包含许多内置函数，也可创建自己的白定义函数。因为函数有返回值，所以可以在表达式中使用。

但要注意的是，保存的模块名是可以在数据库的“模块”对象下运行的。另外，保存在模块中的过程仅建立了过程名，是可以在过程中相互调用的，还可使用 Call 过程名实现命令调用。

10.1.2　模块分类

Access 应用程序将代码存储在 3 种不同类型的模块中，即 Access 类对象模块、标准模块和类模块。“工程资源管理器”窗口中列出了当前应用程序中的所有模块。

1. Access 类对象模块

Access 类对象模块包括窗体模块和报表模块，它们分别与某一特定窗体或报表相关联。窗体模块和报表模块通常都含有事件过程，用于响应窗体或报表上的事件，如单击某个命令按钮。

在 Access 数据库中，当新建一个窗体或报表对象时，Access 自动创建与之关联的窗体或报表模块，并将窗体、报表及控件的事件过程存储在相应的模块中。

2. 标准模块

标准模块包含的是通用过程和常用过程，这些通用过程不与任何对象相关联，常用过程可以在数据库中的任何位置运行。通用过程可以供各个数据库的对象使用，其作用范围在整个应用程序中，生命周期是伴随着应用程序的运行而开始、伴随着应用程序的关闭而结束。

标准模块包含与窗体、报表或控件等对象都无关的通用过程。标准模块中只能存储通用过程，不能存储事件过程，其代码可以被窗体模块或报表模块中的事件过程或其他过程调用。

在 Access 数据库窗口中，选中“模块”对象，然后单击工具栏的“新建”按钮，可以建立一个标准模块。

3. 类模块

类模块是含有类定义的模块，包括其属性和方法的定义。窗体模块和报表模块都是类模块，它们分别与某个窗体或报表相关联。

在创建窗体或报表时，可以为窗体或报表中的控件建立事件过程，用来控制窗体或报表的行为，以及它们对用户操作的响应，这种包含事件的过程就是类模块。

窗体模块和报表模块的作用范围在其所属的窗体或报表内部，其生命周期是随着窗体或报表的打开而开始，伴随窗体或报表的关闭而结束。可见窗体模块和报表模块具有局部特性。

类模块是面向对象编程的基础。在类模块中可以创建新对象，并定义对象的属性和方法，以便在应用程序的过程中使用。在 Access 窗口中，选择"插入"→"类模块"命令，可以新建一个类模块。

无论是哪一种类型的模块，都是由一个模块通用声明部分和若干过程或函数组成。

通用声明部分包括 Option 语句的声明，以及模块级常量、变量及自定义数据类型的声明（它们必须放在所有 Option 语句之后）。

模块的通用声明部分用来对要在模块中或模块之间使用的变量、常量、自定义数据类型以及模块级 Option 语句进行声明。

模块中可以使用的 Option 语句包括 4 种，其常用格式如下：

（1）Option Explicit：强制模块中用到的变量必须先进行声明。这是值得所有开发人员遵循的一种用法。

（2）Option Private Module：在允许引用跨越多个工程的主机应用程序中使用，可以防止在模块所属的工程外引用该模块的内容。在不允许这种引用的主机应用程序中，Option Private 不起作用。

（3）Option Base 1：声明模块中数组下标的默认下界为 1，不声明则为 0。

（4）Option Compare Database：声明模块中需要字符串比较时，将根据数据库的区域 ID 确定的排序级别进行比较；不声明则按字符 ASCII 码进行比较。Option Compare Database 只能在 Access 中使用。

在通用声明部分的所有 Option 语句之后，才可以声明模块级的自定义数据类型和变量，然后才是过程和函数的定义。

此外，还要注意的是，模块是由过程组成的，因此，模块的调用必然受到过程间调用的限制。在 Access 2003 中，若从模块调用的功能出发，模块可以分为事件模块和通用模块。事件模块在窗体或报表的控件属性中，为系统所调用；通用模块不与控件的属性相关联，它可以为事件模块所调用。事件模块只能出现在窗体或报表中，而通用模块既可以出现在窗体或报表中，也可以出现在模块中。

模块的调用原则是：

- 在两个窗体或报表之间，不能由模块之间调用。
- 模块对象中的代码不能调用窗体或报表中的模块。
- 窗体或报表模块可以调用通用模块中的不带 Private 的模块。
- 在窗体或报表中，通用模块间可以互相调用，事件模块也可以互相调用，而且通用模块和事件模块间也可以互相调用。

10.1.3 宏和模块

上一章介绍的宏的操作功能，同样可以在模块对象中通过编写 VBA 语句来实现，也可以将已创建好的宏转换为等价的 VBA 事件过程或模块。

1. 转换宏为模块

根据要转换宏的类型不同，转换操作有两种情况，一是转换窗体或报表中的宏；二是转换不属于任何窗体和报表的全局宏。

(1)转换窗体或报表中的宏

操作步骤如下：

①在“设计视图”中打开窗体。

②单击工具菜单宏级联菜单中将窗体的宏转换为 Visual Basic 代码命令项，如图 10-2 所示，弹出转换窗体宏对话框，如图 10-3 所示。

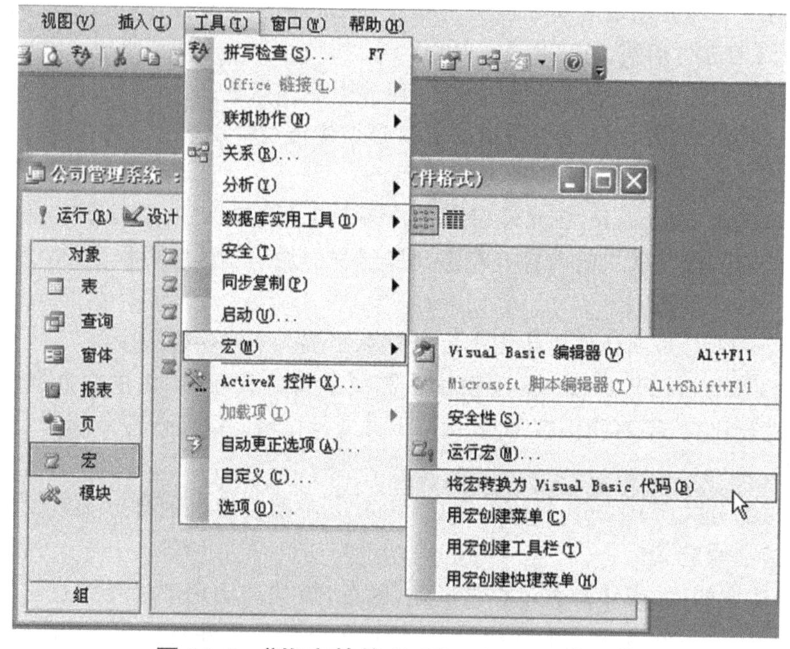

图 10-2 “将宏转换为 Visual Basic 代码”

图 10-3 转换窗体宏对话框

③单击转换按钮，弹出转换完毕对话框。

④单击确定按钮完成转换。转换报表中的宏,过程与转换窗体时完全一样,只是将有窗体的地方改为报表即可。

(2)将全局宏转换为模块

操作步骤如下:

①在“数据库”窗口中选定宏对象,选定要转换的宏。

②单击文件菜单中另存为命令项,弹出另存为对话框。

③在保存类型下拉列表框中选定模块,单击确定按钮,弹出转换宏对话框。

④单击转换按钮,弹出转换完毕对话框。

⑤单击确定按钮完成转换。

2. 宏与模块的比较

虽然宏可以完成的操作,使用模块也可以完成,但在使用时,应根据具体的任务来确定选择宏还是模块。

一般来说以下的操作,使用宏更为方便:

①在首次打开数据库时,执行一个或一系列操作。

②建立自定义的菜单栏。

③为窗体创建菜单。

④使用工具栏上的按钮执行自己的宏或程序。

⑤随时打开或关闭数据库的对象。

使用模块来实现较为便捷的操作有:

①复杂的数据库维护和操作。

②自定义的过程和函数。

③运行出错时的处理。

④在代码中定义数据库的对象,用于动态地创建对象。

⑤一次对多个记录进行处理。

⑥向过程传递变量参数。

⑦使用 ActiveX 控件和其他应用程序对象。

总之,凡是宏无法实现的或者用宏实现起来比较繁琐的功能,都可以通过 VBA 来完成。

10.2　VBA 编程基础

10.2.1　VBA 概述

1. VBA 使用

VBA 使程序员能够以类英语语言使用函数和子过程,该语言是可扩展的,并且可以通过 ADO(Active Data Objects)或 DAO(Data Access Objects)与任意 Access 或 Visual Basic 数据类型交互。

一般 Access 程序设计在遇到下列情况时需要使用 VBA 代码：

(1)创建用户自定义函数(User Defined Function,UDF)。使用 UDF,可以使程序代码更加简洁而有效。

(2)错误处理。通过使用 Access 的 VBA 代码,可以控制应用程序对错误作出反应。而 Access 宏的缺点就是它们对错误处理不灵活。

(3)数据库的事务处理操作。

(4)使用 ActiveX 控件和其他应用程序对象。

(5)复杂程序处理。可编写选择结构、循环结构等复杂程序处理。

2. VBA 开发环境

VBA 开发环境即 Visual Basic 编辑器(VBE)。

Microsoft Visual Basic 编辑器是用于创建模块的一个开发环境。在 Microsoft Access 2003 数据库管理系统中得到充分使用,要启动 Microsoft Visual Basic 编辑器,用户可执行下列操作之一。

(1)在数据库窗口中,选择“工具”→“宏”→“Visual Basic 编辑器(V)”命令。

(2)在窗体或报表的“设计视图”中单击工具栏中的“代码”。

(3)在数据窗口中单击“模块”,再单击工具栏中的“新建”。

(4)选择“插入”→“模块”命令。

(5)将数据库中已有的模块拖到数据库程序窗口空白位置。

(6)对于类模块,直接定位到窗体或报表上,再单击工具栏上的“代码”工具按钮进入;或定位到窗体、报表和控件上通过指定对象事件处理过程进入。

(7)使用 Alt+F11 快捷键,能方便地在 VBE 窗口与数据库窗口之间切换。

VBE 窗口界面分为主窗口、模块代码、工程资源管理器和模块属性这几部分。模块代码窗口用来输入模块内部的程序代码。工程资源管理器用来显示这个数据库中所有的模块。当用鼠标单击这个窗口内的一个模块选项时,就会在模块代码窗口上显示出这个模块的 VBA 程序代码。而模块属性窗口上就可以显示当前选定的模块所具有的各种属性。

对于不同模块,其对应的进入 VBE 环境的方法不同。

具体的进入类模块的三种方法：

方法 1:在设计视图中打开窗体或报表,然后单击设计工具栏上的代码按钮。

方法 2:在设计视图中打开窗体或报表,然后右击需要编写代码的控件,在弹出的快捷菜单中选择事件生成器命令项。

方法 3:在设计视图中打开窗体或报表,打开需要编写代码控件的“属性”对话框,在事件选项卡中单击某一事件属性右侧的生成器按钮,弹出选择生成器对话框,如图 11-3 所示,选定代码生成器,然后单击确定按钮。

进入标准模块的三种方法：

方法 1:在数据库窗口中,单击工具菜单宏级联菜单中 Visual Basic 编辑器命令项。

方法 2:选定数据库窗口中的模块对象,然后单击新建按钮。

方法 3:对已存在的标准模块,在数据库窗口中选定模块对象,然后在模块列表中双击需要的模块,或选定模块后单击设计按钮。

不论在什么状态下，使用上述哪种方法，都将打开并进入 VBE 环境，具体可见图 10-4 所示。

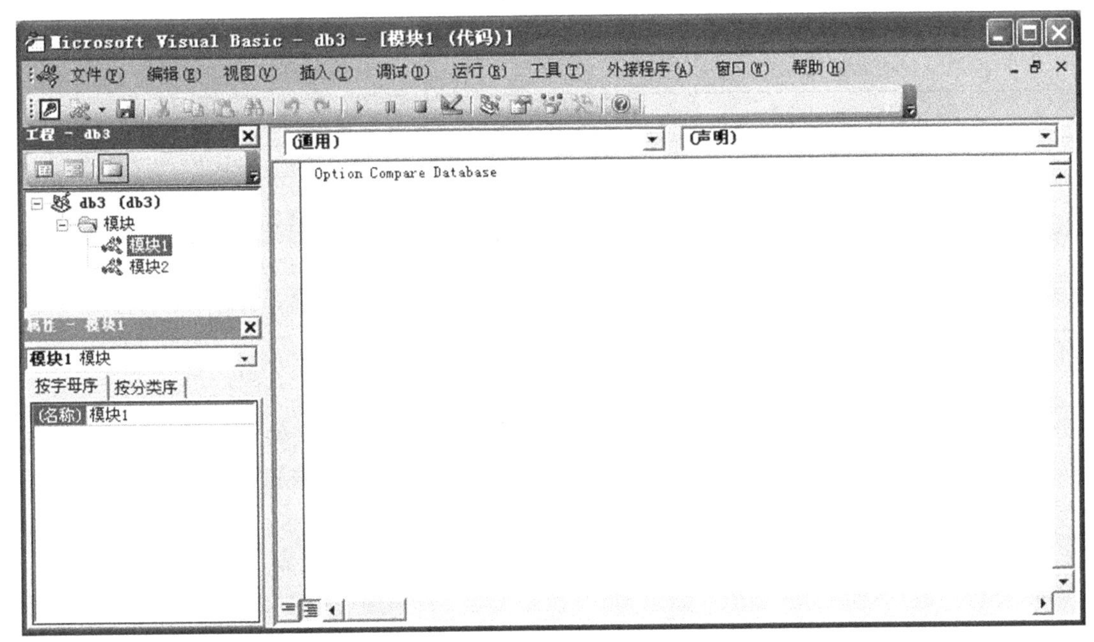

图 10-4　VBE 窗口界面

VBE 窗口界面分为主窗口、模块代码、工程资源管理器和模块属性这几部分。模块代码窗口用来输入模块内部的程序代码。工程资源管理器用来显示这个数据库中所有的模块。当用鼠标单击这个窗口内的一个模块选项时，就会在模块代码窗口上显示出这个模块的 VBA 程序代码。而模块属性窗口上就可以显示当前选定的模块所具有的各种属性。

进入 VBE 后，可以看到多种窗口和工具栏。使用好这些窗口和工具栏将有助于提高编辑和调试代码的效率。

(1)VBE 工具栏

主窗口的标准工具栏如图 10-5 所示。

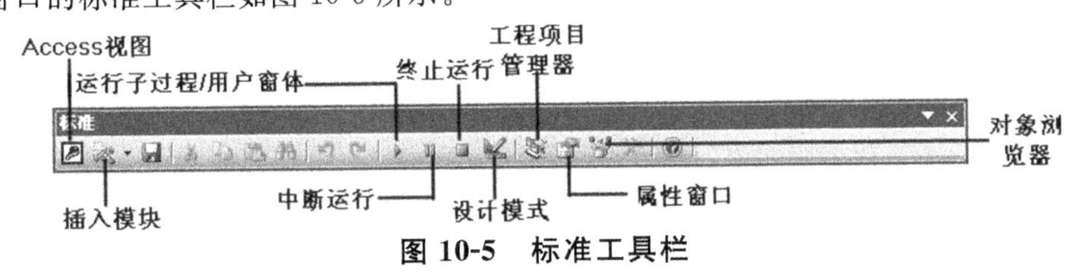

图 10-5　标准工具栏

具体的标准工具栏中各按钮的功能，可见表 10-1 所示。

表 10-1　VBE 标准工具栏按钮功能

名　称	功　能
Access 视图	用于从 VBE 切换到数据库窗口
插入模块	插入新的模块
运行子过程/用户窗体	运行模块程序

续表

名　　称	功　　能
中断运行	中断正在运行的程序
终止运行(重新设置)	结束正在运行的程序,重新进入模块设计状态
设计模式	进入和退出设计模式
工程资源(项目)管理器	打开工程资源管理器窗口
属性窗口	打开属性窗口
对象浏览器	打开对象浏览器窗口

(2)工程窗口

工程窗口即工程资源管理器,该窗口显示应用程序的所有模块文件,以分层列表的方式显示。该窗口中有三个按钮分别是查看代码、查看对象按钮和切换文件夹按钮。

工程资源管理器窗口中工具栏按钮的功能如下:

• “查看代码”按钮:显示代码窗口,以编写或编辑所选工程目标代码。

• “查看对象”按钮:打开相应对象窗口,可以是文档或是用户窗体的对象窗口。

• “切换文件夹”按钮:显示或隐藏对象分类文件夹。

工程资源管理器列表窗口中列出了所有已装入的工程以及工程中的模块,双击其中的某个模块或类,相应的代码窗口就会显示出来。

(3)属性窗口

属性窗口列出了所选对象的属性,可以按字母查看这些属性,也可以按分类查看这些属性。属性窗口由对象框和属性列表组成。

• “对象框”用于列出当前所选的对象,但只能列出当前窗体中的对象。如果选取了多个对象则会以第一个对象为准,列出各对象均具有的共同属性。

• “按字母序”选项卡:按字母顺序列出所选对象的所有属性以及其当前设置,这些启性和设置可在设计时改变。

• “按分类序”选项卡:根据性质、类别列出所选对象的所有属性。当展开或层叠列表时,可在分类名称的左边看到一个加号“+”或减号“-”图标,单击可完成展开或层叠操作。

可在属性窗口中直接编辑对象的属性,还可以在代码窗口中用 VBA 代码编辑对象的属性。前者属于“静态”的属性设置方法,后者属于“动态”的属性设置方法。

(4)代码窗口

代码窗口用来显示、编写以及修改 VBA 代码。“代码窗口”的窗口部件主要有:“对象”列表框、“过程/事件”列表框、自动提示信息框。其中,“对象”列表框:显示对象的名称。按列表框中的下拉箭头,可查看或选择其中的对象,对象名称为建立 Access 对象或控件对象时的命名。“过程/事件”列表框:在“对象”列表框选择了一个对象后,与该对象相关的事件会在“过程/事件”列表框显示出来,系统会自动在代码编辑区生成相应事件过程的模板,用户可以向模板中添加代码。

代码窗口其实也是一个标准的文本编辑器,它提供了功能完善的文本编辑功能,可以简单、高效地对代码进行复制、删除、移动及其他操作。此外,在输入代码时,系统会自动显示关键字列表、关键字属性列表、过程参数列表等提示信息,用户可以直接从列表中选择,方便了代码的输入。

10.2.2　VBA 代码处理

Access 中还提供了一些辅助功能,用于提示与帮助用户进行代码处理。

(1)对象浏览器

"对象浏览器"用于显示对象库以及工程中的可用类、属性、方法、事件及常数变量,常用来搜索及使用既有的对象,或是来源于其他应用程序的对象。

(2)自动显不提示信息

在代码窗口中输入命令代码时,系统能够自动显示命令关键字列表、关键字列表属性列表及过程参数列表等提示信息,可以选择或参考其中的信息,提高代码设计的效率和正确性。

(3)监视窗口

在代码窗口中,使用"视图"→"监视窗口"命令,打开"监视窗口"。"监视窗口"的窗口部件作用如下:

- "表达式":列出监视表达式,并在最左边列出监视图标。
- "值":列出在切换成中断模式时表达式的值。
- "类型":列出表达式的类型。
- "上下文":列出监视表达式的内容。如果在进入中断模式时,监视表达式的内容不在范围内,则当前的值并不会显示出来。

(4)本地窗口

在代码窗口中,使用"视图"→"本地窗口"命令,打开本地窗口,本地窗口自动显示出所有在当前过程中的变量声明及变量值。

(5)立即窗口

在代码窗口中,使用"视图"→"立即窗口"命令可以打开立即窗口。

使用立即窗口可以进行以下操作:

①键入或粘贴一行代码,然后按 Enter 键来执行该代码。

②从"立即窗口"中复制并粘贴一行代码到代码窗口中。

说明:立即窗口中的代码是不被存储的。

(6)F1 帮助信息

进行代码设计时,若对某个命令或命令语法参数不确定,可按 F1 键显示帮助文件;也可将光标停留在某个语句命令上并按 F1 键,系统会立刻提示该命令的使用帮助信息。

若需要在数据库窗口和 VBA 编程窗口之间进行便捷切换也可以通过 ALT+F10 来实现。

10.2.3　VBA 编程语句

VBA 程序是由大量的语句构成,按照其功能不同可分为两大类型:

- 声明语句,用于给变量、常量或过程定义命名。
- 执行语句,用于执行赋值操作,调用过程实现各种流程控制。

VBA 语句书写规定为:将一个语句写在一行。语句较长,一行写不下时,可以用续行符"_"将语句连续写在下一行;可使用冒号将几个语句分隔写在一行中;当输入一行语句并按下回车键后，若该行代码以红色文本显示，则表明该行语句存在错误应更正。

(1)声明语句

声明语句用于命名和定义常量、变量、数组和过程。位置和使用的关键字等内容的定义表明它们的生命周期与作用范围也被定义了。

```
Sub Sample()
Const PI=3.14159265
Dim I as Integer
End Sub
```

该程序段定义了一个子过程 Sample。当这个子过程被调用运行时，包含在 Sub 与 End Sub 之间的语句都会被执行。Const 语句定义了一个名为 PI 的符号常量：Dim 则定义了一个名为 I 的整形变量。

(2)注释语句

注释语句的应用对程序的维护有很大的好处。在 VBA 程序中，注释能通过以下两种方式实现：

- 使用 Rem 语句使用格式为：Rem 注释语句。
- 使用单引号，使用格式为：'注释语句。

通常情况下，注释可以添加到程序模块的任何位置，并且默认以绿色文本显示。

(3)赋值语句

赋值语句是最基本的语句之一，使用赋值语句可以在程序的运行过程中改变变量的值或改变对象的属性值。将代表结果的表达式写在赋值号的右边，预存放结果的变量放在赋值号的左边，就构成了赋值语句。其语法为

变量名＝或表达式

对象.属性＝或表达式

使用赋值语句，先计算表达式的值，再将该值传送给赋值号"＝"左边的变量或对象。

例如：

```
Dim Var1,Var2
    Var1=123
    Var2="Basic"
```

熟悉和建立良好的代码编写习惯能够提高编程效率，在程序设计阶段，就应该要像专业开发者一样来思考，因此必须编写具有良好可读性的代码。通常的代码编写原则如下：

- 变量和对象的命名要一致。
- 代码要加以适当注释。
- 代码采用正确的缩进，以显示出流程中的结构。

10.3 VBA 程序流程控制

VBA 程序代码中主要的程序流程控制有三种分别是顺序结构、分支(选择)结构和循环结构。其中还有一种以 GOTO 转移的程序控制。

VBA 的 GOTO 语句可以跳过一些代码块,执行标号处的语句。它的语法格式为:

GOTO　标号

表示从当前位置,程序跳到相应的标号位置。

GOTO 语句为程序的代码设计提供了一个极大的灵活方式,但是在程序设计过程中还是要尽量避免使用 GOTO 语句,主要原因就是 GOTO 语句的这种不加条件的任意跳转会使程序变得异常难读,一旦程序出现错误将导致程序难以调试。在程序设计过程中,通常可以用其他模块化方法来实现所有的 GOTO 语句要实现的功能,只有一个地方例外,即程序出错。在做系统软件时,一般都要预先设置错误陷阱,在开发过程中没有发现的错误可能会在应用中出现,这样我们要在程序的相应位置上设置"On Error Goto 标号"来设置陷阱捕获错误,进行预处理。

10.3.1　顺序结构

顺序结构是指按照语句的顺序逐条执行,即语句执行顺序和语句书写顺序一致。使用这种结构只需要将合法语句按照需要的执行顺序排列好,即可被执行。顺序结构中用到的主要语句是赋值语句、输入/输出语句和注释语句。图 10-6 所示,一个顺序结构的流程图,它有一个入口和一个出口。语句 1、语句 2 和语句 3 依顺序执行。

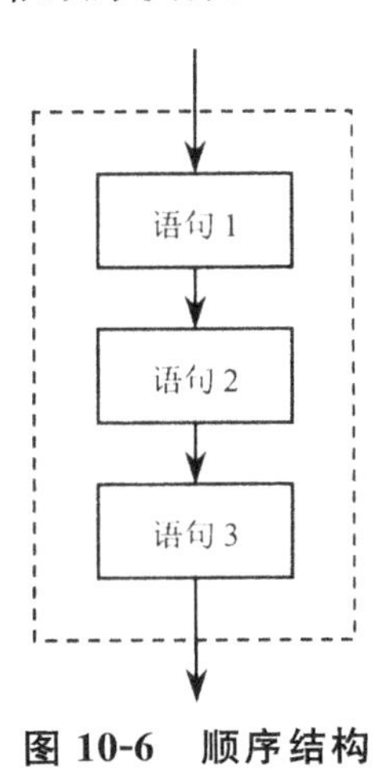

图 10-6　顺序结构

10.3.2　分支结构

选择结构也称分支结构,是指在程序的执行中,通过对条件进行判断,选择执行不同的程序语句,用来解决有选择、有转移的问题。选择结构是程序的基本结构之一,下面介绍构成选择结构的语句。

1. 单分支语句

If… Then 结构语句对给定的表达式进行判断,若表达式的值为 True,即条件满足,则执行 Then 后的语句或语句体:若表达式的值为 False,即条件表达式不满足,则放弃执行,程序直接跳到 If 语句的下一条语句去执行,若 Then 后是语句体,则程序转到 End If 语句之后继续执行其他语句。

语法 1：

If 条件表达式 Then 单一语句

这种语法适用于当条件满足，只执行一条语句的情况。

语法 2：

If 条件表达式 Then

语句体

End If

这种语法适用于当条件满足，需要执行很多条语句的情况。

单分支语句的控制流程如图 10-7 所示。

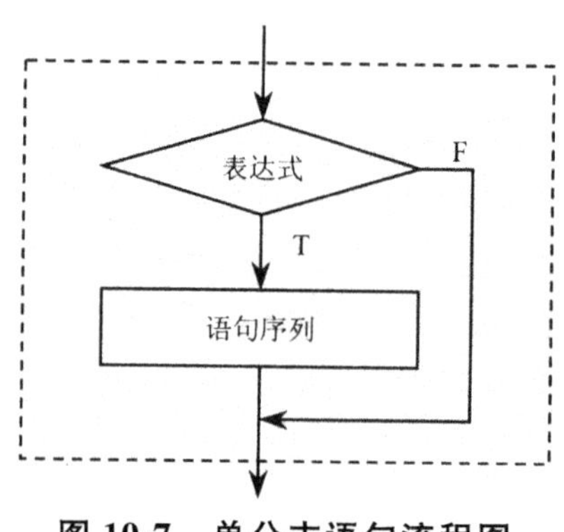

图 10-7　单分支语句流程图

例如，输入一个数并在立即窗口输出其值。

```
Dim x As Integer
x=InputBox("请输入 x 的值:")
If x Then
Debug. Print   x
End If
```

2. 多分支语句

在多分支语句 If…Then…Else 中，若“条件 1”为 True，则执行“语句序列 1”，否则当“条件 2”为 True 时执行“语句序列 2”……，具体可见图 10-8 所示。

语句形式：

```
If 条件 1 Then
[(语句序列 1)]
[ElseIf 条件 2 Then
(语句序列 2)]
……
[Else
(语句序列 n)]
```

If…Then…ElseIf 只是 If…Then…Else 的一个特例。可以使用任意数量的 ElseIf 子句，或一个也不用。也可以有一个子句，而不管有没有 ElseIf 子句。

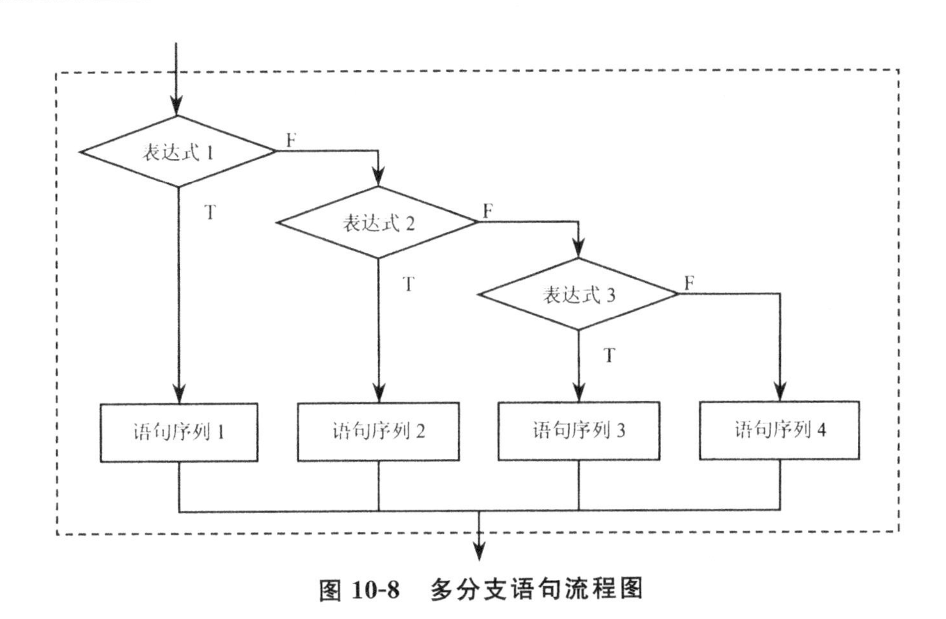

图 10-8　多分支语句流程图

3. Select Case 控制结构

Select Case 语句根据一个表达式的值，在一组相互独立的语句序列中挑选要执行的语句序列。尽管其功能类似于 If…Then…Else 语句，但只在语句和每个语句计算相同表达式时，才用 Select case 结构替换 If…Then…Else 结构。

语句表达形式如下：

Select Case 测试表达式
Case 表达式值 1
[语句块 1]
Case 表达式值 2
[语句块 2]
⋮
Case 表达式值 n
[语句块 n]
Case Else
[语句块 n+1]
End Select

程序执行时，先判断测试条件的值，然后根据条件值逐个匹配每个 Case 后面的表达式列表，如果该值符合某个表达式列表，执行该 Case 子句下面的语句序列。若第一个 Case 子句中的表达式列表不匹配，接着判断是否与下一个 Case 子句中的表达式列表匹配。当所有的 Case 子句中的表达式列表都不与条件测试值匹配，执行 Case Else 子句中的语句序列；如果给出的 Select Case 结构中没有 Case Else 子句，就从 End Select 退出整个 Select Case 语句。这里的语句序列 1、语句序列 2、……、语句序列 n+1 可以是一个语句，也可以是一组语句。

Select case 控制结构，如图 10-9 所示。

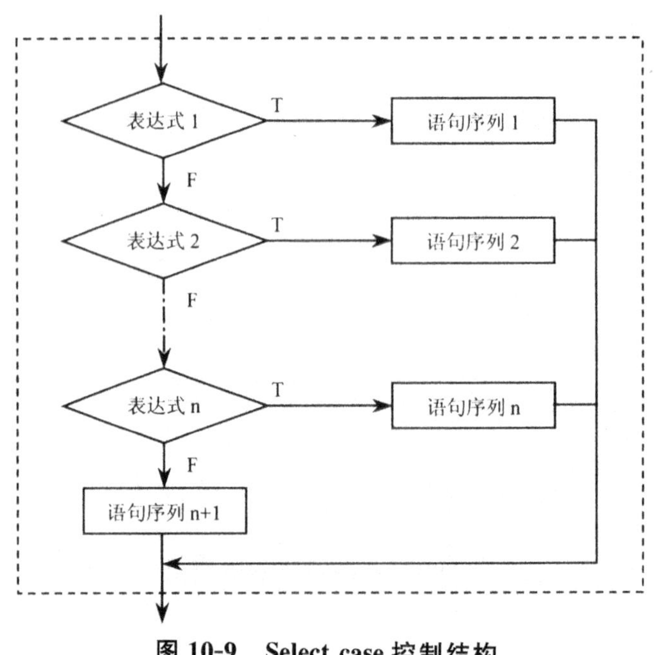

图 10-9 Select case 控制结构

测试条件可以为数值表达式或者字符串表达式，Case 子句中的表达式列表为必要参数，用来测试列表中是否有值与测试条件相匹配。列表中的表达式形式如表 10-2 所示。

表 10-2 表达式的形式

形式	示例	说明
表达式	Case 7 * a,20,3	数值或字符串，测试条件的值可以是 7 * a、20、3 三者之一
表达式 1 To 表达式 2	Case 0 To 5	0≤测试条件值≤5
Is 关系运算符表达式	Is<10	测试条件值<10

4. 条件函数

除了上述条件语句外，VBA 还提供了 IIf 函数、Switch 函数和 Choose 函数 3 个函数来完成相应选择操作。

(1)IIf 函数：IIf(条件表达式，表达式 1，表达式 2)

根据“条件式”的值来决定函数返回值：“条件式”值为真，函数返回“表达式 1”的值；“条件式”值为假，函数返回“表达式 2”的值。

(2)Switch 函数：Switch(条件表达式 1，表达式 1[，条件式 2，表达式 2][，条件式 3，表达式 3]…[，条件式 n，表达式 n])

该函数是分别根据“条件 1”、“条件 2”直至“条件 n”的值来决定函数的返回值。

(3)Choose 函数：Choose(整数表达式，选项 1[，选项 2]…[，选项 n])

根据“索引式”的值来返回选项列表中的某个值。

10.3.3　循环结构

循环控制结构是程序执行时，根据条件，该语句中的一部分操作即循环体被重复执行多次。

1. For…Next 语句

语句格式为：
For〈循环变量〉=〈初值〉to〈终值〉[Step〈步长〉]
〈循环体〉
[Exit For]
Next〈循环变量〉
说明：
(1)循环控制变量的类型必须是数值型。
(2)步长可以是正数，初值应小于或等于终值；步长也可以是负数，初值应大于或等于终伯如果步长默认为 1。
(3)循环的次数$=\mathrm{Int}\left(\frac{终值-初值}{步长}+1\right)$，For 语句一般用于循环次数已知的情况。
(4)使用 Exit For 语句可以提前退出循环。
具体的 For 语句的流程图如图 10-10 所示。

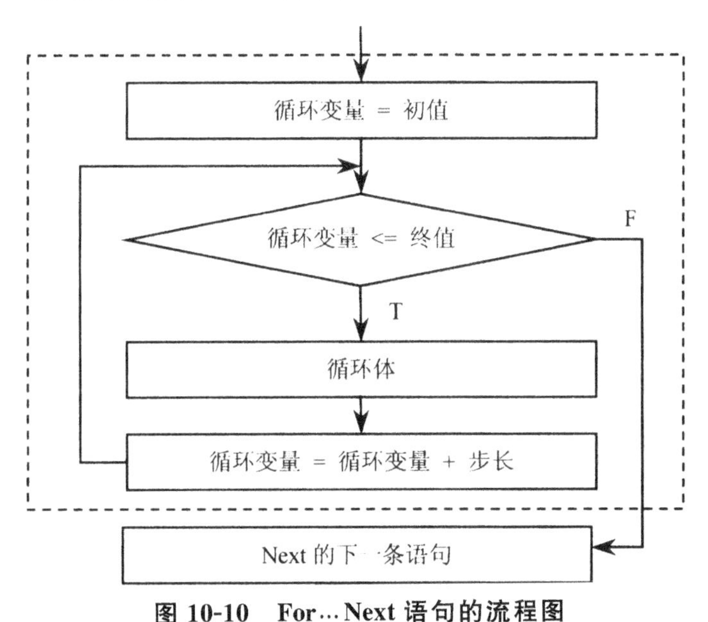

图 10-10　For…Next 语句的流程图

2. Do…Loop 语句

DO 是另一种常用的循环结构。它一般用于控制循环次数未知的循环结构，形式如下。
形式一：
Do[While|Until][条件表达式]

〈循环体〉

[Exit Do]

Loop

形式二：

D0

〈循环体〉

[Exit Do]

Loop[While|Until][条件表达式]

说明：

(1)两种形式的区别在于[While|Until]条件表达式]的位置，当它放在 Do 后面时，先判断后执行，循环体有可能一次都不执行。当它放在 Loop 后面时，先执行后判断，至少执行循环体一次。两种形式的流程图分别如图 10-11 和图 10-12 所示。

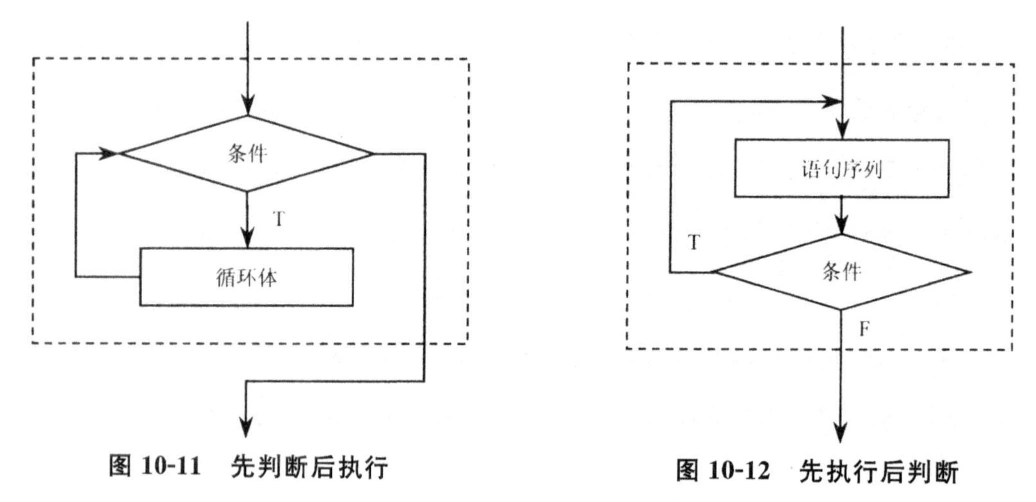

图 10-11 先判断后执行 **图 10-12 先执行后判断**

(2)While 和 Until 的区别在于：While 用于指明条件为非零(True)时就执行循环体中的语句；Until 用于指明条件为零(False)时就执行循环体中的语句。

(3)当循环结构由 Do…Loop 构成时，表示无条件循环，此时循体内应有 Exit Do 语句，否则就是死循环。Exit Do 语句的作用是提前终止循环。

3. While…Wend 语句

格式如下：

While〈条件表达式〉

〈循环体〉

Wend

说明：

While…Wend 循环与 Do While…Loop 结构类似，但不能在 While…Wend 循环中使用 Exit Do 语句。

10.4　过程的定义与参数传递

10.4.1　过程定义

由于程序功能的日益复杂化，通常会有一些程序段落需重复使用。一般就会将这样的程序段落定义为一个过程。该过程是一段可以实现某个具体功能的程序代码。这里的过程指用户自定义的过程，它有 Function 函数过程和 Sub 子过程两类。

1. Function 函数过程的定义和调用

Function 函数过程也称用户自定义函数，其定义格式如下：

[Public J Private][Static]Function 函数过程名([〈形参列表〉])[As 数据类型]
[局部变量或常数定义]
[〈函数过程语句〉=
[函数过程名=〈表达式〉]
[Exit Function]
[〈函数过程语句〉
[函数过程名=〈表达式〉]
End Function

说明：

(1)Public 定义的函数过程是公有过程，可被程序中任何模块调用；Private 定义的函数是局部过程，仅供本模块中的其他过程调用。Public 为默认。

(2)Static 表示在调用之后保留过程中声明的局部变量的值。

(3)函数过程名的命名规则与变量命名相同。

(4)形参列表中形参定义时是无值的，用来接收调用过程时由实参传递过来的参数。也可以无形参，但形参两旁的括号不能省略。

(5)AS 类型用于指出函数返回值的类型。

(6)函数过程名=〈表达式〉用来指出函数的返回值，至少要对函数过程名赋值一次。

函数过程是一个通用过程，创建的方法是：在窗体、标准模块或类模块的代码窗口把插入点放在所有现有的过程之外，直接输入函数过程；或通过选择“插入”→“过程”菜单命令建立自定义函数过程框架，具体可见图 10-13 和图 10-14 所示。

函数过程的调用与内部函数的调用相同，格式如下：

函数过程名(〈实参列表〉)

说明：

(1)实参列表中的实参与函数过程定义时的形参类型、位置和数目要一一对应。

(2)由于函数过程返回一个值，因此函数过程不能作为单独的语句来调用，只能出现在表达式中。

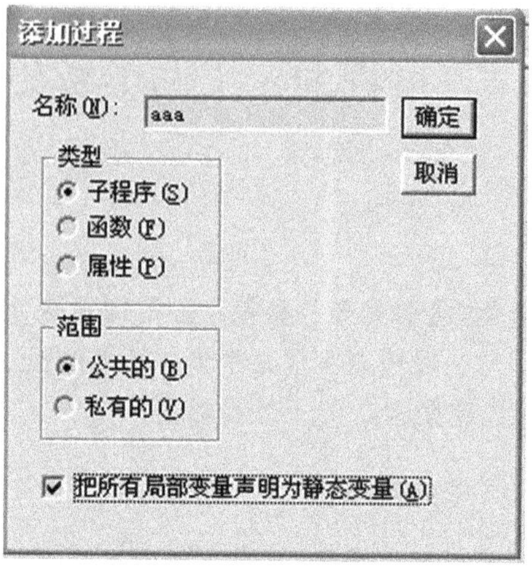

图 10-13　添加过程

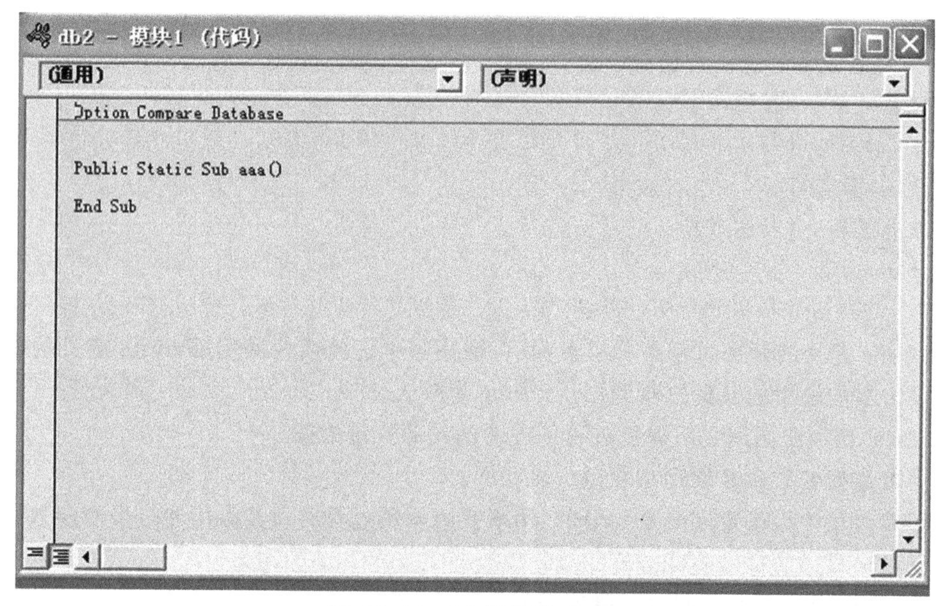

图 10-14　过程代码窗口

2. Sub 子过程的定义和调用

Sub 子过程的定义方法同函数过程。其定义格式为：

[Public l Private][Static]Sub 子过程名([〈形参列表〉])
[局部变量或常数定义]
[〈子过程语句〉]
[Exit Sub]
〈子过程语句〉
End Sub

说明：

(1)关键字 Public、Private 和 Static 的意义同函数过程。

(2)Sub 子过程没有返回值,所以过程名后面不需要说明类型,子过程体内也不需要对子过程名赋值。

Sub 子过程的创建方法同函数过程。

子过程的调用有以下两种格式:

格式 1:Call 子过程名([实参列表])

格式 2:子过程名[实参列表]

说明:

用 Call 调用子过程时,有实参必须写在括号内,无实参时括号可不写。用子过程名调用时,括号可加可不加。

10.4.2　参数传递

形式参数(形参)是在定义 Function 函数过程、Sub 子过程时过程名后圆括号中出现的变量名,多个形参之间用逗号分隔。实际参数(实参)是在调用过程时在过程名后的参数,其作用是将它们的值或地址传送给被调过程对应的形参。

形参可以是变量和带空括号的数组名;实参可以是常量、变量、数组元素、带空括号的数组名和表达式。

(1)传地址

若在定义子过程或函数时,形参的变量名前不加任何前缀或加 ByRef,则表示传地址。传地址方式要求实参必须是变量名。

传递过程是:调用过程时,将实参的地址传给形参。此时,实参与形参变量共用同一个存储单元,因此如果在被调过程或函数中修改了形参的值,则主调过程或函数中实参的值也跟着变化。

例如,在下面的程序中,如果单击命令后输入 10 和 20,观察立即窗口会显示的结果。

```
Public Sub swap(x As Integer,y As Integer)
Dim t As Integer
t=x;x=y;y=t;
End Sub
```

按钮的单击事件如下:

```
Private Sub Command0_Click()
Dim x As Integer,y As Integer
x=InputBox("x=")
y=InputBox("y=")
Debug.Print x,y      '显示:10 20
swap x,y
Debug.Print x,y      '显示:20 10
End Sub
```

(2)传值

若在定义过程或函数时,形参的变量名前加 ByVal 前缀,即为传值。

传递过程是:这时主调过程将实参的值传给被调过程的形参后,实参和形参断开了联系,因此如果在被调过程或函数中修改了形参的值,则主调过程或函数中实参的值不会跟着变化。

例如,在下面的程序中,如果单击命令后输入 10 和 20,观察立即窗口会显示的结果。

```
Public Sub swap1(ByVal x As Integer,ByVal y As Integer)
Dim t As Integer
t=x;x=y;y=t;
End Sub
```

按钮的单击事件如下:

```
Private Sub Command0_Click()
Dim x As Integer,y As Integer
x=InputBox("x=")
y=InputBox("y=")
Debug.Print x,y          '显示:10 20
swap1 x,y
Debug.Print x,y          '显示:10 20
End Sub
```

10.5 面向对象的程序设计

面向对象技术提供了一个具有全新概念的程序开发模式,它将面向对象分析(Object-Oriented Analysis,OOA)、面向对象设计(Object-Oriented Design,OOD)和面向对象程序设计(Object-Oriented Programming,OOP)集成在一起,其核心概念是“面向对象”。

在这里我们可以将面向对象(Object-Oriented)定义为:面向对象=对象+类+属性的继承+对象之间的通信。如果一个数据库应用系统是使用这样的概念设计和实现的,则称这个应用系统是面向对象的。一个面向对象的应用系统中的每一个组成部分都是对象,所需实现的操作则通过建立对象与对象之间的通信来完成。作为一个面向对象的程序设计语言,VBA程序的关键组成要素也同样是对象,正确理解和掌握对象的概念,是学习 VBA 程序设计的基础。

1. 对象和类

对象是面向对象程序设计方法中最基本的的概念,它是现实世界中无处不在的,各种各样的实体,它可以是具体的,也可以是抽象的。如一个人、一个气球、一辆汽车等都是对象;一份报告、一个账单也是对象。Access 中的表、查询、窗体、报表、页、宏和模块都是数据库的对象,而窗体和报表中的控件也是对象。

在面向对象程序设计中把对象的特征称为属性,对象自身的行为称为方法,外界作用在对象上的活动称为事件，每个对象具有属性、方法和事件，这就是构成对象的三要素。

我们把具有相似性质、执行相同操作的对象称为同一类对象。Access 中的表、查询、窗体、报表、页、宏和模块对象也是类，称为对象类。在窗体或报表设计视图窗口中，工具箱中的每个控件就是一个类，称为控件类，而在窗体或报表中创建的具体控件则是这个类的对象。类可看做是对象的模板，每个对象由类来定义。

此外 Access 还提供了一个重要的对象 DoCmd，它的主要功能是通过包含在内部的方法来实现 VBA 编程中对 Access 的操作，如打开窗体、打开报表、设置控件值、关闭窗口等。

使用 DoCmd 对象的方法可以从 Visual Basic 运行 Access 操作，这些操作可以执行诸如关闭窗口、打开窗体和设置值等任务。

DoCmd 的主要方法如下：

(1)RunMacro 方法

用于运行宏，其基本使用格式如下：

DoCmd. RunMacro“宏名”

(2)Close 方法

用于执行关闭操作，其基本使用格式如下：

DoCmd. Close

(3)OpenForm 方法

用于打开一个窗体，其基本使用格式如下：

DoCmd. OpenForm formname[,view][,filtername][,wherecondition]

其中各参数含义为：

• formname 是打开窗体的名称。在“宏”窗口的“操作参数”节中的“窗体名称框中显示了当前数据库中的全部窗体。这是必选的参数。

• view 是打开窗体的视图。可在“视图”框中选择“窗体”、“设计”、“打印预览或“数据表”。默认值为“窗体”。

• wherecondition 被 Access 用来从窗体的基础表或基础查询中选择记录的 WHERE 子句或表达式。如果用 filtername 参数选择筛选，那么 Access 将把这个 WHERE 子句应用于筛选的结果。

• filtername 用于限制或排序窗体中记录的筛选。可以输入一个已有的查询的名韵或保存为查询的筛选名称。不过，这个查询必须包含打开窗体的所有字段。

(4)OpenReport 方法

用于打开一个报表，其基本使用格式如下：

DoCmd. OpenReport reportname[,view][,filtername][,wherecondition]

各参数的含义与 OpenForm 方法中的参数类似。

2. 属性和方法

对象的属性用来描述对象的静态特征。如窗体的 Name(名称)属性、Caption(标题)属性等。不同的属性值就决定了这个对象不同于其他对象。不同类的对象具有各自不同的属性，但有些属性是很多对象共有的。比如 Name(名称)属性。

对象的方法用来描述对象的动态特征，即附属于对象自身的行为和动作。如窗体有 Refresh 方法，Debug 对象有 Print 方法等。

引用对象的属性或方法时应该在属性名或方法名前加对象名，并用对象引用符“.”连接，即对象．属性或对象．方法。

3. 事件和事件过程

事件是外界作用在对象上的可以为对象所识别和响应的动作。事件通常是由系统预定好了的操作。例如，单击、双击、按键、获得焦点、失去焦点等。同一事件，作用于不同的对象，会产生得到不同的响应。

当在对象上发生了事件后，应用程序就要处理这个事件，而处理的步骤就是事件过程。也就是说，事件过程是对象在识别了所发生的事件后执行的程序。

事件过程的形式如下：

```
Sub 对象_事件([参数列表])
事件过程代码
End Sub
```

例如，下面的事件过程描述了单击按钮之后所发生的一系列动作。

```
Private Sub Commandl_Click()
Me! Label1. Caption="欢迎光临"
    Me! Textl=" "
    End Sub
```

实际上，Access 窗体、报表和控件的事件有很多，一些主要对象事件如表 10-3 所示。

表 10-3　Access 的主要对象事件

对象名称	事件名称	说　明
窗体	Load	窗体加载时发生事件
	UnLoad	窗体卸载时发生事件
	Open	窗体打开时发生事件
	Close	窗体关闭时发生事件
	Click	窗体单击时发生事件
	DblClick	窗体双击时发生事件
	MouseDown	窗体上鼠标按下时发生事件
	KeyPress	窗体上键盘按键时发生事件
	KeyDown	窗体上键盘按下键时发生事件
报表	Open	报表打开时发生事件
	Close	报表关闭时发生事件

续表

对象名称	事件名称	说　明
命令按钮控件	Click	按钮单击时发生事件
	DblClick	按钮双击时发生事件
	Enter	按钮获得输入焦点之前发生事件
	GetFocus	按钮获得输入焦点时发生事件
报表	OnOpen	报表打开时发生的事件
	OnClose	报表关闭时发生的事件
命令按钮	OnClick	单击命令按钮时发生的事件
	OnDblClick	双击命令按钮时发生的事件
	OnEnter	命令按钮获得焦点之前发生的事件
	OnGetFocus	命令按钮获得焦点时发生的事件
	OnMouseDown	命令按钮上鼠标按下时发生的事件
	OnKeyPress	命令按钮上键盘按键时发生的事件
	OnKeyDown	命令按钮上键盘按下键时发生的事件
标签	OnClick	单击标签时发生的事件
	OnDblClick	双击标签时发生的事件
	OnMouseDown	鼠标在标签上按下时发生的事件
文本框	BeforeUpdata	文本框内容更新前发生的事件
	AfterUpdata	文本框更新后发生的事件
	OnEnter	文本框获得焦点前发生的事件
	OnGetFocus	文本框获得焦点时发生的事件
	OnLostFocus	文本框失去焦点时发生的事件
	OnChange	文本框内容更新时发生的事件
	OnKeyPress	文本框内键盘按键时发生的事件
	OnMouseDown	文本框内鼠标按下时发生的事件
组合框	BeforeUpdate	组合框内容更新前发生的事件
	AfterUpdate	组合框内容更新后发生的事件
	OnEnter	组合框获得焦点之前发生的事件
	OnGetFocus	组合框获得焦点时发生的事件
	OnLostFocus	组合框失去焦点时发生的事件
	OnClick	单击组合框时发生的事件
	OnDblClick	双击组合框时发生的事件
	OnKeyPress	组合框内键盘按键时发生的事件

续表

对象名称	事件名称	说　明
单选按钮	BeforeUpdate	选项组内容更新前发生的事件
	AfterUpdate	选项组内容更新后发生的事件
	OnEnter	选项组获得焦点之前发生的事件
	OnClick	单击选项组时发生的事件
	OnDblClick	双击选项组时发生的事件
单选按钮	OnEnter	单选按钮内键盘按键时发生的事件
	OnClick	单选按钮获得焦点时发生的事件
	OnDblClick	单选按钮失去焦点时发生的事件
复选框	BeforeUpdate	复选框更新前发生的事件
	AfterUpdate	复选框更新后发生的事件
	OnEnter	复选框获得焦点之前发生的事件
	OnClick	单击复选框时发生的事件
	OnDblClick	双击复选框时发生的事件
	OnGetFocus	复选框获得焦点时发生的事件

除了事件过程外，Access 系统还可以使用宏对象设置事件属性的方法来处理窗体、报表或控件的事件响应。

10.6　VBA 的数据库编程

10.6.1　VBA 语言基础

VBA 是 Microsoft Office 内置的编程语言，它继承了 VB 的开发机制，是一个与 VB 有着相似的语言结构、同样用 Basic 语言来作为语法基础的可视化的高级语言。与 Visual Basic 不同的是，VBA 不是一个独立的开发工具，一般被嵌入到像 Word、Excel、Access 这样的软件中，与其配套使用，从而实现在其中的程序开发功能。

1. 数据类型

在 VBA 应用程序中，也需要对变量的数据类型进行说明。VBA 支持多种数据类型。Access 数据表中的字段使用的数据类型（OLE 对象和备注字段数据类型除外）在 VBA 中都有对应的类型。

常用的基本数据类型有：数值型、字符型、货币型、日期型、逻辑型、对象型、变体型、字节型和用户自定义数据类型。

(1)基本数据类型

表 10-4 所示为基本数据类型。

表 10-4　VBA 基本数据类型

数据类型	关键字	类型说明符	占用字节数	范　围
字节型	Byte	无	1	$0\sim2^8-1(0\sim255)$
整型	Integer	%	2	$-2^{15}\sim2^{15}-1(-32768\sim32767)$
长整型	Long	&	4	$-2^{31}\sim2^{31}-1$
单精度型	Single	!	4	$-3.4\times10^{38}\sim3.4\times10^{38}$
双精度型	Double	#	8	$-1.7\times10^{38}\sim1.7\times10^{38}$
货币型	Currency	@	8	$-2^{96}\sim2^{96}-1$
字符型	String	$	不定	0～65535 个字符
日期型	Date	无	8	01,01,100～12,31,9999
逻辑型	Boolean	无	2	True False
对象型	Object	无	4	任何对象引用
变体型	Variant	无	不定	

说明：

①布尔型数据

布尔型数据只有两个值:True 或 False。布尔型数据转换为其他类型数据时,True 转换为 -1,False 转换为 0;其他类型数据转换为布尔型数据时,0 转换为 False,其他类型转换为 True。

②日期型数据

“日期/时间”类型数据必须前后用“#”号括起来。

如#2013-5-4 15:45:00 PM#。

③变体类型数据

变体类型数据是特殊的数据类型。VBA 中规定,如果没有显示声明或使用符号来定义变量的数据类型,则默认为变体类型。

(2)用户自定义数据类型

除了上述系统提供的基本数据类型外,VBA 还支持用户自定义数据类型。自定义数据类型实质上是由基本数据类型构造而成的一种数据类型,我们可以根据需要来定义一个或多个自定义数据类型。用户自定义的数据类型可以通过 Type 语句来实现。

形式如下：

```
Type[自定义数据类型名]
〈域名 1〉As 数据类型名
〈域名 n〉As 数据类型名
End Type
```

其中:元素名表示自定义类型中的一个成员,可以是简单变量,也可以是数组说明符。数据类型名可以是 VBA 的基本数据类型，也可以是已经定义的自定义类型，若为字符串类型，必须使用定长字符串。

用户自定义数据类型一般用来建立一个变量来保存包含不同数据类型字段的数据表的记录。用户自定义类型变量的赋值需指明变量名及域名，两者之间用句点分隔。

(3)对象数据类型

对象型数据用来表示引用应用程序中的对象。数据库中的对象，如数据库、表、查询、窗体和报表等，也有对应的 VBA 对象数据类型，这些对象数据类型由引用的对象类所定义。

表 10-5　VBA 支持的数据库对象类型

对象数据类型	对象库	对应的数据库对象类型
Database(数据库)	DA03.6	使用 DAO 时用 Jet 数据库引擎打开的数据库
Connection(连接)	AD02.1	ADO 取代了 DAO 的数据库连接对象
Form(窗体)	Access9.0	窗体，包括子窗体
Report(报表)	Access9.0	报表，包括子报表
Control(控件)	Access9.0	窗体和报表上的控件
QueryDef(查询)	DA03.6	查询
TableDef(表)	DA03.6	数据表
Command(命令)	AD02.1	ADO 取代 DAOQuery Def 对象
DAO.Recordset(结果集)	DA03.6	表的虚拟表示或 DAO 创建的查询结果
ADO.Recordset(结果集)	AD02.1	ADO 取代了 DAO.Recordset 对象

2. 常量、变量和数组

(1)常量

常量是在程序中可以直接引用的实际值，其值在程序运行中不变。常量的使用可以增加代码的可读性，且使代码更加容易维护。除直接常量外，MicrosoftAccess 还支持 3 种类型的常量：

- 符号常量：用 Const 语句创建，并且在模块中使用的常量。
- 固有常量：是 Microsoft Access 或引用库的一部分。
- 系统常量：Tree、False 和 Null。

①符号常量

一般地，可以用标识符保存一个常量值，称之为符号常量。符号常量用来代表在代码中反复使用的相同的值，或代表一些具有特定意义的数字或字符串。符号常量的使用可以增加代码的可维护性与可读性。符号常量可以分为系统提供的符号常量和用户声明的符号常量。

- 系统提供的符号常量。VB 为不同的活动提供了多个常量集合，有颜色定义常量、数据访问常量、形状常量等，如 vbRed、vbGreen。选择 VBE 窗口“视图”→“对象浏览器”命令，在“对象浏览器”对话框的列表中找到所需的常量，选中常量后，对话框底端的文本区域将显示常量的值和功能。
- 用户声明的符号常量。尽管 VBA 定义了大量的常量，有时用户还要建立自定义常量，声明常量的语法格式为：

[Public | Private]Const〈符号常量名〉[As〈类型〉]＝表达式

符号常量使用 Const 语句来创建。创建符号常量时需给出常量值，在程序运行过程中对符号常量只能作读取操作，而不允许修改或为其重新赋值，也不允许创建与固有常量同名的符号常量。

②固有常量

除了用 Const 语句声明常量之外，Microsoft Access 还声明了许多固有常量，并可以使用 VBA 常量和 ActiveX Data Objects(ADO)常量，还能在其他引用对象库中使用常量。

所有的固有常量都可在宏或 VBA 代码中使用。任何时候这些常量都是可用的。在函数、方法和属性的“帮助”主题中对于其中的具体内置常量都有描述。

固有常量有两个字母前缀，指明了定义该常量的对象库。来自 Microsoft Access 库的常量以“ac”开头，来自 ADO 库的常量以“ad”开头，而来自 Visual Basic 库的常量则以“vb”开头。

因为固有常量所代表的值在 Microsoft Access 的以后版本中可能会改变，所以应该尽可能使用常量而不用常量的实际值。可以通过在“对象浏览器”中选择常量或在“立即”窗口中输入“?固有常量名”来显示常量的实际值。

用户能够在任何允许使用符号常量或用户定义常量的地方使用固有常量，另外还能用“对象浏览器”对话框来查看所有可用对象库中的固有常量列表。

③系统常量

系统定义的常量有 3 个：True，False 和 Null。系统常量是 VBA 预先定义好的，用户可以直接引用，还可以在计算机上的所有应用程序中使用。

(2)变量

变量在程序运行过程中值可以改变。在 VBA 程序中，每一个变量都必须有一个名称，用以标识该变量在内存单元中的存储位置。用户可以通过变量标识符使用内存单元存取数据；变量是内存中的临时单元，它可以用来在程序的执行过程中保留中间结果与最后结果，或者用来保留对数据进行某种分析处理后得到的结果。

①变量的命名规则

为了区别存储着不同的数据的变量，需要对变量命名。在 VB 中，变量的命名要遵循以下规则。

- 变量名必须以字母或汉字开头，比如 Name、C 用户、f23 等变量名是合法的，而 3jk、# Num 等变量名是非法的。
- 变量名的长度不得超过 255 个字符。
- 变量名中不能包含除字母、汉字、数字和下划线以外的字符。
- 变量名不能和关键字同名。关键字是系统使用的词，包括预定义语句(If、For 等)、函数(Sin、Abs 等)和操作符(And、Mod 等)。
- 变量名在有效的范围内必须是唯一的。有效范围就是引用变量可以被程序识别、使用的作用范围，如一个过程。

②变量的声明

使用变量前一般必须先声明变量名和其类型，声明变量要体现变量的作用域和生存期，其关键字 Dim、Static、Public、Private 也可以称为限定词。在声明变量的语句中也可以同时声明多个

变量,其类型可相同也可不同。其语法格式如下:

〈限定词〉〈变量名〉[[As〈类型〉][,〈变量 2〉[As〈类型〉]]……]

〈限定词〉:Dim、Static、Public、Private 之一。

〈变量名〉:编程者所起的符合命名规则的变量名称。

〈类型〉:Integer、String、Long、Currency 等数据类型之一。

用方括号括起来的"As〈类型〉"子句表示是可选的,

在声明变量时,不但可以用类型关键字,而且可以用类型符。

在默认情况下,VBA 允许在代码中使用未声明的变量,但如果在模块设计窗口的顶部"通用声明"区域中,加入语句"Option Explicit",那么所有变量就被强制要求必须先声明后使用。

这种方法只能为当前模块设置了自动变量声明功能,如果想为所有模块都启用此功能,在通过菜单命令"工具"→"选项"打开的对话框中,选中"要求变量声明"选项即可。

此外,还有一类数据库对象变量。由于 Access 建立的数据库对象及其属性均可被看成是 VBA 程序代码中的变量及其指定的值来加以引用。Access 中窗体和报表对象的引用格式为:

Forms! 窗体名称! 控件名称[. 属性名称]

或 Reports! 报表名称! 控件名称[属性名称]

关键字 Forms 或 Reports 分别表示窗体或报表对象集合。感叹号"!"分隔开对象名称和控件名称。"属性名称"部分缺省,则为控件默认属性。

如果对象名称中含有空格或标点符号,就要用方括号把名称括起来。

③变量的作用域

变量由于声明的位置不同以及用不同的关键字声明,可被访问的范围不同,变量的可被访问的范围通常称为变量的作用域。

· 局部变量

局部变量是在模块的过程内部,使用 Dim、Staic 声明的变量或没有声明直接使用的变量,只能在本过程中使用,别的过程不可以访问。局部变量在过程的被调用时分配存储空间,过程结束时释放空间。

· 模块级变量

用 Dim、Staic、Private 关键字,在模块的通用声明段进行定义的变量都是模块级变量。模块级变量定义在模块的所有过程之外的起始位置,可以被声明它所在模块中所包含的所有过程访问。

· 全局变量

变量定义在标准模块的所有过程之外的起始位置,运行时在类模块和标准模块的所有过程都可访问。在标准模块的变量定义区域,全局变量用 Public 关键字说明进行声明。

④变量的生命周期

变量的生命周期(持续时间)与作用域是两个不同的概念,它是指变量从首次出现(变量声明,分配存储单元)到程序代码执行完毕并将控制权交回调用它的过程为止的时间。

按照变量的生命周期,局部变量分为两类。

· 动态局部变量:以 Dim 关键字声明的局部变量,动态变量在定义它的过程被调用时分配存储单元,调用结束时释放占用的存储空间,变量的值也被丢失。

· 静态局部变量:以 Static 关键字声明的局部变量,静态变量在程序的运行中可以保留变量的值，不被丢失。静态变量可以用来计算事件发生的次数或者是函数与过程被调用的次数。

(3)数组

数组是包含一组相同数据类型的变量集合，由变量名和下标组成。VBA 中的数组具有以下特点。

- 数组是一组相同类型的元素的集合。
- 同一个数组中的所有数组元素共用一个数组名，采用下标来区分不同的数组元素。
- 数组中各元素有先后顺序，它们在内存中按排列顺序连续存储在一起。
- 使用数组前要对数组进行声明。数组的声明就是对数组名、数组元素的数据类型、数组元素的个数进行定义。

例如，a(1)、a(2)、a(3)表示数组 a 的三个元素。

数组必须先声明后使用，并且要声明数组名、类型、维数和大小。

①定长数组的声明

一维数组的声明格式为：

Dim 数组名([数组下标下界 to]数组下标上界)[As 数据类型]

其中：

数组名的命名规则与变量名的命名规则相同。

下标不能使用变量，必须是常量。一般是整型常量。

下标下界缺省时，默认为 0。若希望下标从 1 开始，可在模块的通用声明段使用 Option Base 语句声明。其使用格式为：

Option Base 0|1　　—后面的参数只能取 0 或 1

如果省略 As 子句，则数组的类型为 Varient 变体型。

②动态(不定长)数组

在应用程序开发时，如果事先无法得知数组中元素的个数，可以使用动态数组，即不定长数组。

动态数组的声明和使用分两步。

- 用 Dim 语句声明数组，但不能指定数组的大小，形式为：

Dim 数组名()As 数据类型

- 用 ReDim 语句动态地分配元素个数，并且可以在 ReDim 后加保留字 Preserve 来保留以前的值，否则使用 ReDim 后，数组元素的值会被重新初始化为默认值。形式为：

ReDim 数组名([〈下界〉to)]〈上界〉,[〈下界〉to]〈上界〉,…)[As〈数据类型〉]

同样，数组也可以使用 Public、Private 或 Static 来说明数组的作用域和生命周期。

3. 运算符和表达式

VBA 提供了丰富的运算符来完成各种形式的运算和处理。根据运算不同，可以分成 4 种类型的运算符：算术运算符、字符串运算符、关系运算符和逻辑运算符。

(1)算术运算符

算术运算符用于数值的算术运算，是常用的运算符。表 10-6 为 VBA 提供的 8 个算术运算符。其中，负号(—)是单目运算符，其他均为双目运算符，优先级为 1 的级别最高。

表 10-6　VBA 的 8 个算术运算符

运算符	含　义	优先级
^	乘方	1
—	负号	2
	乘	3
/	除	3
\	整除	4
MOD	求余	5
＋	加	6
-	减	6

算术运算中，如果操作数具有不同的数据精度，则 VB 规定运算结果的数据类型采用精度相对高的数据类型，即

Integer>Long>Single>Double>Currency

(2)字符串运算符

字符串运算有两个："&"和"＋"，它们的功能都是将两个字符串连接起来，但存在着区别。

• "&"：无论进行连接的两个操作数是字符串型还是数值型，在进行连接之前，系统都要强制将它们转换成字符串型，然后再连接。使用"&"运算符时应注意，变量与运算符"&"之间应加一个空格。

• "＋"：只有当运算符两边的操作数均为字符串型时，才将两个字符串连接成一个新字符串。若两边均为数值型，则进行算术加法运算；若一边为数值型，另一边为数字字符串，则将自动将数字字符串转换成数值型后，进行加法运算；若一边为数值型，另一边为非数字字符串则无法运算。

(3)关系运算符

关系运算符的作用是比较两个操作数的大小，两个操作数必须是相同的数据类型。关系运算的结果为逻辑值：真(True)和假(False)。关系运算符的优先级相同。

(4)逻辑运算符

逻辑运算符用于逻辑运算，运算结果为逻辑型。VBA 的常用逻辑运算如表 10-7 所示(表中 T 表示 True，F 表示 False)。其中 Not 是单目运算符，其他均为双目运算符。

表 10-7　逻辑运算符

运算符	含　义	优先级	说　明
Not	非	1	与操作数原来的值相反
And	与	2	当且仅当两个操作数同时为真时，结果才为真，否则结果为假
Or	或	3	当两个操作数同时为假时，结果才为假，否则结果为真
Xor	异或	3	当两个操作的值相同时，结果为假，不相同时结果为真

用括号和运算符将常量、变量、函数按一定的规则连接起来的式子称为表达式。表达式的数据类型取决于表达式的运算结果。对于多种运算符并存的表达式，运算符的先后顺序是：有括号的先运算，无括号的由运算符的优先级决定的，优先级高的先进行，优先级相同的运算依照从左向右的顺序进行。

不同种的运算之间的优先级如下：

算术运算符＞字符串运算符＞关系运算符＞逻辑运算符

4. 内部函数

在 VBA 中，经常用到的一些最基本的功能被编成了一段相对完整、独立的代码，放在系统内部供用户直接调用，称之为内部函数。在使用这些函数的时候，只要给出函数名和函数所要求的参数，就能得到函数的值。

VBA 提供的内置函数按其功能可分为数学函数、字符串函数、日期函数、转换函数等。

(1)数学函数

常见的数学函数如表 10-8 所示。

表 10-8　常见的数学函数

函数名称	函数说明
Sin(x)	返回来自 x 的正弦值
Cos(x)	返回来自 x 的余弦值
Tan(x)	返回来自 x 的正切值
Atn(x)	返回来自 x 的反正切值
Abs(x)	返回来自 x 的绝对值
Exp(x)	返回 e 的 x 次方
Sqr(x)	返回 x 的平方根
Sgn(x)	返回数的符号值
Int(x)	返回不大于 x 的最大整数
Fix(x)	返回不小于 x 的最小整数
Rnd(x)	返回一个位于[0,1)之间的随机数

(2)字符串函数

常见的字符串函数如表 10-9 所示。

表 10-9　常见的字符串函数

函数名称	函数说明
Ltrim(字符串)	去掉字符串左边的空白字符
Rtrim(字符串)	去掉字符串右边的空白字符
Left(字符串,n)	返回字符串左边的 n 个字符

续表

函数名称	函数说明
Right(字符串,n)	返回字符串右边的 n 个字符
Mid(字符串,p,n)	返回从字符串位置 p 开始的 n 个字符
Len(字符串)	返回字符串长度
String(n,字符串)	返回由 n 各字符组成的字符串
Space(n)	返回 n 个空格的字符串
InStr(字符串 1,字符串 2)	返回字符串 2 在字符串 1 中的位置
Uease(字符串)	把小写字母转换成大写字母
Lease(字符串)	把大写字母转换成小写字母

(3)日期/时间函数

常见的日期/时间函数如表 10-10 所示。

表 10-10　常见的日期/时间函数

函数名称	函数说明
Date()	返回系统当前的日期
Time()	返回系统当前的时间
Now()	返回系统当前的日期和时间
Day(表达式)	返回表达式指定的日期
WeekDay(表达式)	返回表达式指定的星期
Month(表达式)	返回表达式指定的月份
Year(表达式)	返回表达式指定的年份
Hour(表达式)	返回表达式指定的小时
Minute(表达式)	返回表达式指定的分钟
Second(表达式)	返回表达式指定的秒

(4)类型转换函数

函数常见的类型转换函数如表 10-11 所示。

表 10-11　常见的类型转换函数

函数名称	函数说明
Asc(x)	返回字符串 x 中第 1 个字符的 ASCII 码
Chr(x)	返回与 ASCII 码 x 对应的字符
Str(x)	将数值表达式 x 转换成字符串
Val(x)	将字符串 x 转换成数字型数据
Nz(x)	将空值 x 转换成相应的值

(5)测试函数

测试函数可对数据校验,其返回值为逻辑型的,常见的类型转换函数如表 10-12 所示。

表 10-12　常用测试函数

函　数	功　能
IsArray(E)	测试是否为数组,是数组返回 True
IsNumeric(E)	测试是否为数值型,是数值型返回 True
IsDate(E)	测试是否为日期型,是日期型返回 True
IsNull(E)	测试是否为无效数据,是无效数据返回 True
IsEmpty(E)	测试是否已初始化,未初始化返回 True
IsError(E)	测试是否为一个错误值,有错误返回 True
IsObject(E)	测试是否为对象类型
Eof	测试文件是否到了文件尾,到了文件尾返回 True

(6)输入输出函数

①输入对话框函数 InputBox

InputBox 函数用于产生一个能接收用户输入数据的对话框,并返回输入的值,函数返回值的类型为字符串类型。每执行一次 InputBox 函数只能输入一个值。

函数格式:

InputBox(提示信息[,标题][,默认值][,x 坐标][,y 坐标])

其中,提示信息为必选、字符串表达式,是对话框内要显示的提示信息。其它为可选。

②消息对话框函数 MsgBox

MsgBox 函数用来产生一个对话框来显示消息,等待用户选择一个按钮,并返回用户所选按钮的整数值。

函数格式:

MsgBox(提示信息[,按钮类型][,标题])

10.6.2　数据库访问

1. 数据库引擎及其接口

VBA 是通过 Microsoft Jet 数据库引擎工具来支持对数据库的访问。所谓数据库引擎实际上是一组动态链接库(DLL),当程序运行时,被连接到 VBA 程序而实现对数据库数据的访问功能。因此,数据库引擎是一种通用的接口方式,是应用程序与数据库之间的桥梁,用户可以用统一的方式访问不同的数据库。这样的数据与程序相对独立,减少了大量数据的冗余。

在 VBA 中,主要有三种数据库访问接口,分别是开放的数据库连接应用编程接口 ODBC API(open database connectivity API)、数据访问对象 DAO(data Access objects)和 Active 数据对象 ADO(ActiveX data objects)。

(1)应用编程接口 ODBC。API Windows 提供的 ODBC 驱动程序对每一种数据库都可以使用,只是在实际应用时,直接使用 ODBC API 需要大量的 VBA 函数的原型声明,并且编程比较烦琐。因此,在实际编程中很少直接进行 ODBC API 的访问。

(2)数据访问对象 DAO。DAO 提供了一个访问数据库的对象模型,模型中定义了一系列的数据访问对象,通过这些对象可以实现对数据库的各种操作。

(3)Active 数据对象 ADO。ADO 是一个基于组件的数据库编程接口,它可以和多种编程语言结合使用。例如,Visual Basic,Visual C++等,这样为用户带来极大的方便。使用该接口可以方便地和任何符合 ODBC 标准的数据库连接。

VBA 通过数据库引擎可以访问的数据库有以下 3 种类型。

- 本地数据库:即 Access 数据库。
- 外部数据库:指所有的索引顺序访问方法(ISAM)数据库。
- ODBC 数据库:符合开放数据库连接(ODBC)标准的客户/服务器数据库。

2. 数据库访问对象 DAO

数据访问对象完全在代码中运行,使用代码操纵 Jet 引擎访问数据库数据,能够开发出更强大更高效的数据库应用程序。使用数据访问对象开发应用程序,使数据访问更有效,同时对数据的控制更灵活更全面,给程序员提供了广阔的发挥空间。

如图 10-15 所示,DAO 对象模型是一个分层的树型结构,包括对象、集合、属性和方法。在 Access 模块设计时要想使用 DAO 的各个访问对象,首先应该增加一个对 DAO 库的引用。

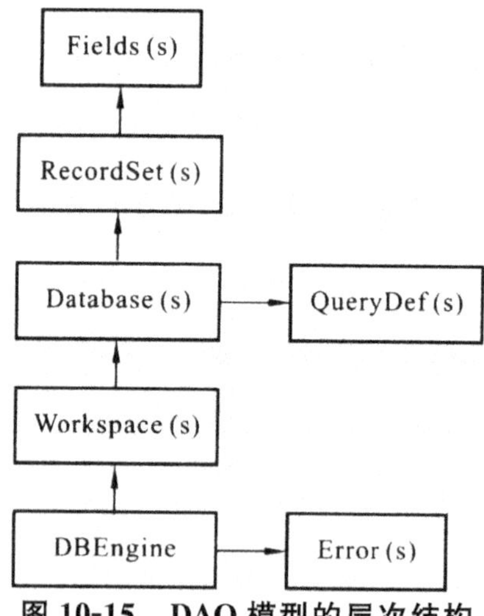

图 10-15 DAO 模型的层次结构

其中,DBEngine 对象:表示数据库引擎,是 DAO 模型最底层的对象,包含并控制 DAO 模型中的其他全部对象。Workspace(s)对象:表示工作区。Database(s)对象:表示操作的数据库对象。Recordset(s)对象:表示数据操作返回的记录集。Field(s)对象:表示记录集中的字段信息。Querydef(s)对象:表示数据库的查询信息。Error(s)对象:出错处理。

3. Active 数据对象 ADO

ADO 是基于组件的数据库编程接口,它是一个和编程语言无关的 COM 组件系统,可以对来自多种数据提供者的数据进行读取和写入操作。ADO 使用了与 DAO 相似的约定和特性，但 ADO 当前并不支持 DAO 的所有功能，ADO 的模型结构如图 10-16 所示。

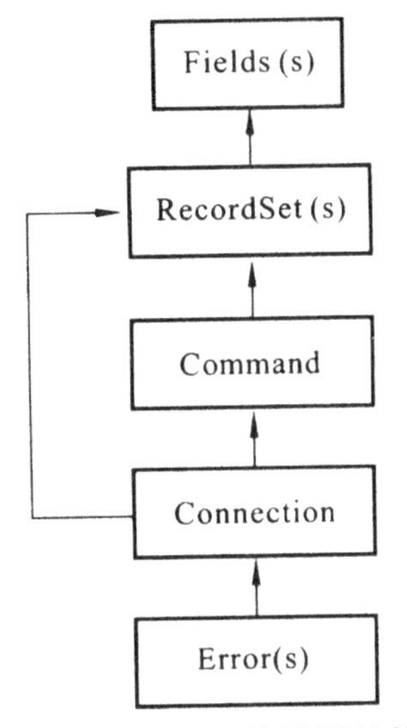

图 10-16　ADO 的模型结构

其中，Error(s)对象：出错处理。Connection 对象：指定可连接的数据源。Command 对象：表示一个命令。RecordSet 对象：表示数据操作返回的记录集。Field 对象：表示记录集中的字段信息。

在使用 ADO 时，也是在程序中先创建对象变量，然后通过对象变量的方法和属性实现对数据库的操作。使用 ADO 时，不要求为每个对象都创建变量，可以只为部分对象创建变量。可以是 Connection 对象、RecordSet 对象和 Field 对象的组合，也可以是 Command 对象、RecordSet 对象和 Field 对象的组合。这两种组合分别称为在 Connection 对象上打开记录集和在 Command 对象上打开记录集。

10.7　VBA 程序错误分类与处理

10.7.1　VBA 程序错误分类

常见程序错误有编译错误、运行错误和逻辑错误 3 种类型：

(1)编译错误

通常是在将 VBA 语句转换为可执行代码时出现的错误，是程序代码语法错误或结构错误的结果。一般是语法上的错误，如 If 没有对应的 Endif、Sub 没有对应的 End Sub 等。

语法错误是文法检查或标点符号中的错误，包括不匹配的括号或者给函数参数传递了无效的数值。

(2)运行错误

一般是在 VBA 运行某个应用程序时发生的错误。在运行程序时发生的错误，如计算表达式时遇到除数为0、要打开的表或窗体不存在等。

(3)逻辑错误

逻辑错误指应用程序没有按照希望的结果执行，或者生成无效的结果，如用错了计算公式、函数等，得到不正确的结果。

10.7.2 VBA程序错误处理

对于编译错误，可根据正确的语法要求对程序进行修改。逻辑错误要对算法进行重新设计。但是运行错误的发生有时是有条件的，例如，要打开一个表，如果该表存在，就没有发生错误；而如果该表不存在，则会发生错误。

VBA中提供On Error GoTo语句来控制当有错误发生时程序的处理。On Error GoTo指令有3种语法结构。

格式1：On Error GoTo 0

语句用于关闭错误处理。

格式2：On Error GoTo 标号

语句在遇到错误发生时程序转移到标号所指定位置的代码处执行。

格式3：On Error Resume Next

语句在遇到错误发生时不会考虑错误，并继续执行下一条语句。

10.8 VBA程序调试

程序的调试是应用程序开发过程中必不可少的环节，在编写的程序交付实际运行前，需要对其进行调试，以便找到其中的错误并修正错误。VBA的编程环境VBE提供了丰富的调试工具。常用的调试手段有设置断点、单步跟踪和设置监视点等。

VBA提供了多种调试工具和方法。

1. 调试工具

在VBA窗口的工具栏中有“调试”工具栏，具栏中各按钮的功能介绍如表10-13所示。

表10-13 “调试”工具栏中各按钮的主要功能介绍

名称	功能
设计模式/退出设计模式	进入/退出设计模式
继续	运行程序
中断	当一程序正在运行时停止其执行
重新设置	清除执行堆栈及模块级变量并重置工程
切换断点	在当前的程序行上设置或删除断点
逐语句	一次一个语句的执行代码

续表

名称	功能
逐过程	在“代码”窗口中一次一个过程的执行代码
跳出	跳出正在执行的过程
本地窗口	自动显示所有当前过程中的变量声明及变量值
立即窗口	当程序处于中断时,列出表达式的当前值;使用 Debug. Print 输出表达式值时的结果显示窗口
监视窗口	显示监视表达式的值
快速监视	可以直接显示表达式的值
调用堆栈	显示“调用”对话框,列出当前活动的过程调用

2. 设置断点

设置断点可以使程序在运行到该处时暂停下来,这时若需检查程序中各变量的参数,可以直接将光标移到要查看的变量上,Access 会显示出该变量的值。

设置或取消断点的方法有以下几种。

(1)单击要设置断点处命令行左边空白区域,再次单击可取消。

(2)定位命令行,选择:“调试”→“切换断点”命令,设置或取消断点。

(3)定位命令行,选择“调试”→“切换断点”命令按钮,设置或取消断点。

(4)定位命令行,按 F9 键,设置或取消断点。

3. 单步跟踪

设置断点只能查看程序运行到此处的各个变量状态。程序运行到断点处停止运行后,如果需要继续往下一步运行,则可以使用跟踪功能。设置断点和单步跟踪相结合,是最简单有效的程序调试方法。

单步跟踪程序的方法是将光标置于要执行的过程内,然后执行下列步骤:

(1)选择“调试”→“逐语句”命令。

(2)按 F8 键设置。

4. 调试窗口

可将表达式添加到监视窗口,从而监视运行中各变量的变化情况。VBA 为调试提供了立即窗口、本地窗口和监视窗口,在这些窗口中可以观察有关变量、属性的值。借助这些窗口,再加上设置断点等调试手段,可以帮助程序员查找和排除错误,

(1)立即窗口。在立即窗口输入程序语句,按回车键后该语句会立即执行。可利用立即窗口直接赋值或直接使用 Print 方法显示表达式的值。

(2)本地窗口。在中断模式下,本地窗口会自动显示出所有在当前过程中所有变量的说明和值。

(3)监视窗口。在中断模式上,监视窗口会自动显示当前的监视表达式及其值。监视表达式是程序中某些关键变量或表达式,需要事先设置好监视点。

第11章　数据库的安全管理研究

11.1　管理数据库

Access具备比较完善的安全机制，从基本的数据库编码与解码、设置数据库密码，到用户级的安全机制，Access都提供了丰富的工具来实现对数据库安全的控制。

11.1.1　数据库属性设置

建立好数据库后，我们可以对其设置默认值来自定义Access环境，优化它的性能。打开“工具”→“选项”命令，即可打开“选项”对话框，如图11-1所示。

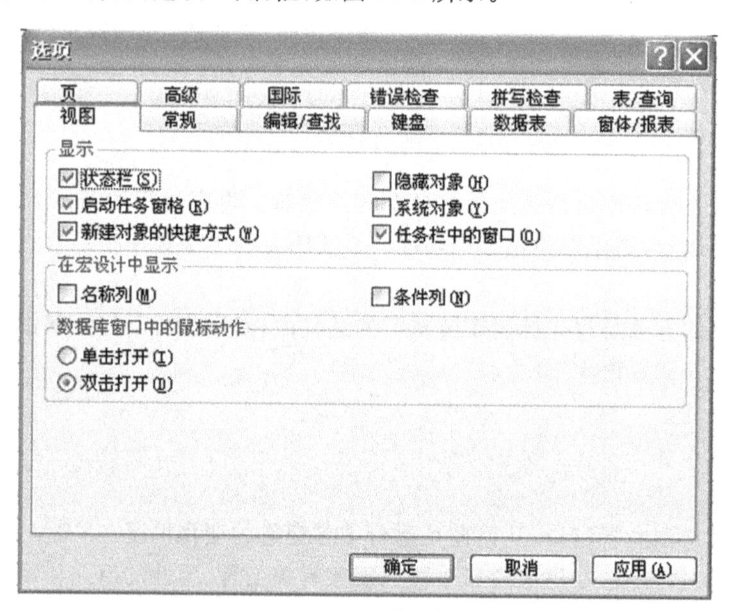

图11-1　“选项”对话框

(1)设置最近使用文件的列表所显示的文件个数

启动Access时，单击“文件”菜单，即会显示最近用过的文件列表。可以单击该列表中的一个文件名，以其上次打开时所具有的相同选项设置打开该文件。我们可以更改该列表上显示的文件名的个数，在“常规”选项卡上，如图11-2中a所示，通过“最近使用的文件列表”选项来设置,若要禁止在列表中显示任何文件,就清除该选项前面的复选框;若要更改列表中显示文件的个数,则选中该选项前面的复选框,并且在右边的下拉列表中选择要显示的文件个数。默认情况下是 4,最多可以将列表设置为包含 9 个文件。

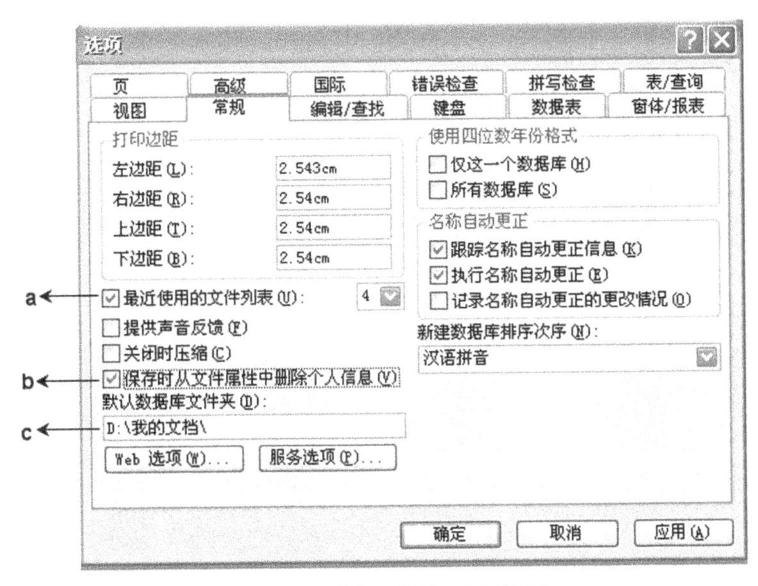

图 11-2　“常规”选项卡设置

(2)删除个人或隐藏信息

为其他人提供数据库、项目或数据访问页的副本前,应检查个人信息和隐藏信息,并确定将其包括在内是否合适。对于文件属性或者我们添加到文件中的任何自定义属性,其中包含的信息都是不会自动删除的。在“常规”选项卡中,如图 11-2 中 b 所示,选中“保存时从文件属性中删除个人信息”复选框,即可删除个人或隐藏信息。

(3)更改数据库文件的默认保存位置

为了方便操作,保证数据库文件的安全,可以更改一个新的 Access 数据库或 Access 项目的默认文件夹位置。

(4)设置 Access 2003 默认数据库文件格式

在 Access 2003 中创建数据库时,默认使用 Access 2000 文件格式,可将默认文件格式设置为 Access 2002-2003,以便在数据库中使用 Access 2003 的新功能。

11.1.2　数据库的格式转换

在 Access 2003 中创建数据库时,默认数据库是 Access 2000 文件格式。在数据库窗口的标题栏中可以看到数据库文件格式,如图 11-3 所示。

Access 2003 支持 Access 2002-2003 和 Access 2000 文件格式,也允许用户将数据库转为其他文件格式。

将 Access 2000 或以前版本的数据库“表 1. mdb”转换为 Access 2002-2003 文件格式数据库的步骤为:

(1)打开一个以前版本的数据库文件,单击“工具”→“数据库实用工具转换数据库”→“转为

Access 2002-2003 文件格式"命令。

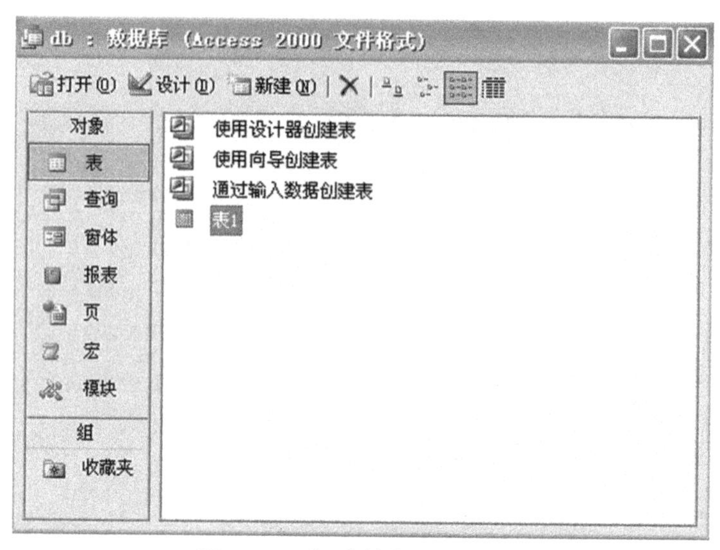

图 11-3　新建的数据库面口

(2)在弹出的如图 11-4 所示的窗口中,输入将转换后的数据库文件名"student_score"。单击"保存"按钮,弹出如图 11-5 所示的对话框。单击"确定"即完成 Access 数据库文件格式的转换。

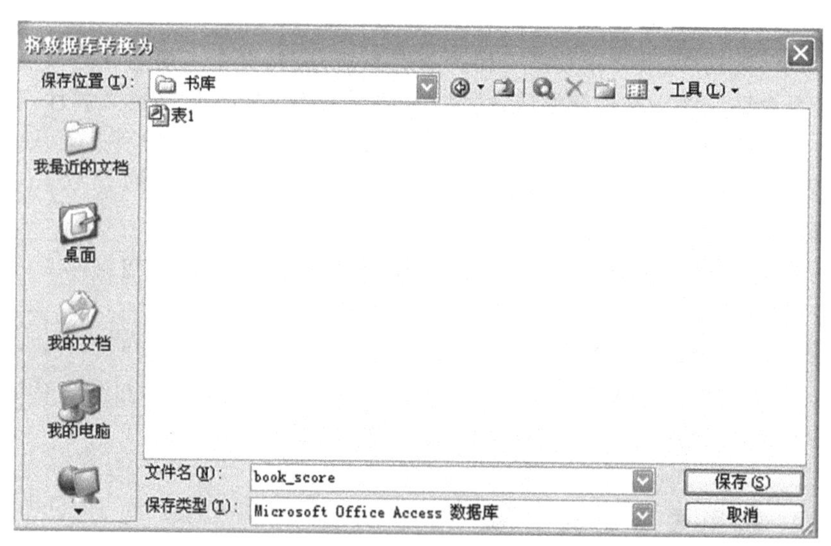

图 11-4　存放数据库

图 11-5　文件转换格式提示对话框

(3)打开新的 Access 数据库文件,能够看到数据库窗口的标题栏上注明了"Access 2002—2003 文件格式"。

11.1.3　压缩和修复数据库

由于长期对数据库不断进行增加和删除操作,数据库中可能会出现碎片,导致整个文件的使用效率有所下降。通过压缩数据库的操作,可以重新安排数据库文件在磁盘今的存储位置,以增加磁盘的有效空间。

数据库在不同的状态下,可以采用不同的压缩方法。

1. 对当前数据库的压缩

具体操作步骤如下。

(1)如果当前需要压缩的数据库为一个共享数据库,即位于某个服务器或共享文件夹中,请确定网络中没有其他用户打开该数据库。

(2)单击"工具"→"数据库实用工具" →"压缩和修复数据库",Access 将对当前数据库进行压缩。

2. 压缩未打开的数据库

具体操作步骤如下。

(1)关闭打开的 Access 数据库。

(2)单击"工具" →"数据库实用工具" →"压缩和修复数据库",弹出"压缩数据库来源"对话框,如图 11-6 所示。

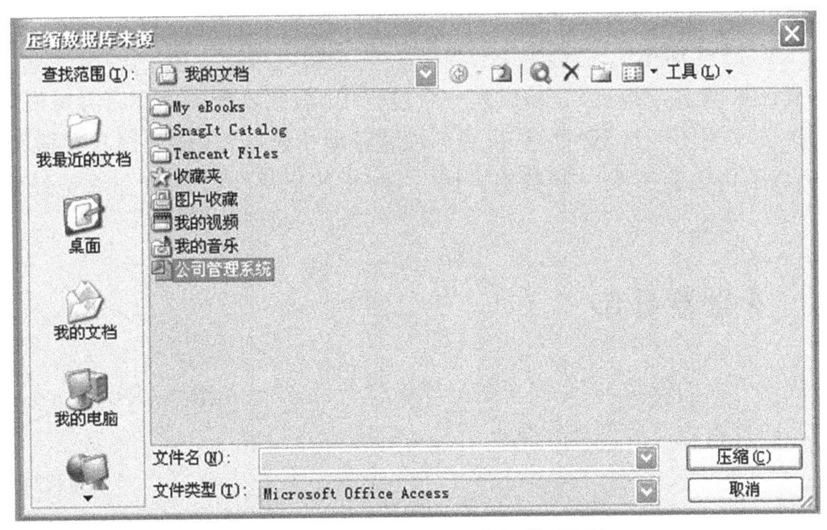

图 11-6　"压缩数据库来源"对话框

(3)在"压缩数据库来源"对话框中指定想要压缩的数据库,并单击"压缩"按钮,系统将对选定的数据文件进行检查,检查无误后出现"将数据库压缩为"对话框,如图 11-7 所示。

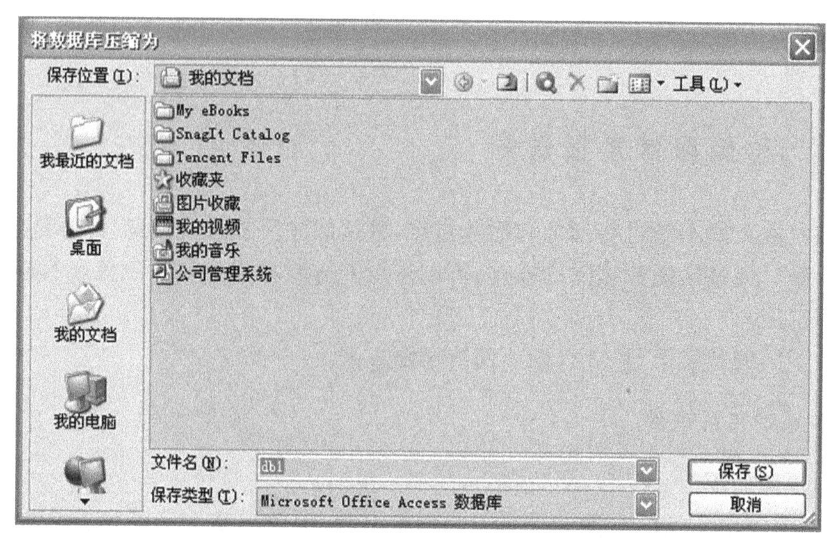

图 11-7 “将数据库压缩为”对话框

(4)在“将数据库压缩为”对话框中指定压缩数据库的名称、驱动器以及文件夹。若使用相同的名称、驱动器和文件夹，那么 Access 将以压缩后的版本替换原始的文件。

(5)单击“保存”按钮。

3. 关闭数据库时自动压缩

使用 Access 2003 提供的“关闭时自动压缩”功能，可以在关闭任何数据库文件时自动压缩数据库，而不必每次关闭数据库时考虑手动进行压缩。

如果要启用“关闭时自动压缩”功能，可以按照下述步骤进行操作。

(1)打开任何一个 Access 数据库文件。

(2)单击“工具” →“选项” →“选项”→“常规”→“关闭时自动压缩” →“确定”。

压缩和修复已被改进，现在已经集成到一个过程中，因此发现数据库有异常时，可以选择“工具”菜单中的“数据库实用工具”命令，从出现的级联菜单中选择“压缩和修复数据库”命令。在一个数据库修复以后，可能会丢失一些数据。因此，防止数据丢失的最好办法是经常备份数据库文件。

11.1.4 备份数据库

为了减少数据丢失的危险，有必要对数据库进行备份。在 Access 2003 中，可以利用导出数据和备份数据库两种方法对数据进行备份。

1. 导出数据

在 Access 2003 中，可以将数据库对象导出到已有的 Access 数据库或 Access 项目中。要导出数据，必须首先打开数据库。我们以导出数据库对象“员工信息”表为例说明如何导出数据，具体步骤如下：

(1)在数据库窗口中单击要导出的对象“员工信息”表，选择“文件”菜单中的“导出”命令，或者右击“员工信息”表，在快捷菜单中选择“导出”命令，会弹出“将表导出为…”对话框，如图 11-8 所示。

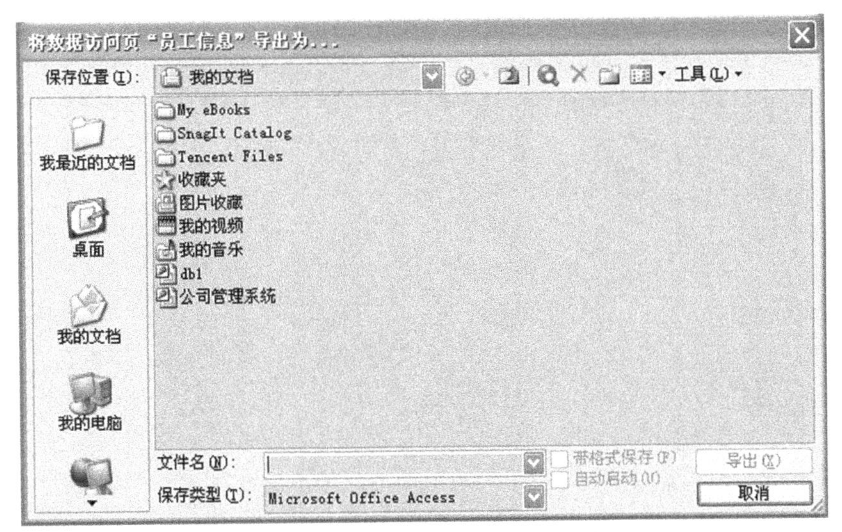

图 11-8 “将表导出为…”对话框

(2)在对话框中指定保存位置和要导出到哪一个数据库。单击“导出”按钮，弹出“导出”对话框，如图 11-9 所示。

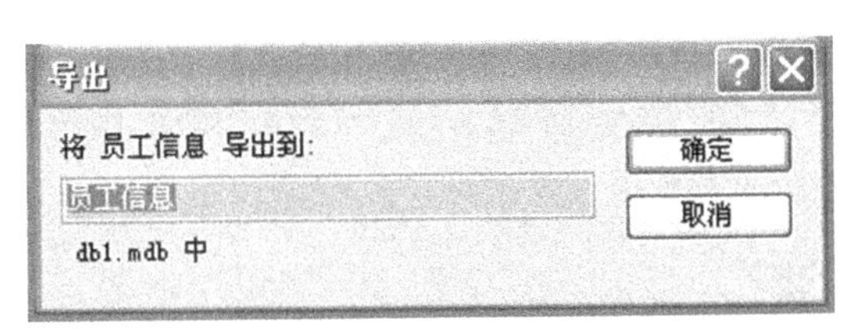

图 11-9 “导出”对话框

可以在文本框中更改对象名称，单击“确定”即可完成导出。如果数据库中已存在用户指定的对象名称，会弹出对话框提示用户更改对象名称或替换已有对象。

2. 备份数据

在备份数据库之前，数据库必须是关闭的。

如果处在一个多用户的环境下，必须确保所有的用户没有打开将要进行备份的数据库，否则将无法完成备份操作。有如下几种方法可以实现数据库的备份。

(1)将数据库文件从所在的磁盘复制到另一个磁盘中。

(2)使用 Windows 2000 以及后续版本的备份和恢复工具，或者第三方的备份软件。有些软件提供了压缩的功能。

如果工采用了用户级安全机制，那么需要连同工作组信息文件进行备份。如果该文件丢失或损坏，就将无法启动 Microsoft Access，只有还原或更新该文件后才能启动。

可以通过创建空数据库，然后从原始数据库中导入相应的对象来备份单个的数据库对象。

【例 11-1】 用 Access 自带的命令备份“学生成绩管理 . mdb”数据库。

(1)打开要备份的“公司管理系统”数据库，单击“工具” →“数据库实用工具”→“备份数据库"命令,弹出如图 11-10 所示的"备份数据库另存为"对话框。

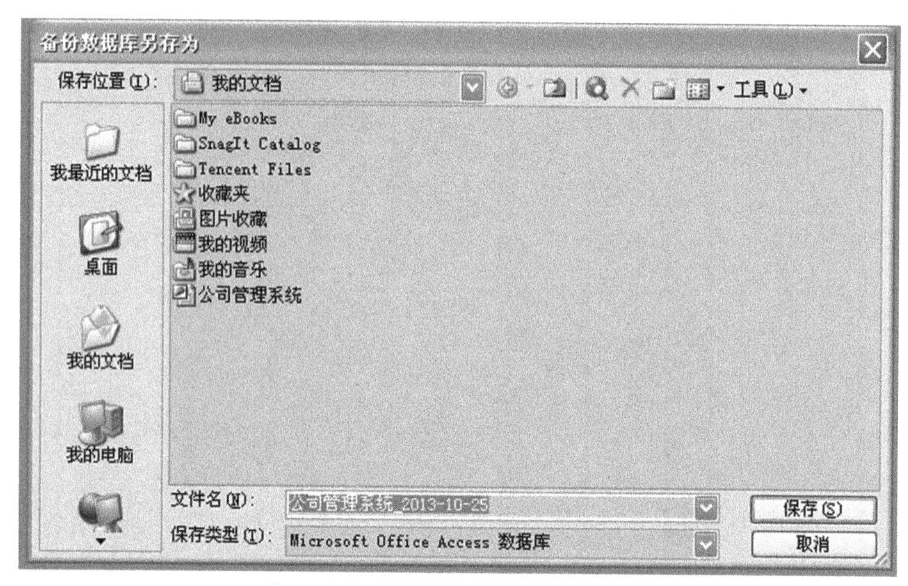

图 11-10 "备份数据库另存为"对话框

(2)选择备份数据库存放的位置,输入备份数据库文件名。

(3)单击"保存"按钮,Access 为原数据库创建了一份备份。

【例 11-2】 用 Windows 中的备份程序"Microsoft 备份程序"来备份数据库。

(1)单击"开始"→"程序"→"附件"→"系统工具"→"备份"命令,出现的对话框如图 11-11 所示。

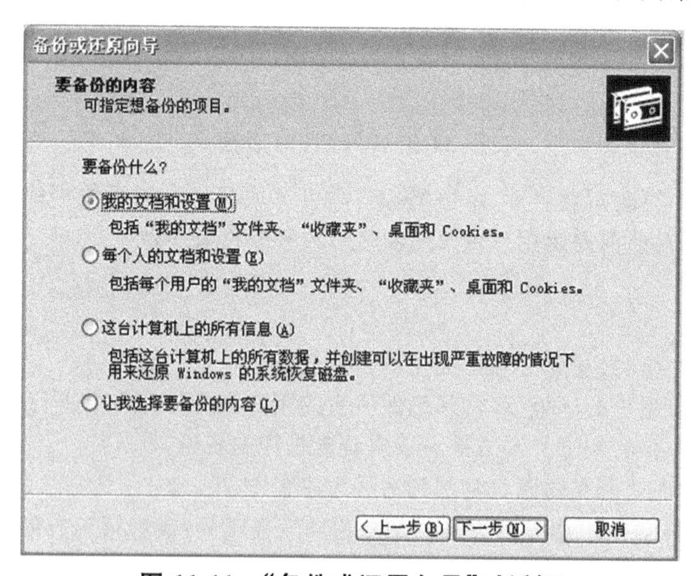

图 11-11 "备份或还原向导"对话框

(2)选中"让我选择要备份的内容"单选按钮,单击"下一步"按钮,在弹出的对话框中选择要备份的数据库文件"公司管理系统"。

(3)单击"下一步"按钮,在"选择保存备份的位置"对应的"浏览"按钮上单击,弹出"另存为"对话框,选择备份数据库存放的位置,然后点"保存"即可。

(4)单击“开始备份”按钮,会出现备份进度对话框,最后完成备份。

因为 Access 数据库的备份方法相对比较简单,所以其还原方法也简单。将 Access 数据库的备份复制到数据库文件夹,如果数据库文件夹中已有的 Access 数据库文件和备份副本有相同的名称,那么还原的备份数据库可能会替换已有的文件;如果要保存已有的数据库文件,应在复制备份数据库之前先为其重新命名。

11.2　用户级安全机制

11.2.1　信息安全与数据库安全

1. 信息系统不安全的原因分析

信息系统的不安全性主要来源于下列几个方面。

(1)操作失误所造成的破坏

操作人员、用户或系统管理员错误操作所造成的失误以及应用程序编制所造成的失误,从而引起系统的破坏。

(2)计算机系统遭受破坏

计算机系统的硬件、软件、网络设备等遭受破坏均属此种类型。

(3)外界环境遭受破坏

自然界的或人为的事故所造成的系统破坏,如战争、地震、电力故障等均属此种类型。

(4)蓄意的攻击

在信息化时代,大量破坏来源于外界的恶意攻击,这种攻击以破坏信息系统为其主要目的,其采用的手段可以有多种,如病毒入侵、特洛伊木马、非授权访问等。

2. 信息系统安全分类

为保证信息系统的安全,必须采取多种手段。

(1)安全政策、法律、法规的制定

政府与部门必须制定信息系统安全的相关政策、法律及法规等以保证系统安全,如制定计算机犯罪的相关法律、计算机安全、计算机监察等相关法规以及计算机保密等相关政策、规定等。

(2)管理安全

从管理角度加强信息系统的安全管理,如加强计算机网络的监控管理、加强计算机机房的监控与管理以及加强相关人员的安全防护意识、制定相应的规章制度等。

(3)技术安全

技术安全是指采用具有一定安全性质的计算机硬件、软件及网络系统以实现对信息系统的安全保证。

3. 信息系统技术安全分类

在信息系统技术安全类中又可分为两类,它们是设备安全与信息安全。

(1)设备安全

设备安全主要指的是整个信息系统中的相关设备的可靠性、稳定性,它包括计算机设备、通信线路、网络设备以及相关辅助设备等。

(2)信息安全

信息安全主要指的是信息系统内部数据的安全,它包括信息的传递安全、信息的存储安全以及信息的存取安全。

4. 信息安全的研究目标和内容

信息安全的研究目的为信息的完整性和信息的正确访问。

①信息的完整性即是信息的正确性,在信息系统内部是处于不断的活动中,包括传递、存储与存取之中,信息的完整性即是要保证信息在活动中的正确性与一致性,并防止恶意篡改与破坏。

②信息的正确访问即是要保证有权用户的正确访问与无权用户的禁止访问,同时还要防止正确访问的滥用。

信息安全所研究的内容有三个方面:传递安全、存储安全和存取安全。

①传递安全。信息在信息系统内是在不断流动的,其主要流动方式即是通过网络传播,它称为信息传递,而信息传递的安全即是网络安全,它是目前安全领域中主要研究内容之一。

②存储安全。在信息系统中数据主要存储于服务器中,因此信息的存储安全主要表现为服务器的安全,此外还包括管理服务器的操作系统安全。

③存取安全。信息存取安全是信息出/入的门户,它对信息安全具有重大意义。信息存取有4个层次,它们是基础层的磁盘物理存取,低层的文件系统,中层的数据库系统以及上层的应用程序,因此信息存取安全即是数据物理存取安全,文件系统安全、数据库系统安全以及应用程序安全,而这其中起关键作用的是数据库系统安全。

上面的三种安全构成了信息安全的全部内容,可用图 11-12 表示。

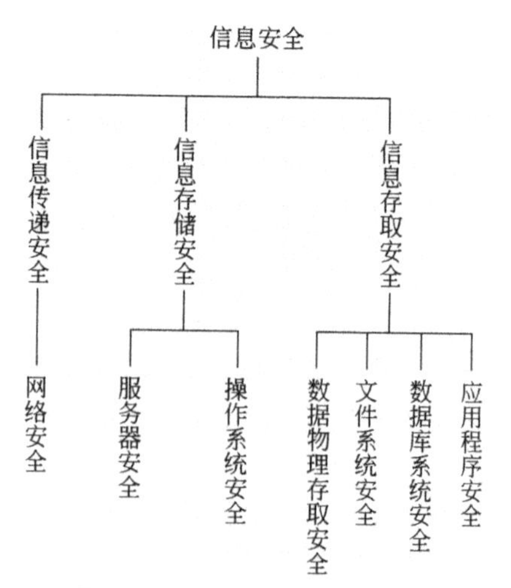

图 11-12 信息安全结构图

5. 信息安全的均衡性原则

信息系统非常注重其安全的均衡性，其原则为：

(1)信息安全追求的是整体、全局的安全，而不是部分、局部的安全。

(2)信息安全的传递、存储与存取具有相同的重要性。

(3)信息安全的上层、中层与下层具有相同的重要性。

(4)信息安全可以采用多种技术，如密码技术、CA 技术、防病毒技术、水印技术等，它们均具有同等的重要性。

6. 信息安全与数据库安全

数据库安全是信息安全的一个部分，它是信息安全中的信息存取安全的一个重要部分。信息存取安全是由 4 个存取层次组成，它们分别是数据物理层、文件层、数据库层以及应用层，其结构如图 11-13 所示。其中数据库层在这个层次中具承上启下的作用，因此显得特别重要，同时数据库层的安全防护技术对其他几个层次也同样适用。

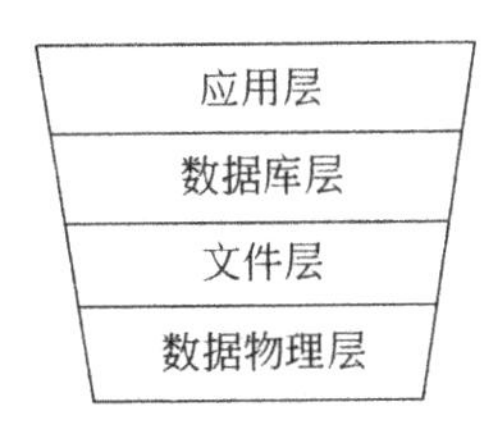

图 11-13　信息存取安全的层次结构

数据库安全是安全领域中的一个部分，基于安全的均衡性原则，因此它也是一个不可缺少的一个部分，它在安全领域中的关系如图 11-14 所示。

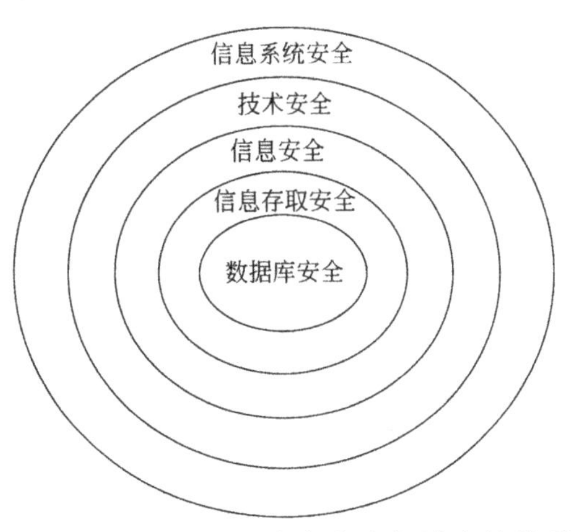

图 11-14　数据库安全在安全领域中的关系

11.2.2　建立用户组和用户

当用户将自己的数据放到数据库中时，最关心的问题就是数据是否安全。如果您只是在自己的计算机上使用数据库系统，只要保管好您的计算机和存有数据库中数据的软盘、磁带、光盘等存储介质就可以了。但是，当您在网络上运行数据库系统时，数据的安全是否能得到保证就是一个非常重要的问题。在 Access 2003 中，系统管理员可以为每个用户设置一个用户名，并将其分配到一个用户组中。每个普通用户只能在系统管理员指定的范围内对数据库进行操作。

1. 在 Access 2003 中建立用户组

(1)单击“工具”→“安全”→“用户与组账户”命令，出现“用户与组帐户”对话框，打开“组”选项卡，如图 11-15 所示。

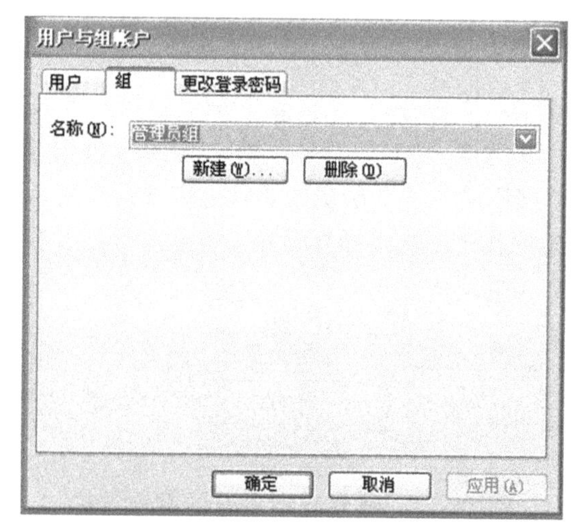

图 11-15 “用户与组账户”对话框

(2)在“名称”下拉列表中列出了目前所存在的组。如果要建立新的组，请单击新建按钮，弹出“新建用户/组”对话框，如图 11-16 所示。

图 11-16 “新建用户/组”对话框

(3)在“名称”文本框中输入组的名称，在“个人 ID”文本框中输入个人身份标识号码，这个个人身份标识号码由 4 到 20 个数字和字母组成，且区分大小写。单击“确定”，新建的组就出现在组的列表中。

2. 在 Access 2003 中建立用户

(1)单击“工具”→“安全” →“用户与组账户”，出现“用户与组账户”对话框，打开“用户”选项卡，如图 11-7 所示。

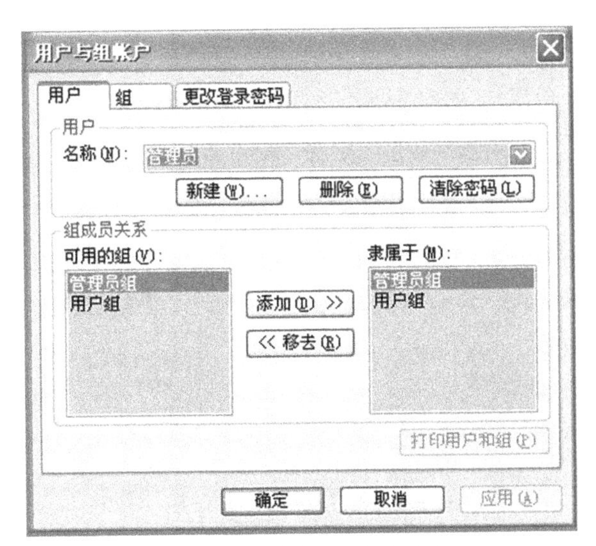

图 11-17　“用户与组账户”对话框

(2)单击“新建”后弹出“新建用户/组”对话框。在“名称”文本框中输入用户的名称,在“个人ID”文本框中输入个人身份标识号码。单击“确定”按钮,新建的用户出现在“用户”的“名称”下拉列表中。

(3)打开“更改登录密码”选项卡可以设置用户的密码,如图 11-18 所示。

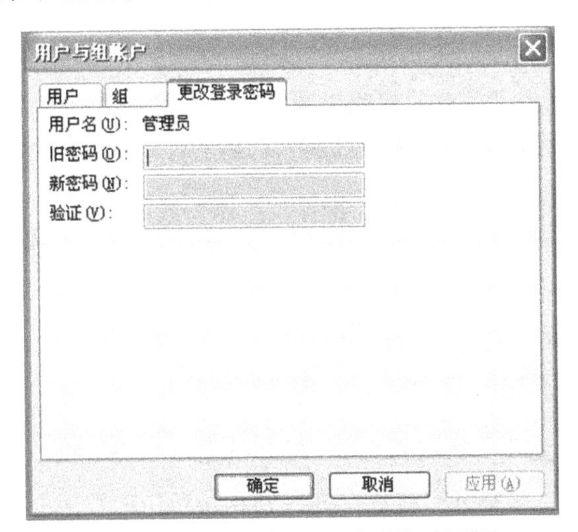

图 11-18　“用户与组账户”对话框

11.2.3　设置用户与组的权限

设置了用户之后系统管理员就可以对用户的操作权限进行设置,以指定每个用户的权限范围。

设置用户与组的具体步骤如下。

(1)单击“工具”→“安全”→“用户和组权限”,出现“用户与组权限”对话框,如图 11-19 所示。

图 11-19 “用户和组权限”对话框

用户的操作权限可以分配给某个用户，也可以分配给某个组。将操作权限分配给某个组时，该组中的所有成员都将享有这些权限。在“列表”栏中选择要设置的对象是用户还是组。

在“对象类型”下拉列表中选择所要设置的操作权限的对象类型，在“对象名称”列表中会列出数据库中所有该类型中的对象。选取某个对象，然后在“权限”中设置要赋予他的操作权限。

(2)单击“确定”后就完成了用户的权限设置。

在完成了上述用户组佣户权限设置后，就可以运行 Access 2003 的安全机制来保护数据库免受非法用户的侵扰了。

单击“工具” →“安全” →“用户级安全性向导”，出现设置安全机制向导，在向导的指导下可以完成安全机制的建立。

11.2.4 建立设置安全机制的信息文件

Access 提供了一个设置安全机制的向导，帮助建立一个简单的安全系统：建立在管理员组和用户组的基础上的账户管理系统。这种方式可以建立新的组和新的账户，并分配权限，加强数据库安全保障。

这样的系统已经能够满足一般小公司的安全需求。如果是更加复杂的安全需求，要结合网络安全技术，建立更加完善的安全管理机制。

具体操作步骤如下。

①打开欲建立安全机制的数据库。

②单击“工具”→“安全”→“设置安全机制”命令，弹出“设置安全机制向导”对话框，如图 11-20 所示。

③如果是第一次使用用户级的安全机制向导，只能选中“新建工作组信息文件”。单击“下一步”后的对话框如图 11-21 所示。

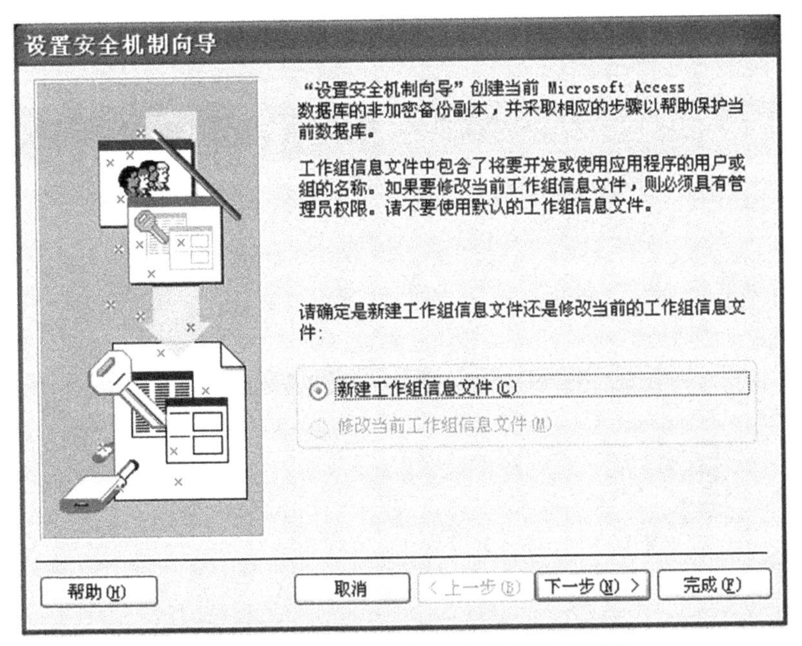

图 11-20　“设置安全机制向导”对话框

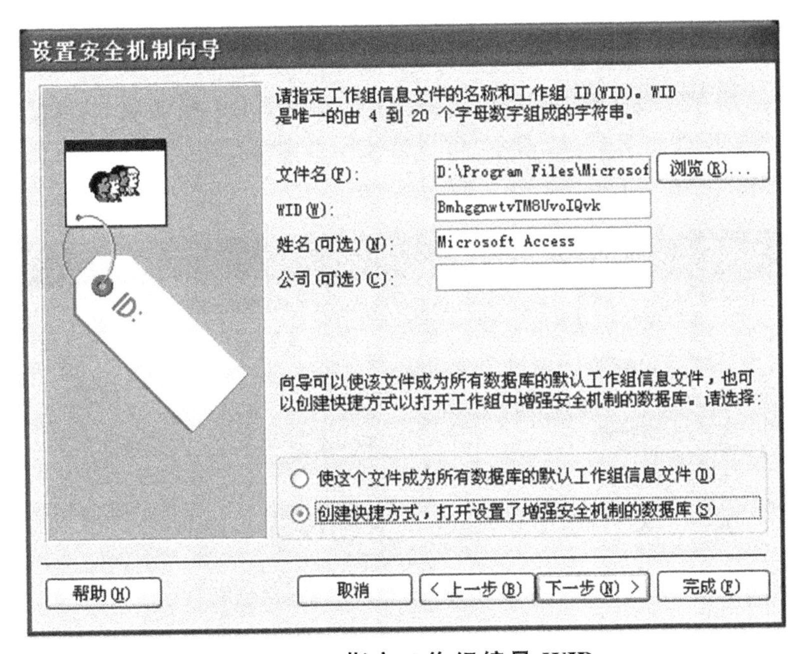

图 11-21　指定工作组编号 WID

④在创建工作组信息文件时，需要为它分配一个唯一的工作组编号(WID)，其长度为 4～20 个字符；如果使用向导，Access 自动创建一个 WID，如果需要，可在这个对话框中更改 WID；此处使用默认的 WID。

在图 11-21 中，指定如何创建工作组信息文件以及 Access 将如何处理该文件的其他信息。可以选中“使这个文件成为所有数据库的默认工作组信息文件”单选按钮，或者选中“创建快捷方式，打开设置了增强安全机制的数据库”单选按钮，此处选中后者。单击“下一步后的对话框如图11-22所示。

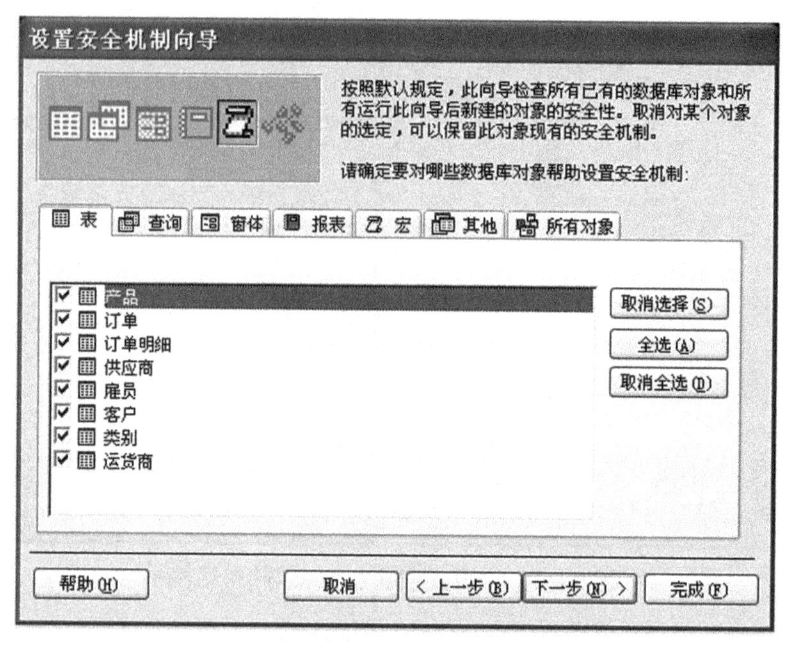

图 11-22　选择被设置安全机制的对象

⑤在图11-22所示的对话框中可以指定哪些对象为需要保护的对象，从安全的角度考虑，单击“全选”，出现的对话框如图11-22所示，可以检查所有对象的安全机制。单击“下一步”，出现的对话框如图11-23所示。

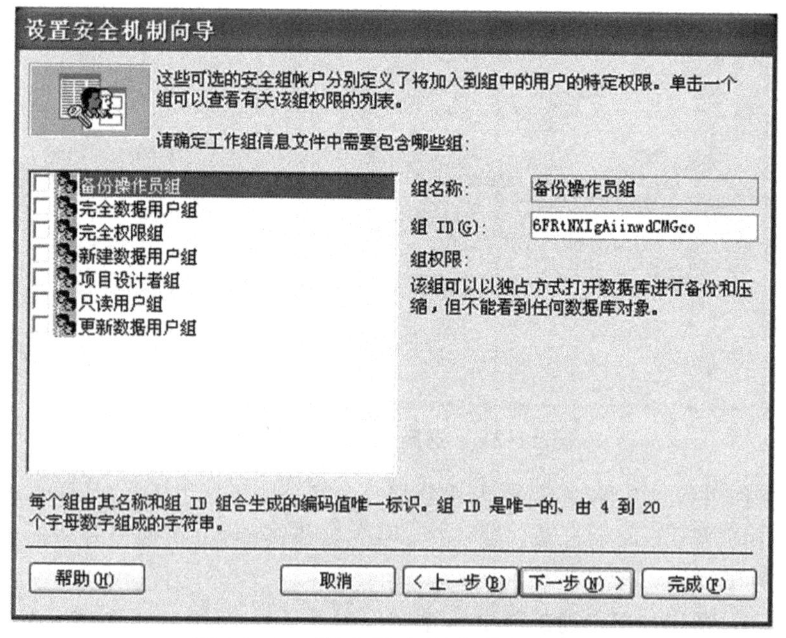

图 11-23　指定用户所在的权限组

⑥在图 11-23 所示的对话框中，可以指定加入到组中的用户的特定权限，选中“完全权限组”复选框，该组对所有数据库对象具有完全的权限，但不能对其他用户指定权限。除了在该对话框中创建的组以外，向导还将自动创建一个管理员组和一个用户组。单击“下一步”按钮，结果如图 11-24 所示。

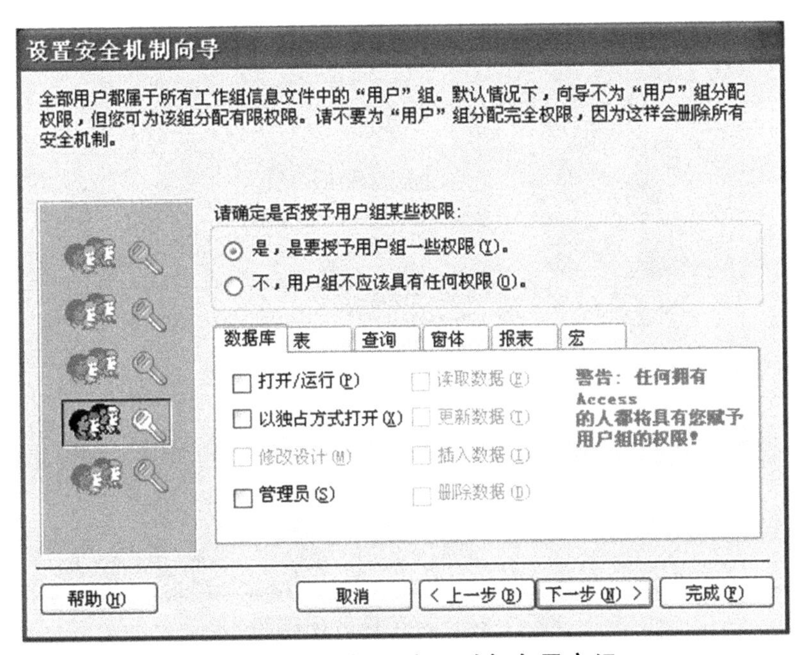

图 11-24　将权限分配到各个用户组

⑦选中“是，是要授予用户组一些权限”单选按钮；可以给新创建的组赋予某些权限，如“管理员”。单击“下一步”按钮，结果如图 11-25 所示。

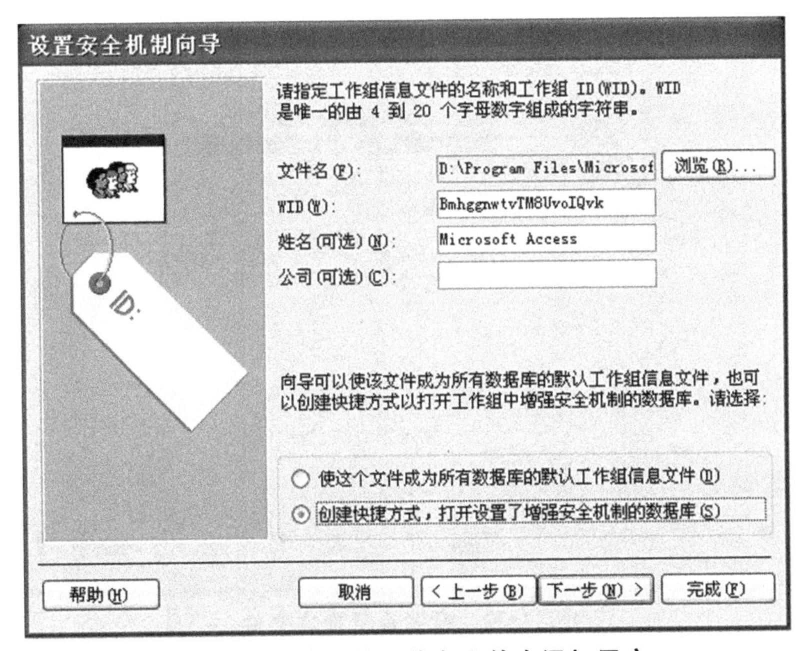

图 11-25　在工作组信息文件中添加用户

⑧指定工作组信息文件中的用户账户名，单击“添加新用户”按钮。在PID文本框中，可以为用户设置个人编号(PID)，最好使用Access分配的默认PID；在此对话框中，还可以添加新用户，更改账户的密码，单击“下一步”，出现的对话框如图11-26所示。

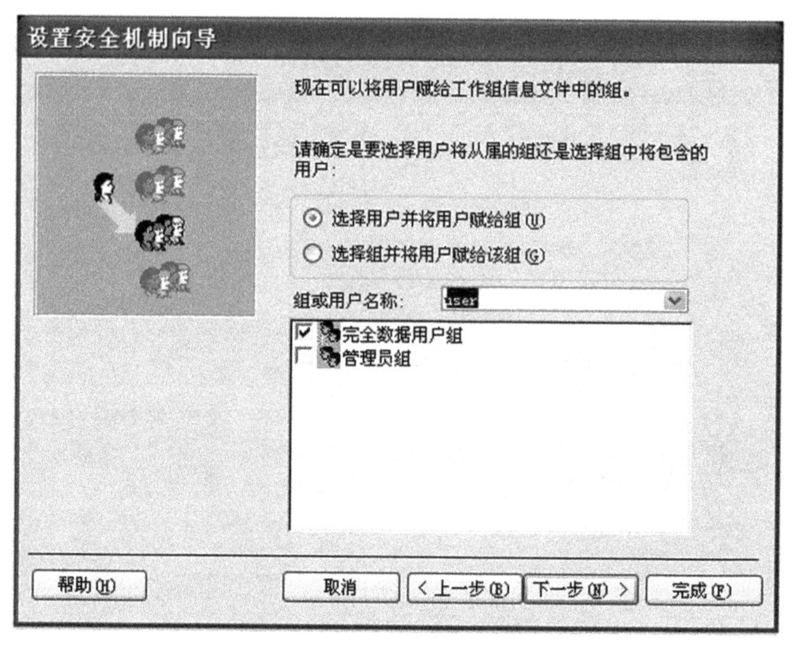

图11-26　将用户分配到组

⑨选中“选择组并将用户赋给该组”单选按钮，在“组或用户名称”下拉列表中选择所定义的组，在复选框中指定用户所属的组，单击“下一步”后出现的对话框如图11-27所示。

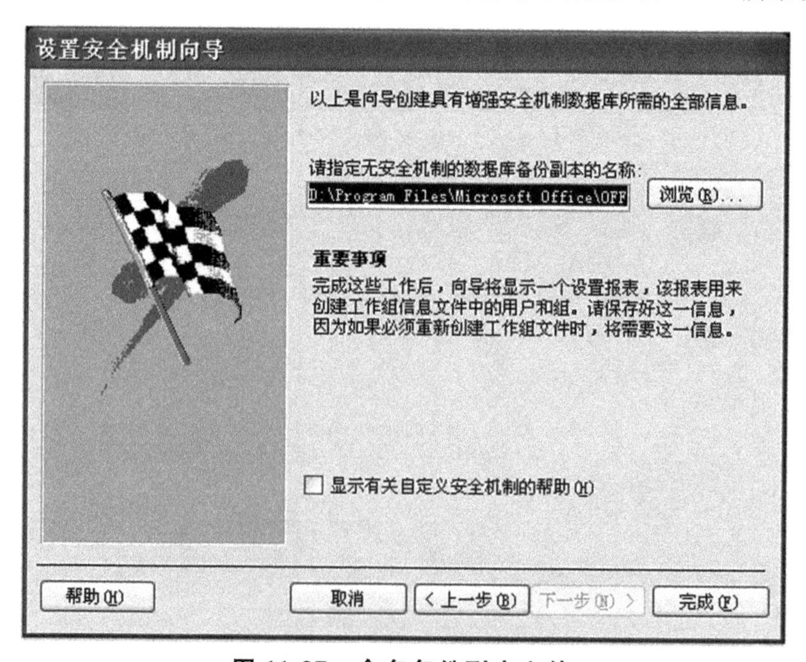

图11-27　命名备份副本文件

⑩为数据库建立一个无安全机制的数据库备份副本，指定副本的文件名，也可以使用系统默认的数据库名。单击“完成”按钮，系统创建一张报表，以表明该数据库已经建立了安全机制。

在运行该向导时，也可以针对某个数据库及其中已有的表、查询、窗体、报表和宏等对象的安全机制进行设置。

11.2.5 打开和删除已建立的安全机制

数据库的安全机制建立完成后，这个数据库只能以建立的特定方式打开。打开数据库的具体步骤如下：

①双击桌面数据库文件的快捷方式，显示“登录”对话框。

②输入用户账户名称和密码。

③单击“确定”按钮。

删除用户级安全机制的步骤如下：

①启动 Microsoft Access，打开使用用户级安全机制保护的数据库。

②以工作组管理员身份登录。

③授予用户组对数据库中所有表、查询、窗体、报表和宏的完全权限。

④退出并重新启动 Microsoft Access。

⑤新建一个空数据库。

⑥从原有数据库将所有对象导入到新数据库中。

⑦如果在打开数据库时会使用当前的工作组信息文件，那么要清除“管理员”的密码以关闭当前工作组的“登录”对话框。如果使用安装 Microsoft Access 时创建的默认工作组信息文件，不必执行这一步。

11.3 维护数据库安全

11.3.1 数据库安全加密技术

一般而言对数据库提供的其安全技术能够满足数据库应用的基本需要，但对于一些重要部门或敏感领域的应用，仅靠上述这些措施是难以完全保证数据的安全性的。某些用户可能非法获取用户名、口令字或利用其他方法越权使用数据库，甚至可以直接打开数据库文件来窃取或篡改信息。因此有必要对数据库中存储的重要数据进行加密处理，以强化数据存储的安全保护。

数据库加密的目标首先是对那些不超出安全域界限的数据采取对数据进行加密的措施，包括静态的和动态的加密措施。

数据加密就是将明文数据经过一定的变换变成密文数据。数据脱密是加密的逆过程，即将密文数据转变成可见的明文数据。

一个密码系统包含明文集合、密文集合、密钥和算法，这些构成了密码系统的基本单元。数据库密码系统要求将明文数据加密成密文数据，数据库中存储密文数据，查询时将密文数据取出脱密得到明文信息。

相比传统的数据加密技术,数据库密码系统有其自身的要求和特点。传统的加密以报文为单位,加脱密都是从头至尾顺序进行。数据库数据的使用方法决定了它不可能以整个数据库文件为单位进行加密,当符合检索条件的记录被检索出来后,就必须对该记录迅速脱密,然而该记录是数据库文件中随机的一段,无法从中间开始脱密,除非从头到尾进行一次脱密,然后再去查找相应的这个记录,显然这是不合适的,必须解决随机的从数据库文件中某一段数据开始脱密的问题。

①加密算法。加密算法是数据加密的核心,一个好的加密算法产生的密文应该频率平衡,随机无重码规律,周期很长而又不可能产生重复现象。窃密者很难通过密文频率、重码等特征的分析获得成功,同时算法必须适应数据库系统的特性,加/脱密响应迅速。

②多级密钥结构。数据库关系运算中参与运算的最小单位是字段,查询路径依次是库名、表名、记录号和字段名,因此字段是最小的加密单位,也就是说当查得一个数据后,该数据所在的库名、表名、记录名、字段名都应是知道的。对应的库名、表名、记录号、字段名都应该具有自己的子密钥,这些子密钥组成一个能够随时加/脱密的公开密钥。

③公开密钥。有些公开密钥体制的密码,如 RSA 密码,其加密密钥是公开的,算法也是公开的,只是其算法是各人一套,但是作为数据库密码的加密算法不能因人而异,因为数据库共享用户的数量大大超过一般 RSA 算法涉及的点到点加密通信系统中的用户数目。设计或寻找大批这类算法有其困难和局限性,也不可能在每个数据库服务器的节点为每个用户建立和存放一份专用的算法;因此这类典型的公开密钥的加密体制不适合于数据库加密。因此数据库加/脱密密钥应该是对称的、公开的,而加密算法应该是绝对保密的。

④数据库加密的限制。数据加密通过对明文进行复杂的加密操作,以达到无法发现明文和密文之间、密文和密钥之间的内在关系,也就是说经过加密的数据经得起来自 OS 与 DBMS 的攻击。另外,DBMS 要完成对数据库文件的管理和使用,必须具有能够识别部分数据的条件,据此只能对数据库中数据进行部分加密。

⑤索引项字段不能加密。为了达到迅速查询的目的,数据库文件需要建立一些索引,索引必须是明文状态,否则将失去索引的作用,有的 DBMS 中可以建立簇聚索引,这类索引也需要在明文状态下建立和维护使用。

⑥关系运算的比较字段的加密问题。DBMS 要组织和完成关系运算,参加并、差、积、商、投影、选择和连接等操作的数据一般都要经过条件筛选,这种“条件”选择项必须是明文,否则 DBMS 将无法进行比较筛选。

⑦表间的连接码字段的加密问题。数据模型规范化以后,数据库表之间存在着密切的联系,这种相关性往往是通过“外码”联系的,若对这些码加密也无法进行表与表之间的连接运算。

目前 DBMS 的功能比较完备,然而数据库数据加密以后,它的一些功能将无法使用。

①对数据约束条件的定义。有些数据库管理系统利用规则定义数据库的约束条件,数据一旦加密 DBMS 将无法实现这一功能,而且值域的定义也无法进行。

②SQL 语言中的内部函数将对加密数据失去作用。DBMS 对各种类型的数据均提供了一些内部函数这些函数不能直接作用于加密数据。

③密文数据的排序、分组和分类。SQL 语言中 Select 语句的操作对象应当是明文状态,如果是加密数据,则数据的分组、排序、分类等操作的逻辑含义完全丧失;数据不能体现原语句的分

组、排序、分类的逻辑语义。因此，密文的上述操作是无法实现的，必须根据明文状态操作，而这样的操作必然将大量数据在一个相对长的时间内，以明文状态在计算机内操作，这当然是在冒很大的失密的风险。

④DBMS 的一些应用开发工具的使用受到限制。由于传统加密算法不能适应数据库的需要，因此数据库中的加密算法多采用类似 DES 的分组加密算法。

11.3.2　设置数据库密码

Access 2003 允许用户对数据库进行密码设置，从而确保重要数据库的安全。在这方面，Access 2003 显然要比 FoxPro 高明许多。Access 2003 在允许用户编码数据库的同时，自然也提供了修改与撤消密码的功能。

下面以为 Northwind 数据库添编码码为例，介绍给数据库添编码码的具体方法：

(1)打开数据库对象。如图 11-28 所示，在“打开”对话框的文件列表框中选择数据库对象，然后单击“打开”按钮旁边的下三角按钮，选择“以独占方式打开”选项。

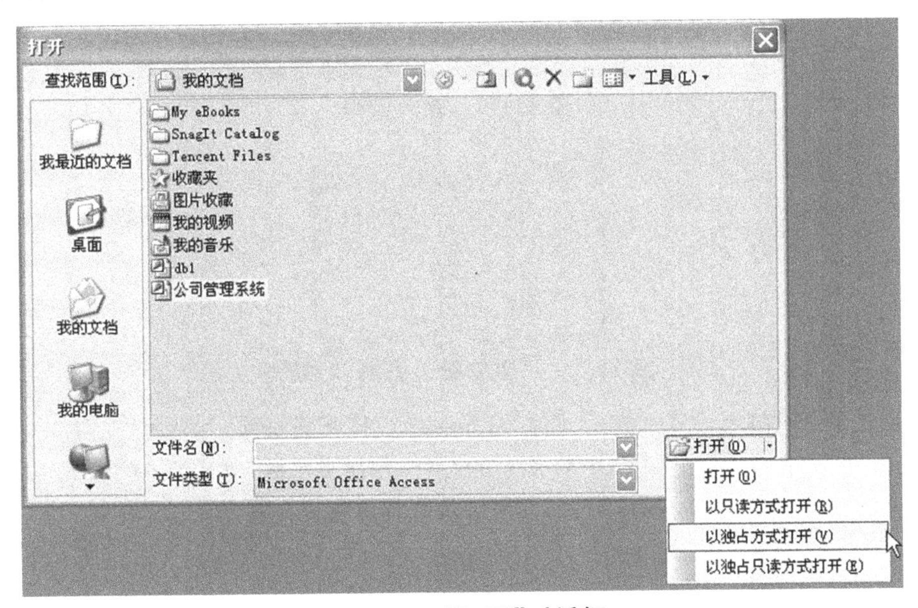

图 11-28　“打开”对话框

(2)打开数据库后，选择“工具”→“安全”→“设置数据库密码”命令，如图 11-29 所示。弹出如图 11-30 所示的“设置数据库密码”对话框。

(3)在“密码”文本框中输入数据库密码，然后在“验证”文本框中重新输入一遍密码进行验证。Access 2003 为确保密码的隐蔽性，在输入过程中，所有的字符都以“ * ”显示。单击“确定”按钮即可完成对数据库密码的设置。

设置好数据库的密码后，如果要打开该数据库，会弹出“要求输入密码”对话框，如图 11-31 所示。用户在此输入正确的密码后，才能打开该数据库。

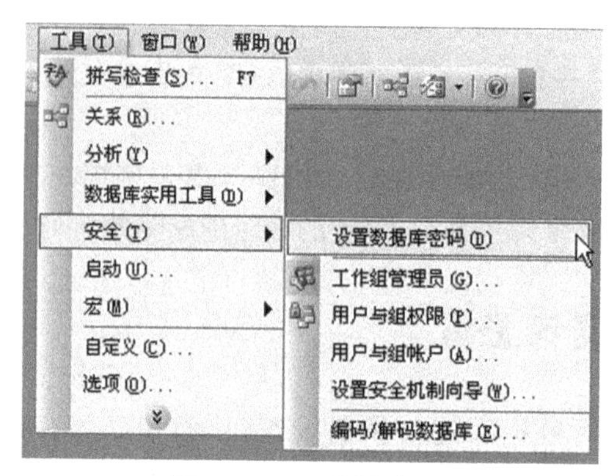

图 11-29 设置密码

图 11-30 输入密码

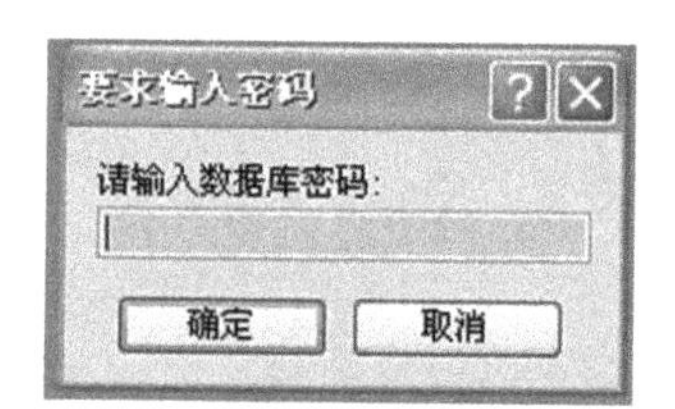

图 11-31 “要求输入密码”对话框

如果要撤消给数据库设置的密码,同样用独占方式打开数据库后,选择“工具”→“安全”→“撤消数据库密码”命令,弹出如图 11-32 所示的“撤消数据库密码”对话框,在“密码”文本框中输入以前设置的密码,然后单击“确定”按钮即可完成数据库密码的撤消。

图 11-32 “撤消数据库密码”对话框

11.3.3 编码/解码数据库

用户可以对数据库进行编码或者解码。对数据库进行编码将压缩数据库文件,并使其无法通过工具程序或字处理程序解码。数据库解码则为编码的反过程。

对数据库进行编码的具体方法如下：

(1)启动 Microsoft Access,但不打开数据库,在多用户环境下,要确保所有用户都已关闭了该数据库。

(2)选择“工具”→“安全”→“编码/解码数据库”命令,弹出如图 11-33 所示的“编码/解码数据库”对话框。该对话框用来选择要编码的数据库文件。在此对话框中选中 Northwind 数据库后,单击“确定”按钮。

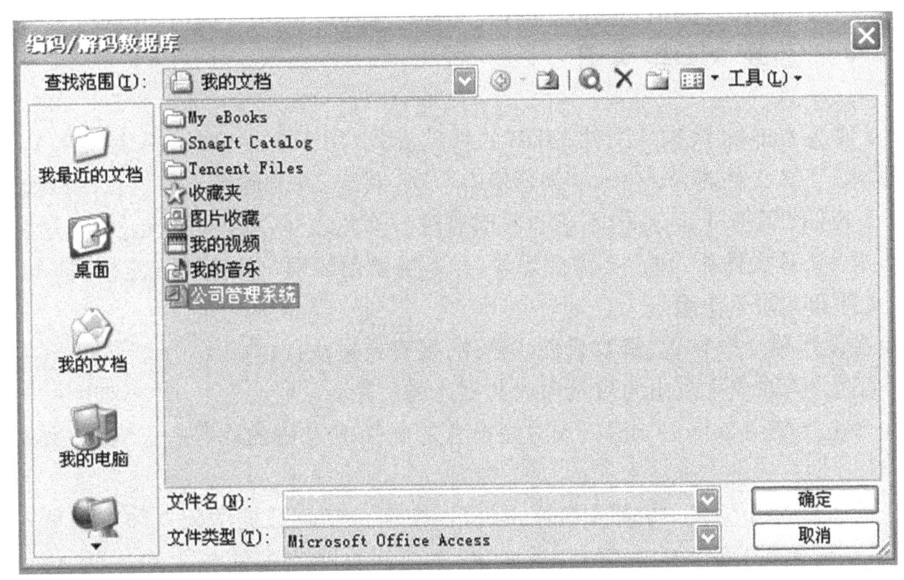

图 11-33 “编码/解码数据库”对话框

(3)弹出“数据库编码后另存为”对话框,如图 11-34 所示。选择一个适当的驱动器及文件夹,并在“文件名”下拉列表框中输入一个合适的文件名,然后单击“保存”按钮即可完成对数据库的编码。

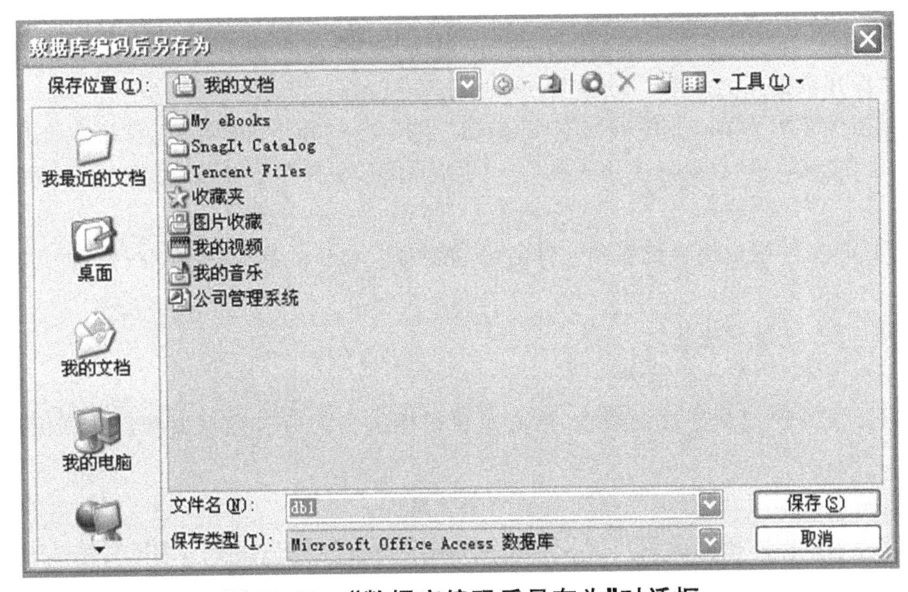

图 11-34 “数据库编码后另存为”对话框

如果使用原有的数据库名称、驱动器和文件夹，在编码或解码成功后，Microsoft Access 会自动将原有的数据库替换为编码或解码后的版本。但如果出现错误，Microsoft Access 将保留原有的数据库文件。

在编码数据库前，应当以其他名称或在不同的驱动器或文件夹中保存原始数据库的副本。在编码过程中，MicrosoftAccess 会在编码全部成功完成后，替换原始数据库。磁盘上必须有足够的存储空间，以供原始数据库和编码后的数据库使用。

11.3.4 生成 MDE 文件

MDE 文件是 Access 数据库文件 MDB 的特殊形式，用于实现窗体、报表以及 VBA 代码的安全。在生成 MDE 文件时，Access 会编译所有 VBA 代码，并删除所有可编辑的源代码，然后压缩数据库。VBA 代码仍可运行，但不能查看或修改。除此之外，内存将优化使用，这将有助于提高性能。生成 MDE 文件后，用户不需要登录，也不需要创建用户账号与规定权限。

MDE 文件具有如下作用。

①避免在设计视图中查看、修改或创建窗体、报表或模块。

②阻止添加、删除或更改指向对象库或数据库的引用。

③不允许更改使用 Access 或 VBA 对象模型的属性或方法的代码——MDE 文件不包含源代码。

④阻止导入或导出窗体、报表或模块，但可以在表、查询、数据访问页和宏中导入或导出非 MDE 数据库。任何 MDE 文件中的表、查询、数据访问页或宏都能导入到其他 Access 数据库中，但窗体、报表或模块不能导入到其他 Access 数据库中。

⑤在生成 MDE 文件之前，对备份数据库进行备份。若需要修改 MDE 文件中的数据库，如修改窗体、报表或模块的设计，则必须打开原始的 Access 数据库来修改，并重新生成 MDE 文件。

要生成 MDE 文件，具体步骤如下：

①在 Access 2003 中，关闭数据库后，单击“工具”→“数据库实用工具” →“生成 MDE 文件”命令，弹出“保存数据库为 MDE”对话框，如图 11-35 所示。

②选择要保存为 MDE 文件的数据库，单击“生成” →“将 MDE 保存为”。在打开数据库的情况下，单击“工具” →“数据库实用工具” →“生成 MDE 文件”，也能出现“将 MDE 保存为”对话框。

③为 MDE 文件指定保存位置和文件名，扩展名为 . mde。单击“保存”按钮，即可生成 MDE 文件。

在生成 MDE 文件时应注意：

· 必须有访问 VBA 代码的密码。

· 若引用了其他数据库或加载项，则必须将引用链中的所有数据库和加载项保存为 MDE 文件。

· 若复制了数据库，则必须先删除复制的表和属性。

· 若定义了数据库密码或用户级安全机制，则这些功能仍适用于 MDE 文件。若要删除数据库密码或用户级安全机制，则必须在生成 MDE 文件前删除。

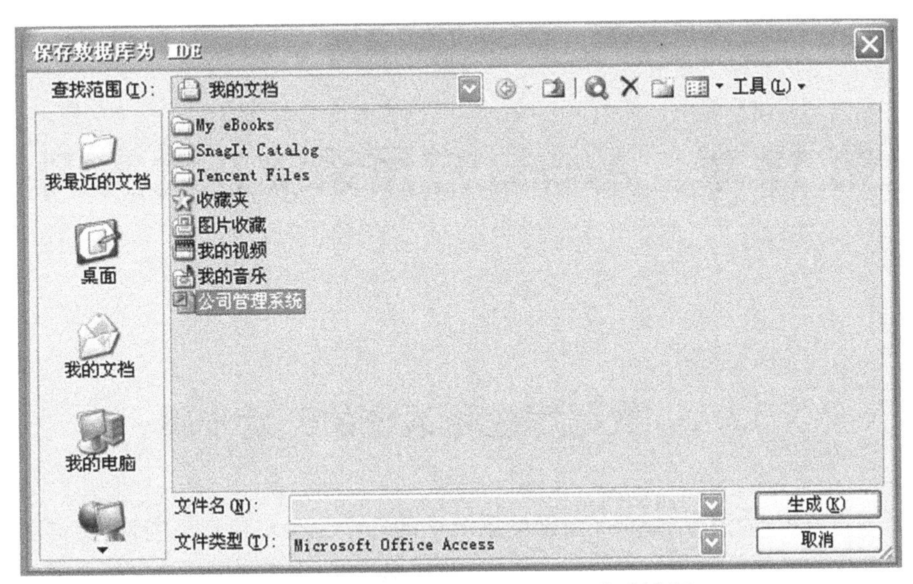

图 11-35　“保存数据库为 MDE”对话框

使用带有用户级安全机制设置的数据库生成 MDE 文件时应注意：

- 用户账号必须有数据库的“打开/运行”和“以独占方式打开”权限。
- 必须连接工作组信息文件，用于定义用户访问数据库账号或创建数据库。
- 用户账号对数据库中的所有对象必须有“读取设计”的权限。
- 用户账号在数据库中的任何表必须有“修改设计”或“管理员”的权限，或者必须是数据库中任何表的拥有者。

第12章 Access应用系统开发实例

12.1 数据库应用系统的开发步骤

在前面的章节中，介绍了Access数据库系统中的几个主要对象：表、查询、窗体和报表。为了让读者对整个数据库的建立过程有一个系统、全面地了解，不致对知识之间缺乏理论联系实际的能力，本章将从零开始，自己动手设计并创建一个属于自己的数据库——教学管理系统，给用户一个充分发挥和思考的空间。这将有利于读者更加牢固地掌握已学知识，并在此基础上学以致用，融会贯通。

本章以“教学管理系统”为例，描述一个完整的数据库应用系统的开发过程。

12.1.1 数据库设计的内容和要求

数据库设计的任务是在DBMS的支持下，按照应用要求，为某一部门或组织设计一个结构合理、使用方便、效率较高的数据库及其应用系统，如图12-1所示。

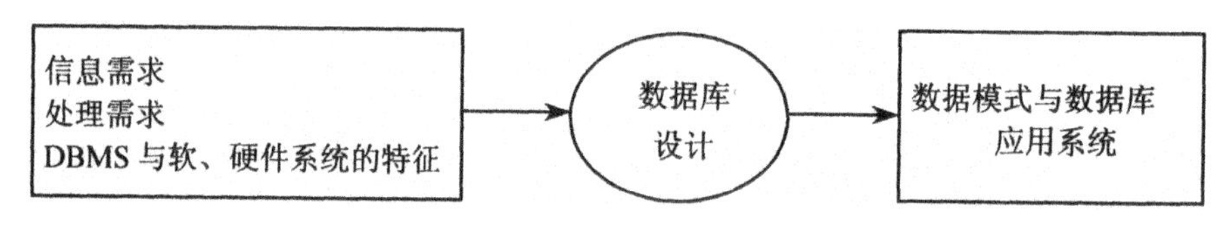

图12-1 数据库设计的内容和要求

数据库设计需要与应用系统的设计相结合。即数据库设计包含两方面的内容：一是结构（数据）设计，也就是设计数据库框架或数据库结构；二是行为（处理）设计，即设计应用程序、事务处理等。

(1)结构特性的设计

结构特性与数据库状态有关，即改变实体及实体间的联系的静态特性有关。结构设计就是设计各级数据库模式。决定数据库系统的信息内容，由数据库设计来实现。

(2)行为特性的设计

行为特性与数据库状态转换有关，即改变实体及其特性的操作。它决定数据库系统的功能，是事务处理等应用程序的设计。

根据系统的结构和行为两方面的特性，系统的设计开发也分为两个部分，一部分是作为数据库应用系统核心和基础的数据库设计，另一部分是相应的数据库应用软件的设计开发。这两部分是紧密相关、相辅相成的，组成统一的数据库工程，如图 12-2 所示。

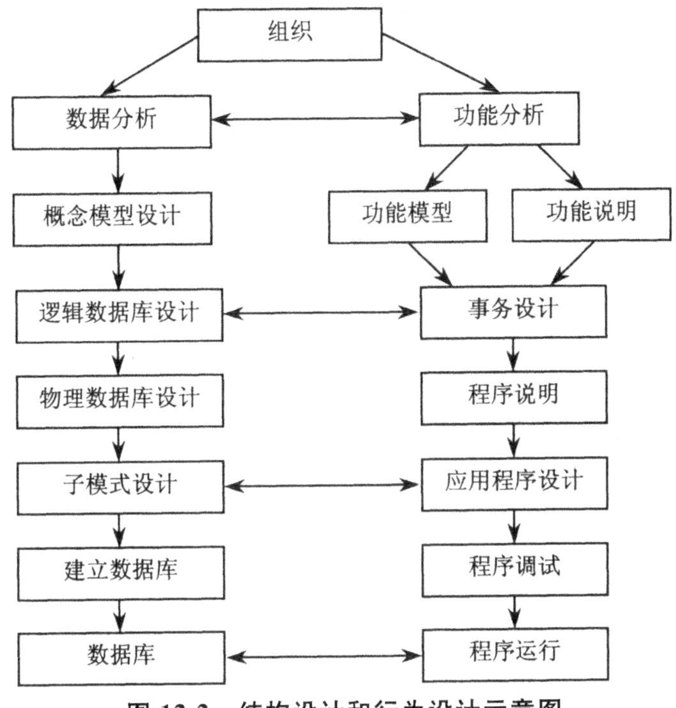

图 12-2　结构设计和行为设计示意图

通常都用生命周期理论来描述一个数据库应用系统的开发过程，即应用系统从提出需求、形成概念开始，经过分析论证、系统开发、使用维护，直到淘汰或被新的应用系统所取代的一个全过程。这个过程主要分为需求分析、系统设计、系统实现、系统测试和系统交付 5 个阶段，每阶段都需要提交相应的文档资料，如，需求分析报告、系统设计报告、系统测试大纲、系统测试报告及操作使用说明书等都是数据库应用系统在开发过程中的细节体现。

12.1.2　需求分析

需求分析简单地说就是分析用户的需求与要求。需求分析是设计数据库的起点，需求分析的结果是否准确反映了用户的实际要求，将直接影响到后面各个阶段的设计。

需求分析阶段需要做的工作有：①确认用户需求，确定设计范围。②收集和分析需求数据。③写出需求说明书。

需求分析阶段的基本任务是：一是分析现状，明确实际情况；二是理清将要开发的目标系统应该具有哪些功能。虽然说来简单，但需求分析是一个数据库建设的基础，所以需要做到细致和明晰，需求分析完成后，应撰写需求分析报告。

12.1.3　系统设计

明确了现状与目标后，在进入程序设计（编码）阶段之前，还要对系统的一些问题进行规划和设计，这些问题包括：

（1）系统设计工具和支撑环境的选择，包括选择哪种数据库、哪些开发工具、支撑目标系统运行的软硬件及网络环境等。

（2）如何组织数据，也就是数据模型的设计，包括设计数据表字段、字段约束关系、表之间的关系、表的索引等。

（3）系统界面的设计，即菜单、窗体、报表、查询界面等。

（4）系统功能模块的设计，就是确定系统由哪些模块组成及这些模块之间的关系。对一些较为复杂的功能模块，还应该进行算法设计，即借助于程序流程图描述实现具体功能的算法。

系统设计工作完成后，要撰写系统设计报告。在系统设计报告中，要详细列出系统功能模块图、系统主要界面及相应的算法说明。

12.1.4 系统实现

系统实现阶段的工作任务就是依据前两个阶段的工作，具体建立数据库和数据表、定义各种约束并录入部分数据；具体设计系统菜单、系统模块，定义模块上的各种控件对象，编写对象对不同事件的响应代码及设计报表和查询等。

12.1.5 系统测试

系统测试阶段的任务为验证系统设计与系统实现阶段所完成的系统能否稳定、准确地运行，这些系统功能是否可以全面地覆盖并正确地完成系统需求，从而确认系统能否顺利交付运行。

为使系统测试阶段顺利进行，测试前应编写一份测试大纲，详细列出每一个测试模块的测试目的、测试用例、测试环境、测试步骤、测试后所应该出现的结果。对一个模块都可安排多个测试用例，这样可以更全面完整地反映实际情况。测试过程中应进行详细记录，测试完成后需撰写系统测试报告，对应用系统的功能完整性、稳定性、正确性及使用是否方便等方面做出评价。

12.1.6 系统交付

系统交付阶段的工作主要有两个方面：一是全部文档的整理并交付；二是对所完成的软件（数据、程序等）打包并形成发行版本，使用户在满足系统运行环境的任一台计算机上都能够按照安装说明安装运行。

根据 Access 自身的功能特点，结合上述数据库应用系统的一般开发过程，具体总结出使用 Access 开发一个数据库应用系统的过程，如图 12-3 所示。

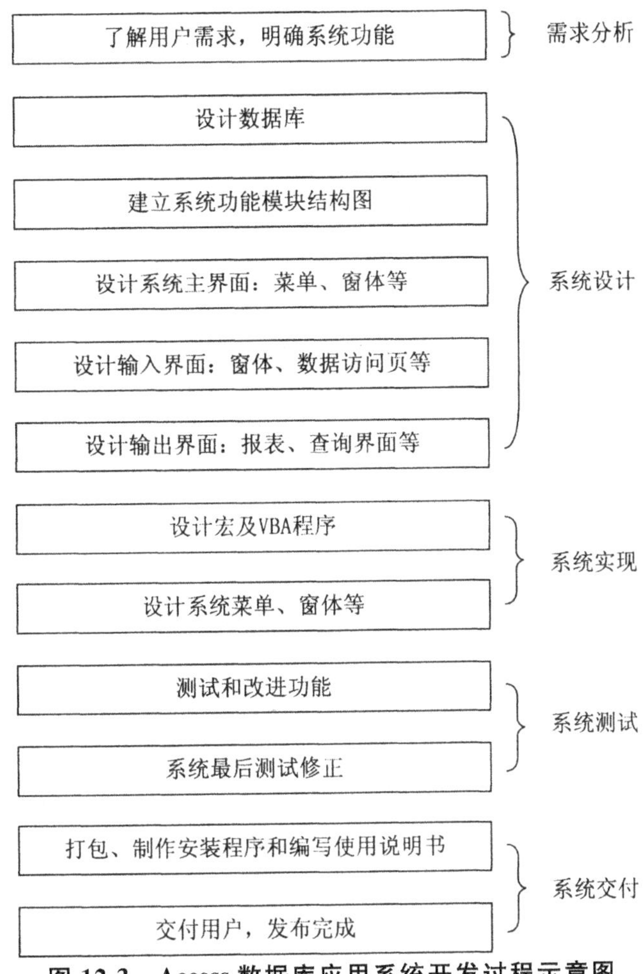

图 12-3　Access 数据库应用系统开发过程示意图

12.2　系统需求分析

数据库软件的开发要进行项目的必要性和可行性分析，做好规划工作，这一步是数据库设计的基础。然后从数据库设计的角度出发，对要处理的事物进行详细调查，在了解原系统的基础上确定新系统的数据、处理和安全完整性三个方面。做好需求分析，把分析写成用户和开发人员都能够接受的文档，可以使数据库的开发高效且合乎设计标准。完成需求分析后，再运用数据库整体规划和设计中的理论和方法，对数据库进行总体规划。

数据库应用系统是在数据库管理系统(DBMS)支持下建立的、以数据库为基础和核心的计算机应用系统。

整个开发过程从分析用户对系统的需求开始。系统的需求包括对数据的需求和对功能的需求两大方面，它们分别是数据库设计和应用程序设计的依据。虽然在数据库管理系统中，数据具有独立性，数据库可以单独设计，但应用程序设计和数据库设计仍然是相互关联、相互制约的。具体地说，设计应用程序时将受到数据库当前结构的约束，而数据库的设计，也必须结合实现功能的需要来考量。

经过需求分析，确定系统的功能模块组成如图 12-4 所示。

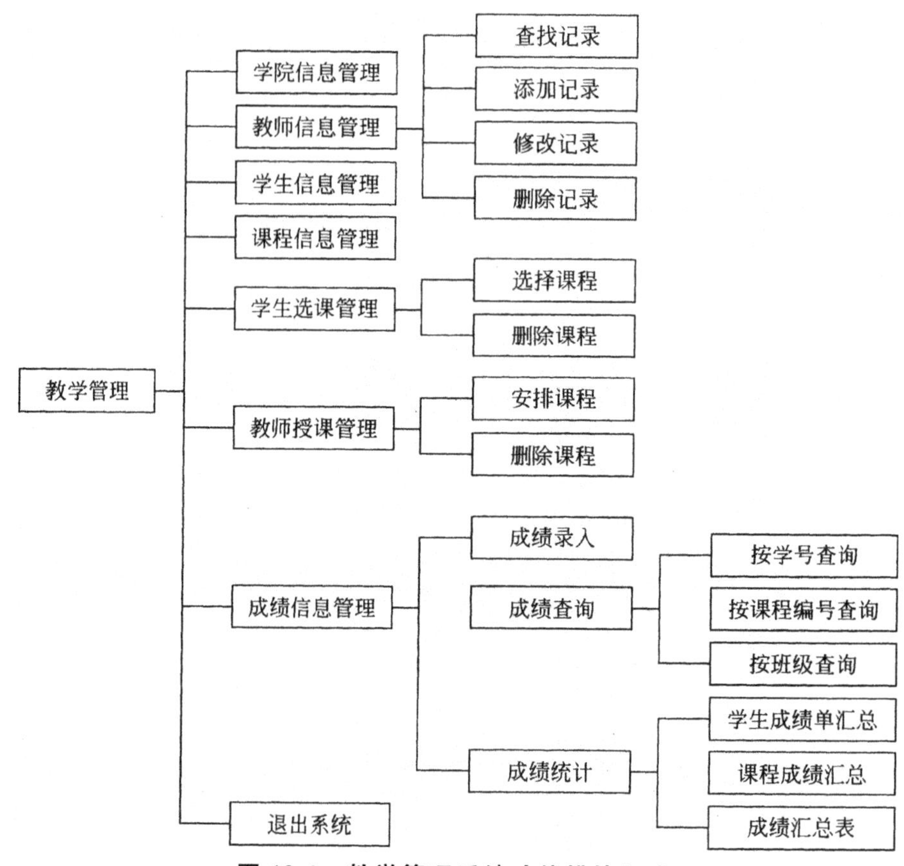

图 12-4　教学管理系统功能模块组成

建立“教学管理系统”数据库的目的是为了实现对教学信息的管理，所以应该包括以下功能。

(1)基本信息的管理：实现对学院信息、教师信息、学生信息及课程信息的查找、添加、修改和删除。

(2)学生选课管理：实现学生选择课程和删除已选课程。

(3)教师授课管理：实现为教师安排课程和删除已安排课程。

(4)成绩信息管理：实现对学生成绩的录入、查询和统计。成绩查询包括按学号查询、按课程编号查询和按班级查询。成绩统计包括学生成绩单汇总、课程成绩汇总和成绩汇总表。

12.3　系统设计

数据库系统设计是数据库应用系统开发过程中关键的一步，是规划数据库中的数据对象以及这些数据对象之间关系的过程，包括概念设计、逻辑设计和物理设计 3 个阶段。

12.3.1　概念设计

在需求分析阶段，数据库设计人员充分调查并描述了用户的应用需求，但这些应用需求还是现实世界的具体需求，需要首先将它们抽象成信息世界的结构，才能更好地、更准确地用某一个 DBMS 实现用户的这些需求。概念设计是通过对用户需求进行综合、归纳和抽象，形成不依赖于任何数据库管理系统的概念模型，即确定实体集、属性及实体集之间的联系。因此概念结构的设计是整个数据库设计的关键所在。

通过需求分析"教学管理"数据库，可以从实际的教学活动中抽象出"学院"、"教师"、"课程"和"学生"四个主要实体及其属性，其 E-R 图如下图所示。

(1)学院实体的属性包括学院编号、学院名称，如图 12-5 所示。

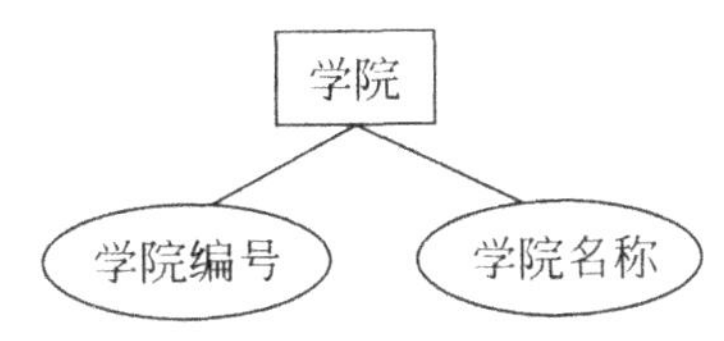

图 12-5　学院实体集 E-R 图

(2)教师实体的属性包括工号、姓名、性别、工作日期、职称、学历、照片和工资等，如图 12-6 所示。

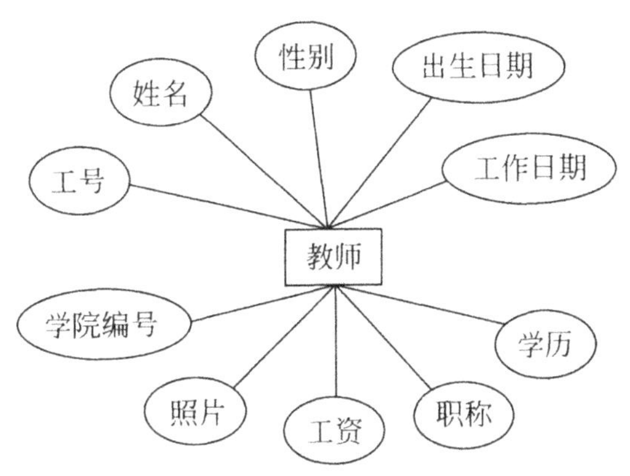

图 12-6　教师实体集 E-R 图

(3)课程实体的属性包括课程编号、课程名称、课程性质和学时等，如图 12-7 所示。

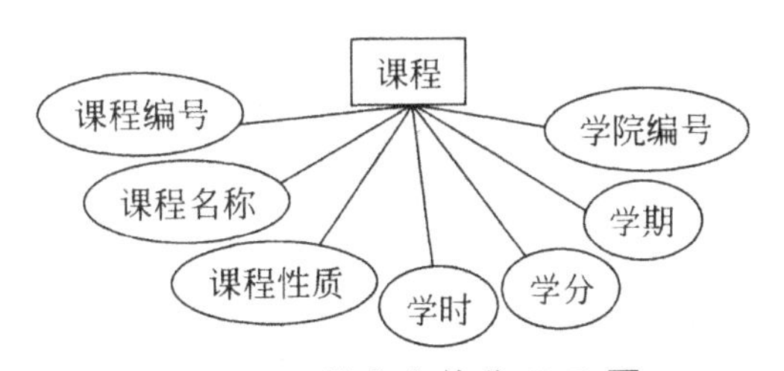

图 12-7　学生实体集 E-R 图

(4)学生实体的属性包括学号、姓名、性别、出生日期、籍贯、民族、党员否、简历和照片等，如图 12-8 所示。

学生可以选修课程，教师讲授课程。学院和教师之间、学院和学生之间、学院和课程之间是 $1:m$ 的联系，学生和课程之间、教师和课程之间是 $m:n$ 的联系。实体的联系可以用 E-R 图表示出来，并画出教学管理系统的数据模型，如图 12-9 所示。图中省略了各实体集的属性。其中，

“成绩”是“选课”联系具有的属性。

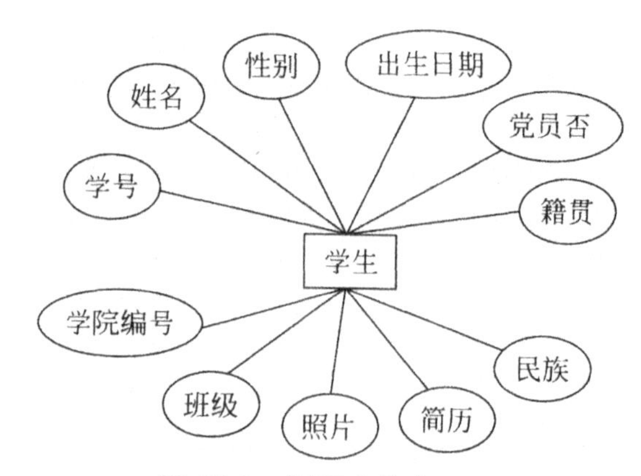

图 12-8 课程实体集 E-R

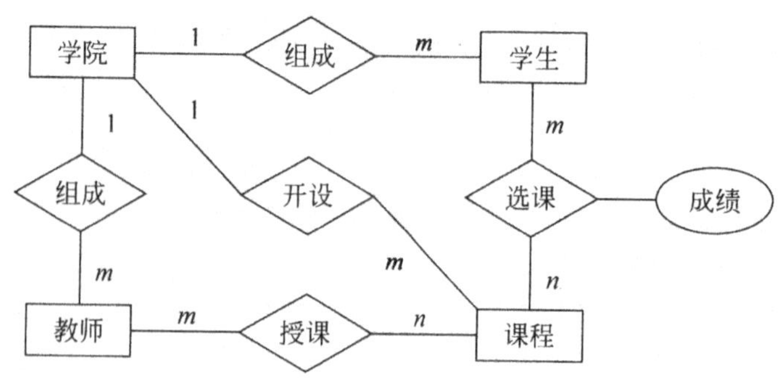

图 12-9 教学管理 E-R 图

12.3.2 逻辑设计

逻辑设计是将概念模型转换为某个数据库系统支持的数据模型。概念结构设计的结果是得到一个与计算机、软硬件的具体性能无关的全局概念模式。数据库逻辑设计的任务是将概念结构转换成特定的 DBMS 所支持的数据模型的过程。从此开始才进入了“实现设计”,需要考虑具体 DBMS 的性能和具体的模型的特点。关系模型是目前应用最为广泛的数据模型,所以通常将 E-R 图转换为关系模型。其中,E-R 图中的实体集转换为关系,属性转换为关系的属性,实体集之间的多对多联系转换为关系。

从“教学管理”的数据模型分析入手,将 E-R 图转换为关系框架,分析得知一位教师可以讲授多门课程,一个学生能够选修多门课程。为了更好地表示选修和讲授两个联系,需要教师、课程和学生的三个主键:工号、课程号和学号。本例中,教学管理系统的学院、教师、学生和课程实体集转换为关系模式,如下所示。

(1)学院的关系框架

学院(学院编号,学院名称)

(2)教师的关系框架。

教师(工号,姓名,性别,出生日期,工作日期,职称,学历,学院编号,照片,工资)

(3)课程关系框架。

课程(课程编号号,课程名称,课程性质,学时,学分,学期,学院编号)

(4)学生关系框架。

学生(学号,姓名,性别,学院编号,班级,出生日期,党员否,籍贯,民族,照片,简历)

(5)教师与课程的联系“授课”的关系框架。

授课(课程编号,工号)

(6)学生与课程的联系“选课”的关系框架。

选课(学号,课程编号,成绩)

其中,学院和教师之间、学院和学生之间、学院和课程之间 $1:m$ 的联系通过各实体集间的公共属性“学院编号”联系,学生和课程之间、教师和课程之间 $m:n$ 的联系可以转换为以下两个关系:

选课(学号,课程编号,成绩)

授课(工号,课程编号)

其中,“学号+课程编号”是“选课”关系的主键,“学生”关系和“选课”关系之间通过“学号”联系,“课程”关系和“选课”关系之间通过“课程编号”联系,“选课”关系成为连接“学生”关系和“课程”关系的纽带。“授课”关系成为连接“教师”关系和课程关系的“纽带”。通过这两个关系可以查询学生每门课程的成绩情况和教师讲授课程的情况。

E-R 图转化成关系模型其本质就是从实体和实体之间的联系到关系框架的过程。实体联系模型(E-R 模型)直接从现实世界中抽象出实体类型以及实体间联系,然后用实体联系图(E-R 图)表示数据模型,关系模型的主要特征是用二维表格表达实体集。以上转化遵循以下原则:一个实体对应一个关系框架,实体的属性对应着关系框架的属性,实体的主键码也就是关系框架的主键;一个 1:1 或者一个 $1:n$ 的联系对应一个关系框架,与该联系所有实体的主键码和联系本身的属性都转化成这个关系框架的属性,一个 $m:n$ 联系处理成 m 个 $1:n$;三个或者三个以上实体间的一个多元联系转化为多个两个实体间的联系,如三个实体之间的联系可处理为三个两个实体间的联系。

12.3.3 物理设计

物理设计是对于给定的逻辑数据模型选取一个最适合应用环境的物理结构的过程。物理设计的任务是为了有效地实现逻辑模式,确定所采取的存储策略。此阶段以逻辑设计的结果作为输入,结合具体 DBMS 的特点与存储设备特性进行设计,选定数据库在物理设备上的存储结构和存取方法。易知数据库的物理设计是完全依赖于给定的硬件环境和数据库产品。

数据库的物理结构主要指数据库的存储记录的格式、存取记录安排和存取方法。在物理结构中,数据的基本存取单位是存储记录。存储记录是相关数据项的集合,一个存储记录可以和一个或多个逻辑记录对应。可以从数据表的字段、数据类型、长度、格式和约束几个方面综合分析,可以建立数据表(教师任课信息表、学生成绩表、教师基本信息表、学生基本信息表和学生课程信息表)。具体可见表 12-1 至表 12-6 所示。

表 12-1　学院表结构

字段名	类型	字段大小	说明
学院编号	文本	2	主键
学院名称	文本	10	

表 12-2　教师任课信息表结构

字段名	类型	字段大小	说明
编号	自动编号	长整型	主键
课程编号	文本	3	
工号	文本	10	

表 12-3　学生成绩表结构

字段名	类型	字段大小	说明
编号	自动编号	长整型	主键
学号	文本	6	
课程编号	文本	3	
成绩	数字	单精度型	

表 12-4　教师基本信息表结构

字段名	类型	字段大小	说明
工号	文本	10	主键
姓名	文本	10	
性别	文本	8	
工作日期	日期/时间	8	
出生日期	日期/时间	8	
职称	文本	10	
学历	文本	10	
照片	OLE 对象		
学院编号	文本	2	
工资	货币		

表 12-5　学生基本信息表结构

字段名	类型	字段大小	说明
学号	文本	10	主键
姓名	文本	8	
学院编号	文本	2	
班级	文本	10	
性别	文本	1	
照片	OLE 对象		
出生日期	日期/时间	8	
党员否	是/否		
籍贯	文本	8	
民族	文本	5	
简历	备注		

表 12-6　学生课程信息表结构

字段名	类型	字段大小	说明
课程编号	文本	3	主键
课程名称	文本	20	
课程性质	文本	8	
学时	数字	整型	
学分	数字	单精度	
学期	文本	1	
学院编号	文本	2	

12.4　教学管理系统实现

数据库的实现指根据数据库设计的结果，在计算机上建立实际的数据库，建立数据表和表间关系，并输入数据记录。

数据库系统实施的主要任务是按系统设计阶段给出的系统功能模块的设计方案，具体实施系统的逐级控制和各功能模块的建立，从而形成一个完整的应用数据库开发的过程。

在数据库应用系统开发的实施阶段，通常采用“自顶向下”的设计思路和步骤来开发系统。通过系统菜单或系统控制面板逐级控制低一层的模块，确保每一个模块完成一个独立的任务，且受控于系统菜单或系统控制面板。

在具体设计数据库应用系统时，可能使每一个功能模块小而简明，模块间接口数目尽量少，使得每一个模块易于调试和维护。

在完成数据库应用系统的建立后，就进入了系统的调试和维护阶段。

这一阶段，不但要通过调试工具检查、调试数据库应用系统，还要通过模拟实际操作或实际数据验证数据库应用系统，若出现错误或有不适当的地方要及时加以修正，并根据用户使用后反馈的情况，修正数据库系统的缺陷，完善系统各项功能。

12.4.1　建立数据库

建立一个数据库，命名为“教学管理系统”。

教学管理系统（简化模型）在这里我们主要涉及到三个表：课程情况、学生情况以及学生成绩。打开 Access 开发环境，选择“文件”→“新建”命令，在右侧出现如图 12-10 所示的“新建文件”工具栏。

单击选择“空数据库”，出现保存文件弹出式对话框具体可见图 12-11 所示，选择存盘路径，在“文件名”输入框中输入数据库的名称“教学管理系统”，单击“创建”即可。

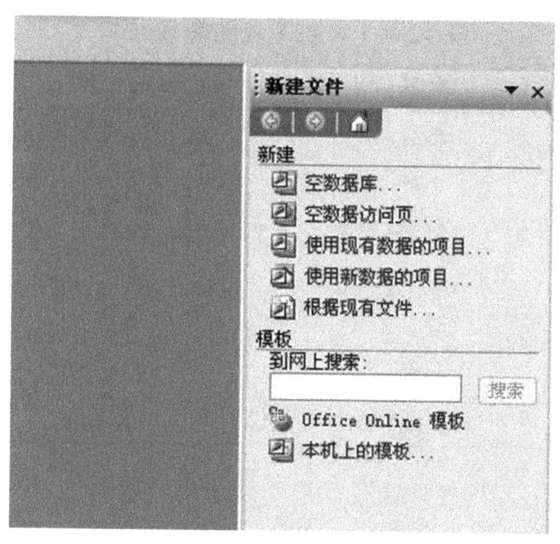

图 12-10　创建数据库

图 12-11　建立数据库

12.4.2　创建表

操作步骤如下：

(1)在“对象”列表框中，选择“表”对象，在“表”对象面板中，双击“使用设计器创建表”项，打开数据表的设计视图。

(2)在“字段名称”栏中，写入字段的名称，在 “数据类型”栏中选择字段对应的数据类型，在相应字段的“常规”选项卡中设置字段属性，如字段大小，在“说明”栏中输入特定字段的注释信息。

(3)重复上述步骤，直至完成所有字段的添加和设置。

(4)设置数据表的关键字，单击鼠标选中教师信息表“工号”字段所在的行，这时整行呈黑色选中状态，单击菜单栏中的“编辑”下拉后选中“主键”后单击，完成设置“工号”为主关键字的设置，具体见图 12-12 所示。

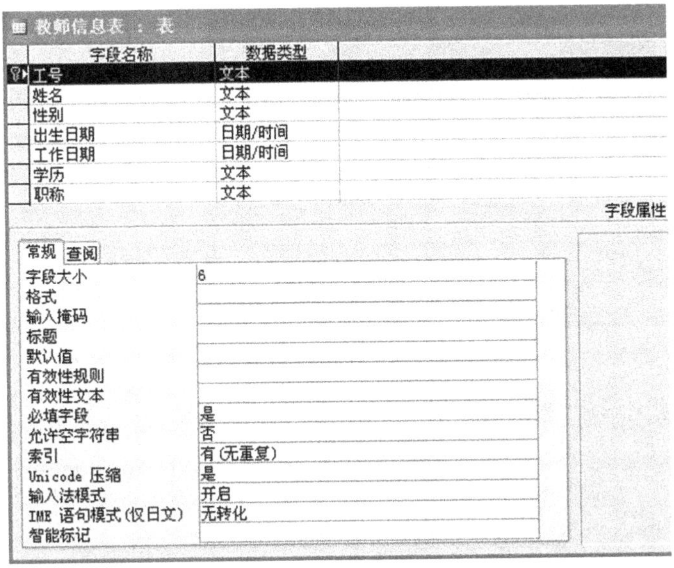

教师信息表 : 表
字段名称
数据类型
工号
文本
姓名
文本
性别
文本
出生日期
日期/时间
工作日期
日期/时间
学历
文本
职称
文本
字段属性
常规
查阅
字段大小
6
格式
输入掩码
标题
默认值
有效性规则
有效性文本
必填字段
是
允许空字符串
否
索引
有(无重复)
Unicode 压缩
是
输入法模式
开启
IME 语句模式(仅日文)
无转化
智能标记

图 12-12 教师信息表结构设计

其他各表依次建立即可。值得注意的是任课信息表和学生成绩表不需要创建主键，完成所有字段的添加和设置后，"保存"表时会出现如图 12-13 所示的提示框，单击"是"按钮，系统自动完成主键的创建，字段名称为"编号"，数据类型为自动编号。

Microsoft Office Access
尚未定义主键。
主键不是必需的，但应尽量定义主键。一个表，只有定义了主键，才能定义该表与数据库中其他表间的关系。
是否创建主键?
是(Y)
否(N)
取消

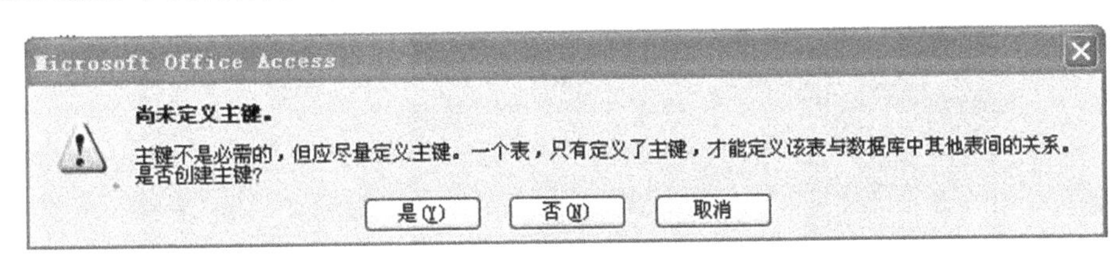

图 12-13 是否为创建主键

在这里建立的数据表都没有添加索引，这时系统将使用添加的主键或者默认的主键"编号"作为索引，排序次序为升序，索引属性中主索引和唯一索引状态为"是"，忽略 nulls 状态为"否"。如果要自行添加索引，打开表设计器后，选择"视图"→"索引"选项，可设置索引名、索引字段、排序方式和索引属性。任课信息表和学生成绩表的索引创建完毕后如图 12-14 和图 12-15 所示。

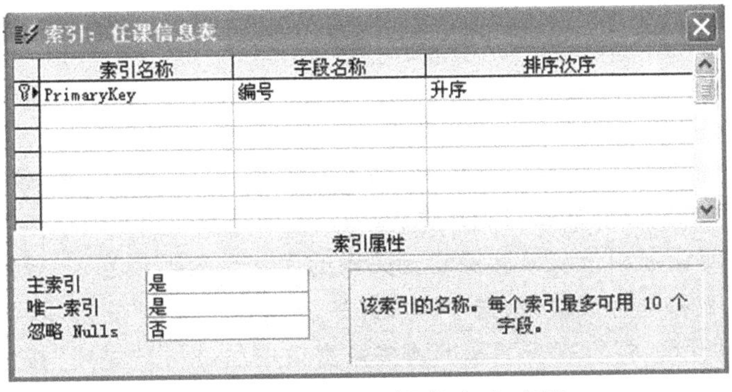

索引: 任课信息表
索引名称
字段名称
排序次序
PrimaryKey
编号
升序
索引属性
主索引
是
唯一索引
是
忽略 Nulls
否
该索引的名称。每个索引最多可用 10 个字段。

图 12-14 设置任课信息表索引

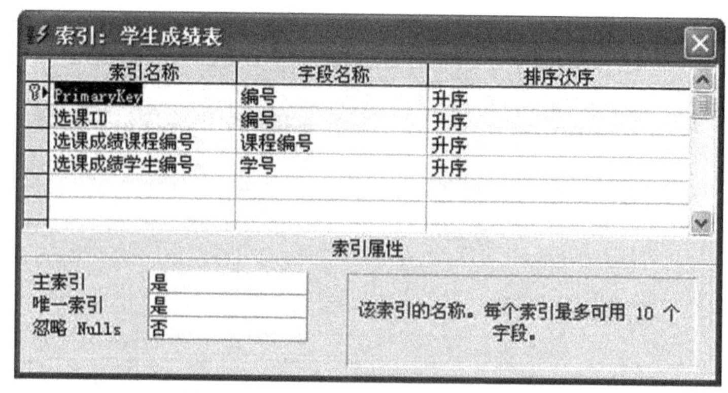

图 12-15　设置学生成绩表索引

所有数据表创建完毕后，教学管理系统的数据库视图如图 12-16 所示。

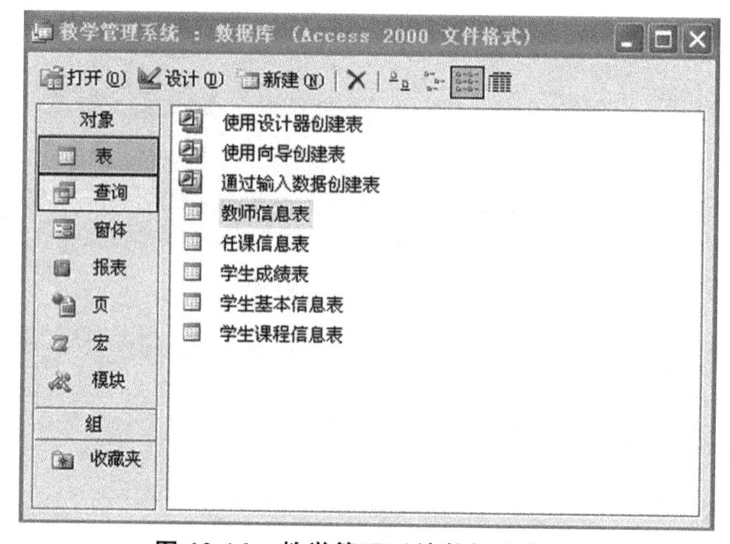

图 12-16　教学管理系统数据库视图

12.4.3　建立表关系

建立好数据库和数据表后，便可以建立教师信息表——<任课信息表>——学生课程信息表之间的关系，即“授课”关系，再建立学生基本信息表——<学生成绩表>——学生课程信息表的关系，即“选课”关系。

操作步骤如下：

(1)打开教学数据库，进入数据库视图，在菜单栏选择“工具”→“关系”选项，即出现“关系”窗口，自动弹出“显示表”对话框，如图 12-17 所示。

(2)在“显示表”对话框中依次添加要建立关系的表——教师信息表、任课信息表、学生课程信息、学生基本信息表和学生成绩表，选中要添加的表，单击“添加”按钮，即可将表添加到“关系”窗口中，如图 12-18 所示。将所有表都添加到关系窗口中后，单击“关闭”按钮，关闭“显示表”对话框。

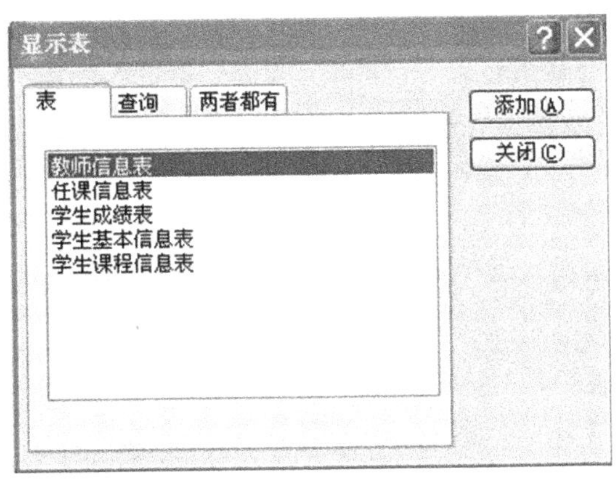

图 12-17 “显示表”对话框

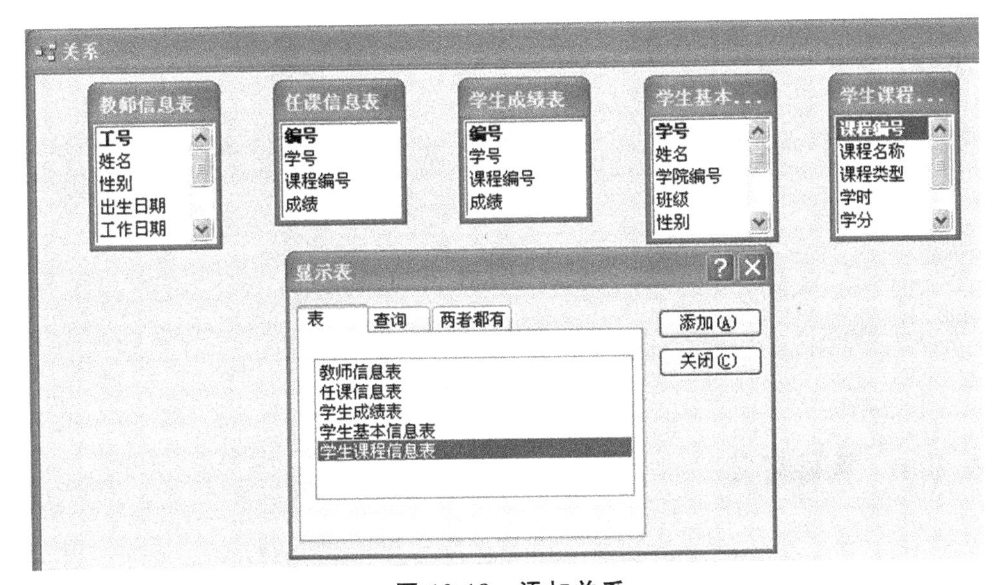

图 12-18 添加关系

(3)在“关系”窗口中选中教师信息表中的“工号”字段，拖曳至任课信息表中的“工号”字段后，释放鼠标左键，会出现“编辑关系”对话框，如图 12-19 所示。

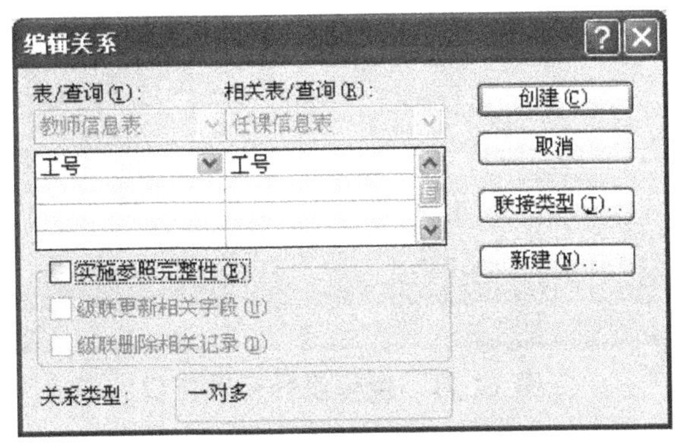

图 12-19 “编辑关系”对话框

(4)选中“实施参照完整性(E)”复选框后,单击“创建”按钮后,就在教师信息表与任课信息表之间建立了一个一对多的关系。

(5)使用同样的方法建立学生课程信息表与任课信息表、学生基本信息表与学生成绩表和学生课程信息表与学生成绩表三个联系。这样数据表之间关系创建完毕,最终教学管理系统的关系如图 12-20 所示。

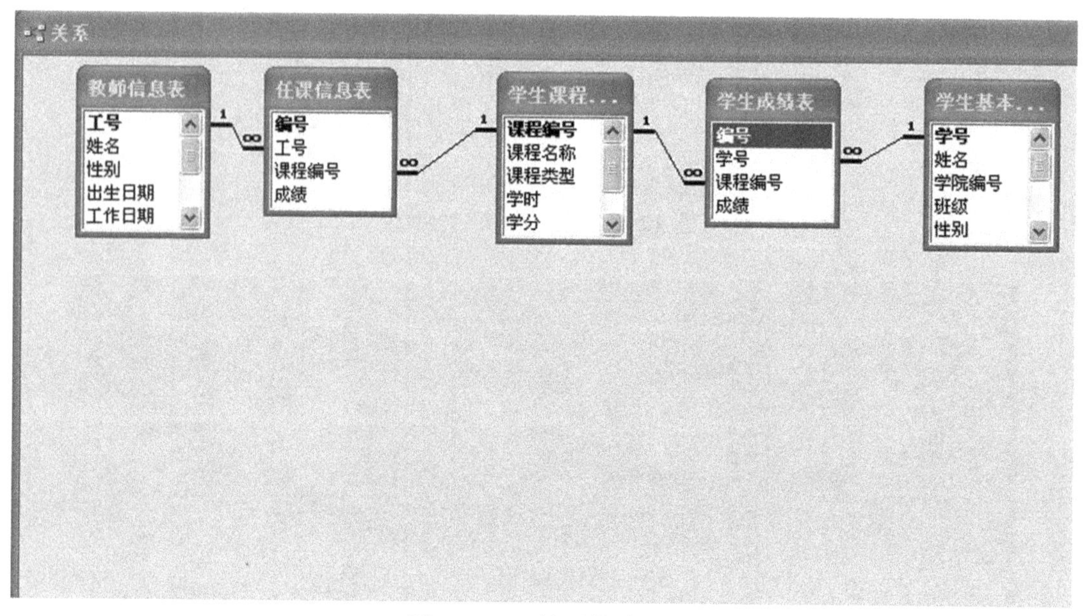

图 12-20　关系状态图

12.4.4　界面窗体

(1)在“对象”列表中选择“窗体”对象,双击“窗体”对象面板中的“在设计视图中创建窗体”。这时会弹出一个窗体设计视图,如图 12-21 所示。

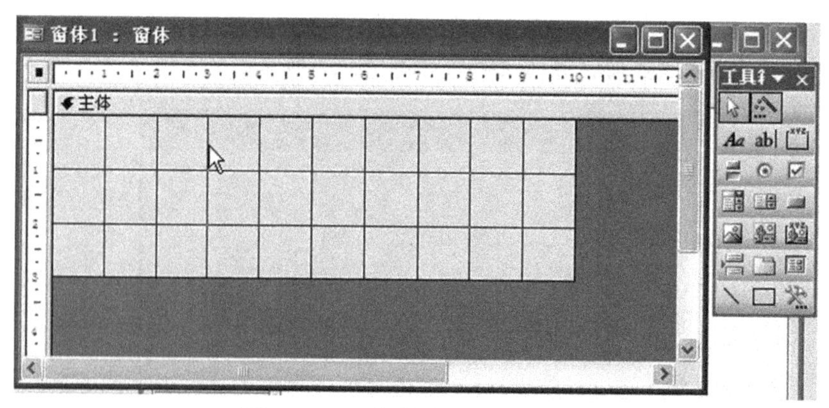

图 12-21　窗体设计视图窗口

(2)选择“视图”→“属性”菜单选项,显示窗体属性对话框。在窗体属性对话框中进行窗体属性设置,例如,设置:滚动条,两者均无;记录选择器,否;导航按钮,否;分隔线,否;边框样式,无等都可根据功能需要进行设置。如图 12-22 所示。

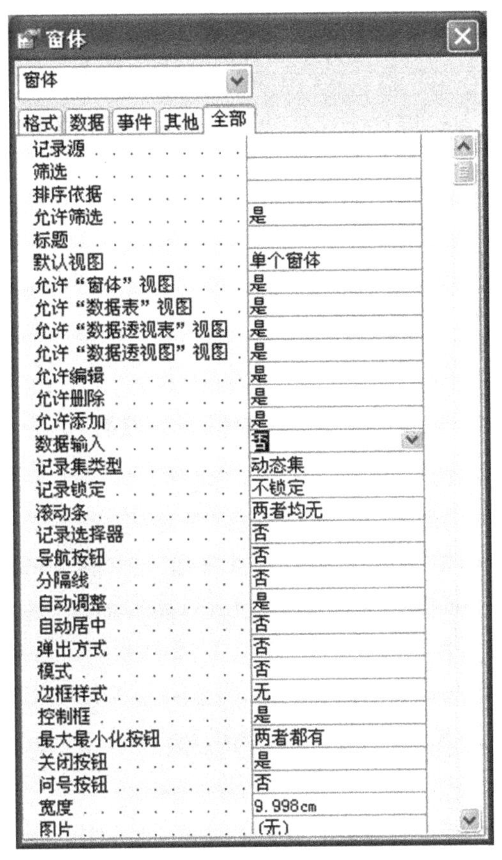

图 12-22 窗体属性

再利用“工具箱”中的控件设计需要的窗体界面。

这里以“学生基本信息表”为例，制作“学生基本信息表”的窗体，具体步骤可按如下操作：

(1)在“窗体”对象面板中，单击“新建”命令按钮，弹出“新建窗体”对话框，选择对象数据的来源表或查询为”“学生基本信息表”，如图 12-23 所示。

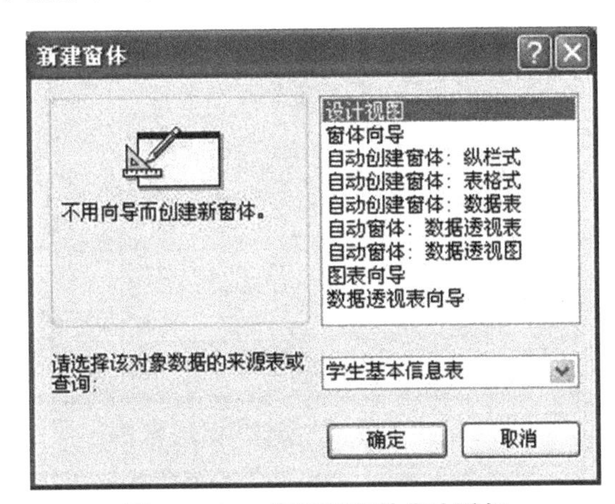

图 12-23 “新建窗体”对话框

(2)单击“确定”按钮,进入如下图 12-24 所示的界面。

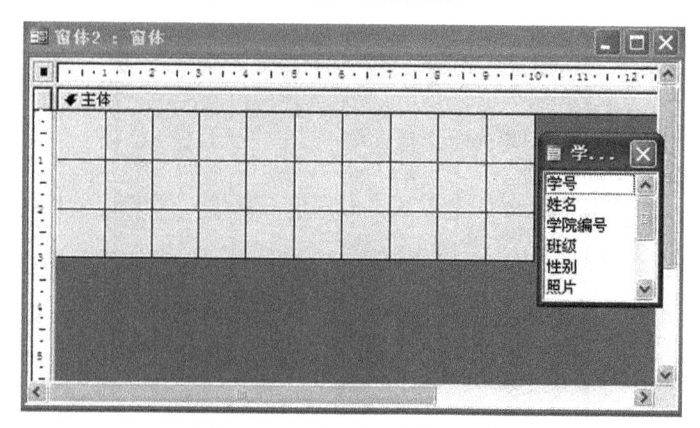

图 12-24 “窗体”设计界面

(3)将窗体的标题属性设置成“学生基本信息管理”。

在窗体标题处右击,在弹出的下拉菜单中选择“属性”命令,弹出“窗体”属性框,单击切换到“格式”参数项,在“标题”框中,键入“学生基本信息管理”。如图 12-25 所示。

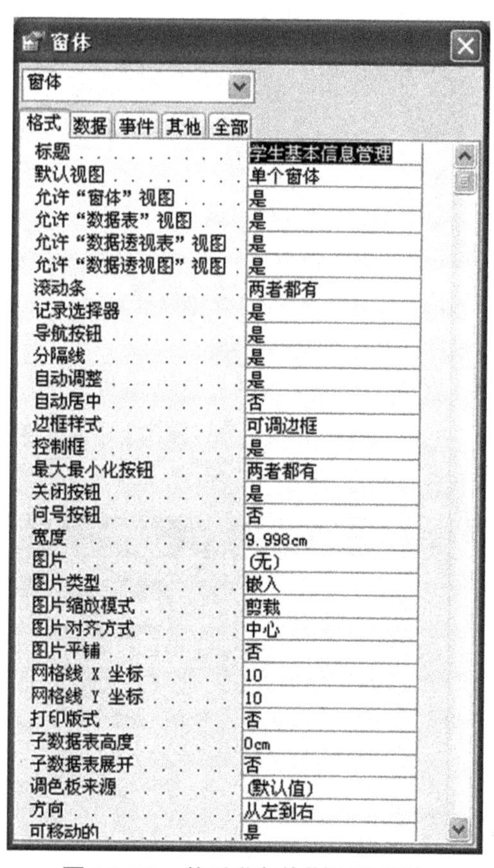

图 12-25 修改“窗体”标题名称

(4)在“工具箱”中,通过“命令按钮”向导将第一条记录、前一条记录、后一条记录、最后一条记录、保存记录、添加记录、删除记录、查找记录按钮依次放置到数据源窗口中。“命令按钮”如图

12-26 所示。

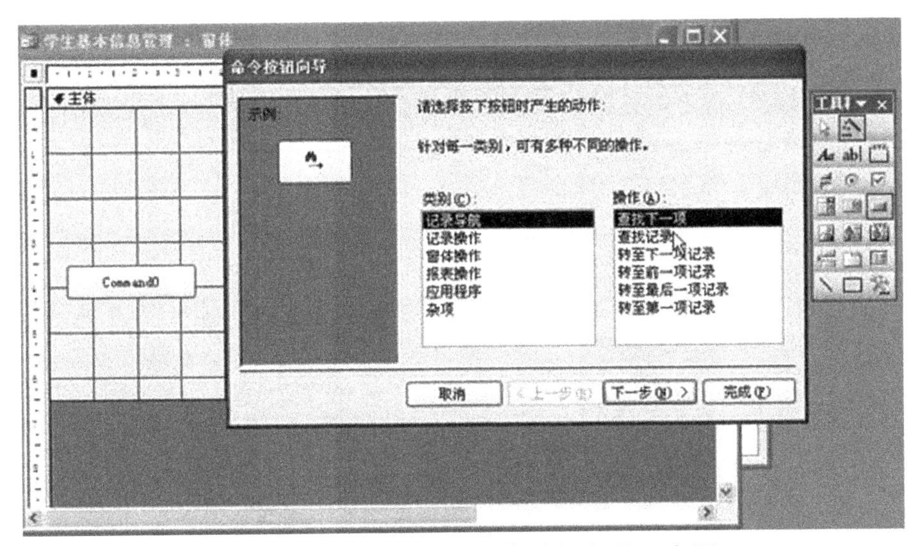

图 12-26　添加“记录”命令按钮向导示意图

(5)添加“返回”按钮,返回的功能是关闭当前窗体并打开主界面窗体,并编写相应的单击事件代码。

(6)调整好各个控件的位置、标题文字的大小,设置相应属性。保存并将窗体命名为“学生基本信息管理”,学生基本信息管理窗体如图 12-27 所示。

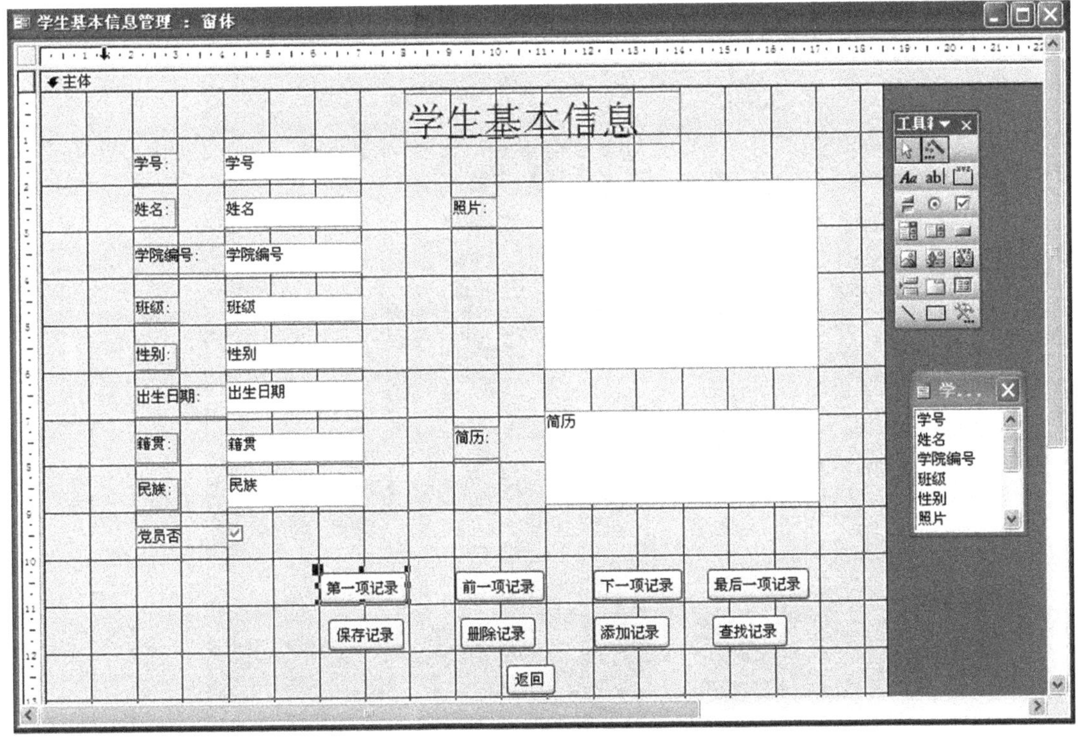

图 12-27　“学生基本信息管理”窗体

(7)最终的“学生基本信息表”的主界面如图 12-28 所示。

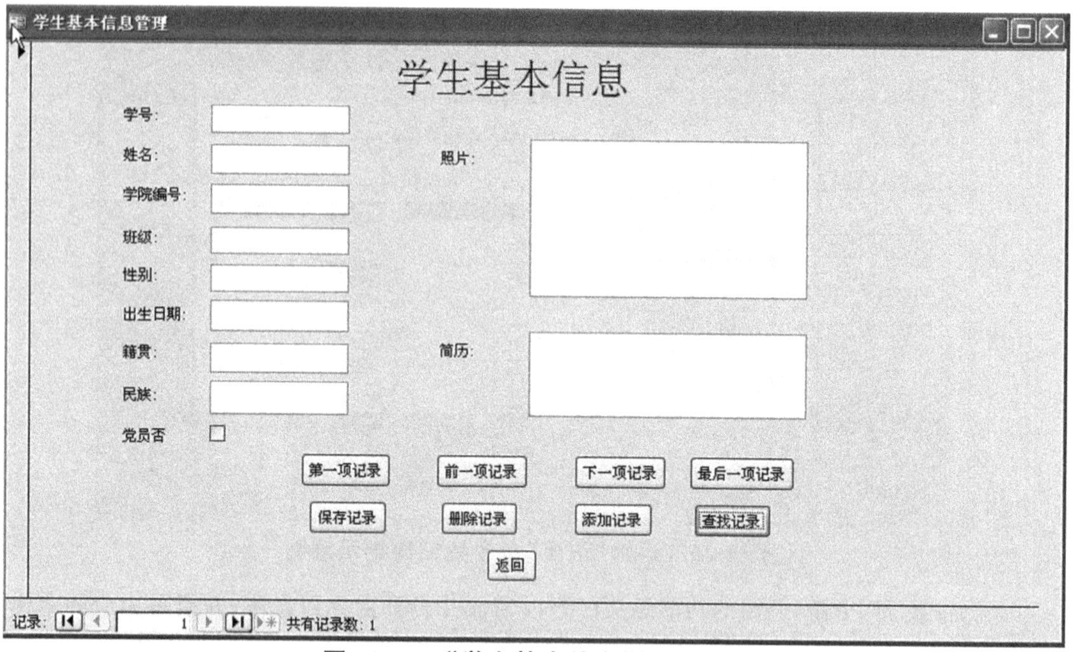

图 12-28 “学生基本信息”的主界面

(8)为了让界面更加美观,可以在“属性”框中选择“窗体”,并设置窗体的背景图片。界面如图 12-29 所示。

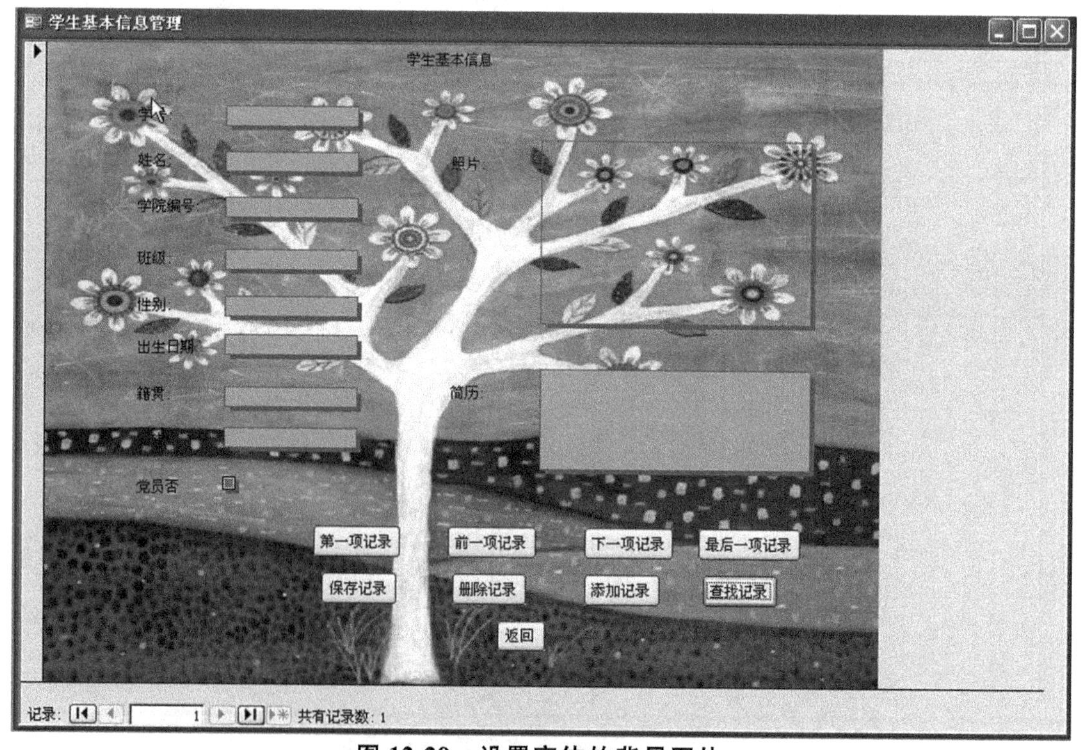

图 12-29 设置窗体的背景图片

同样，也可以通过数据表进行报表的制作。

(1)在“对象”列表中，单击选择“报表”对象，单击“新建”按钮，弹出“新建报表”对话框，在“请选择该对象数据的来源表或查询：”下拉列表中，选择“学生基本信息表”为数据来源，如图 12-30 所示。

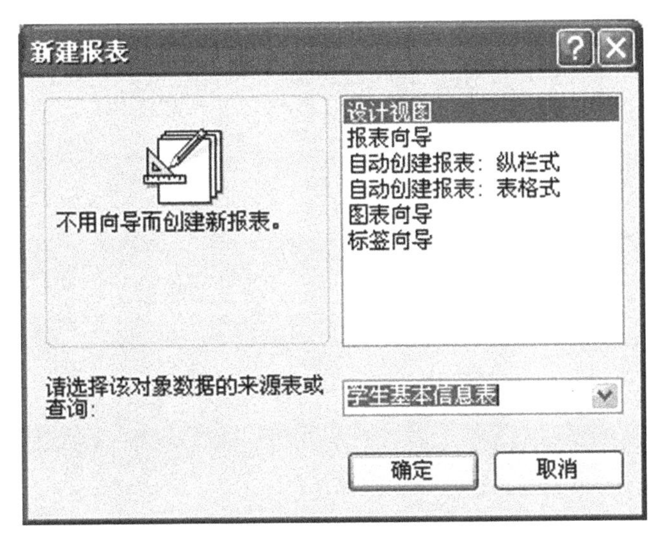

图 12-30　新建报表

(2)在“页面页眉”中，使用标签，在“主体”中，把表字段拖入的方式，设置成如图 12-31 所示的样式。

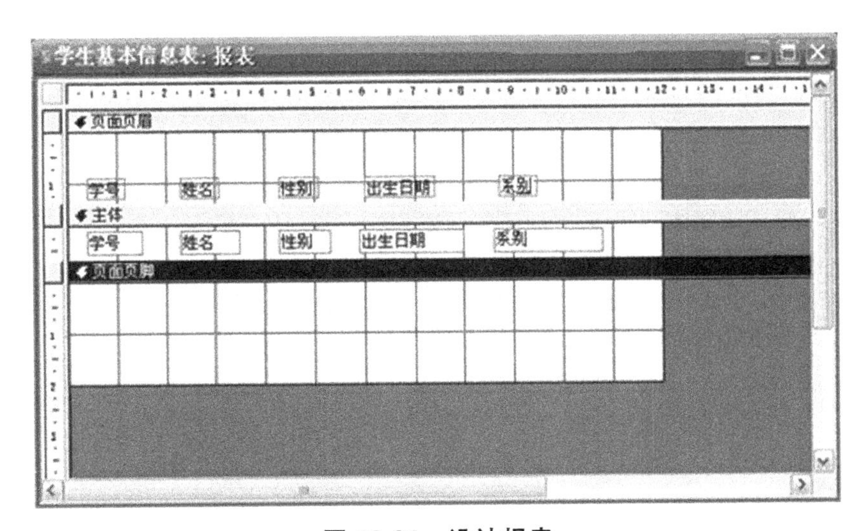

图 12-31　设计报表

(3)查看打印预览情况。

经过上述的操作，基本完成了数据库应用系统功能模块所需的各项功能，为了保证系统的正常运行还需要进行测试。根据系统的复杂程度，对于较大的系统可以分模块进行测试，对于较小的系统可以按功能测试。按实现功能进行测试，首先确保在正常情况下，如果录入的都是正确的合法数据，每个功能都可以正常使用，再录入一些错误的非法数据进行测试，检测系统是否能够做出正确的响应。系统测试是系统开发过程中必不可少的重要环节，只有经过反复的测试和调整，才能保证开发出的系统在实际使用时不会出现问题。

测试完成后，数据库应用系统就可以投入使用了，系统的维护工作随之开始。在系统的运行和维护阶段，数据库管理员需要收集和记录实际系统运行的数据，以评价系统的性能，对系统使用中出现的问题进行修改、维护和调整，该过程将一直持续到系统不再使用为止。

第 13 章　新型数据库技术研究

13.1　分布式数据库系统

13.1.1　分布式数据库系统概念

分布式数据库系统(Distributed Database System,DDBS)是针对地理上分散,而管理上又需要不同程度集中管理的需求而提出的一种数据管理信息系统。在明确给出分布式数据库的定义之前,先介绍一下一般的分布式数据库系统的组成,如图 13-1 所示。

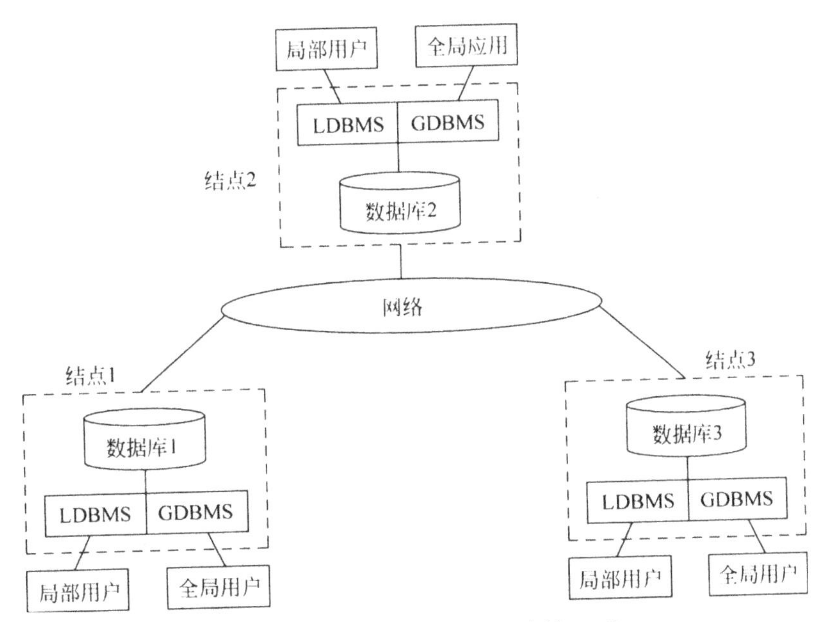

图 13-1　分布式数据库系统的组成

从图中可知,分布式数据库系统是由多个不同结点或场地的数据库系统通过网络连接而成的,每个结点都有各自的局部数据库管理系统(Local Database Management System,LDBMS),同时还有全局数据库管理系统(Global Database Management System,GDBMS)。图 10-2 中的局部用户是针对某一个结点而言的,局部用户只关心他所访问的结点上的数据,而全局用户则可能需要访问多个结点上的数据。每个结点上的 LDBMS 响应局部用户的应用请求,GDBMS 则为全局用户提供服务,全局用户可以从任意一个结点访问分布式数据库系统中的数据。

从概念上讲，分布式数据库是由一组数据组成的，这组数据分布在计算机网络的不同计算机上，网络中的每个结点具有独立处理的能力（称为场地自治），可以执行局部应用。同时，每个结点也能通过网络通信子系统执行全局应用。

满足下列条件的数据库系统被称为完全分布式数据库系统。

（1）分布性，即数据存储在多个不同的结点上。

（2）逻辑相关性，即数据库系统内的数据在逻辑上具有相互关联的特性。

（3）场地透明性，即使用分布式数据库中的数据时无须指明数据所在的位置。

（4）场地自治性，即每一个单独的结点能够执行局部的应用请求。

分布式数据库系统的分布性可以让人们区分单一的集中式数据库与分布式数据库，而根据逻辑相关性，可以将分布式数据库与一组局部数据库或存储在计算机网络中不同结点的文件系统区分开来。场地的透明性和场地的自治性则可以和多机处理系统或并行系统区分开来。

分布式数据库管理系统同集中式数据库管理系统一样，是对数据进行管理和维护的一组软件，是分布式数据库系统的重要组成部分，是用户和分布式数据库的接口。

分布式数据库管理系统包括 3 个主要成分：全局数据库管理系统（GDBMS），局部数据库管理系统（LDBMS），通信管理程序（CM）。

全局数据库管理系统负责管理 DDBS 中的全局数据，由于全局数据的分布性，一般应具有如下 5 种功能。

（1）起到用户与局部数据库管理系统、用户与通信管理程序之间的接口作用。

（2）负责定位和查找用户请求的数据。

（3）全局数据库管理系统的策略包括对请求的处理对策。

（4）面向全局的恢复能力。

（5）负责全局数据与局部数据之间的转换。

局部数据库管理系统是分布式数据库系统中各场地的数据库管理系统。若每个场地的自治性都是很强的，则其功能将和集中式数据库管理系统一样。而如果是作为分布式数据库管理系统的一个组成部分，则不同的系统存在很大的差异。

13.1.2 分布式数据库特点与分类

1. 分布式数据特点

分布式数据库系统是传统集中式数据库系统的发展，因此它具有集中式数据库系统的特点。同时，它的分布性又使这些特点具有新的含义。传统的数据库系统针对文件系统的弱点，采用了集中控制以实现数据共享，这是其最主要的特色。对于分布式数据库系统来说，由于数据的分散性，分布式数据库系统具有分散与集中统一的特性。

（1）数据的集中控制性

能够对信息资源提供集中控制是使用数据库进行数据管理的最重要的功能之一。数据库是随着信息系统的演变而发展起来的，在这些信息系统中，每个应用程序都有自己的专用文件，这样就不利于数据的管理和共享。由于数据本身已被当作企业的重要资源，在这样的需求推动下，传统的数据库系统应运而生。分布式数据库系统是在传统数据库系统的基础上的发展，所以，它也具有集中控制的特性。

在传统的数据库系统中，数据库管理员（DBA）的基本任务是保证数据的安全，并负责对数据进行管理，使用户和应用能够高效地访问数据。而在分布式数据库中，存在全局数据库管理员和局部数据库管理员。这是一种分层控制结构，一般来说，全局数据库管理员负责管理所有数据库，而局部数据库管理员只负责各自结点的局部数据库。但是在有些情况下，局部数据库管理员可以有更高的自主性，甚至能够完成结点间的协调工作，从而不再需要全局数据库管理员。

(2)场地自治性

在分布式数据库系统中，多个场地的局部数据库逻辑上为一个整体，这个整体称为全局数据库，并可以为分布式数据库系统的所有用户使用，这种应用称为分布式数据库的全局应用，其用户为全局用户。同时，分布式数据库系统还允许用户只使用本地的局部数据库，这种应用为局部应用，其用户为局部用户。局部用户所使用的数据甚至可以不参与到全局数据库中去，这种局部应用独立于全局应用的特性就是局部数据库的自治性。

由于具有自治性，对每个场地来说就有两种数据，一种是参与全局数据库的局部数据，另一种则是不参与全局数据库的数据。

(3)数据冗余可控

将数据组织在数据库中可以方便地实现数据共享，因此要尽量减少数据冗余。这不仅能够降低存储代价，还可以提高查询效率，便于维护数据的一致性，这是数据库系统优于文件系统的特点之一。但对数据库系统来说，也不可能做到绝对无冗余数据。

对分布式数据库来说，由于数据存储的分散性，各场地通过网络传输数据，与集中式数据库相比，查询响应的传输代价增加了。因此，分布式数据库中的数据一般存储在经常使用的场地上，但应用对两个或两个以上场地的同一数据有存取要求也是时常发生的，而且当传输代价高于存储代价时，可以将同一数据存储在两个(甚至更多)场地上，以节省传输的开销。另外，数据有多个副本，也可以提高系统的可用性，即当系统中某个结点发生故障时，因为数据有其他副本在非故障场地上，数据仍然是可用的，从而保证了数据的完备性。由于这种冗余度是在系统控制下的，因此给系统造成的不利影响是可控制的。另外，由于可用副本的存在，也相应地提高了场地自治性的性能。但注意数据冗余也会带来数据冗余副本之间的不一致问题，数据冗余不利于数据更新，也增加了系统维护的代价。

(4)存取效率

分布式数据库系统中，全局查询被分解成等效的子查询。即将一个涉及多个数据服务器的全局查询转换成为多个仅涉及一个数据服务器的子查询。注意，这里的全局查询和子查询均是由全局查询表示的。查询分解完成后，再进行查询转换处理。全局查询执行计划是根据系统的全局优化策略产生的，而子查询计划又是在各场地上分布执行的。分布式的数据库系统的查询处理通常分为查询分解、数据本地化、全局优化和局部优化 4 个部分。

①查询分解——将查询问题转换成为一个定义在全局关系上的关系代数表达式，然后进行规范化、分析，删除冗余和重写。

②数据本地化——将在全局关系上的关系代数式转换到相应段上的关系表达式，产生查询树。

③全局优化——使用各种优化算法和策略对查询树进行全局优化。不同的算法和策略能够造成不同的优化结果。因此，算法的选取和策略的应用非常重要。

④局部优化——分解完成后要进行组装，局部优化是指在组装场地进行的本地优化。

(5)数据独立性

数据独立性也是集中式数据库相对于文件系统的一大特征。独立性指的是数据的组成对应用程序来说是透明的。应用程序只需要考虑数据的逻辑结构，而不用考虑数据的物理存放，因而数据在物理组织上的改变不会影响应用程序。

在分布式数据库系统中，数据的独立性同样具有重要意义。分布式数据库的数据独立性除了具有传统意义上数据独立性的含义之外，还有分布式透明的含义。所谓分布式透明是指：虽然应用程序面对的是分散存放的数据，但就像使用集中式数据库一样，不必考虑数据库的分布特性。

2. 分布式数据库分类

分布式数据库系统的分类根据不同的分类标准具有不同的分类方法。

(1)按层次分类

层次分类法是由 S. Deen 提出的，按层次结构将 DDBS 的体系结构分为单层(SL)和多层(ML)两类。

(2)按分布式数据库控制系统的类型分类

按分布式数据库控制系统的类型进行分类，可分为以下 3 类。

①集中型 DDBS：如果 DDBS 中的全局控制信息位于一个中心场地时，称为集中型 DDBS。这种控制方式有助于保持信息的一致性，但容易产生瓶颈问题，且一旦中心场地失效则整个系统就将崩溃。

②分散型 DDBS：如果在每一个场地上都包含全局控制信息的一个副本，则称为分散 DDBS。这种系统可用性好，但保持信息的一致性较困难，需要复杂的设施。

③集中与分散共用结合型：在这种类型的 DDBS 中，将 DDBS 系统中的场地分成两组，一组场地包含全局控制信息副本，称为主场地；另一组场地不包含全局控制信息副本，称为辅场地。若主场地数目等于 1 时为集中型；若全部场地都是主场地时为分散型。

(3)按功能分类

功能分类法是由 R. Peele 和 E. Manning 根据 DDBS 的功能及相应的配置策略提出的，他们将 DDBS 分为以下两类。

①综合型体系结构：在设计一个全新的 DDBS 时，设计人员可综合权衡用户需求，采用自顶向下的设计方法，设计一个完整的 DDBS，然后把系统的功能按照一定的策略分期配置在一个分布式环境中。

②联合型体系结构：指在原有的 DBMS 基础上建立分布式 DDBS，按照使用 DDBS 的类型不同又可分为同构型 DDBS 和异构型 DDBS。

(4)按局部数据库管理系统的数据模型分类

根据构成各个场地中的局部数据库的 DBMS 及其数据模型，可将分布式数据库分为两大类：同构型 DDBS、异构型 DDBS。

①同构型(homogeneous)DDBS

指各个场地上的数据库的数据模型都是同一类型的(例如都是关系型)。尽管是具有相同类型的数据模型，但 DBMS 是不同公司的产品，那么 DDBS 的性质也是不相同的。因此同构型

DDBS 又可分为两种。

• 同构同质型 DDBS：指各个场地都采用同一类型的数据模型，并且都采用相同的数据库管理系统。

• 同构异质型 DDBS：指各个场地都采用同一类型的数据模型，但采用了不同的数据库管理系统（例如，分别采用 Oracle、SQL Server、DB2 等）。

②异构型（heterogeneous）DDBS

指各个场地采用了不同类型的数据模型，不同类型的数据库管理系统，由于此种方案需要实现不同数据模型之间的转换，执行起来要复杂得多。

13.1.3　分布式数据库系统模式结构

分布式数据库是基于计算机网络连接的集中式数据库的逻辑集合，其模式结构既保留了集中式数据库模式结构的特色，又比集中式数据库模式结构复杂。其模式结构可见图 13-2 所示。

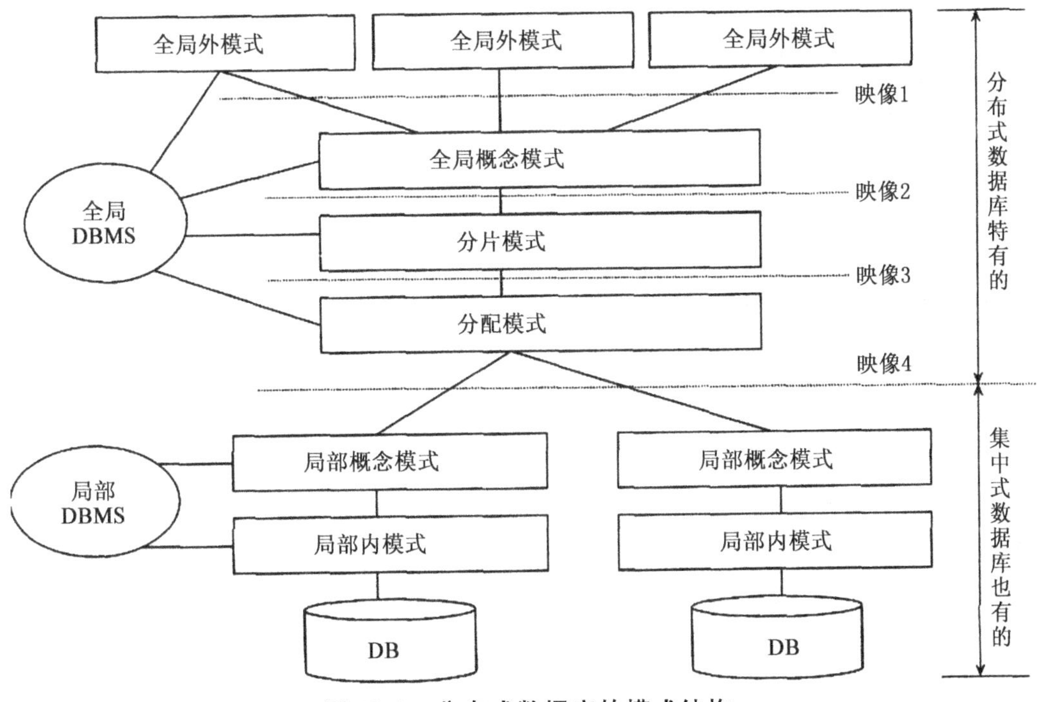

图 13-2　分布式数据库的模式结构

分布式数据库是多层模式结构，层次的划分尚无统一标准，国内业界一般把分布式数据库系统的模式结构划分为 4 层：全局外层（全局外模式），全局概念层（全局概念模式、分片模式、分配模式），局部概念层（局部概念模式），局部内层（局部内模式）。在各层间还有相应的层次映射。

DDBS 模式结构从整体上分为两大部分：上半部分是 DDBS 增加的模式级别，下半部分是集中式 DBS 的模式结构，代表各场地上局部数据库系统的基本结构。

(1)全局外模式

全局外模式代表了用户的观点，是分布式数据库系统全局应用的用户视图，是对用户所用的部分数据逻辑结构和特征的描述，是全局模式的子集。

(2)全局概念模式

全局概念模式定义了分布式数据库系统中全局数据的逻辑结构,是分布式数据库的全局概念视图。与集中式数据库概念视图的定义相似,定义全局模式所用的数据模型以便于向其他层次的模式映像,一般用定义关系模型的方法定义全局概念模式。这样,全局概念模式由一组全局关系的定义组成。

(3)分片模式

分片模式描述全局数据的逻辑划分视图,是全局数据逻辑结构根据某种条件的划分,每一个逻辑划分即是一个片段或称分片。分片模式描述了分片的定义,以及全局概念模式到分片的映像。这种映像是一对多的,即一个全局概念模式有多个分片模式相对应。

13.1.4 分布式数据库系统应用程序设计

分布式数据库系统设计的内容可分为分布式数据库的设计和围绕分布式数据库而展开的应用设计两个部分。分布式数据库系统的设计远比集中式数据库系统的设计困难和复杂。分布式数据库系统可以从以下几个方面考虑其设计方案。

(1)自底向上的设计方法

将现有计算机网络及现存数据库系统集成,通过建立分布式协调管理系统来实现分布式数据库系统。所谓集成就是把公用数据定义合并起来,并解决对同一个数据的不同表示方法之间的冲突。分布式数据库的自底向上设计方法需要解决的问题是构造全局模式的设计问题。

(2)自顶向下的设计方法

分布式数据库的设计方法一般包括需求分析、概念设计、逻辑设计、分布设计、物理设计。其中分布设计是分布式数据库的特有阶段,包括数据的分片设计和片段的位置分配设计。

(3)分布式数据库系统与C/S体系结构

客户－服务器(C/S)结构的基本思想是功能分布、服务器资源共享。当前许多商用数据库系统如Oracle、SQL Server等,虽不是分布式数据库系统,但都能够支持客户－服务器应用,在某种程度上提供了分布式数据库系统所具有的功能。目前,分布式数据库由于面临的许多复杂问题离完全实现分布透明的商用系统产品还有一定差距,因而将分布式DBMS分为客户级和服务器级可满足特定应用的需要。分布式数据库应用程序所针对的就是这种情况。

在C/S结构的分布式数据库系统中,把DBMS软件分为两级:客户级和服务器级。如某些场地只能运行客户机软件,某些场地可能只运行专用的服务器软件,而另有一些场地可能客户机软件和服务器软件都运行。

13.1.5 分布式数据库系统的未来发展

1. 分布式数据系统面临的问题

分布式数据库的理论研究已经较为成熟了,但实际应用时,特别是在复杂情况下的效率、可用性、安全性、一致性等问题并不容易真正解决。目前还有以下一些问题需要研究解决:

(1)网络扩充。分布式数据库系统比传统数据库系统有好的可扩充性,不过随着系统的扩大,网络协议和算法的适应性问题就越来越突出。

(2)分布式事务。

(3)分布设计。目前数据分布的设计还没有一套完整的理论。

(4)查询优化。分布式数据库系统的通信量较大,再考虑到成本优化,这中间有许多问题需要协调。

(5)与分布式操作系统的集成问题。

(6)并发的多数据库处理问题。

结合当前分布式数据库系统现状,为了解决和减轻分布式数据库系统的技术难度,基于客户一服务器结构的协作式分布式数据库系统得到迅速发展。

2. 分布式数据库的未来发展

目前各项新技术层出不穷,如办公自动化(OA)、计算机集成制造系统(CIMS),以及计算机相关学科与数据库技术的有机结合,使分布式数据库系统必须向面向对象分布式数据库系统、分布式智能库等广阔领域发展。多数据库系统技术、移动数据库技术、Web 数据库系统技术正在成为分布式数据库的新研究领域。

其中,面向对象数据库和分布式数据库是两个正交的概念,两者的有机结合产生了分布式面向对象数据库,分布式面向对象数据库虽然发展起来还不久,也还不是很完善,但是有其自身的优点:第一,分布式面向对象数据库可以达到高可用性和高性能;第二,大型应用一般会涉及到互相协作的各种人员和分布的计算设施,分布式面向对象数据库能很好地适应这种情况;第三,面向对象数据库具有隐藏信息的特征,正是这个特性使得面向对象数据库成为支持异构数据库的自然候选,但是一般异构数据库一般都是分布的,因此分布式面向对象数据库是其最好的选择。

分布式面向对象数据库的设计参考了来自于分布式数据库和面向对象数据库两方面的经验,因为它们中有很多正交的问题,例如,用于分布式事务管理的技术可以用于集中式面向对象数据库中。

总之,随着分布式数据库系统的日益发展,新的应用趋势不断呈现,而且都有相似的特点,那就是开放性和分布性,这也正是分布式数据库系统的优势所在。在当前的网络、分布、开放的大环境下,分布式数据库系统将会有更加长足的发展和应用。

13.2　面向对象数据库系统

面向对象的数据库系统(Object Oriented DataBase System,OODBS)是面向对象的程序设计方法与数据库技术相结合的产物,可以使数据库系统的分析、设计最大程度地与人们对客观世界的认识相一致,是为了满足新的数据库实际应用需要而产生的新一代数据库系统。

面向对象的数据库系统是一个数据库系统,具备数据库系统的基本功能,其次它还是一个面向对象的系统,针对面向对象的程序设计语言的永久性对象存储管理而设计的,充分支持完整的面向对象概念和机制。

13.2.1 面向对象技术的优势

关系型数据库不能对大对象提供支持，例如，文本、图像、视频等对象就不符合关系模型，而应用到数据库中的面向对象技术解决了这个问题。面向对象技术利用对象、类等技术手段可以满足对一些领域数据库的特殊需求，与关系型数据库相比，面向对象技术的优势主要体现在以下几个方面。

1. 利用对象来支持复杂的数据模型

传统的关系型数据库不能支持复杂的数据模型，例如：文本、图像、声音、动画、图像等数据，缺乏对这些数据信息的描述、操纵和检索能力。而面向对象技术具有这些方面的优势，而面向对象技术应用到数据库领域后，对象的使用就可以满足对这些类型数据的相关操作。

2. 支持复杂的数据结构

传统的关系型数据库不能满足数据库设计的层次性和设计对象多样性的需求，关系型数据库中的二维表不能描述复杂的数据关系和数据类型，而面向对象技术中的对象可以描述复杂的数据关系和数据模型。

3. 支持分布式计算和大型对象存储

面向对象技术中对象、封装、继承等方法的应用可以支持分布式计算，并且支持独立于平台的大型对象存储。

4. 更好地实现数据的完整性

面向对象数据库支持复杂的数据结构和操作的约束、触发机制，从而可以更好地实现数据的完整性。随着数据库技术的发展和用户需求的变化，传统的数据库系统在数据的描述、操纵以及存储管理能力等方面存在着诸多的缺陷，面向对象技术凭借其独特的优势应用到数据库中，并且成为一种新型的数据库类型。

13.2.2 面向对象数据库基础知识

1. 对象

面向对象数据库系统支持面向对象数据模型(以下简称 OO 模型)。一个面向对象数据库系统是一个持久的、可共享的对象库的存储和管理者，而一个对象库是由一个 OO 模型所定义的对象的集合体。

一个 OO 模型是用面向对象观点来描述现实世界实体(对象)的逻辑组织、对象间的限制、联系等的模型。一系列面向对象核心概念构成了 OO 模型的基础。

对象是由一组数据结构和在这组数据结构上的操作的程序代码封装起来的基本单位。对象之间的界面由一组消息定义。一个对象由 3 部分组成，分别是属性集合、操作集合和消息集合。

同时为了区分每个对象，系统还赋予每个对象一个唯一的标识，称为对象标识(OID)。

(1)对象的组成

对象有 3 个组成部分，分别是属性集合、操作集合、消息集合。

①属性集合。所有属性合起来构成了对象数据的数据结构(或称为变量集合)。属性描述对象的状态、组成和特性。对象的属性也是对象，可能又包含其他对象作为其属性。即对象可以嵌套并可以多层嵌套，从而组成各种复杂对象。而且同一个对象可以被多个对象所引用。由对象组成对象的过程称为聚集(aggregation)。对于整数、字符串这一类简单的对象，其值本身就是其状态的完全描述，其操作在一般计算机系统中都有明确的定义，因此，在多数 OODBMS 中，为了减少开销，都不把这些简单对象当做是对象，而是当做值。所以如果一个对象的某一属性是这些简单对象的话，就说对象的某一属性是值而不是对象。

②操作集合。操作描述了对象的行为特性。操作又称为方法，可以改变对象的状态，对对象进行各种数据库操作。操作的定义包括两部分：一是操作的接口，用以说明操作的名称、参数和结果返回值的类型，一般称之为调用说明；二是操作的实现，它是一段程序编码，用以实现操作的功能，即对象方法的算法。对象中还可以附有完整性约束检查的规则或程序。

③消息集合。消息是对象向外提供的接口，由对象接受和响应。面向对象数据模型中的“消息”与计算机网络中传输的消息的含义不同，这里是指对象之间的操作请求的传递，不考虑具体实现。

(2)对象标识

对象标识不会改变。即使两个对象的属性值和方法都完全相同，若 OID 不同则认为是两个不同的对象。注意，OID 与关系数据库中码(key)的概念和某些系统中支持的记录标识(RID)、元组标识(TID)是有本质区别的。OID 是独立于值的、系统全局唯一的。OID 有 3 种常用的标识，分别是值标识、名标识、内标识。

- 值标识：用值来表示标识。
- 名标识：用一个名字来表示标识。
- 内标识：内标识是建立在数据模型或程序设计语言中、不要求用户给出的标识。

不同的标识其持久程度是不同的，根据持久程度的不同可以分为以下几类。

- 程序内持久性：若标识只能在程序或查询的执行期间保持不变，则该标识具有程序 内持久性。
- 程序间持久性：若标识在从一个程序的执行到另一个程序的执行期间能保持不变，则称该标识具有程序间持久性。
- 永久持久性：若标识不仅在程序执行过程中保持不变，而且在对数据的重组重构过程中一直保持不变，则称该标识具有永久持久性。

对象标识具有永久持久性，一个对象一经产生，关系就给其赋予一个在全系统中唯一的对象标识符，直到该对象被删除。对象标识是由系统统一分配的，用户不能对对象标识符进行修改。对象标识是稳定的，不会因为对象中的某个值的修改而改变。

按照系统产生对象标识的方法来分类，可以分为两类，分别是逻辑对象标识和物理对象标识。

- 逻辑对象标识。逻辑对象标识符不依赖于对象的存储位置。
- 物理对象标识。物理对象标识符依赖于对象的位置，或直接含有对象的地址。按照物理对象标识符快速找到对象。当对象迁移时,须在原地址留下对象的新迁地址,以便将关于此对象的消息转到新的地址。物理对象标识符也有缺点,当复制一个对象到其他存储位置进行处理时,不能再用原来的对象标识符访问复制对象,须把复制对象定义为一个临时对象,给予另一个对象标识符。

2. 类和实例

具有共同属性和方法集的所有对象就构成了一个对象类(简称类),而一个对象就是某一类的一个实例(instance)。当然,有时也可以把类本身也看作一个对象,称为类对象(Class Object)。

面向对象数据库模式是类的集合,即在面向对象中,类是一个模板,而对象就是用模板创建的一个实例。

同一类中的对象的属性虽相同,但是这些属性所取的值会因各个实例而不同。基于这个原因,又可以把属性称为实例变量。有些变量的值在全类中是共同的,这些变量就称为类变量,又有些属性规定有默认值,当在实例中没有给出该属性值时,就取其默认值,默认值在全类中是公共的,因而也是类变量。同时在一个类中可以有各种各样的统计值,这些统计值也不属于某个实例,而是类变量。只要是类变量就没有必要在每个实例中重复,可以在类中统一给出其值。

将类的定义与实例分开,有利于组织有效的访问机制。一个类的实例可以簇集存放。每个类设有一个实例化机制,提供有效的访问实例的路径。消息送到实例化机制后,通过存取路径找到所需的实例,通过类的定义找到方法和属性的说明,以实现方法的功能。

3. 封装

封装(Encapsulation)是OO模型的一个关键概念。每一个对象是其状态与行为的封装。封装是对象的外部界面与内部实现之间实行清晰隔离的一种抽象,外部与对象的通信只能通过消息。

封装有两个优点,一是将对象的实现(即过程)与对象的调用互相隔离,从而允许对操作的实现算法和数据结构进行修改,而不影响接口,不必修改使用对象的应用,这有利于提高数据独立性。对用户而言,封装隐藏了在实现中使用的数据结构与程序代码等细节。二是对象封装后成为一个自包含的单元,对象只接受已定义好的操作,其他程序不能直接访问对象中的属性,从而避免许多不希望的副作用,提高程序的可靠性。

但是,对象封装之后也有其不利的一面。首先,查询属性值必须通过调用方法,不能像关系数据库系统那样用SQL进行即时的、随机的、按内容的查询;其次,对象的操作限制在实现定义的范围内,不够方便灵活。

4. 消息

消息是OO模型的主要的特征之一。由于对象是封装的,对象与外部的通信一般只能通过显式的消息传递,即消息从外部传送给对象,存取和调用对象中相应的属性和方法,在内部执行相应的操作,再以消息的形式返回操作的结果。

5. 类层次结构

在一个面向对象数据库模式中,类的子集可以定义为一个类,称为这个类的子类(subclass),而称该类为子类的超类(superclass)或父类。子类还可以再定义子类。这样,面向对象数据库模式的一组类就可以形成一个有限的层次结构,称为类层次。

一个子类可以有多个超类,有直接超类,也有间接超类。上述类之间的关系可以用一个大家非常熟悉的例子说明,这个例子用自然语言可以表达为“研究生是个学生”,“学生是个人”……在这个例子中,学生是研究生的直接超类,人是研究生的间接超类。

在一个类层次中,一个类继承其所有超类的全部属性、方法和消息。例如,可以定义一个类“人”,人的属性、方法和消息的集合是教职员工和学生的公共属性、公共方法和公共消息的集合。教职员工和学生类定义为人的子类。教职员工类只包含教职员工的特殊属性、特殊方法和特殊消息的集合。图 13-3 给出了学校数据库的一个类层次以及各类对应的属性。超类/子类之间的关系还有一种专门的称呼,称为 ISA 联系,或称为类表示教员 is a 教职员工,教职员工“ISA”人表示教职员工 isa 人。获得这种联系可以通过两个过程获得,一种为普通化,一种为特殊化。从概念上讲,自下而上是一个普遍化、抽象化的过程,这个过程称为普通化。反之,由上而下是一个特殊化、具体化的过程,这个过程称为特殊化。在超类/子类之间的关系中,超类是子类的抽象或普通化,子类是超类的特殊化或具体化。

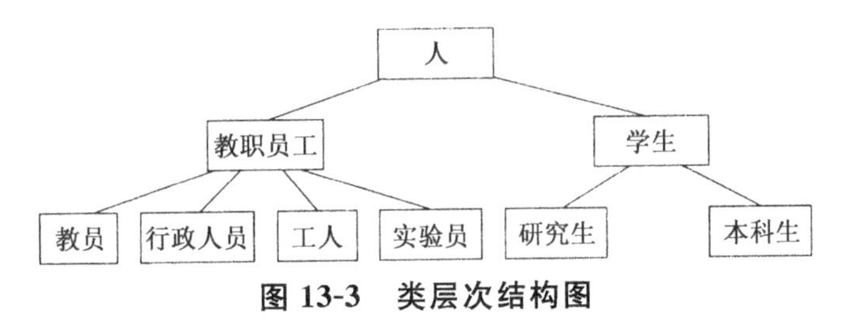

图 13-3　类层次结构图

6. 继承

类层次可以动态扩展,一个新的子类能从一个或多个已有类导出。根据一个类继承多个超类的特性将继承分成了单继承和多重继承。在 OO 模型中,若一个子类只能继承一个超类的特性(包括属性、操作和消息),这种继承称为单继承;若一个子类能继承多个超类的特性,这种继承称为多重继承。例如,在学校中实际存在的“在职研究生”,既是教员又是学生,继承了教职员工和学生两个超类的所有属性、操作和消息。

单继承的层次结构图是一棵树,多重继承的层次结构图是一个带根的有向无回路图。

继承是建模的有利工具,提供了对现实世界简明而精确的描述;同时继承也提供了信息重用机制。由于子类可以继承超类的特性,这就可以避免许多重复定义。子类除了继承超类的特性外,还可以定义自己特殊的属性、操作和信息。这可以通过两种方法实现:第一种是增加,即定义新的不属于超类的属性和操作;第二种是取代,即重新定义超类的属性和操作。

此外,在定义这些特殊属性、操作和信息时可能与继承下来的超类的属性、操作和信息发生冲突。

一般来说,按照下列规则解决冲突问题。

· 子类与超类之间的冲突：对于子类与超类之间的同名冲突，一般是以子类定义的为准，即子类的定义取代或替换由超类继承而来的定义。

· 超类之间的冲突：对于子类的多个直接超类之间的同名冲突，有的系统是在子类中规定超类的优先次序，首先继承优先级最高的超类的定义；有的系统则由用户指定继承其中某一个超类的定义。

子类对父类既有继承又有发展，继承的部分就是重用的成分。由封装和继承还引出面向对象的其他优良特性，如多态性、动态联编等。

7. 重载与联编

在 OO 模型中，子类定义的方法可能与继承下来的超类的方法发生同名冲突，即子类只继承了超类中操作的名称而自己实现操作的算法，有自己的数据结构和程序代码。这样，同一个操作名就与不同的实现方法、不同的参数相联系。这时一个消息送到不同对象中，可能执行不同的过程，也就是消息的含义依赖于其执行环境。只有当消息送到具体对象时才知道是执行哪个操作。这种一名多义的做法称为多态(polymorphism)。

通常，在 OO 模型中对于同一个操作，可以按照类的不同，重新定义操作的实现，这就导致一个名字表示不同的程序，也就是一名多用，这称为重载(overloading)。

8. 对象参照完整性约束

对象参照完整性约束可以通过以下方式实现。

(1)无系统支持，由用户编写代码控制实现对象参照完整性。

(2)参照验证。系统检验所有参照的对象是否存在，类型是否正确，但是不允许直接删除对象。

(3)系统维护。系统自动保持所有参照为最新的。例如，当所引用的一个对象被删除时，立即设置为空指针。

(4)自定义语义。自定义语义一般由用户编写代码实现。例如，使用选项“ONDELETE CASCADE”。

9. 嵌套

一个对象的属性也可以是一个对象，这样对象之间就产生一个嵌套层次结构。

设 Obj1 和 obj2 是两个对象。如果 Obj2 是 Obj1 的某个属性的值，称 Obj2 属于 Obj1，或 Obj1 包含 Obj2。一般地，如果对象 Obj1 包含对象 Obj2，则称 Obj1 为复杂对象或复合对象。

如果 Obj2 是 Obj1 的组成成分，则可称其是 Obj1 的子对象。Obj2 还可以包含对象 Obj3，这样 Obj2 也是复杂对象，从而形成一个嵌套层次结构。

对象嵌套概念是面向对象数据库系统中又一个重要概念，允许不同的用户采用不同的粒度来观察对象。

对象嵌套层次结构和类层次结构形成了对象横向和纵向的复杂结构。不仅各种类之间具有层次结构，而且某一个类内部也具有嵌套层次结构，不像关系模式那样是平面结构。一个类的属性可以是一个基本类，也可以是一个一般类。

13.2.3　面向对象数据库系统

1. 面向对象数据库系统类型

面向对象数据库系统作为面向对象技术和数据库技术结合的产物，所以面向对象数据库系统可以分为以下 3 种。

(1)纯面向对象型。纯面向对象数据库系统常常将数据库模型和数据库查询语言集成进面向对象中，整个系统完全按照面向对象的方法进行开发。例如 Matisse 对象数据库系统。

(2)混合型。这种类型的数据库系统是在当前的数据库系统中增加面向对象的功能，这样有利于利用原有关系数据库系统的设计经验和实现技术。例如瑞典的产品 EasyDB(Basesoft)。

(3)程序语言永久化型。程序语言的永久性是面向对象技术的一个重要概念，数据库中的存储系统对程序语言永久性的要求较高，这样使得整个系统能够从程序员的角度进行开发，降低了开发难度，使得最终开发的产品更加人性化。

2. 面向对象数据库设计语言

面向对象数据库设计语言必须与面向对象的数据模型相符合，这种语言能够正确地描述对象之间的关系模式以及对象之间的操作，这样可以将面向对象设计语言看成是对象描述语言与对象操作语言的结合。

面向对象数据库设计语言进行定义，能够对对象进行定义和操纵，其中对对象的定义包括对类的定义，方法的定义以及对象的生成，对对象的操纵，包括对对象的查询操作等。面向对象数据库设计语言与面向对象设计语言是有区别的，前者可以看作是对后者在数据库方向的一个扩充，但是面向对象程序设计语言要求所有的对象都通过消息的发送来实现，这会降低在数据库上查询的速度。

3. 面向对象数据库管理系统

一个面向对象数据库管理系统必须满足以下两个基本要求。

(1)支持面向对象的数据模型。能够存储和处理各种复杂的对象，支持用户自定义的数据类型和操作，支持多媒体的数据处理，如超长正文数据、图形、图像、声音数据等。

(2)支持传统数据库系统的所有数据库特征和成分。传统数据库系统(如关系数据库系统)拥有处理常规商用数据的强大功能，这也是面向对象数据库管理系统应当做到的。

面向对象数据库管理系统由对象子系统和存储子系统两大部分组成。

(1)对象子系统

对象子系统主要包括模式管理、事务管理、查询处理、版本管理、长数据管理、外围工具等。

①模式管理：用于对面向对象数据库模式的管理，读模式源文件生成数据字典，对数据库进行初始化，建立数据库框架，实现完整性约束。

②事务管理：用于对并行事务和较长事务(持续的时间很长)进行管理，进行故障处理，实现锁管理和恢复管理机制。

③查询处理：用于创建对象和处理对象查询等请求，对查询进行优化设计，并处理由执行程

序发送的消息。

④版本管理:对对象版本进行管理和控制,有利于面向对象数据库系统中的对象管理。版本管理是新一代数据库系统中最重要的建模要求之一,版本管理包括版本的创建、撤销、合并及对版本信息的管理和维护等。

⑤长数据管理:用于实现对大型对象数据的管理。长的数据需要进行特殊的管理。

⑥外围工具:对象数据库的设计较复杂,这给用户的应用开发带来一定难度。要使ODBMS实用化,需要在数据库外层开发一些工具用以支持面向对象数据库设计和应用的辅助开发工具。主要的工具有:模式设计工具,类图浏览工具,类图检查工具,可视的程序设计工具,系统调试工具等。

(2)存储子系统

存储子系统主要包括缓冲区管理和存储管理两个方面。

①缓冲区管理:对对象的内外存交换缓冲区进行管理,同时处理对象标识符与存储地址之间的变换,即所谓的指针搅和问题。

②存储管理:对物理存储空间进行管理。为了改进系统的性能,将预计在一起用的对象聚簇在一起,一般是将某一用户所指定的类等级(包括继承等级和聚合等级)的所有对象聚集成簇。面向对象的应用基本上是通过使用对象标识符来存取对象。如果对象在内存中,那么应用系统能够直接存取它们;如果对象不在内存中,那么对象将从外存检索出来。随着应用的深入,数据库会变得愈来愈大。为了提高数据库的检索效率,可以采用杂凑(Hashing)算法或采用B树(或B+树)索引的方法,将对象的对象标识符快速地映射到其物理地址上。

具体图13-4所示为面向对象DBMS架构示意。

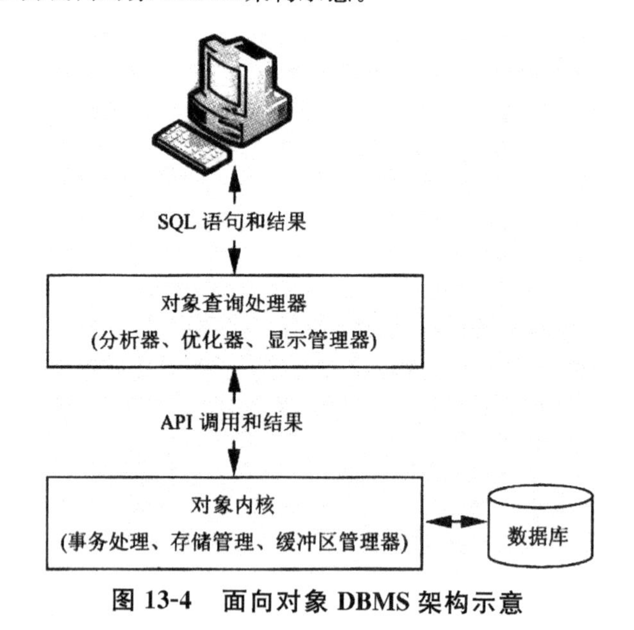

图 13-4　面向对象 DBMS 架构示意

13.3　数据仓库技术

数据仓库(Data Warehouse,DW)通常指一个数据库环境,它能够利用当前或历史的数据资源为用户提供决策支持。目前,企业所进行的信息资源管理主要依靠于传统的数据库技术。企业利用数据库技术进行数据的组织和存储,并使用基于数据库的信息系统进行信息资源的有效利用。但是,随着计算机技术的飞速发展和企业间竞争的加剧,传统数据库技术已经难以满足这些新的需求。因此,人们开始重视并研究数据仓库技术。作为一种新的技术,数据仓库技术能够比利用模型资源辅助决策更有效,而且辅助决策的范围更宽。

13.3.1　数据仓库概述

1. 数据仓库定义

数据仓库不仅包含了分析所需的数据,而且包含了处理数据所需的应用程序,这些程序包括了将数据由外部媒体转入数据仓库的应用程序,也包括了将数据加以分析并呈现给用户的应用程序。

可以认为,数据仓库是一个概念,不是一种产品。数据仓库建设是一个工程,是一个过程。数据仓库系统是一个包含 4 个层次的体系结构。如图 13-5 所示。

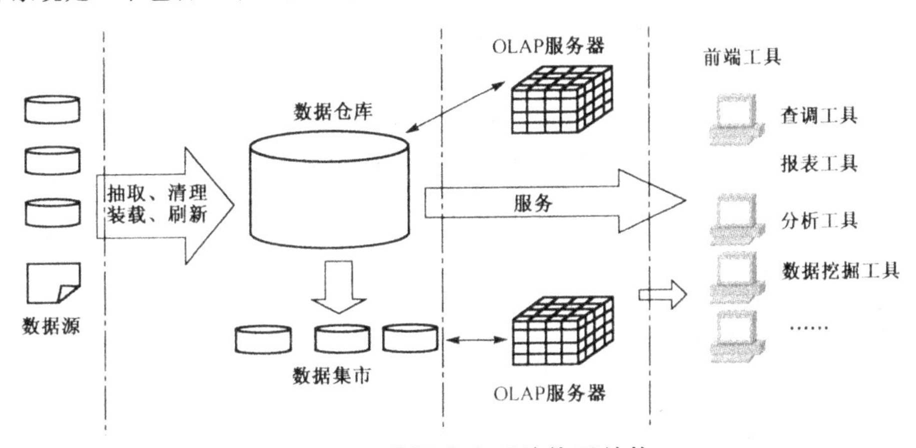

图 13-5　数据仓库系统体系结构

(1)数据源

数据源数据仓库系统的基础,是整个系统的数据源泉。通常包括企业内部信息和外部信息。内部信息包括存放于 RDBMS 中的各种业务处理数据和各类文档数据。外部信息包括各类法律法规、市场信息和竞争对手的信息等。

(2)数据的存储与管理

数据的存储与管理是整个数据仓库系统的核心。数据仓库的真正关键是数据的存储和管理。数据仓库的组织管理方式决定了它有别于传统数据库,同时也决定了其对外部数据的表现形式。要决定采用什么产品和技术来建立数据仓库的核心,则需要从数据仓库的技术特点着手分析。针对现有各业务系统的数据,进行抽取、清理,并有效集成,按照主题进行组织。数据仓库按照数据的覆盖范围可以分为企业级数据仓库和部门级数据仓库(通常称为数据集市)。

(3)联机分析处理服务器

OLAP(On-Line Analytical Processing)对分析需要的数据进行有效集成,按多维模型予以组织，以便进行多角度、多层次的分析，并发现趋势。其具体实现可以分为：ROLAP(Relational OLAP)、MOLAP(Multidimensional OLAP)和HOLAP(Hybrid OLAP)。ROLAP基本数据和聚合数据均存放在RDBMS(Relational DataBases Management System)关系数据库管理系统之中；MOLAP基本数据和聚合数据均存放于多维数据库中；HOLAP基本数据存放于RDBMS之中，聚合数据存放于多维数据库中。

(4)前端工具

前端工具主要包括各种报表工具、查询工具、数据分析工具、数据挖掘工具以及各种基于数据仓库或数据集市的应用开发工具。其中数据分析工具主要针对OLAP服务器，报表工具、数据挖掘工具主要针对数据仓库。

2. 数据仓库特点

(1)数据仓库是面向主题的

与传统数据库面向应用进行数据组织的特点相对应，数据仓库中的数据是面向主题进行组织的。主题是一个抽象的概念，是对企业信息系统中的数据在较高层次上进行抽象的综合、归类并进行分析利用。在逻辑意义上，它是相应企业中某一宏观分析领域所涉及的分析对象。

面向应用的数据组织方式与面向主题的数据组织方式的区别在于：

面向应用进行数据组织时充分考虑企业内部业务活动的特点，抽象程度不高，没有实现数据与应用的分离，偏重于对联机事务处理(OLTP)的支持。

面向主题的数据组织方式根据分析要求将数据组织成一个完备的分析领域，即主题域。这种主题域具有如下两个性质：一是独立性，即主题域可以和其他主题域之间可有交叉部分，但它必须具有独立内涵，即要求有明确的界限；二是完备性，即要求对任何一个主题分析的处理要求，应能在这一主题内找到该分析处理所要求的一切数据。

(2)数据仓库是集成的

数据仓库的数据是从原有的分散的数据库数据中抽取而来的，故数据在进入数据仓库之前就必须要经过分析、加工、集成、统一综合等多步处理。数据仓库的数据主要是作分析用，分析用数据的最大特点在于它不局限于某个具体的操作数据，而是对细节数据的归纳和整理。数据仓库中的综合数据不能从原有数据库系统中直接得到而需从其中抽取。

数据的集成性是指在数据仓库的构建过程中，按既定的策略对来自多个外部数据源内的类型不同、定义各异的数据，进行提取、清洗、转换等一系列处理，最终构成一个有机整体的过程。

(3)数据仓库是稳定的

数据仓库主要是为信息分析提供综合的、集成的、面向某一分析主题的数据，这些数据所涉及的主要是维护查询。数据仓库数据反映的是一段相当长的时间内历史数据的内容，是不同时间内数据快照(来自数据库的一个表或表的子集的最新拷贝)的集合，以及基于这些快照进行统计、综合和重组的导出数据，而不是联机处理的数据，不进行实时更新。

(4)数据是随时间变化的

数据仓库的数据是随时间不断变化的，这一特征表现在3个方面：

①数据仓库随时间变化不断增加新的内容，数据仓库系统必须不断捕捉联机处理数据库中新的数据，追加到数据仓库中去，但新增加的变化数据不会覆盖原有的数据。

②数据仓库随时间变化要不断删去旧的数据内容，因为数据仓库的数据也有存储期限，一旦

超过了这个期限，过期数据就要被删除。

③数据仓库中包含大量的综合数据，这些综合数据中有很多与时间有关，如数据按照某一时间段进行综合，或每隔一定时间片进行抽样等，这些数据会随着时间的不断变化而不断地重新综合。

数据仓库虽然是从数据库发展而来的，但是两者在许多方面存在着很大的差异。从数据存储内容来看，数据库只存放当前值，而数据仓库存放历史值；数据库中数据是面向操作人员的，可为业务处理人员提供信息处理的支持，而数据仓库则是面向中高层管理人员的，可为其提供决策支持，数据库中数据是动态变化的，而数据仓库只能定期添加、刷新；数据库中的数据结构比较复杂，有各种结构以适合业务处理的需要，而数据仓库中数据的结构则相对简单；数据库中数据的访问频率较高，但访问量较少，而数据仓库的访问频率较低但访问量很高；在访问数据时，数据库要求响应速度快，数据仓库的响应时间一般较长。

13.3.2　数据仓库的分类与数据

1. 数据仓库的分类

根据不同的标准和角度可将数据仓库分为多种类型。

从其规模与应用范围来加以区分，大致可以分为下列几种。

①标准数据仓库。

②数据集市（DataMart）。

③多层数据仓库（Multi-tier Data Warehouse）。

④联合式数据仓库（Federated Data Warehouse）。

（1）标准数据仓库

标准数据仓库是企业最常使用的数据仓库，它是依据管理决策的需求而将数据加以整理分析，再将其转换至数据仓库之中的。这一类的数据仓库是以整个企业为着眼点而构建出来的，所以它的数据都是有关整个企业的数据，用户可以从中得到整个组织运作的统计分析信息。

（2）数据集市

数据集市，或者叫做“小数据仓库”，是针对某一个主题或是某一个部门而构建的数据仓库。一般说来，它的规模会比标准数据仓库小。若说数据仓库是建立在企业级的数据模型之上的，那么数据集市就是企业级数据仓库的一个子集，它主要面向部门级业务，并且只是面向某个特定的主题。数据集市可以在一定程度上缓解访问数据仓库的瓶颈。

图 13-6 所示为两种数据集市，即独立的数据集市（Independent Data Mart）和从属的数据集市 Dependent Data Mart）。图 13-6 左边所示的是企业数据仓库的逻辑结构。可以看出，其中的数据来自各信息系统，把它们的操作数据按照企业数据仓库物理模型的定义转换过来。采用这种中央数据仓库的做法，可保证现实世界的一致性。

图 13-6 中间所示的是从属数据集市的逻辑结构。所谓从属，是指它的数据直接来自于中央数据仓库。显然，这种结构依能保持数据的一致性。在一般情况下，为那些访问数据仓库十分频繁的关键业务部门建立从属的数据集市，这样可以很好地提高查询的反应速度。因此，当中央数据仓库十分庞大时，一般不对中央数据仓库做非正则处理，而是建立一个从属数据集市，对它做

非正则处理，这样既能提高响应速度，又能保证系统的易维护性，其代价增加了对数据集市的投资。

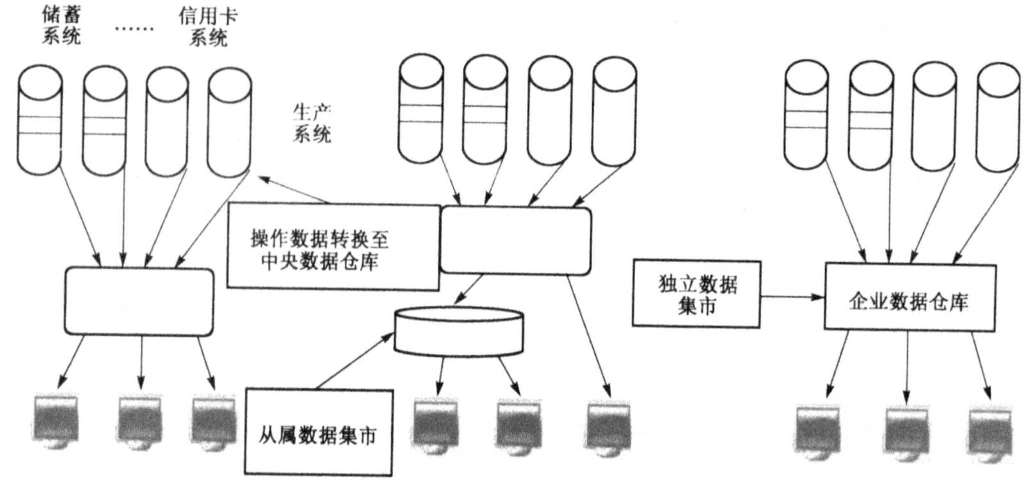

图 13-6　数据仓库和两种数据集市

(3)多层数据仓库

多层数据仓库是标准数据仓库与数据集市的一种组合应用方式，在整个架构之中，有一个最上层的数据仓库提供者，它会将数据提供给下层的数据集市。多层数据仓库的优点在于它拥有统一的全企业性数据源。

联合式数据仓库指的是在整体系统中包含了多重的数据仓库或是数据集市系统，也可以包括多层的数据仓库，但是在整个系统中只有一个数据仓库的提供者，这种数据仓库系统适合大型企业使用。

2. 数据仓库的数据

(1)源数据

数据仓库的数据来源于多个数据源，包括企业内部数据(生产、技术、财务、设备、销售等)、市场调查与分析及各种文档之类的外部数据。

(2)元数据

元数据是由管理员输入或是由数据仓库系统自动生成的，它们是描述整个数据仓库系统各个部分的描述性数据。通俗地讲，元数据就是“关于数据的数据”。在数据库中，元数据是对数据库各对象的描述；在关系数据库中，这种描述就是对表、列、数据库、视图和其他对象的定义。

(3)事实数据

事实数据是由 OLPT 系统转入的，能够反映一项已经发生过的实情。例如，一笔订单、一笔提款交易。事实数据是最原始的数据，可以从中分析出所有可能的统计数据。

(4)索引参考数据(维度数据)

索引参考数据指的是维度数据，它们主要是为了增加查询的速度而创建的。维度数据与事实数据不大一样，它们可更新，根据用户的实际需要，还可以添加维度数据。

(5)详细数据

详细数据指的是由来源系统转入数据仓库的数据，它们依然可以反映出最细微的状态，例如，一笔订单的相关信息、某一产品是由哪一位顾客在什么时间购买的。详细数据存储在事实表之中，它们占用了非常大的磁盘空间。

(6)集合信息

在很多的实际案例之中，数据仓库系统工程并不是一定要在网上存储所有的详细数据，可以根据用户的需求，将某一部分的详细数据加以集合，而只是在数据仓库系统中存储集合的相关信息。集和信息以维度为基准求和，嵌入相关的索引数据。

13.3.3　数据仓库概念模型

1. 星型模型

星型模型是一种一点向外辐射的建模范例，中间有一单一对象沿半径向外连接到多个对象。星型模型反映了最终用户对商务查询的看法：销售事实、赔偿、付款和货物的托运都用一维或多维描述(按月、产品、地理位置)。星型模型中心的对象称为“事实表”，即为事实数据所构成的表。与之相连的对象称为“维表”，即为维度数据所构成的表。对事实表的查询就是获取指向维表的指针表，当对事实表的查询与对维表的查询结合在一起时，就可以检索大量的信息。通过联合，维表可以对查找标准细剖和聚集。

一个简单的逻辑星型模型由一个事实表和若干维表组成。复杂的星型模型包含数百个事实表和维表。事实表包含基本的商业措施，可以由成千上万行组成。维表包含可用于 SQL 查找标准的商业属性，一般比较小。

图 13-7 是一个由事实表和维表组成的星形模型结构示意图。

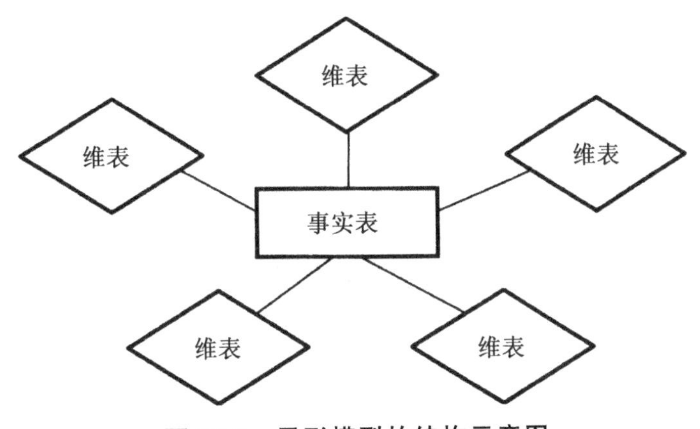

图 13-7　星形模型的结构示意图

2. 雪花模型

雪花模型是星形模型的扩展，该模型在事实表和维表的基础上，增加了一类新的表——“详细类别表”，用于对维表进行描述，如图 13-8 所示。详细类别表通过对事实表在有关维上的详细描述可以达到缩小事实表、提高查询效率的目的。同时，由于雪花模型采取了标准化及维的低粒度，从而提高了数据仓库应用的灵活性。

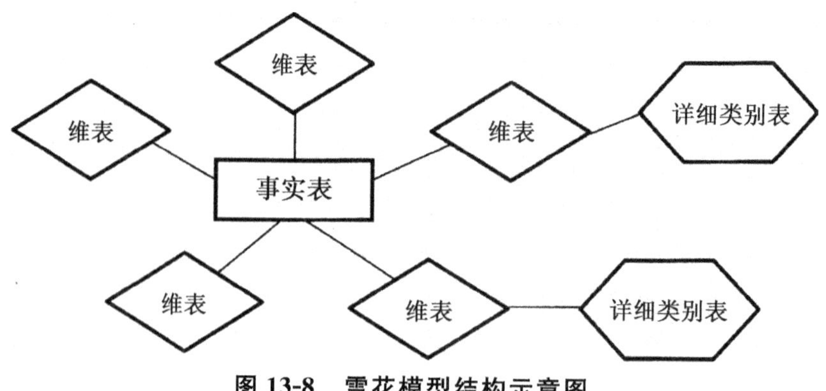

图 13-8　雪花模型结构示意图

雪花模式和星形模型的不同点主要体现在：

(1)雪花模式的维表可能是规范化形式，能够减少冗余，方便维护，节省存储空间。

(2)在雪花模式中执行某些查询需要更多的连接操作，致使性能降低了。尽管雪花模式有节省存储空间的优点，但相对于非常庞大的事实表而言，其能够节省的空间是有限的，甚至可以忽略不计，而性能仍是数据仓库设计中要考虑的主要因素。因此，在数据仓库设计中，雪花模式不如星型模式流行。

3. 混合模型

混合模型是星型模型和雪花模型的一种折中模式，其中星型模型由事实表和标准化的维度表组成，雪花模型的所有维表都进行了标准化。在混合模型中，只有最大的维表才进行标准化，这些表一般包含一列列完全标准化的重复的数据。

混合模型的基本假设是事实数据是不会改变的，系统只会定期地从 OLAP 系统转入新的历史数据。混合模型也是为用户需求而设计的，为了要迎合用户不断更新的新需求，只需要更新或是添加外围表的维度表就可以了。因为维度数据比起事实数据少得太多，所以添加或是重建维度表不会造成数据库系统太大的工作开销。

13.4　数据挖掘技术

13.4.1　数据挖掘定义与分类

1. 数据挖掘的定义

数据挖掘就是从大量的、不完全的、有噪声的、模糊的、随机的数据中，提取隐含在其中的、人们事先不知道的、但又是潜在有用的信息和知识的过程。数据挖掘应该更正确地命名为“从数据中挖掘知识”。人工智能领域习惯称知识发现，而数据库领域习惯称数据挖掘。

一般来说，数据挖掘是一个利用各种分析方法和分析工具在大规模海量数据中建立模型和发现数据间关系的过程，这些模型和关系可以用来作出决策和预测。

(1)技术角度的定义

数据挖掘(Data Mining)就是从大量的、不完全的、有噪声的、模糊的、随机的实际应用数据中,提取隐含在其中的、人们事先不知道的但又是潜在有用的信息和知识的过程。与数据挖掘相近的同义词有数据融合、知识发现、知识抽取、数据分析和决策支持等。这个定义包括好几层含义:数据源必须是真实的、大量的、含噪声的;发现的是用户感兴趣的知识;发现的知识要可接受、可理解、可运用;并不要求发现放之四海而皆准的知识,仅支持特定的发现问题。

这里所说的知识发现,不是要求发现放之四海而皆准的真理,也不是要去发现崭新的自然科学定理和纯数学公式,更不是什么机器定理证明。实际上,所有发现的知识都是相对的,是有特定前提和约束条件、面向特定领域的,同时还要能够易于被用户理解。最好能用自然语言表达所发现的结果。

(2)商业角度的定义

数据挖掘是一种新的商业信息处理技术,其主要特点是对商业数据库中的大量业务数据进行抽取、转换、分析和其他模型化处理,从中提取辅助商业决策的关键性数据。

本质而言数据挖掘其实是一类深层次的数据分析方法。数据分析本身已经有很多年的历史,只不过在过去进行数据收集和分析的目的是用于科学研究。分析这些数据也不再是单纯为了研究的需要,更主要的是为商业决策提供真正有价值的信息,进而获得利润。但所有企业面临的一个共同问题是:企业数据量非常大,而其中真正有价值的信息却很少,因此要对大量的数据中进行深层分析,获得有利于商业运作、提高竞争力的信息。

因此,数据挖掘可以描述为:按企业既定业务目标,对大量的企业数据进行探索和分析,揭示隐藏的、未知的或验证已知的规律性,并进一步将其模型化的先进有效的方法。

2. 数据挖掘的分类

数据挖掘可以分为描述性挖掘和预测性挖掘两大类。描述性挖掘用于挖掘数据库中数据的一般特性。而预测性挖掘则是指在当前数据上进行推断,以此进行预测。一般来说,数据挖掘的功能是与挖掘的目标数据类型相关的。其某些功能只能应用在某种特定的数据类型上,而某些功能则可以应用在多个不同类型的数据库上。

(1)描述性挖掘

描述性挖掘是指对描述性知识的数据挖掘,主要包括特征与比较描述、关联分析、聚类分析、异常检测等。

①特征与比较描述

特征与比较描述是概念描述的两个方面。概念描述(Concept Description)就是通过对某类对象关联数据的汇总、分析和比较,来描述此类对象的内涵,并概括其有关的特征。最简单也是最传统的数据总结方法是计算出数据库的各个字段上的求和值、平均值、方差值等统计值,或者用直方图、饼状图等图形方式表示。概念描述则主要是从数据泛化的角度来讨论数据总结。数据泛化是一种把数据库中的有关数据从低层次抽象到高层次上的过程。

概念描述可通过数据特征化和数据区分方法实现。数据特征化描述了某类对象的共同特征,并生成一个类的特征性描述,该描述只涉及该类对象中所有个体的共性。其输出包括饼图、柱状图、曲线、多维数据立方体、含交叉表的多维表多种形式,且描述结果也可以用概化关系或规则形式表示。而数据区分则描述了异类对象之间的区别,将目标类对象的一般特性与一个或多个对比类对象的一般特性进行比较，这种比较通常需要在具备两个或多个具有可比性的类之间进行的。数据区分的输出类似于数据特征化，但 还包括比较度量，帮助区分目标类和对比类。

②关联分析

关联分析(Association Analysis) 就是从大量的数据中发现隐藏在项集之间有趣的联系、相关关系或因果结构，以及项集的频繁模式，是从数据库中发现知识的一类重要方法。若两个或多个数据项的取值之间重复出现且概率很高，则就可以认为这些数据项之间存在某种关联，可以建立关联规则。

在大型数据库中，这种关联规则是很多的，需要进行筛选，一般可通过“支持度”和“可信度”两个阈值来淘汰那些无用的关联规则。在实际应用中，人们都是通过结合必要的领域知识，选取适当挖掘方法来抽取那些满足一定的支持度和可信度的关联规则的。

③聚类分析

聚类(Clustering)是一个将物理或抽象对象的集合分组成为由类似的对象组成的多个类的过程。聚类分析方法不同于分类，聚类分析是指在没有给定划分类的情况下，根据信息相似度进行信息聚集的一种方法。聚类的目的是根据一定的规则，合理地进行分组或聚类，并用显式或隐式的方法描述不同的类别。

聚类方法包括统计分析方法、机器学习方法、神经网络方法等。在统计方法中，聚类被称为聚类分析。此时，聚类分析是基于距离的聚类，如欧氏距离、海明距离等。在机器学习方法中，聚类是无导师的学习，聚类称作无监督归纳。在神经网络中，自组织神经网络方法用于聚类，如ART 模型、Kohonen 模型等，是一种无监督学习方法。

④异常检测

异常检测是指数据库中包括的一些与数据的一般行为或模型不一致的数据对象。大部分数据挖掘方法在进行数据挖掘时会将孤立点视为噪声或异常而丢弃。然而，在一些应用中(如信用卡欺骗检测)，罕见的事件可能比正常出现的事件更有趣，需要进行孤立点数据分析。

异常检测常使用统计试验进行检测。首先假定一个数据分布或概率模型，然后使用距离度量，到所有聚类的距离均很大的对象就被视为孤立点。此外，基于偏差检测的方法也属于异常检测。偏差检测包括很多潜在的知识，如分类中的反常实例、不满足规则的特例、观测结果与模型预测值的偏差、量值随时间的变化等，其基本方法是寻找观测结果与参照值之间有意义的差别。

(2)预测性挖掘

预测性挖掘是指对预测性知识的数据挖掘，主要包括数据分类、数值预测等。

①数据分类

分类(Classification)是数据挖掘中是一项非常重要的任务，也是应用最多的任务。分类的目的是在聚类的基础上找出一组能够描述数据集合典型特征的模型或函数，以便能够识别未知数据的归属或类别。分类模型能够通过数据挖掘分类算法从一组训练样本数据(其类别归属已知)中学习获得。

数据分类就是一个从数据库对象中发现共性，并将数据对象分成不同类别的过程。实际上，分类过程包含两步：第一步，建立一个模型，描述指定的数据类集；第二步，使用模型进行分类。数据分类中模型的建立是基于对训练数据集的分析。常用的数据分类方法有决策树分类、神经网络分类、贝叶斯分类、k—最近邻分类等。

决策树分类采用决策树作为分类模型。神经网络分类中最具代表性的是前馈神经网络分类，它采用前馈神经网络作为分类的模型。贝叶斯分类是利用贝叶斯公式计算类别属性的后验概率来分类新样本的。k—最近邻分类则是将样本看作数据空间中的一个数据点，当分类新样本时，通过计算寻找与新样本距离最近的 k 个训样样本，并用在 k 个训样样本中占多数的样本类别作为新样本的类别。

此外，在数据库中还存在着噪声数据（错误数据）、缺损值、疏密不均匀等问题，它们会对分类算法获取的知识产生坏的影响，故在数据分类过程中应尽量避免或减少这些问题的发生。

②数值预测

数值预测就是指通过分析由预测属性取值已知的对象组成的训练数据集，建立描述对象特征与预测属性之间的相关关系的预测模型，然后利用预测模型对预测属性取值未知的对象进行预测。

在数据挖掘中，当预测目标是对象在类别属性（离散属性）上的取值（类别）时，可以称为分类；当预测目标是对象在预测属性（连续属性）上的取值或取值区间，则称为预测。

目前，常用的预测技术主要是回归统计技术。回归统计技术是研究变量之间的相关关系的一种数学工具，利用回归统计技术可以通过一个或一组变量的取值来估计（预测）另一个变量的取值。常用的回归统计技术有一元线性回归、多元线性回归、非线性回归等。

13.4.2　数据挖掘过程

数据挖掘是一个完整的、反复的人机交互处理过程，数据挖掘过程一般需要经历：确定挖掘对象、准备数据、建立模型、数据挖掘、结果分析与知识应用等多个阶段。这些阶段在具体实施中可能需要重复多次。为完成这些阶段的任务，需要不同专业人员参与其中，这些专业人员主要是业务分析人员、数据分析人员和数据管理人员，如图 13-9 所示。针对不应用领域分析目标的需求、数据来源和含义的不同，其中的步骤也不会完全一样。

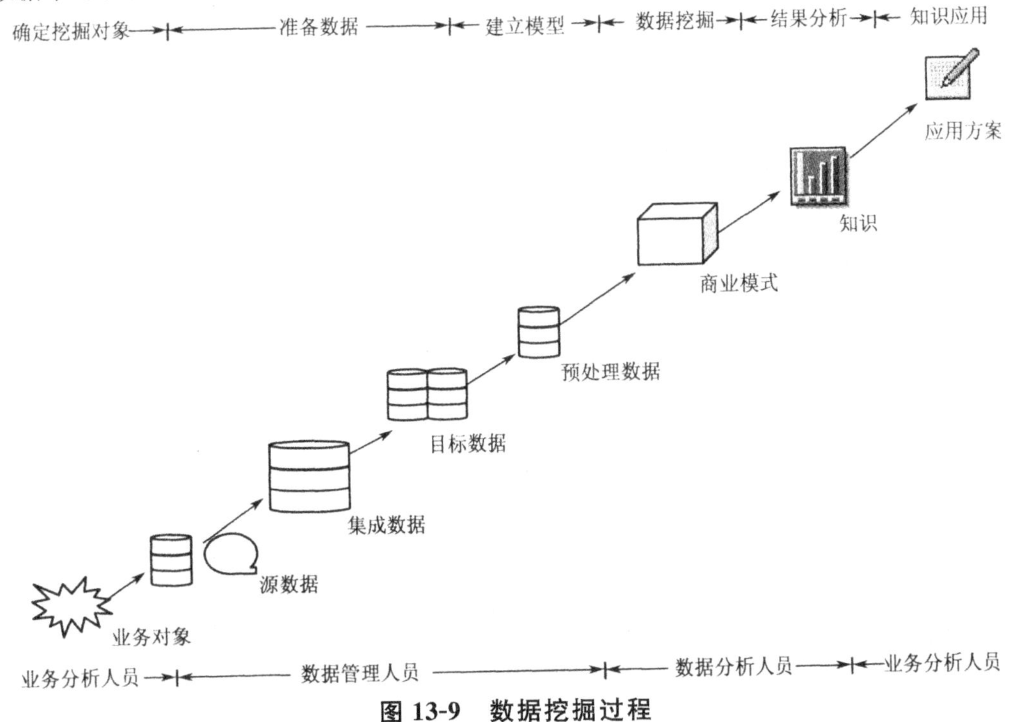

图 13-9　数据挖掘过程

数据挖掘的目的是在大量数据中发现有用的的信息，故需要通过数据挖掘来发现什么样的信息就成为整个过程中第一个也是最重要的一步。在问题定义过程中，数据挖掘人员、领域专家及最终用户必须紧密协作，明确实际工作对 KDD 的要求，并通过对各种学习算法的对比确定可用的学习算法。

数据是数据挖掘工作成功与否的基础，要进行数据挖掘，进行必要的数据准备是必不可少的。由于数据挖掘中的数据来源于不同的数据源，具有数据量大、结构复杂、重复歧义，并夹杂着噪声、冗余信息等对数据挖掘有负面影响的数据。

具体的数据挖掘就是根据对问题的定义明确挖掘的任务和目的。确定了挖掘任务后，就要决定使用什么样的算法。只有选择了适合的算法，才能顺利的完成数据挖掘的任务。数据挖掘的基本步骤如下：

(1)根据此次分析项目制定的项目目标，来确定数据挖掘要发现的任务是什么，是属于哪种挖掘类型。

(2)在确定了挖掘任务的类型之后，选择恰当的数据挖掘技术。

(3)在前两步的基础上，选择合适的数据挖掘工具。目前流行的数据挖掘工具主要有 SASEnterorise Miner、SPSS Clementine、IBM Intelligent Miner 和 Oracle Darwin 等。

(4)利用数据挖掘工具，按照选择的算法在数据集合中进行数据挖掘操作，其中大部分是机器自动完成，数据挖掘人员需要在挖掘过程中不断地加入人机交互，提高数据挖掘的效率和准确性。

最后对挖掘结果的评价依赖于此次挖掘任务开始时制订的分析目标，在此基础上由本领域的专家对所发现模式的新颖性和有效性进行评价。经过专家或机器的评估后，可能会发现这些模式中存在冗余或无关的模式，这时需要将其剔除；也有可能模式不满足用户要求，这时则需要整个发现过程回退到前续阶段中去反复提取，从而发掘出更有效、更准确的知识。

13.4.3 数据挖掘对象与体系结构

1. 数据挖掘对象

数据挖掘的对象包括传统的关系数据库、非数据库组织的文本数据源、Web 数据源以及复杂的多媒体数据源等。根据用户的目的及所处的领域，数据挖掘具体对象也有所不同。目前，数据挖掘的数据对象主要是关系数据与数据仓库。

(1)关系数据库

关系数据库具有坚实的数据基础、统一的组织结构、完整的规范化理论、一体化的查询语言等特点，是当前数据挖掘最重要、最流行，也是信息最丰富的数据源，同时也是数据挖掘研究的主要形式之一。

(2)数据仓库

数据仓库可以说是为数据挖掘的进行准备了一个良好的数据源。随着数据仓库与数据挖掘的协调发展，数据仓库必然成为数据挖掘的最佳环境。

(3)文本数据库

文本数据库是指所保存内容均为文字的数据库，通常这些文字并不是简单的关键词，而是长句子、段落甚至全文。文本数据库通常为非结构化或半结构化，如 HTML、E-mail 等。Web 网页也是文本信息，把众多的 Web 网页组成数据库就是最大的文本数据库。一个良好结构的文本数据，也可以使用关系数据库来实现。

(4)复杂类型数据库

复杂类型的数据库是指非单纯文本或能够表示动态序列数据的数据库，常见的如面向对象数据库、事务(Transaction)数据库、空间(Spatial)数据库、时序数据库、多媒体数据库等。

2. 数据挖掘体系结构

图 13-10 所示为数据挖掘的体系结构，

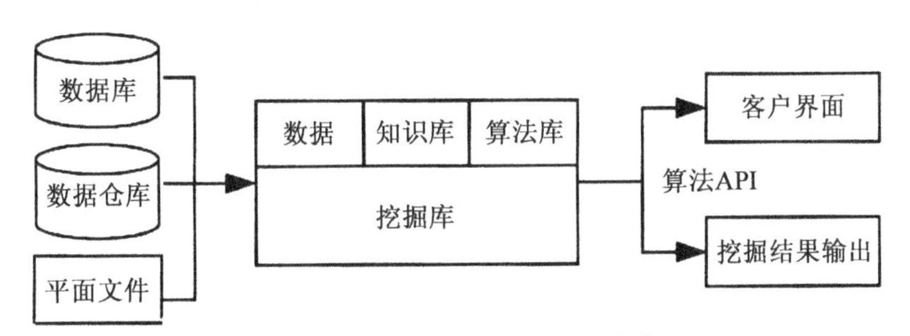

图 13-10　数据挖掘的体系结构

若从数据挖掘与数据库及数据仓库的耦合程序来看，数据挖掘可分为：不耦合、松散耦合、半紧密耦合、紧密耦合 4 种结构，现分述如下。

(1)不耦合

不耦合指数据库挖掘与数据库仓库及数据库没有任何关系。输入数据是从文件中取出的，结果也存放在文件中，这种结构很少使用。

(2)松散耦合

松散耦合指利用数据仓库或数据库作为数据挖掘的数据源，其结果写入文件、数据库或数据仓库中，但不使用数据库及数据仓库提供的数据结构及查询优化方法。

(3)半紧密耦合

半紧密耦合指部分数据挖掘原语出现在数据仓库或数据中，如 Aggregation，Histogram A-nalysis 等。

(4)紧密耦合

紧密耦合指将数据挖掘集成到数据库或数据仓库中，作为其中一个组成部分。

可以看出，数据挖掘系统应当与一个 DB(DataBase)/DW(Data Warehouse)耦合。松散耦合尽管不是很有效，也比不耦合好，因为它可以使用 DB/DW 的数据和系统工具。紧密耦合是高度期望的，但实现比较困难。半紧密耦合是松散和紧密耦合之间的折中。

13.5 多媒体数据库

13.5.1 多媒体数据库定义与特点

1. 多媒体数据库定义

随着多媒体技术的发展，计算机应用领域中的多媒体信息也越来越多，不但信息量日益增大，而且媒体形式也日益增多。随着多媒体数据逐渐进入数据库：以往数据库中以文本、数值为主的数据类型，变成了多种媒体的信息数据。随着应用的需求，许多数据库管理系统的用户需要将常规计算机系统平台扩展为支持多媒体的系统平台。一方面继续使用现有的计算机系统和应用软件，另一方面想把多媒体应用软件和文档的管理融合在一起，加到现有系统和应用软件上。采用多媒体系统，通过视觉或听觉进行交互，很容易对信息要求做出快速正确的反应。多媒体系统与文档管理和现有的软件系统结合在一起，将对数据存储管理技术提出很大的挑战。

多媒体数据库（Multimedia Database）是数据库技术和多媒体技术相结合的产物。在许多数据库应用如办公自动化、信息系统、教育、CAD、CAM、医疗等应用中都涉及大量的文本、图形、图像、声音等多媒体数据，这些数据与数字、字符等格式化数据不同，它们是一些结构复杂的对象。因此，传统数据库技术如数据存储、管理、检索、更新等都不能适应对这些数据的应用和管理需求，需要有专门的多媒体数据库管理系统的支持。

2. 多媒体数据库特点

传统数据库处理的数据类型为字符、数字和布尔型等格式化的数据，可以由键盘输入，以文字、表格等简单形式输出。但文本、图形、图像、声音等多媒体数据与格式化数据有许多不同，主要表现在以下几个方面：

（1）存储和处理的数据量大

常规数据的数据量较小，格式化的数据，最长的字符型为 254 个字节，而多媒体数据的数据量庞大，一个未经压缩处理的 10 分钟视频信息大约需要 10GB 以上的存储空间。可见，多媒体功能要求对分布在不同辅助存储媒体上的海量信息进行数据库的管理。若在分布式应用中，数据需要通过网络进行存取，相关技术更是要求严格。

（2）数据复杂性较大

传统的数据以记录为单位，一个记录由多个字段组成，结构简单。而多媒体数据种类繁多，结构复杂，大多是非结构化的数据，来源于不同的媒体且具有不同的形式和格式。它们可以是由文字、图像、声音等组成的复杂对象，即使是一幅动画也是由许多画面合成的。一般的多媒体数据库中，为了管理方便，应尽可能把上述三种媒体存放在不同的表中，然后通过外键进行连接。

(3)要求同步性、实时性

连续数据流对多媒体数据库提出了实时性处理的要求。多媒体数据,无论是声音媒体还是视频媒体,都要求连续传送或输出,否则将导致严重失真,影响效果。这就要求多媒体数据库系统在技术上实现同步性、实时性。

(4)数据长度不定

常规数据在组织存储时一般长度可确定,可用定长记录来存储,因而可以构造成一张张的二维表,每张表即对应一个关系,每个数据都是不可再分的原子数据,存取方便,结构简单。而多媒体数据的数据量大小不定,长度难以预测,无法通过定长来存储,数据存储过程比较繁琐。

(5)数据定义及操作创新

传统的关系数据库处理的是规范关系,每个元组由定长的属性值组成,而每个属性值又是不可再分的原子数据。因而,对这些规范关系可方便地定义并施行各种标准操作,从而可为用户提供简明的数据视图以及使用简单方便而功能强大的 SQL 语言。而多媒体数据不规则,有丰富的信息含量、复杂的结构及关系,所以无论是描述语言、数据操作语言或存储结构、存取路径等都和传统的关系数据库有所不同。

13.5.2　多媒体数据模型与管理系统

1. 多媒体数据库模型

多媒体数据在类型、结构与操作等方面都较传统上有很大的不同,传统的数据模型(层次、网状、关系)都不适用,所以要专门开发新的多媒体数据模型。目前常见的多媒体数据模型主要有下列几种。

(1)关系式模型

基于传统关系模型,针对其数据抽象和语义描述及操作能力的不足进行扩展,以满足多媒体数据库的需要,这包含引入抽象数据类型 ADT 和扩展关系的语义(如 NF^2 模型)这两方面的内容。抽象数据类型主要描述数据的结构关系,语义模型则表达数据的语义。基于扩充关系数据模型的商品化系统已经出现。

这种类型的多媒体数据库还设置了数据类型 LOB(large object)来存储非格式化数据字段。它又分为 CLOB 型和 BLOB 型两种,前者是有效的文本字符串,后者是非结构化数据的二进制位串,可含有任意数字化数据。

不过,关系模型本身难以扩充适合多媒体数据的操作,只能由系统另外单独解决。

(2)面向对象式模型

面向对象模型是描述多媒体信息最适宜的一种方法,它适于描述复杂对象,又具有语义模型的抽象机制等特点。

面向对象模型将任何一种媒体的客观事物(文字、图片、声音、影视等)建模为对象,对象具有状态(属性)和行为(操作)两方面特征,并具有唯一标识;面向对象模型支持 ADT,可以构建各种新对象。这些正符合多媒体数据描述的要求。

具有相同特征的对象所构成的集合则为对象类(型),类具有“封装”和“信息隐藏”的能力。

类可以有子类，且一个类可以包含多个子类，同时也能为多个其他类的子类，因而形成复杂的层次对象结构。类具有继承性，即子类可继承父类的状态与行为。

不过，目前的面向对象数据模型及其语言还不足以支持多媒体数据的超大规模、种类多而各异的复杂查询与操作。

(3)超文本式模型

超文本(hypertext)模型很多，也称超介质(hyper media)即多介质模型。其中，“超文档”(hyper document)模型是一种更适合多媒体数据的模型，作为一种复杂的非线性网络结构，它主要有结点、连接、超文档三大模型组件。结点是表示信息的单位；连接表示结点之间的联系，依联系语义的不同可以有各种连接，如结构、索引、参考或注解等；超文档是由结点和连接构成的网络。基于该网络，可完成多媒体的浏览、查询、注释等许多操作。

(4)混合式模型

混合模型是指几种模型的组合。这是目前较常见的事实，如关系模型加语义模型、面向对象关系模型、面向对象超文本模型等。开发专门的多媒体数据模型不是一件容易的、短期可完成的任务，利用现有的技术进行改造与扩展，是一种常用的临时性办法。

2. 多媒体数据管理系统

多媒体数据库管理系统是指完全自治的多媒体索引和检索系统。多媒体索引和检索系统是采用数据库管理系统、信息检索技术和基于内容的检索相结合的技术，提供多媒体信息检索的系统。

多媒体数据库管理系统能够有效地存储和操纵多媒体数据。在多媒体数据库中的数据被表示为文本、图像、语音、图形和视频等形式，用户可以定期更新多媒体数据，从而使数据库中所包含的信息精确地反映现实世界。随着数据库技术的发展，一些多媒体数据库管理系统已经能够存储和操作各种类型的数据，使用户能够通过该系统对数据进行浏览或查询，并且可以在很短的时间内访问大量的相关数据。多应用于 CAI、CAD/CAM 等大型应用系统。

多媒体数据库管理系统具有各种不同的体系结构，可以采取基于松耦合的体系结构来设计，如图 13-11 所示。在这种结构中，DBMS 用于管理元数据信息(元数据指作者名字、创建日期等数据项形式的属性)，多媒体文件管理器用来管理多媒体文件，通过一个集成模块把 DBMS 和多媒体文件管理器集成起来。这种体系结构的优点是可以利用多媒体文件管理技术和成熟的 DBMS 技术来设计多媒体数据库管理系统，其缺点是 DBMS 并没有真正用来管理多媒体数据库，所以有一些本应是 DBMS 功能的特征(如并发控制、恢复、查询等)都不能应用于多媒体数据库。

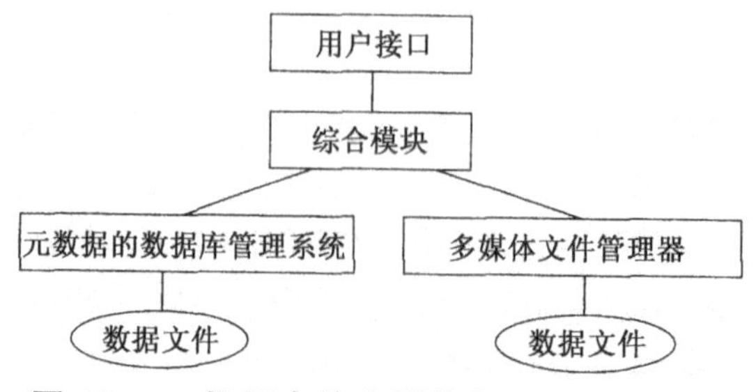

图 13-11　松耦合的多媒体数据库管理系统

另一种是如图 13-12 所示的紧耦合体系结构。在这种结构中,真正由 DBMS 来管理多媒体数据库。这种方法的优点是由 DBMS 所提供的传统特征可以应用到多媒体数据库上。但是这种方法需要一种崭新类型的 DBMS,对多媒体数据库管理方面的大量研究都集中在这一方法的实现上。

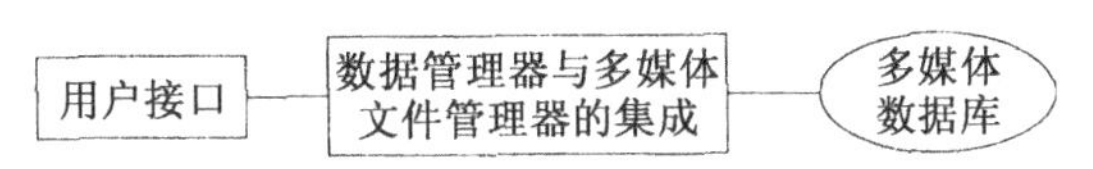

图 13-12　紧耦合的多媒体数据库管理系统

新类型的 DBMS 应具有数据表示、查询和更新服务、数据发布、元数据管理、事务处理、完整性、安全性等功能。用户通过一种多样化用户接口来访问多媒体数据库系统,这种接口可以支持文本、图像、语音和视频等多种数据类型,由存储管理器负责存取多媒体数据库。

13.6　空间数据库

13.6.1　空间数据库的定义与特性

1. 空间数据库定义

随着数据库技术的发展,越来越多的应用开始包含大量的空间对象,要求数据库支持关于空间对象的位置、形状及空间关系数据(简称空间数据)的存储、索引、查询与维护。这需要一些特殊的数据库——空间数据库技术。空间数据库技术主要用在地理信息系统(GIS)、计算机辅助设计和制造(CAD/CAM)、多媒体数据库、移动数据库等方面。它在解决一些有巨大挑战性的科学问题上(如全球气候变化、基因研究等)正在发挥越来越重要的作用。

空间数据库(Spatial Database)是以描述空间位置和点、线、面、体特征的位置数据(空间数据)以及描述这些特征的属性数据(非空间数据)为对象的数据库,其数据模型和查询语言能支持空间数据类型和空间索引,并且提供空间查询和其他空间分析方法。其中,空间数据用于表示空间物体的位置、形状、大小和分布特征等信息,用于描述所有二维、三维和多维分布的关于区域的信息,它不仅表示物体本身的空间位置和状态信息,还能表示物体之间的空间关系。非空间信息主要包含表示专题属性和质量的描述数据,用于表示物体的本质特征。

空间数据库的目的是利用数据库技术实现空间数据的有效存储、管理和检索,为各种空间数据库用户服务,主要应用于环境和资源管理、土地利用、城市规划、森林保护、人口调查等领域的管理和决策。

2. 空间数据库特性

(1)非结构化特性

关系数据库管理系统中,数据记录一般是结构化的,满足关系数据模型的第一范式要求,是定长的,数据项表达的只能是原始数据,不允许嵌套记录,而空间数据则不能满足这种结构化要求。若将一条记录表达成一个空间对象，它的数据项可能是变长的。例如，1 条弧段的坐标，其长度是不可限定的，它可能是 2 对坐标，也可能是 10 万对坐标；1 个对象可能包含另外的 1 个或多个对象。例如，1 个多边形，它可能含有多条弧段。若 1 条记录表示 1 条弧段，在这种情况下，1 条多边形的记录就可能嵌套多条弧段的记录，因此，它不满足关系数据模型的范式要求，可见，难以直接采用通用的关系数据管理系统来管理空间图形数据。

(2)复杂性与多样性

空间数据源广、量大，时有类型不一致、数据噪声大的问题。进行数据挖掘的原数据可能包含了噪声、空缺、未知数据，而聚类算法对于这样的数据较为敏感，将会导致质量较低的聚类结果，因此，处理噪声数据的能力需要提高。选取挖掘的样本数据时，合理而准确的抽样是至关重要的，样本大不但降低了抽样效率，而且增加了后续工作的复杂性；样本小又存在样本不具有代表性，准确性不高的问题。因此，需要有效的抽样技术解决大型数据库中的抽样问题。由于进行挖掘所需要的数据可能来自于不同的数据源中，这些数据源中的数据可能具有不同的数据格式和意义，为有效地传输和处理这些数据，需要对结构化或非结构化数据的集成进行深入的研究。

(3)综合抽象特征

空间数据描述的是现实世界中的地物和地貌特征，非常复杂，必须经过抽象处理。不同主题的空间数据库，人们所关心的内容也有差别。因此，空间数据的抽象性还包括人为地取舍数据。抽象性还使数据产生多语义问题。在不同的抽象中，同一自然地物表示可能会有不同的语义。例如，河流既可以被抽象为水系要素，也可以被抽象为行政边界，如省界、县界等。

(4)分类编码特征

通常，每一个空间对象都有一个分类编码，而这种分类编码往往属于国家标准或行业标准或地区标准，每一种地物的类型在某个 GIS 中的属性项个数是相同的。因而在许多情况下，一种地物类型对应一个属性数据表文件。当然，如果几种地物类型的属性项相同，也可以有多种地物类型共用一个属性数据表文件。

此外，还有如，其算法不标准。至今没有一个标准的算法，空间算子严重依赖于特定空间数据库的应用程序；其运算符的不闭合性，两个空间实体的相交，可能返回一个点集、线集或面集；空间数据的计算代价通常比标准的关系运算昂贵。

13.6.2 空间数据库查询与管理系统

1. 空间数据的查询

(1)临近查询

临近查询是指为找出特定位置附近的对象所做的查询，如找出最近的影院。

(2)区域查询

区域查询是指为找出部分或全部位于指定区域内的对象所做的查询，如找出城市中某个区的所有医院。

(3)针对区域的交和并的查询

例如,给出区域信息,如年降雨量和人口密度,要求查询所有年降雨量低且人口密度高的区域。

由于空间数据本身是图形化的,因此通常使用图形化的查询语言对它们进行查询,查询的结果也以图形显示,而不是以表的形式。

高效访问空间数据需要索引。目前,对空间数据索引技术的研究主要有两类:以四叉树为代表的栅格文件索引技术和以 R 树及其变种为代表的动态索引技术。

2. 空间数据库管理系统

空间数据库管理系统的主要功能是提供对空间数据和空间关系的定义和描述;提供空间数据查询语言,实现对空间数据的高效查询和操作;提供对空间数据的存储和组织;提供对空间数据的直观显示等。可以想象空间数据库管理系统比传统的数据库管理系统在数据的查询、操作、存储和显示等方面要复杂许多。

目前,以空间数据库为核心的地理信息系统的应用已经从解决道路、输电线路等基础设施的规划和管理,发展到更加复杂的领域,地理信息系统已经广泛应用于环境和资源管理、土地利用、城市规划、森林保护、人口调查、交通、商业网络等各个方面的管理与决策。例如,我国已建立了国土资源管理信息系统、黄土高原信息系统、洪水灾情预报和分析系统等。

13.6.3　空间数据库的应用

空间数据库的应用有很多,这里主要介绍两种最重要的应用形式。

1. 设计数据库

设计数据库,亦即计算机辅助设计(CAD)数据库,是用于存储设计信息的空间数据库。

设计数据库存储的对象通常是几何对象,其中简单二维几何对象包括点、线、三角形、矩形和一般多边形等,复杂的二维对象可由简单二维对象通过并、交、差操作得到,简单三维对象包括球、圆柱等,复杂三维对象则由简单三维对象通过并、交、差操作得到。

2. 地理数据库

地理数据库,常被称为地理信息系统(Geographic Information System,GIS),是用于存储地理信息的空间数据库。

地理数据在本质上是空间的,可以分为两类:

(1)光栅数据

这种数据由二维或更高维位图或像素组成。二维光栅图像的典型例子是云层的卫星图像,其中每个像素存储了特定地区云层的可见度。设计数据库通常不存储光栅数据。

(2)矢量数据

矢量由基本几何对象构成,如点、线段、三角形和其他二维多边形,以及圆柱、球、长方体和其他三维多面体。地图数据常以矢量形式表示。

在具体表示形式上，例如，地理特征如大型湖泊可表示成复杂多边形，河流可表示成复杂曲线或复杂多边形，年降雨量可表示成一个数组（即以光栅的形式）。

地理数据库有多种用途，包括车辆导航系统、公共服务设施的分布网络信息，如电话、电源、供水、供气系统，以及为生态学家和规划者提供的土地使用信息，等等。

参考文献

[1]冯伟昌. Access 2003 数据库技术与应用. 北京:高等教育出版社,2011
[2]姜继红,谭宝军. Access 2003 中文版基础教程(第 2 版). 北京:人民邮电出版社,2011
[3]瞿有甜. 数据库技术与应用. 杭州:浙江大学出版社,2010
[4]魏茂林. 数据库应用技术——Access 2003. 北京:电子工业出版社,2009
[5]王行言等. 数据库技术及应用. 北京:高等教育出版社,2004
[6]訾秀玲等. Access 数据库技术及应用教程. 北京:清华大学出版社,2007
[7]段雪丽等. 数据库原理及应用(Access 2003). 北京:人民邮电出版社,2010
[8]陈恭和. 数据库基础与 Access 应用教程. 北京:高等教育出版社,2008
[9]解圣庆. Access 2003 数据库教程. 北京:清华大学出版社,2006
[10]李春葆等. Access 2003 程序设计教程(第 2 版). 北京:清华大学出版社,2007
[11]单颀,李建勇. 数据库技术与应用基础——Access. 北京:科学出版社,2012
[12]柳超,何立群. 数据库技术与应用(Access 2003 版). 北京:人民邮电出版社,2012
[13]杨涛. 中文版 Access 2003 数据库应用实用教程. 北京:清华大学出版社,2009
[14]王娟等. Access 数据库应用技术. 北京:清华大学出版社,2012
[15]刘卫国. Access 数据库基础与应用. 北京:北京邮电大学出版社,2011
[16]赵增敏. 数据库应用基础——Access 2003. 北京:电子工业出版社,2010
[17]姜继红. Access 2003 中文版实用教程(第 2 版). 北京:人民邮电出版社,2009
[18]陈光军,张秀芝. 数据库原理及应用(Access 2003)(第二版). 北京:中国水利水电出版社,2008
[19]张凤荔等. 数据库新技术及其应用. 北京:清华大学出版社,2012
[20]徐慧. 数据库技术与应用. 北京:北京理工大学出版社,2010
[21]刘宏,马晓荣. Access 2003 数据库应用技术. 北京:机械工业出版社,2012
[22]朱子江,胡毅. Access 2003 数据库应用技术. 北京:中国水利水电出版社,2010
[23]王珊等. 数据库技术与应用. 北京:清华大学出版社,2005
[24]张泽虹. 数据库原理及应用——Access 2003. 北京:电子工业出版社,2005
[25]程伟渊. 数据库基础——Access 2003 应用教程. 北京:中国水利水电出版社,2007